空间技术应用与实践系列丛书

航天发射场
设备信息系统开发应用技术

主　　编	董富治	顾宝刚	李　彬		
副主编	赵　辉	秦品乐	崔永强		
参　　编	王国涛	许少聪	谷文华	包晨明	徐浩东
	肖威华	董晓来	刘　威	白　晔	韩　勇
	杨培杰	张文敦	李玖阳	余为峰	余思敏
	皮　姝	刘　畅	艾宜爻	武金生	王文笛
	钱　飞				

机械工业出版社

本书对航天发射场设备信息化涉及的技术进行了系统、全面介绍，通过典型示例展示相关知识的概貌和要点，包括前后端、数据库、软件工程化、GIS、智能语音与图像以及主流的 C++及 Python 编程语言等，还对信息系统设计、数据融合显示以及安全防护等知识进行了详细介绍。全书共 12 章：第 1 章介绍航天发射场的相关知识；第 2 章介绍数据采集基础知识；第 3 章介绍信息系统开发的基础知识；第 4 章介绍主流 C++开发语言、Python 语言和 Qt Creator 开发环境等；第 5、6 章介绍网站前端开发和 WebGIS 引擎 Cesium 技术；第 7 章介绍智能语音和图像技术；第 8 章介绍数据库相关技术；第 9 章着重对数据融合、可视化涉及的知识进行介绍；第 10 章系统讲解软件工程化；第 11 章通过发射场加注系统信息化实例，展示集成系统；第 12 章介绍信息系统安全防护技术。

本书适合航天发射领域负责设备运维管理、信息化建设相关部门的工程技术人员使用，以及航天系统各级管理人员参考，也可作为该领域方向相关院校或专业的教材使用。

图书在版编目（CIP）数据

航天发射场设备信息系统开发应用技术 / 董富治，顾宝刚，李彬主编.-- 北京：机械工业出版社，2025.
1. --（空间技术应用与实践系列丛书）. -- ISBN 978-7-111-76589-9

Ⅰ. V55

中国国家版本馆CIP数据核字第2024YH0613号

机械工业出版社（北京市百万庄大街22号　邮政编码100037）
策划编辑：王　欢　　　　　　责任编辑：王　欢
责任校对：刘雅娜　张　征　　封面设计：严娅萍
责任印制：张　博
北京建宏印刷有限公司印刷
2025年1月第1版第1次印刷
184mm×260mm·28.5印张·705千字
标准书号：ISBN 978-7-111-76589-9
定价：99.00 元

电话服务　　　　　　　　　网络服务
客服电话：010-88361066　　机 工 官 网：www.cmpbook.com
　　　　　010-88379833　　机 工 官 博：weibo.com/cmp1952
　　　　　010-68326294　　金 书 网：www.golden-book.com
封底无防伪标均为盗版　　机工教育服务网：www.cmpedu.com

前　　言

作为航天几大系统之一，航天发射场是集运载火箭与卫星等航天器存储、吊装、转运、测试、加注和发射于一体的特定区域，是航天器离开地球进入太空前进行各种技术检查与准备的最后一站。其子系统众多、设备规模庞大，对设施设备的可靠性、安全性要求很高，对设施设备的信息化要求也很高。

在航天发射场设备中，机电和信息网络设备占了很大比例，如涉及火箭卫星吊装的桁吊、塔吊，涉及发射塔架控制的液压设备，涉及给火箭加注推进剂的PLC、变频器以及加注泵等设备，以及用于给火箭、卫星提供温湿度等环境保障的空调等各种机电设备；而用于发射流程控制和状态数据显示的控制系统，则采用的是典型的计算机信息系统架构，设备包括计算机、路由器、交换机、防火墙以及存储、LED大屏、服务器等各类信息通信设备。

设备信息系统（equipment information system，EIS）涉及设备数据的采集、存储、显示和分析、挖掘等环节，以及设备远程诊断和控制等功能需求。采集的信息种类包括设备所提供服务的信息以及设备用于监测/检测自身运行及健康状态的信息，前者如空调的温度、湿度以及风速、风压等数据，后者如空调送风机的转速、振动、噪声等数据。这些数据均需要传感器（及变送器）采集传输；由于参数的物理属性不同，数据的采样频率和采样方式方法通常会不同。产生的数据通常需要存储，一般使用数据库系统保存在磁盘阵列等物理介质中，数据保存的种类、数量、频率和存储时间等需要在设计存储系统时充分考虑。数据显示的目的在于在有限的屏幕范围和视角逗留时间内，将最有效、最有用的数据清晰、准确、完整地呈现给用户，同时还需要考虑用户的视觉适应、画面美观等方面要求。这在信息系统的设计中是非常关键的，也是差异性最大的地方，需要根据用户需求定制设计。数据信息的分析、挖掘是通过数据的多维挖掘、关联分析等方式来获取设备性能底数、边界条件和性能参数变化规律的。设备的远程诊断是通过信息化手段来获取设备的健康监测信息，使用健康模型算法评估设备健康程度、查找问题原因的；设备的远程控制则是指通过网络、总线等媒介链路，将控制指令从远端发送至设备从而实现设备控制的。

本书对航天发射场设备信息化涉及的技术进行了系统、全面的介绍，并通过典型示例来展示这些知识的概貌和要点，包括前后端、数据库、软件工程化、GIS、智能语音与图像以及主流的C++及Python编程语言等；另外，还对信息系统设计、数据融合显示以及安全防护等知识进行了详细介绍。这也是本书的编写目的，即通过较小的篇幅和较少的学习时间，让广大航天科技工作者了解当前信息技术发展的概要，达到"面宽竖窄"学习掌握知识的目的（即专业知识面要宽，但在具体专业方向上要贯通）。这里需要简要说明的是，书中介绍的知识面是比较"宽"的，如果要达到某个专业领域方向的"竖窄"，还需要翻阅学习专门书籍。

全书共分12章。第1章概要介绍了航天发射场的相关知识。第2章主要介绍了数据采集基础知识，包括采集、传输及数据处理。第 3 章介绍了信息系统开发的基础知识，包括设计开发原则，软、硬件基础以及信息系统性能指标。第 4 章重点介绍了主流 C++开发语言、Python 语言和 Qt Creator 开发环境，并对多线程、网络、硬件访问、文字接口等方面的编程知识做了实例讲解，对 GDB 调试工具进行了详细介绍。第 5、6 章分别介绍了网站前端开发和 WebGIS 引擎 Cesium 技术。第 7 章介绍了智能语音和图像技术，包括语音识别和输出、图像识别等内容和实例。第 8 章介绍了数据库相关技术。第 9 章着重对数据融合、可视化涉及的知识进行了介绍。第 10 章全面系统地讲解了软件工程化方面的知识，涉及软件生命周期和开发模型、开发过程、质量管理与编码规范等方面的内容。第 11 章主要通过发射场加注系统信息化实例，对前面知识进行了系统集成展示，实例均是从在用系统代码中抽取完成的。第 12 章主要介绍了信息系统安全防护技术，尤其针对以麒麟操作系统为代表的 Linux 系统的安全防护技术进行了较为详细的讲述。

本书由航天发射场一线科技人员编写，是集体劳动和智慧的结晶。在编写过程中，编者参考了 CSDN、技术论坛、技术博客及技术文章等网络资源，限于篇幅不逐一列出，敬请谅解。李智、梁冰、张晖、裴晓强、陈彦峰、赵文策、刘秀罗、魏海博、高健等同志对本书编写提供了许多有益的意见和建议，在此一并表示感谢。由于能力有限，且信息技术发展迅速，缺漏、讹误在所难免，敬请读者朋友们批评指正。

编　者
2024 年 4 月

目　录

第 1 章　概述

发射场是为运载火箭和航天器的测试、发射提供一整套专用设施设备的特定区域，包括为航天器和运载火箭装配、测试、运输以及弹道测量、发送控制指令、接收和处理遥测信息而专门建造的一整套地面设施设备，是人类探索太空的起点，是遂行航天系统工程任务的重要基础性、系统性支撑。

信息技术的发展，推动了发射场设备运维管理模式的转变，自动控制、故障诊断、物联网、大数据、数字孪生、人工智能等技术越来越广泛地应用于设备控制领域，基于信息系统的发射场设备管理朝着信息化、智能化方向加速演进。

1.1　发射场设备及信息系统

发射场设备信息系统是专门为发射场设计的信息管理系统，主要用于监控、管理和控制发射场设备的状态和运行情况，是一种集设备监控、管理、故障诊断和安全保障等功能于一体的综合性信息管理系统。其面向的对象是发射场的各类设备和使用维护这些设备的人员。如何准确地收集、处理设备运行过程中产生的各种信息并高效地展示给发射场工作人员，对于确保发射活动的顺利进行具有重要意义。

1.1.1　发射场设备

发射场设备分布在技术区和发射区，是发射场最为重要的组成部分。技术区主要完成运载火箭与航天器的转载吊装、组装测试、对接转运等工作，主要包括起重吊装系统、供配气系统、供配电系统、空调系统、给排水及消防系统、通信系统；发射区主要完成运载火箭与航天器的测试、加注、发射等工作，主要包括塔勤系统、供配气系统、加注系统、供配电系统、空调系统、给排水及消防系统、通信系统。各系统主要涵盖了机械设备、液压设备、气动设备、热能设备、电气及自动控制设备等，如发射塔架、起重机、发射平台等机械设备，泵、液压缸、液压控制阀、管路等液压设备，空气压缩机、气瓶、气缸等气动设备，锅炉、热交换器等热能设备，传感器、继电器、可编程逻辑控制器（programmable logic controller，PLC）等电气和自动控制设备。

发射场设备在支撑航天发射任务的过程中，会产生大量表征设备运行及健康状态的信息，如温度、湿度、压力、流量、阀门开度、电压、电流、到位信号、允许信号、故障报警信号等可通过传感器、变送器或专用仪器测量得到的数据，以及设备履历、备品备件数量、维护保养情况、故障记录等通过人工录入得到的数据。其数量庞杂、来源多样、类型不一，具有多源、异构、海量等特征，在设备信息系统设计时需要充分考虑并选用合适的技术路径。

1.1.2 设备信息系统

信息系统开发需要针对面向的对象明确功能需求并选择合适的技术路径来实现。发射场设备信息系统面向的对象包括设备运维管理人员、技术总体人员和技术决策人员 3 个层次，其功能需求包括设备实时监测与控制、设备故障诊断与健康评估、智能分析与辅助决策等。

发射场设备信息系统主要包括以下 6 个方面的功能：

（1）设备监控。通过传感器、仪表、摄像头和其他监测设备，实时收集发射场各种设备的工作状态、参数和环境信息，如力、热、光、电、浓度等测量参数和设备开、关、启动、停止、运行等过程参数。这些数据通过总线、网络等途径实时传输到控制中心，以便工作人员及时了解设备运行情况。

（2）设备管理。技术人员利用信息系统对发射场内的设备进行统一管理，包括设备采购、维修、保养、报废等环节。设备信息系统可以记录设备的基本信息、指标参数、使用状态、维修历史等数据，以便工作人员进行设备调度和维护。

（3）故障诊断与预测。通过分析收集到的设备数据，设备信息系统可以对设备潜在的故障进行诊断和预测。这有助于提前发现设备问题并采取预防措施，避免设备故障对发射活动的影响。

（4）信息共享与协同工作。设备信息系统可以实现各部门之间的信息共享，促进协同工作。工作人员可以随时查询设备信息、工作进度和发射任务等相关数据，提高工作效率。

（5）安全保障。设备信息系统可以对发射场的安全情况进行实时监控，如火灾、爆炸、泄漏等突发事件。在发生紧急情况时，立即发出警报，指导工作人员采取相应的安全措施。

（6）数据分析与决策支持。设备信息系统可以对收集到的数据进行统计、分析和处理，为管理层提供决策依据，如分析设备使用寿命、维修成本和故障率等数据，这有助于优化设备管理和提高发射场整体运营效益。

1.1.3 设备控制系统与设备信息系统

这里简要说明一下设备控制系统与设备信息系统的异同。

设备控制系统是以被控设备或设备动作部件为对象，以控制器（如 PLC）为核心，以设备及设备现场的传感器和执行器（主要指执行器的状态参数）为数据来源，以设备动作、执行部件或执行器为执行机构，通过预设程序、设备操作界面接口（按键、按钮或计算机输入）或网络控制命令等途径控制执行机构动作的集成系统。它偏重于设备层面，或者可以认为是设备的一部分。设备控制系统的直接作用对象是设备，数据来源于设备及设备现场。典型设备包括控制器、传感器以及近端的监控计算机等设备。其软件系统通常使用 PLC（或其他控制器）专用开发环境及组态软件开发。

设备信息系统则是对来源于设备及设备控制系统的数据信息进行采集、存储、处理、显示和深度挖掘利用的系统。它更偏重或类似计算机信息系统，数据存储、显示及挖掘利用等通常在异地。其典型设备包括计算机、服务器、存储设备、路由交换设备以及大屏幕等显示设备。其软件系统通常使用通用开发语言及环境开发。

需要说明的是，它们两者之间的分界面也不是特别清晰。更完善、更高级的设备控制系统也会包含本书所讲的设备信息系统的部分内容，但设备信息系统一般不会包含或者很少包含设备控制系统的内容。这点需要读者朋友们注意。

1.2　设备信息系统架构

信息系统负责发射场设备信息采集、数据处理、综合显示,形成了发射场设备运维管理中心。典型的信息系统架构包括感知与执行层、传输层、服务层、应用层、显示层 5 个部分。图 1.2-1 所示为发射场设备信息系统的典型架构。

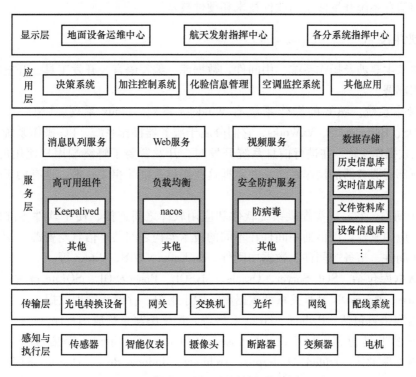

图 1.2-1　发射场设备信息系统的典型架构

（1）感知与执行层。该层主要负责采集设备的工作状态、运行参数等各类信息,通过传感器、智能仪表、摄像头等设备,实现对设备工作状态的实时感知和数据采集,通过以 PLC 为核心构建的控制系统来控制断路器、变频器、电机、阀门等现场执行设备完成预定的工艺流程。

（2）传输层。该层主要负责将感知层采集的数据进行传输,通过各种通信协议和通信介质,如总线协议、网络协议、光纤、网线,将数据传输到设备运维管理中心。

（3）服务层。该层主要负责对传输过来的数据进行处理、分析和存储,利用各种数据处理技术和算法,对数据进行处理和分析,提取有用信息,并对这些信息进行存储和管理。

（4）应用层。该层主要负责将处理后的数据应用到实际场景中,根据不同的应用场景,开发相应的应用程序,利用数据处理后的结果,实现设备的远程监控、故障诊断、预测维护等功能。

（5）显示层。该层主要负责将数据的应用结果进行展示,通过各种显示设备,将应用结果通过数据可视化技术展示给用户，方便用户对设备的状态和运行情况进行了解和掌握，为用户决策提供支撑。

1.3 信息系统开发主要技术

信息系统开发是指根据用户需求，经过一系列过程，实现一个满足用户需求的信息系统。信息系统开发是一个复杂的系统工程，涉及多个学科领域，采用的技术也多种多样。本节主要介绍信息系统开发涉及的软件技术和硬件技术。

1.3.1 软件技术

软件技术主要涉及操作系统、中间件、数据库、编程语言、开发工具、开发框架、服务架构及应用部署。

（1）操作系统。熟知的操作系统有 Windows 系列、Linux 系列、UNIX 系列、macOS、Android、iOS、HarmonyOS、VxWorks，它们分属于服务器操作系统、PC 操作系统、移动操作系统、嵌入式操作系统。在进行信息系统开发时，开发者要了解终端用户使用的操作系统、信息系统所部署服务器的操作系统，并掌握这些操作系统的相关技术，这有助于信息系统的开发。

（2）中间件。它是一类提供系统软件和应用软件之间连接、便于软件各部件之间的沟通的软件，应用软件可以借助中间件在不同的技术架构之间共享信息与资源。常用的中间件包括消息中间件、事务中间件、数据中间件，如 Kafka、GTS、Vitess 等。

（3）数据库包括，SQL Server、Oracle、MySQL、PostgreSQL、SQLite 等关系型数据库，Redis、HBase、MongoDB 等非关系型数据库，用于组织、存储和管理数据。

（4）编程语言包括，Python、Java、C++等，用于编写系统应用程序。

（5）开发工具包括，VSCode、Eclipse、PyCharm、Qt Creator 等集成开发环境，Git、SVN 等代码管理工具，Trufun、Enterprise Architect、Rational Rose、Drawio 等 UML 建模工具。了解和掌握这些工具，将会使得信息系统开发得心应手。

（6）开发框架包括，React、Vue、Angular 等前端开发框架，Flask、Spring Boot、Django 等后端开发框架。了解和掌握这些框架，开发者就可专注于具体的业务逻辑设计，无须关注底层的事务处理、数据流控制。

（7）服务架构包括，单体化架构、微服务架构、无服务架构等。了解和掌握这些服务架构，开发者就能够针对不同的业务需求，做出更好的服务架构选择。

（8）应用部署包括，物理机部署、虚拟机部署和容器化部署等。对于当前流行的容器化部署技术如 Docker、Kubernetes，要深入掌握。

1.3.2 硬件技术

硬件技术主要涉及服务器、存储、网络、显示及安全设备和常见的部署架构。

（1）服务器，用于托管和运行应用程序，提供计算和存储资源。

（2）存储设备，如硬盘、固态硬盘（solid state drive，SSD）、光盘等，用于存储应用程序文件、数据库和其他数据。

（3）网络设备，如路由器、交换机、网关等，用于连接和管理网络通信。

（4）大屏显示设备，如数字光处理（digital light processing，DLP）显示器拼接、液晶显示器（liquid crystal display，LCD）拼接、发光二极管（light emitting diode，LED）显示器拼接设备，用于信息呈现。

（5）安全设备，如防火墙、入侵防御系统（intrusion prevention system，IPS）设备、入侵检测系统（intrusion detection system，IDS）设备、日志审计设备、数据库审计设备等，用于保护信息系统免受各种安全威胁。

1.4 典型实例

下面以空调设备信息系统为例简述发射场设备信息系统的功能、结构及特点。

发射场空调系统主要用于保障航天器组装、测试、加注、发射所需的工作环境，具有设备数量多、分布范围广、运行时间长的特点。空调系统是典型的由多种机电设备组成的工业自动控制系统，如图1.4-1所示。一套空调机组通常包含电机、泵、换热器、制冷压缩机、阀门等现场设备，以及传感器、仪表、变频器、PLC、触摸屏、上位机等电气控制设备。

空调控制系统通常以PLC为核心构建，采集设备数据、控制设备运行，是技术人员掌握设备运行状态的信息来源和调整设备运行参数的执行途径。空调设备信息系统是在控制系统的基础上，利用计算机技术、网络通信技术、数据分析技术对设备数据信息进行处理和运用，实现设备集中运维管理、故障诊断与健康评估、智能分析与辅助决策等信息管理功能。

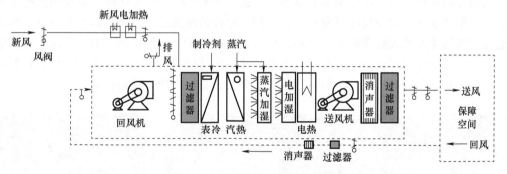

图1.4-1 组合式空调系统组成图

1.4.1 设备控制系统

空调设备控制系统是获取设备数据的主要来源，主要任务是完成设备状态的采集并按照保障要求控制设备的运行。设备控制系统面向的是现场设备和操作人员，处理的数据信息包括室外环境和空调保障区域的温度、湿度、风速、洁净度数据，空调设备运行过程中产生的温度、湿度、压力、转速、振动、阀门开度等测试数据，以及设备开关、启停、告警等状态数据。

空调设备控制系统的基本架构如图1.4-2所示，风机、加热器、阀门等现场设备通过传感器、变送器、继电器、仪表等与PLC等控制器连接，实现现场设备状态数据和测量数据到控制器的传递，并执行控制器发送的指令；控制器对现场设备产生的数据信息进行采集和处理，通过PROFIBUS、CAN等现场总线或PROFINET、EtherCAT等工业以太网实现与上位机之间的数据传输和指令传递。设备控制系统的开发一般与所采用的 PLC 等控制器紧耦合，采用与所选用 PLC 配套的开发环境来开发，如西门子 PLC 的博途、国产超御系列 PLC 的 ProSys 等开发环境，具体可参阅《航天发射场设备控制技术基础》等专业书籍。

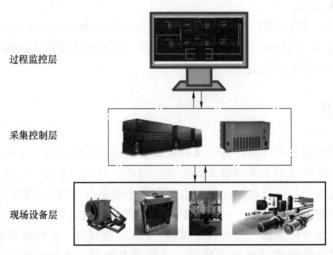

过程监控层

采集控制层

现场设备层

图 1.4-2　空调设备控制系统的基本架构

设备的监控一般由上位机完成，上位机运行由工业组态软件（如 WinCC、组态王、Proview、力控等）开发的流程可视化程序，完成设备的实时监视与控制。

设备控制系统注重对设备细节的掌握，在图 1.4-3 所示的空调设备自动控制流程组态画面中，详细展示了空调设备的组成和工艺流程，室外新风温湿度、机组送风温湿度、保障区域温湿度等测量参数以数字的形式显示，设备运行状态通过风机转动、颜色变化、流动效果来展示，直观地呈现了设备不同的运行状态，技术人员能够快速地判断当前目标区域的环境状态与室外环境的差异以及设备的运行状态，并对设备运行状态进行调整。

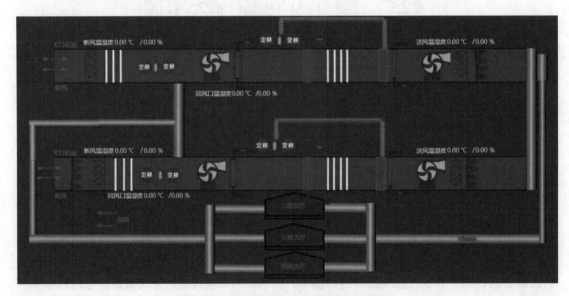

图 1.4-3　空调设备自动控制流程组态画面

设备控制系统相对结构简单、运行高效，但数据分析处理能力较弱，通常对采集到的数据进行简单运算和状态报警，而关联分析、趋势预测、健康评估等功能则需在设备信息系统中来实现。

1.4.2　设备信息系统

空调设备信息系统面向的是整个航天发射场的空调设备，在完成单个区域设备监控任务的基础上，需要更多地关注设备集中运维与管理、故障诊断与预测、信息协同与共享以及数据分析与决策支持。

硬件层面，空调设备信息系统需要管理的设备数量和处理的数据量都成倍增长，需要使用网络交换机进行多个区域空调设备的互联互通，通过服务器对采集的数据进行分析处理，通过磁盘阵列等设备对海量数据进行存储，并通过 LED 大屏等显示设备进行数据可视化展示，同时还需要防火墙、网关等设备保证数据传输和设备运行的安全。

软件层面，为完成多源、异构、海量数据的处理和运用，需要使用数据库管理软件、前后端开发工具和数据融合显示技术进行信息系统软件开发，同时还需要防病毒软件等安全防护手段保证系统的稳定运行。

数据中心设备信息系统的架构如图 1.4-4 所示。

（1）感知与执行层，即设备控制系统，包括传感器、控制器、执行器、上位机及组态软件，完成空调设备运行状态和保障区域环境数据的采集与变换，通过上位机、PLC 完成空调设备的自动控制。

（2）传输层，包括交换机、网关、光电转换设备等，通过协议转换和适配，将上位机采集的设备数据传输给服务层进行存储和处理。

（3）服务层，包括磁盘阵列、服务器等，通过关联分析、对比分析、聚类分析、包络统计等算法对数据进行处理，为数据应用提供支持，并将这些数据通过数据库管理软件存储于磁盘阵列等存储设备上。

（4）应用层，包括根据用户需求开发的各种数据应用程序，如设备监控、档案管理、数据转发、故障预测、报警提醒、病毒防护等。

（5）显示层，包括监控终端、LED 大屏等，通过可视化技术，将设备运维管理和任务保障数据直观有效地展示给用户。

相比空调自动控制流程组态，空调设备信息系统除了关注设备本身的运行状态外，还需要对多个区域、多套设备的数据进行融合分析和显示，为技术人员集中运维管理提供决策支撑。图 1.4-5 所示为空调信息系统专业综合态势画面，在设计时充分考虑了空调系统设备数量多、数据量大、设备长时间运行的特点，力求在有限的显示区域内，有效地展示更多的信息。

（1）显示区域按照主、次、辅的层次进行划分，设备运行状态和保障区域数据在中间主显示区进行显示，可以在区域间和区域内进行切换显示。左右两侧为次显示区，分别显示发射场各个区域空调设备的总体运行状态和重点保障区域的动态数据。下侧为辅助显示区，显示报警信息和提醒消息，并通过声光报警的形式提醒技术人员及时进行处理。

（2）大屏左侧"设备状态"栏，显示了发射场空调设备的总数以及在各个区域的分布情况。同时，通过对各个区域空调设备运行状态的评估，将运行正常和运行异常的设备进行

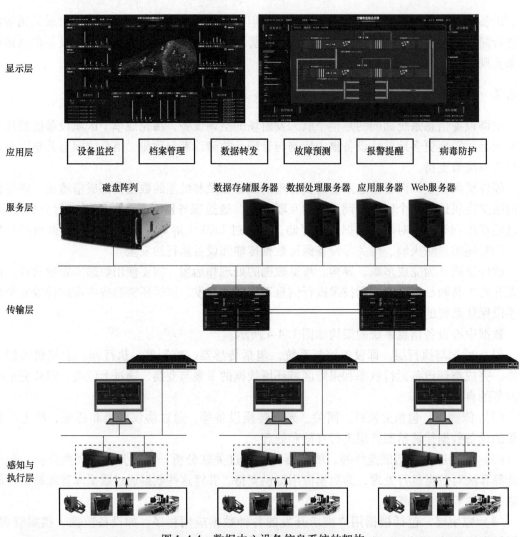

显示层

应用层　设备监控　档案管理　数据转发　故障预测　报警提醒　病毒防护

服务层　磁盘阵列　数据存储服务器　数据处理服务器　应用服务器　Web服务器

传输层

感知与
执行层

图 1.4-4　数据中心设备信息系统的架构

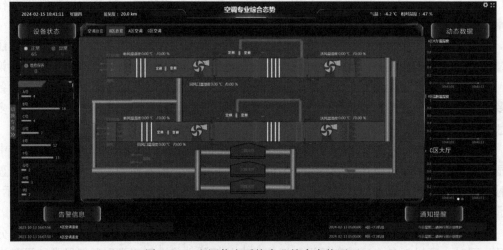

图 1.4-5　空调信息系统专业综合态势画面

分开显示，以红色作为报警色突出显示，能够使技术人员直观地掌握当前发射场所有区域空调设备的总体状态。

（3）针对空调设备长时间运行的特点，界面设计采用冷色调，减少对人眼的刺激，便于长时间监视。同时控制画面内颜色的使用，绿色表示设备运行正常、红色通常用于报警提醒，避免同一种颜色表示不同的含义。

1.5　小结

本章对发射场设备的基本功能组成进行了概要介绍，通过学习本章的内容，读者可以了解发射场设备基本知识，设备运行过程中会产生的数据和信息，以及对这些信息进行处理的设备信息系统的基本框架。同时，本章还简要介绍了信息系统开发所涉及的硬件和软件技术，并通过空调设备信息系统实例来展示典型设备信息系统的结构、要素及特点等内容。

航天发射场设备的控制技术等内容不是本书的重点，有兴趣的读者可以参阅其他专业书籍。

第 **2** 章　数据采集与处理

2.1　概述

发射场自动控制系统，通常采用 PLC 作为中心控制器，通过控制不同类型的传感器采集发射场设备的各种参数，然后根据控制系统数据处理实际要求，进行本地处理或通过现场总线、工业以太网等传输至远端进行处理。即，航天发射场设备在自动控制过程中，涉及了各种类型的参数，产生了多种多样的数据，只有稳定有效获取数据才能保证设备的可靠、平稳、高效运行。故本章主要论述的是自控过程中数据的获取方式，包括数据采集、数据传输、数据处理 3 部分。其中，数据采集部分主要介绍了测试技术，包括测试技术的基本概念、方法、数据类型以及常用的各类传感器；数据传输部分主要介绍了基本概念、串行通信原理、现场总线技术和工业以太网技术；数据处理部分主要介绍了测量误差、误差修正技术和数据融合技术。

2.2　数据采集

2.2.1　基本概念

广义地讲，数据采集是指从各种数据源收集和获取有用的信息，是完成数据分析和加工的前提。按照采集数据的类型不同，数据采集主要包括传感器采集、爬虫、录入、导入和接口等。随着现代技术的发展，数据采集的方法和工具也越来越多。常用的数据采集方法主要有手动采集、自动采集、传感器采集、社交媒体采集和日志采集等。

航天发射场设备在实际运行过程中，首先需要传感器采集设备上温度、湿度、压力、流量和速度等模拟量，同时也需采集阀的开/关、电机的启/停等数字量，将相关数据经采集、转换处理，传输至中央处理器，经过控制程序运算后向各种执行机构发出指令。

因此，发射场所说数据采集一般是指，在对供配气系统、加注系统、供配电系统、空调系统、给排水及消防系统等航天发射场设备的温度、压力、流量、速度、位移等模拟量进行测量、控制时，需要通过传感器及模拟量控制模块把上述物理量转换成能够模拟物理量的电信号（即模拟电信号），同时也需通过数字量控制模块采集阀的开/关、电机的启/停等物理量的状态信号，将上述电信号传输至中央处理器，进而送入上位机。它是计算机在在线监测、管理和控制一个系统的过程中，取得原始数据的主要手段。

2.2.1.1　主要特点

当前，随着现代计算机技术和测试技术的发展，数据采集系统具备以下主要特点：

1）数据采集与处理工作紧密结合，系统工作实现一体化。

2）数据采集系统具备"实时"性，能满足实际应用环境的要求。

3）一般都配有 A/D、D/A 转换器，可同时处理模拟量和数字量。

4）数据采集系统的体积越来越小，可靠性越来越高。

5）具备自动采集和处理的能力，采集质量和效率高。

2.2.1.2　航天发射场采集参数

航天发射场是一个非常庞大的系统，其专业门类多且复杂。在发射场的技术区和发射区分布着非标系统设备、空调系统设备、加注供气系统设备、供配电及接地系统设备、给排水及消防系统设备、发射场远控系统设备、指挥监测系统设备、测控系统设备以及通信系统设备。正如本书第 1 章所述，发射场各系统主要涵盖了机械设备、液压设备、气动设备、电气设备、热能设备、自动控制设备等。

因此，本章主要侧重于航天发射场地面设施设备的数据采集，尤其针对测试、发射过程中用到的空调、加注供气、发射塔等地面设施设备的原理及控制方式。这些设施设备需采集的参数变量可以分为两大类：一类是模拟参数变量，一类是数字参数变量。对某一典型发射场设施设备的系统进行分类，需要采集的主要参数，见表 2.2-1。

表 2.2-1　需采集的分系统数据主要参数

系统	模拟参数变量	数字参数变量
空调系统	送风温度、送风湿度、压缩机油压、风阀开度、各类部件的运行电流、各类部件的运行电压	压缩机运行状态、电加热运行状态、电加湿器运行状态、风机运行状态、电机运行状态、故障指示
加注供气系统	储罐温度、储罐压力、储罐液位、泵前和泵后压力、瞬时流量、累计流量、液位加注量、供气压力	阀门开到位信号、阀门关到位信号、工序信号、液位信号
供配电及接地系统	相电压、相电流、线电压、线电流、有功功率、无功功率、电容补偿电压、电容补偿电流	断路器状态
非标系统	换向阀开合次数、溢流阀启动次数、泵运行时间、泵启动次数、供/回油压力、溢流阀启动次数、塔吊电机转速、电机频率、吊钩运行速度、吊钩高度、吊臂回转角度	电机启动与停止信号、电机过载与故障信号、换向阀到位指示、平台打开开锁与闭锁限位信号、接触器闭合信号、断路器闭合信号、变频器输出电流过高信号、变频器直流电压过高或过低信号
给排水及消防系统	供水压力、控制气压	阀门控制指令、阀门开到位状态、阀门关到位状态
发射场远控系统	远控台供电相电压、远控台供电电流	远控网络状态、远控允许状态、远控指令输出、阀门开到位状态、阀门关到位状态

2.2.2　传感器

2.2.2.1　传感器的定义

系统利用各种传感器设备来感知环境中的数据，不管是采集模拟量还是数字量，都可以通过转换、处理来实现实时、精确地采集各种物理量和状态数据。前面讲述了航天发射场设备一般需要采集的各种物理量和状态数据，其中的模拟量一般需要通过各种类型的传感器来实现参数的采集，下面就常用的传感器进行介绍。

根据 GB/T 7665—2005《传感器通用术语》的定义，传感器（transducer/sensor）是指能够感知被测物理量并按照一定规律转换为可用的输出信号的装置或装置组合。一些学者认为传感器应由两部分组成，即感知被测物理量的敏感元件部分和信号处理的电路部分。广义的说法是，传感器其实可以分为自然的和人造的。自然的传感器一般存在于生物体中，比较常见的像人和动物的眼睛、耳朵和鼻子等，它们对信号的响应一般具备电化学的特性。人造的传感器一般是通过各种巧妙的设计以电的形式传输和处理，来获得被测物理量的数值。这里需要指出的，"传感器"与"探测器"是同义词，一般具有相同的意义，不同之处在于探测器注重定性的测试而非定量的测量。

2.2.2.2 传感器的组成

传感器一般由敏感元件、转换元件和转换电路 3 大部分组成，如图 2.2-1 所示。其中，敏感元件的作用是感受被测物理量；转换元件是将敏感元件的输出作为其输入，并将输入的信号转换为电路参数；转换电路是接入转换元件输出的电路参数，并将其转换成电信号输出。

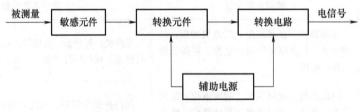

图 2.2-1　传感器的组成

简单的传感器仅由一个敏感元件组成，它感受被测量时直接输出电量，如热电偶传感器。有些传感器只有敏感元件和转换元件组成，没有转换电路，如压电式加速度传感器。有些传感器，转换元件有多个，需要经过多次的转换。

2.2.2.3 传感器的分类

（1）按照传感器的输出信号为标准进行分类。按照输出信号的不同，传感器可以分为模拟传感器、数字传感器、膺数字传感器和开关传感器。前两种传感器比较好理解，是指将被测量的非电学量转换成模拟电信号和数字信号。膺数字传感器是指将被测的信号量转换成频率信号或短周期信号。开关传感器是指当被测的信号量达到某个特定的阈值时，传感器相应地输出一个设定的低电平或高电平信号。

（2）按照传感器的工作原理为标准进行分类。按照工作原理的不同，传感器可分为电阻式、电容式、电感式、压电式、热电式、光电式、磁电式等，以及新型的智能式、网络式等。

（3）按照传感器的制作材料为标准进行分类。按照制作材料的不同，可分为半导体传感器、石英传感器、光导纤维传感器、有机材料传感器、高分子材料传感器等。

2.2.2.4 变送器

变送器是从传感器发展而来的，凡能输出标准信号的传感器就称为变送器。标准信号是指物理量的形式和数量范围都符合国际标准的信号。变送器的作用是检测工艺参数并将测量值以特定的信号形式传送出去，以便进行显示、调节。在自动检测和调节系统中的作用是将各种工艺参数，如温度、压力、流量、液位、成分等物理量，变换成统一标准信号，再传送到调节器和指示记录仪中，进行调节、指示和记录。常用变送器按输出信号类型可分为电压输出型和电流输出型两种。

（1）电压输出型变送器，具有恒压源的性质。PLC 模拟量输入模块的电压输入端的阻抗很高，如果传输距离较远，微小的干扰信号电流在模块的输入阻抗上将产生较高的干扰电压，所以远程传送的模拟电压信号的抗干扰能力较差。但它适合于将同一信号送到并联的多个仪表上，且安装简单，拆装其中某个仪表不会影响其他仪表的工作，对输出极的耐压要求降低，从而提高了仪表的可靠性。

（2）电流输出型变送器，具有恒流源的性质，恒流源的内阻很大。PLC 模拟量输入模块的输入为电流时，输入阻抗较低，线路上的干扰信号在模块上产生的干扰电压很低，所以模拟量电流信号适用于远程传输，在使用屏蔽电缆信号线时可达数百米。标准电流信号为 $0\sim10mA$、$0\sim20mA$、$4\sim20mA$，首选 $4\sim20mA$。$0mA$ 通常被用作电路故障或电源故障指示信号。

电流信号传输与电压信号传输各有特点。电流信号适合于远距离传输，电压信号使仪表可采用"并联制"连接。因此，在控制系统中，进出控制室的传输信号采用电流信号，控制室内部各仪表间的联络采用电压信号，即连线的方式是电流传输、并联接收电压信号的方式。

变送器分为二线制和四线制两种。四线制变送器有两根电源线和两根信号线。二线制变送器只有两根外部接线，它们既是电源线又是信号线，电流信号的下限不能为零，但二线制变送器的接线少，传送距离长，在工业中应用最为广泛。

2.2.3 常见传感器

2.2.3.1 温度传感器

温度是一个重要的物理量，它反映了物体冷热的程度，与自然界中的各种物理和化学过程相联系。航天发射场的诸多设备需要采集相关设备或介质的温度参数，如空调系统的新风温度、送风温度及保障区域的温度等，以及非标系统内的液压油温度、泵的运行温度、加注系统的推进剂温度等。温度的测量是以热平衡为基础的，当两个冷热程度不同的物体接触后就会产生导热、换热，换热结束后两物体处于热平衡状态，此时两物体的温度是相同的，这就是温度最本质的性质。

温度测量方法有接触式测温和非接触测温两大类。接触式测温一般是指测温敏感元件与被测物体接触，经过传热后两者温度相等。常用接触式测温仪器主要有膨胀式温度传感器、热电阻温度传感器及热电偶温度传感器等。接触式测温主要有以下 3 种缺点：一是敏感元件与被测物体接触可能会破坏被测物体的原有温度场分布，从而导致一定的测量误差；二是敏感元件可能与被测物体无法充分接触，从而因无法充分热平衡导致敏感元件和被测物体不能达到一致的温度，这会产生误差；三是有些测量物体因为具有腐蚀性等因素，无法与敏感元件直接接触，或者对敏感元件的寿命影响较大。非接触测温，顾名思义，是指测温敏感元件不与被测物体直接接触，仅通过辐射能量进行热交换，通过辐射能量的大小测量温度。常用的非接触式测温仪器主要有辐射式温度传感器、光纤式温度传感器等。

航天发射场各设备测温传感器使用较多的是热电阻式传感器。热电阻式传感器是指利用导体或半导体材料的电阻率随温度变化的特性制成的传感器，一般用于对温度或温度有关参量进行测量。根据敏感元件的不同，可分为金属热电阻和半导体热敏电阻。对于金属热电阻，比较广泛使用的热电阻材料是铂和铜，同时，随着低温和超低温测量需求的发展，现已开始使用铟、锰、铑、镍和铁等材料。半导体热敏电阻一般是指利用半导体的电阻值随温度变化的特性而制成的热敏元件。热敏电阻可分为正温度系数（PTC）、负温度系数（NTC）和临界温度系数（CTC）3种类型。

铂的物理、化学性能非常稳定，是目前制造热电阻的最好材料。它的长时间稳定的复现性可达 10^{-4} K，是目前测温复现性最好的一种温度传感器，广泛应用于温度基准、标准的传递和工业在线测量。工业用铂电阻测温传感器，可以直接测量 $-200\sim500$℃范围内的液体、蒸气和气体等介质的温度。

铂电阻的精度与铂的提纯程度有关，铂的纯度通常用百度电阻比 $W(100)$ 表示，即

$$W(100) = \frac{R_{100}}{R_0} \qquad (2.2\text{-}1)$$

式中，R_{100} 为100℃时的电阻值；R_0 为0℃的电阻值。

$W(100)$ 越高，表示铂丝纯度越高。国际实用温标规定，作为基准器的铂电阻，比值 $W(100)$ 不得小于 1.3925。目前技术水平已达到 $W(100) = 1.3930$，与之相应的铂纯度为 99.9995%，工业用铂电阻的百度电阻比 $W(100)$ 为 $1.387\sim1.390$。

铂丝的电阻值与温度之间的关系，即特性方程如下：

当温度 t 为 -200℃ $\leqslant t \leqslant 0$℃时，有

$$R_t = R_0 \left[1 + At + Bt^2 + C(t-100)t^3 \right] \qquad (2.2\text{-}2)$$

当温度 t 为 0℃ $\leqslant t \leqslant 650$℃时，有

$$R_t = R_0 \left[1 + At + Bt^2 \right] \qquad (2.2\text{-}3)$$

式中，R_t 为温度为 t 时的铂电阻值；R_0 为0℃时的铂电阻值；A、B、C 为常数。

2.2.3.2 湿度传感器

湿度传感器是一种用于测量和检测空气湿度的器件。它的工作原理是利用传感器敏感元件的物理或化学特性，对外界空气湿度变化产生感应，并利用转换元件和转换电路将空气湿度变化转变为电信号。常用的湿度传感器是电容式湿度传感器和电阻式湿度传感器。

电容式湿度传感器的工作原理是将传感器电容和空气湿度紧密联系起来，湿度高时电容值变大，湿度低时电容值变小，电容值变化会影响转换电路输出的电压信号值，从而实现对湿度的测量。一般，由式（2.2-4）可知，大气中的水分会改变空气的介电常数 ε：

$$\varepsilon = 1 + \frac{211}{T} \left(p_w + \frac{48p_s}{T} H \right) \times 10^{-6} \qquad (2.2\text{-}4)$$

式中，T 为绝对温度（K）；p_w 为湿空气的压力（mmHg）；p_s 为在温度 T 时的饱和水汽压力（mmHg）；H 为相对湿度，以百分数表示。

式（2.2-4）表明湿空气的介电常数与相对湿度成正比，所以电容大小也与相对湿度成

正比。充满空气的电容器虽然具有良好的线性度，但是作为湿度传感器时灵敏度较低，因此不实用。一个改进的方式是，电容极板间除了填充空气外，还可以填充介电常数随湿度变化的绝缘体。电容式传感器的优点是精度高、质量轻、价格低廉，但因为灵敏度低，当湿度较低时，测量精度较低，而且受温度影响较大。

对许多非金属导体的电阻影响较大的因素是它们的含水量，电阻式湿度传感器正是利用非金属导体的这一特性。固体聚合物电解质可用于制造电导率传感器的膜，这些化合物的长期稳定性和可重复性通常不太高，可以通过使用互穿聚合物网络和载体以及支持介质而显著提高。对于实际测量，电导率湿度传感器可以安装在探头的尖端或安装在电路板上。与电容式传感器类似，输出信号受到空气温度的影响较大。解决这一影响的办法是信号调节电路接收来自辅助温度传感器的信号。实际使用时，湿度传感器往往是与温度传感器集成在一起测量。比如，发射场使用湿度传感器比较多的系统是空调系统，通常就是使用温湿度传感器，同时获得测量点的温度和相对湿度。

2.2.3.3　压力传感器

压力传感器是指利用物理原理将压力转换为电信号的一种传感器。当外力作用于传感器的感应元件时，感应元件的电阻值会发生变化，这种变化可以通过电路进行测量，并转换为相应的电信号输出。常用压力传感器的工作原理可分为压阻式、电容式和电磁式。

（1）压阻式压力传感器利用压阻效应来测量压力。一般由一个薄膜或金属片组成，当受到外部压力作用时，膜片会发生弯曲，这会改变薄膜或金属片的电阻值。通过测量电阻值的变化获得压力的大小。

（2）电容式压力传感器利用电容变化测量压力。一般由两个平行的金属电极组成，当受到外部压力作用时，电极之间的距离会发生变化，这会改变电容值。通过测量电容值的变化获得压力的大小。

（3）电磁式压力传感器利用电磁感应原理测量压力。一般由可移动的铁心和一个线圈组成，当受到外部压力作用时，铁心的位置会发生变化，这会改变线圈中的电压。通过测量感应电压的变化获得压力的大小。

发射场利用压力传感器测量一些系统里的物理量，如空调系统的压缩机制冷剂的高压与低压、冷水或热水的压力、液压系统的液压压力及泵的压力等。

发射场比较常用的压力传感器是压阻式压力传感器，其工作原理一般可表达为

$$\frac{\Delta R}{R} = \kappa \frac{\Delta L}{L} \tag{2.2-5}$$

式中，ΔR 为敏感元件电阻值的变化量；R 为敏感元件的初始电阻值；κ 为敏感元件的灵敏度；ΔL 为敏感元件的变形量；L 为敏感元件的初始长度。

压阻式压力传感器的优点在于结构简单、成本低廉、响应速度快、适用范围广等特点。其缺点在于精度相对较低，易受到温度和湿度的影响。需要指出的是，压阻式压力传感器的薄膜或金属片通常是很薄的，约为 $1\mu m$ 左右，因此其力学性能成了压力传感器承受的最大施加压力的一个限制因素。在压力较高的应用中，薄膜或金属片太脆弱导致不能直接承受过高的压力，可以使用具有更大刚度的中间压力板来缩减作用在薄膜或金属片上的力。

2.2.3.4 流量传感器

在工业过程中，为了有效监视和控制工业过程，流量测量是必不可少的过程。流量传感器主要用于测量管道或明渠中液体或气体的流量。运用不同的物理原理和规律，已研制出各类流量检测传感器用于流量测量。常见的流量传感器有电磁式、涡轮式、超声式、涡街式等。

涡街式流量传感器是基于卡门涡街原理制成的，在流体中设置旋涡发生体，从旋涡发生体两侧交替地产生有规则的旋涡，这种旋涡可称为卡门涡街，如图2.2-2所示。

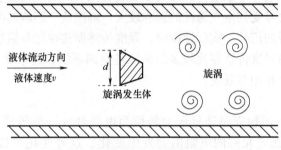

图2.2-2　卡门涡街原理图

旋涡列在旋涡发生体下游非对称地排列，根据卡门涡街原理有

$$f = Sr\,\frac{v_1}{d} = Sr\,\frac{v}{md} \tag{2.2-6}$$

$$b = 1 - \frac{2}{\pi}\left[d/D\sqrt{1-(d/D)^2} + \arcsin\frac{d}{D} \right] \tag{2.2-7}$$

式中，f 为旋涡的发生频率（Hz）；Sr 为施特鲁哈尔数，无量纲；v_1 为旋涡发生体两侧平均流速（m/s）；v 为管道内被测介质的平均速度（m/s）；d 为旋涡发生体迎面宽度（m）；D 为表体通径（m）；b 为旋涡发生体两侧弓形面积与管道横截面面积之比。

管道内体积流量 q_v 可表示为

$$q_v = \frac{\pi}{4}D^2 v = \frac{\pi}{4}D^2\frac{md}{Sr}f \tag{2.2-7}$$

$$c = \frac{f}{q_v} = \left[\frac{\pi D^2 dm}{4Sr} \right]^{-1} \tag{2.2-8}$$

式中，c 为流量传感器的仪表系数（脉冲数/m³）。

c 除了与旋涡发生体、管道的集合尺寸有关外，还与施特鲁哈尔数有关。施特鲁哈尔数为无量纲参数，与旋涡发生体形状及雷诺数有关。

流量传感器的主要参数是测量范围、流体最低流速、输出信号类型、防护等级、防爆要求等。对于工程技术人员，需要特别注意最低流速的要求，因为在流量较小时，流量传感器测出的结果存在较大误差。

2.2.3.5 位移传感器

位移是和物体的位置在运动过程中的移动有关的量，位移的测量方式所涉及的范围是相当广泛的。小位移通常用应变式、电感式、涡流式或霍尔传感器来检测，大的位移常用感应同步器、光栅、容栅、磁栅等传感器技术来测量。按照运动方式分类，位移传感器可分为直线位移传感器和角度位移传感器。

直线位移传感器用于检测直线方向的位移，把位移变成连续的电压、电流或电阻信号输出。为了达到这一效果，可以将可变电阻滑轨定置在传感器的固定部位，通过滑片在滑轨上的位移来测量不同的阻值。传感器滑轨连接稳态直流电压，允许流过微安培的小电流，滑片和始端之间的电压与滑片移动的长度成正比。常用的直线位移传感器有电阻型、差动变压器型、光栅型和感应同步器型等。

角度位移传感器主要用于检测角度的变化情况，与直线传感器类似，一般有电阻型、光电旋转编码器型、旋转变压器型等。角度传感器的主要参数为分辨率、精度和线性度等。

目前，比较新型的位移传感器是激光位移传感器。它利用激光的发射和接受之间的时间差来计算距离。按照测量原理，激光位移传感器可分为激光三角测量法和激光回波分析法。激光三角测量法一般适用于高精度、短距离的测量；而激光回波分析法则用于远距离测量，测量精度相对于激光三角测量法要低。

（1）激光三角测量法原理。激光发射器通过镜头将可见红色激光射向被测物体表面，经物体反射的激光通过接收器镜头，被内部的电荷耦合器件（charge coupled devices，CCD）线性相机接收。根据不同的距离，CCD 线性相机可以在不同的角度下 "看见" 这个光点。根据这个角度及已知的激光和相机之间的距离，数字信号处理器可以算出传感器和被测物体之间的距离。同时，光束在接收元件的位置通过模拟和数字电路处理并在用户设定的模拟量窗口内，按比例输出标准数据信号。如果使用输出，则在设定的窗口内导通，在窗口之外截止。

（2）激光回波分析法原理。激光位移传感器采用回波分析原理来测量距离以达到一定程度的精度。通过激光发射器每秒发射一百万个激光脉冲到检测物并返回至接收器所需的时间，以此算出距离值，该输出值是上千次的测量结果进行的平均输出。

2.2.3.6　行程开关

行程开关也叫限位开关。它有一个探测头，可以利用运动物体的机械碰撞产生开关信号，当运动的物体部件碰到行程开关的探测头后，开关里面的触点动作。多数行程开关有一个常开触点和一个常闭触点。行程开关有直动式、滚轮式和微动式多种。

直动式的探测头为按钮状，运动物体压下按钮，里面的触点产生开关动作。

滚轮式的探测头为滚轮，运动物体拨动滚轮，里面的触点产生开关动作。滚轮式行程开关又分单滚轮和双滚轮。单滚轮的行程开关压下时动作，抬起时复位；而双滚轮式的行程开关是碰撞一个滚轮产生开关动作，碰撞另一个滚轮才能复位，一般这种行程开关用于工作台的往返控制。

微动式行程开关的探头为一个小凸台或是一个探出的板，压下凸台或探出板则内部的开关动作。

行程开关可以安装在运动的部件上，也可以安装在固定不动的部件上。行程开关既可以检测直线运动的物体是否到位，也可以检测旋转的物体是否到位。行程开关主要用于检测运动物体是否到某一位置，到达该位置时，由控制器完成如行程控制、保护停车、功能转换等一系列动作。

2.3 数据传输

2.3.1 基本概念

2.3.1.1 数据传输基本模型

通信系统的作用就是将数据从信源发送到一个或多个目的地。对于数据传输来说，首先要把数据转变成电信号，然后经过发送设备，将数据送入信道，在接收端利用接收设备对接收数据作相应处理后，送给目的地再转换成原来的数据，如图 2.3-1 所示。

图 2.3-1　数据传输基本模型

（1）信源的作用是把各种数据转换成原始电信号。根据数据种类的不同，信源可分为模拟信源和数字信源。模拟信源输出连续的模拟信号，数字信源输出离散的数字信号，并且模拟信源送出的信号经数字化处理后也可送出数字信号。

（2）发送设备的作用是产生适合在信道中传输的信号，使发送信号的特性和信道特性相匹配，具有抗信道干扰的能力，并且具有一定的功率满足传输距离的要求。

（3）信道是一种物理媒介，用来将来自发送设备的信号传送到接收设备。有线信道，可以是明线、电缆和光纤等。信道既可以给信号以通路，也对信号产生各种干扰和噪声。

（4）接收设备的作用是将信号放大和反变换，其功能是将受到干扰减损的接收信号正确恢复为原始电信号。

（5）信宿是传送消息的目的地，其功能与信源相反，即把原始电信号还原成相应的消息。

2.3.1.2 数据传输方式

在数据通信中，按数据码元传输方式的不同，可以分为并行传输和串行传输。

1. 并行传输

并行传输是将代表信息的数字码元序列以成组的方式在两条或以上的并行信道上同时传输，是各个数据位同时进行传输的数据通信方式，因此有多少个数据位，就需要多少根数据线。

其优点是传输速度快、效率高；缺点是需要多条通信线路，成本较高，因此一般只用于设备之间的近距离通信。例如，传输一个字节（8 位）的数据时，并口是将 8 个位一字排开，分别在 8 条数据线上同时传输。

2. 串行传输

串行传输是将数字码元序列以串行方式一个码元接一个码元地在一条信道上传输，远距离数字传输常采用这种方式。串行传输时各个数据按传送位顺序进行传输。

其优点是传输距离远，线路布设费用较低；缺点是速度慢、效率低，需要外加同步措施以解决收发双方码组或字符的同步问题。串行传输可以使用现有的通信信道，在离散控制系统等远距离通信中使用很广。例如，传输一个字节（8 位）的数据时，串口是将 8 个位排好队，逐个地在一条数据线上传输。

2.3.1.3 数据传输方向

对于点对点之间的通信，按照消息传递的方向和时间关系，可以分为单工、半双工和全双工通信，如图 2.3-2 所示。

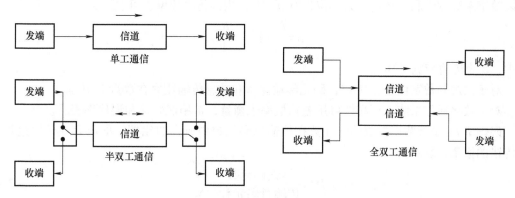

图 2.3-2 数据传输方向示意图

（1）单工（simplex）通信，是指通信双方设备中发送设备和接收设备分工明确，消息只能由发送设备单方向接收设备传输的工作方式。通信双方只有一个可以进行发送，另一个只能接收，如广播、遥测、遥控和无线寻呼等。

（2）半双工（half-duplex）通信，是指通信双方设备既是发送设备，也是接收设备。通信双方都能收发消息相互传输数据，但不能同时进行收和发的工作方式，即某一时刻只能向一个方向传输数据，如普通对讲机、问询和检索等。

（3）全双工（duplex）通信，是指通信双方可以同时收发消息的工作模式，即同时在两个方向上传输数据。通常全双工通信的信道必须是双向通道，如电话、计算机间的高速数据通信等。

2.3.1.4 数据传输指标

通信系统的性能指标包括有效性、可靠性、适应性、经济性、保准性和可维护性等。从信息传输的角度来衡量，有效性和可靠性是通信系统的主要性能指标。有效性是指传输一定信息量时所占用的信道资源（频带宽度或时间间隔），即传输的"速度"问题。可靠性是指传输信息的准确程度，即传输的"质量"问题。需要指出的是，不同的通信系统对有效性和可靠性的要求及度量方法也不尽相同，且有效性和可靠性是一对矛盾。

对于模拟通信系统，有效性可用有效传输频带来度量，传输同样的信源信号，所需的传输带宽越小，频带利用率越高，有效性越好；可靠性可用接收端最终输出信噪比来度量，即接收端输出信号与噪声功率之比，反映信号传输后的"保真"程度和抗噪能力。

对于数字通信系统，有效性可用传输速率和频带利用率衡量。首先定义两种传输速率，码元传输速率和信息传输速率。

码元传输速率 R_B，简称传码率，又称波特率，定义为单位时间传输的码元数目，单位为波特（baud），表示为

$$R_B = \frac{1}{T_B} \qquad\qquad (2.3\text{-}1)$$

式中，T_B 为码元长度（s）。

信息传输速率 R_b，简称传信率，又称比特率，定义为单位时间传输的平均信息量，单位是比特/秒（bit/s）。因为一个 M 进制码元携带 $\log_2 M$ 比特的信息量，R_b 可表示为

$$R_b = R_B \log_2 M \qquad\qquad (2.3\text{-}2)$$

所以数字系统频带利用率定义为单位带宽（1Hz）内的传输速率，可表示为

$$\eta = \frac{R_B}{B} \text{或} \ \eta_b = \frac{R_b}{B} \qquad\qquad (2.3\text{-}3)$$

式中，B 为传输带宽（Hz）。

对于二进制数字信号，$M=2$，码元传输速率和信息传输速率在数量上相等。

对于数字通信系统，可靠性可用差错概率来衡量，常用误码率和误信率表示。

误码率 P_e 是指错误接收的码元数在传输总码元数中所占的比例，即码元在传输过程中被传错的概率，表示为

$$P_e = \frac{\text{错误码元数}}{\text{传输总码元数}} = \frac{N_e}{N} \qquad\qquad (2.3\text{-}4)$$

误信率 P_b 是指错误接收的比特数在传输总比特数中所占的比例：

$$P_b = \frac{\text{错误比特数}}{\text{传输总比特数}} = \frac{I_e}{I} \qquad\qquad (2.3\text{-}5)$$

很显然，在二进制中有 $P_e = P_b$。

2.3.2 串行通信

串行通信是 CPU 与外界进行信息交换的一种方式，是指数据一位一位地按顺序传送的通信方式。串行通信的突出优点是只需一根或几根数据传输线，可大大降低硬件成本。虽然其传输速率低，但在数据采集和控制系统通信中得到了广泛使用，产品也多种多样。

1969 年，美国电子工业协会（electronic industries association，EIA）公布了 RS-232C 作为串行通信接口的电气标准。该标准定义了数据终端设备和数据通信设备间按位串行传输的接口信息，合理安排了接口的电气信号和机械要求，在世界范围内得到了广泛的应用。1977 年 EIA 制定了 RS-449，它除了保留与 RS-232C 兼容的特点外，还在提高传输速率、增加传输距离及改进电气特性等方面作了很大努力，并增加了 10 个控制信号，RS-449 涉及机械规定和电路描述，但没有涉及电气特性。与 RS-449 同时推出的还有 RS-422 和 RS-423，它们与 RS-449 联合起来扩展应用。为扩展应用范围，EIA 于 1983 年在 RS-422 基础上制定了 RS-485 标准，增加了多点、双向通信能力。许多智能仪器设备均配有 RS-485 总线接口，将它们联网十分方便。

2.3.2.1 异步串行通信机制

通信协议是对数据传送方式的规定，包括数据格式定义和数据位定义等。通信方式必须遵从统一的通信协议。串行通信协议包括同步协议和异步协议两种。这里重点讨论异步串行通信机制。

在串行通信中，由于端口通常只是规定了物理层的接口规范，要想保证可靠通信，通信

双方必须提前进行一系列约定。例如，作为发送方，必须知道什么时候发送信息、发送什么、对方是否收到、收到的内容有没有错、要不要重发、怎样通知对方结束等；作为接收方，必须知道对方是否发送了信息、发的是什么、收到的信息是否有错、如果有错怎样通知对方重发、怎样判断结束等。这种约定就叫作通信协议，必须在通信编程之前确定下来。要想使通信双方能够正确地交换信息和数据，在协议中对什么时候开始通信、什么时候结束通信、何时交换信息等问题都必须做出明确的规定。这些保证串行通信有效的规定有，使用轮询或者中断来监测接收数据、设置通信帧的起始位和停止位、建立通信连接握手、对接收数据进行确认以及错误检查等。只有双方都正确地识别并遵守这些规定才能顺利地进行通信，具体如下：

（1）起始位。根据异步串行通信协议规定的数据格式，当通信线上没有数据被传送时，通信线应处于逻辑"1"状态（高电平）。当发送设备要发送一个字符数据时，首先发出一个逻辑"0"信号（低电平），这个逻辑"0"信号就是起始位。起始位经过通信线路传送给接收方，接收方检测到这个逻辑低电平信号后，就开始准备接收数据位信号。起始位所起的作用就是使设备之间同步，通信双方必须在传送数据位信号前已经协调同步。

（2）连接握手。起始位虽可以引起接收方的注意，但是发送方并不能确认接收方是否已经做好了接收数据的准备，利用连接握手机制可使收发双方都确认已经建立了连接关系，接收方已经做好接收准备。连接握手可以通过软件或硬件来实现。

（3）数据位。当接收方收到起始位后，紧接着就会收到数据位信号，数据位的个数通常是 8 位。这些数据位信号被接收到移位寄存器中，构成传送数据字符。在字符数据传送过程中，数据位信号从最低有效位开始发送，依次在接收方中被转换为并行数据。

（4）接收确认。接收方表明数据已经收到而向发送方回复信息的过程称为接收确认。通常，发送方需要根据是否收到确认信息来采取相应措施，确认报文可以是一个双方特定约定的字节。

（5）差错检验。数据位信号发送完之后，数据接收者可以通过差错检验来判断所接收的数据是否正确。串行通信常用的差错检验方法有奇偶校验、冗余数据校验、累加和校验等。如选择偶校验，那么组成数据位和奇偶位的逻辑"1"的个数必须是偶数；如选择奇校验，那么逻辑"1"的个数必须是奇数。

（6）停止位。在差错校验数据位之后发送的是停止位信号。停止位信号是一个字符数据的结束标志，可以是 1 位或多位的高电平信号。接收设备收到停止位之后，通信线路上便又恢复逻辑"1"状态，直至下一个字符数据的起始位信号的到来。

（7）波特率设置。通信线路上传送的所有位信号都必须保持一致的信号持续时间，每一位的宽度都由数据传送速率确定，波特率对于 CPU 与外部的通信是很重要的，允许的波特率误差必须限定在一定范围内。

（8）中断。中断信号通知 CPU 处理需要立即响应的任务，每个中断请求对应一个连接到中断源和中断控制器的信号，许多串行接口采用硬件中断的方式。

2.3.2.2　标准串行通信接口

1. RS-232 接口

RS-232 是异步串行通信中应用最早，也是应用最为广泛的标准串行接口之一，原是基于公用电话网的一种串行通信标准，所使用的电缆通常均有每英尺 40~50pF 的分布电容。

该标准规定最大电容量为 2500pF，所以其传输距离只能局限于 15m 的范围内，其数据传输速率上限只有 20kbit/s。它有多个版本，其中应用最广的是修订版 C，即 RS-232C。1969 年，EIA 采用 RS-232C 作为 PC 厂商的标准，即 EIA-RS-232-C 标准接口，RS 是英文 "recommend standard" 的缩写，232 为标识号，C 表示修改次数。

EIA-RS-232-C 标准接口最初是由 EIA 联合贝尔系统、调制解调器厂商及计算机终端厂商共同制定的，主要用于串行通信。它的全名是数据终端设备和数据通信设备之间串行二进制数据接口技术标准。该标准规定了一个 25 引脚的 DB-25 连接器，并对连接器的每个引脚的信号内容加以规定，还对信号的电平加以规定。后来美国 IBM 公司的 PC 将 RS-232 简化成 DB-9 连接器，从而成了事实上的标准。在工业控制中，许多 RS-232 接口只使用了 RXD、TXD、GND 三个引脚。它的逻辑电平以公共地为对称，其逻辑 "0" 电平规定在 5~15V，逻辑 "1" 电平则在 -15~-5V，因而它不仅要使用正负极性的双电源，而且与传统的 TTL 等数字电路的逻辑电平不兼容，两者之间必须使用电平转换。由于采用非平衡传输方式，接地问题显得特别重要，当传输电缆两端存在较大的电位差时，它将与信号叠加而使逻辑 0 与 1 之间的实际过渡区变窄，从而有可能造成逻辑电平的误判而使数据传输出错。因此，RS-232 需要较高的正负电源，拥有 ±3V 的盲区，虽然抗干扰能力较强，但消耗的电源功率较大。由于 RS-232 接口出现较早，有一定的不足，主要有以下 4 点：第一，接口的信号电平值较高，易损坏接口电路的芯片；第二，异步传输速率较低；第三，接口共地的传输形式容易产生共模干扰，抗噪声干扰能力较弱；第四，传输距离有限。

2. RS-422 接口

RS-422 接口是 EIA 公布的平衡电压数字接口电路的电气特性标准。这个标准是为改善 RS-232C 标准的电气特性，又考虑与 RS-232C 兼容而制定的。RS-422 标准分为 RS-422-A 和 RS-422-B 标准。它采用了平衡差分传输技术，即每路信号都使用一对以地为参考的正负信号线。从理论上讲，这种电路结构对共模信号的抑制比为无穷大，从而大大减小了地线电位差引起的干扰，且传输速率与距离都明显提高。由于信号对称于地，在实际应用中甚至可以不使用地线，而只需使用一对双绞线。在该标准下不能识别的过渡区只有 0.4V，比 RS-232 的 6V 过渡区窄得多。如果两信号线的电位差为正且大于 0.2V，则表示逻辑 1；如果它们之间的电位差为负且幅值大于 0.2V，则表示逻辑 0。

RS-422 标准接口需要 ±5V 电源，由于过渡区间小，RS-422 标准的发送器就不能正确驱动 RS-232 标准的接收器，但 RS-422 的接收设备却能与 RS-232 标准接口连接。RS-422 标准有点对点全双工与广播两种通信方式。广播方式下只容许一个发送驱动器工作，而接收器可以多达 10 个。RS-422 是全双工模式，最少需要 4 根信号线，通信距离与通信速率相关，最高传输速率为 10Mbit/s，短距离通信采用高速率，低速率时通信距离较远，最远传输距离约为 1219m。

3. RS-485 接口

RS-485 标准实质上是 RS-422 标准的改进增强版本，该标准兼容 RS-422，且其技术性能更加先进，因而得到了广泛的应用。它增加了设备的个数，从 10 个增加到了 32 个，同时定义了在最大设备个数情况下的电气特性，以保证足够的信号电压，事实上工业现场总线中的主-从通信和多点通信都是在 RS-485 出现后才发展起来的。RS-485 的硬件接口灵活，仍采用 DB-9 接口，只是每个引脚的定义有所不同，电路原理采用差分传输，三条线分别是信号正、信号负和地线。采用平衡连接的传输线可以大幅度减少外界的干扰电平信号。

RS-485 是 RS-422A 的变形，RS-422A 为全双工，可同时发送与接收；RS-485 则为半双工，在某一时刻一个发送另一个接收。RS-485 不仅传输距离远、通信可靠，而且使用单一 +5V 或+3V 电源，逻辑电平与传统数字逻辑 TTL 兼容，此外对传输介质物理层没有任何严格要求，只需将普通双绞线捆绑在一起即可简便地组成网络。

除点到点与广播通信方式外，RS-485 还具有多点通信方式。利用 RS-485 接口可以使一个或多个信号发送器与接收器相互联，在多台计算机或带微控制器的设备上实现远距离数据通信，形成分布式网络。在多点系统中，发送驱动器的接收器节点数可达 32 个。无论是点到点，还是多点系统，都有单工与双工两种工作方式。在多点系统中，通常使用一个设备作为主站，余下的用作从站，当主站发送数据时，在数据串中嵌入从站固有的 ID 码，从而实现主站与任一从站之间的通信。如果不附带任何从站识别码则可以面向所有从站而实现广播通信。RS-485 标准器件的数据传输速率目前有 32Mbit/s、20Mbit/s、12Mbit/s、10Mbit/s、2.5Mbit/s 和数百 kbit/s 等各种规格。RS-485 标准的通信距离根据负载特性与传输速率的变化而变化，当负载较小而传输速率较低时，实际通信的距离可达数公里。

RS-485 的主要特点如下：第一，采用差分信号负逻辑，与 TTL 电平兼容，不易损坏接口电路芯片；第二，传输速率较高，最高为 10Mbit/s；第三，采用平衡驱动器和差分接收器组合，抗噪声干扰性能好；第四，最大传输距离较远；第五，一般最大支持 32 个节点，但如果使用特制的 485 芯片，可以达到 128 个或者 256 个节点，最大可支持 400 个节点。RS-232C、RS-422、RS-485 的主要性能指标比较，见表 2.3-1。

表 2.3-1　RS-232C、RS-422、RS-485 主要性能指标

性能指标	RS-232C	RS-422	RS-485
最大传输距离	15m	1200m（速率 100kbit/s）	1200m（速率 100kbit/s）
最大传输速度	20kbit/s	10Mbit/s	10Mbit/s
驱动器最小输出/V	±5	±2	±1.5
驱动器最大输出/V	±15	±10	±6
接收器敏感度/V	±3	±0.2	±0.2
最大驱动器数量	1	1	32
最大接收器数量	1	10	32
驱动器负载电阻/Ω	3000~7000	100	54
操作传输模式	单端	差分	差分

2.3.2.3　Modbus 串行通信协议

Modbus 串行通信协议最初是由美国莫迪康（Modicon）公司开发的，在 1979 年该公司成为法国施耐德自动化部门的一部分。Modbus 协议是全球第一个真正用于工业现场总线的协议，现在已经是工业领域十分常用的协议。Modbus 协议是应用于电子控制器（PLC 或其他控制器）上的一种通用工业标准协议，可以实现控制器之间、控制器通过网络和其他设备之间的串行通信。采用 Modbus 协议，不同厂商生产的控制设备可以互联成工业网络，实现集中管理控制。

Modbus 协议定义了一个控制器能识别使用的消息结构，而不管它们是经过何种网络进行通信的。它描述了控制器请求访问其他设备的过程，如何响应来自其他设备的请求，以及怎样侦测错误并记录，它制定了消息域格式和内容的公共格式。同时，当使用现有老式控制系统的用户发现自己需要扩充现场仪表或者增加远程控制器时，基本上都会采用 Modbus 协议作为一个能够解决复杂问题的简单方案。事实上，当用户试图把一个外来设备连接到既存控制系统时，使用 Modbus 协议已被证明是最容易和可靠的手段。综上，Modbus 协议具以下特点：

1）协议是开放共享的，无许可要求。用户可以免费获得使用，不会侵犯知识产权。

2）支持多种电气接口，可以在各种介质上传输，如双绞线、光纤和无线等。

3）消息帧格式简单、紧凑、通俗易懂，理解和使用简单，易于开发和集成。

Modbus 协议是基于 OSI 模型第 7 层的应用层报文传输协议，它在不同类型总线和设备之间提供主机/从机或客户机/服务器之间通信。主机能够向从机发送请求，从机分析请求、处理请求，向主机发送应答。Modbus 网路协议层上包括 3 个层次，即物理层、数据链路层和应用层。Modbus 协议规范如图 2.3-3 所示。

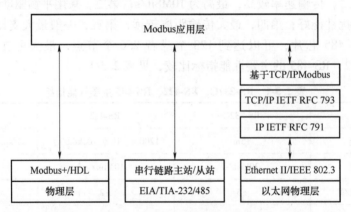

图 2.3-3　Modbus 协议规范

Modbus 协议包括 ASCII、RTU、TCP 等，并没有规定物理层。协议定义了控制器能够认识和使用的消息结构，而不管它们是经过何种网络进行通信的。Modbus 协议允许在各种网络体系结构内进行简单通信，每种设备（PLC、人机界面、控制面板、驱动程序、输入输出设备等）都能使用 Modbus 协议来启动远程操作，一些网关允许在几种使用 Modbus 协议的总线或网络之间的通信，如图 2.3-4 所示。

在标准的 Modbus 网络通信中，主控制器可以将 Modbus 设置为 3 种传输模式：RTU、ASCII 和 TCP。用户可以选择传输模式以及串口通信参数，在配置时同一个 Modbus 网络上的所有设备都必须选择相同的传输模式和通信参数。其中，RTU 和 ASCII 均支持 RS-485 接口标准，RTU 采用二进制数据表达形式及紧凑的数据结构，通信效率较高，因而应用比较广泛；ASCII 采用 ASCII 码传输，且利用特殊字符作为字节的开始和结束标识，传输效率远低于 RTU，一般只在通信数据量较小的情况下使用。在工业现场一般都采用 RTU，通常提到的 Modbus 通信协议都是指 Modbus RTU。三种模式具体如下：

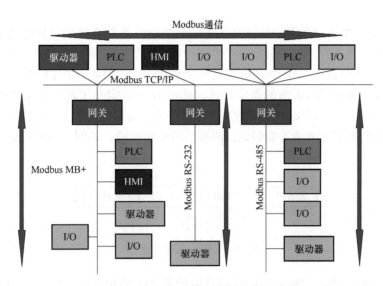

图 2.3-4　Modbus 协议网络体系结构示例

（1）RTU 模式。当主控制器设置为 RTU 模式通信时，消息中的每个 8bit 的字节都包含两个 4bit 的十六进制字符。这样在相同的波特率下，可比 ASCII 模式传输更多的数据，目前大部分 Modbus 仪表支持的都是 RTU 模式。RTU 模式中，信息开始至少需要有 3.5 个字符的静止时间，依据使用的波特率，可以计算这个静止的时间（表 2.3-2 所示的 T_1-T_2-T_3-T_4）。接着，第一个区的数据为设备地址。网络上的设备连续监测网络上的信息，包括静止时间。当接收第一个地址数据时，每台设备立即对它解码，以决定是否是自己的地址。发送完最后一个字符号后，也有一个 3.5 个字符的静止时间，然后才能发送一个新的信息。

（2）ASCII 模式。当主控制器设置为 ASCII 模式通信时，消息中的每个 8bit 字节都作为一个 ASCII 进行发送。这样字符发送的时间间隔可以达到 1s，不易产生错误。

（3）TCP 模式。TCP 是为顺应当今发展趋势而出现的，通过以太网或互联网进行数据连接和传输。该模式遵循 TCP/IP 协议，硬件接口就是 EtherNet 接口。

表 2.3-2　Modbus 消息帧

模式	起始位	设备地址	功能码	数据域	校验方式	结束符
ASCII 模式	1 个字符	2 个字符	2 个字符	n 个字符	LRC 2 个字符	2 个字符
RTU 模式	T_1-T_2-T_3-T_4	8bit	8bit	2 个 8bit	CRC 16bit	T_1-T_2-T_3-T_4

Modbus TCP 与 RTU 非常类似，只需要在 RTU 模式上加一个 MBAP 报文头，由于 TCP 是面向可靠连接的协议，不再需要 RTU 模式中的设备地址码和 CRC 校验码。其消息帧格式为，MBAP 报文头（00 00 00 00 00 06 00)+功能码+数据域。

Modbus 协议在一根通信线上使用主从应答半双工连接，这意味着在一根单独的通信线缆上信号沿着相反的两个方向传输。首先，主机的信号寻址到一台特定地址的终端设备，然后终端设备发出的应答信号以相反的方向传输给主机。Modbus 协议只允许在主控制器和终端之间进行通信，而不允许独立的终端之间的数据交换，这样各终端设备不会在它们初始化时占据通信线路。

当在 Modbus 网络上通信时，协议规定了每个终端设备都需要指定自己的地址，用于识别主控制器按地址发来的消息，决定要产生何种回应，如果需要回应信号，设备将生成反馈信息并用 Modbus 网络发出。Modbus 协议是一个请求/应答协议，并且提供统一的功能码用于数据传输服务。为了寻求简洁的通信格式，Modbus 协议定义了两种报文模型：协议数据单元（protocol data unit，PDU），即功能码+数据格式；应用数据单元（application data unit，ADU），在 PDU 的基础上增加了前缀地址码和后缀差错校验，如图 2.3-5 所示。

图 2.3-5　Modbus 报文模型

包括保留功能码的话，Modbus 协议共可以设置 255 个功能码，但是常用的功能码有 8 个（见表 2.3-3）。

表 2.3-3　Modbus 协议常用功能码

功能码	注册类型	操作方式	操作数量
01	读线圈状态	位操作	单个或多个
02	读离散输入状态	位操作	单个或多个
03	读保留寄存器	字操作	单个或多个
04	读输入寄存器	字操作	单个或多个
05	写单个线圈	位操作	单个
06	写单个保存寄存器	字操作	单个
15	写多个线圈	位操作	多个
16	写多个保存寄存器	字操作	多个

Modbus 协议事务处理机制：主机创建 Modbus 协议应用数据单元形成查询报文后，主机向从机发送报文，从机接收报文后根据功能码做出相应的动作，并将相应报文返回给主机，如果从机执行操作正确则返回正常的响应报文，如果出现错误则返回异常的响应报文。对于异常响应，从机将返回一个与原始功能码等同的码值，但是最高的有效位置为逻辑 1，如图 2.3-6 所示。

例如，主机使用 Modbus 协议控制从机某型变频器实现反转的 ADU 报文可能是 010620 0000 0203 CB。其具体含义如下：

01　变频器设备地址；

06　功能码，表示写单个寄存器；

2000　变频器控制命令寄存器地址（共 2 个字节，高位在前）；

0002　写给寄存器的命令数值，表示变频器反转（共 2 个字节，高位在前）；

03 CB　前面所有 6 个字节数据生成的 CRC 校验码（共 2 个字节，低字节在前）。

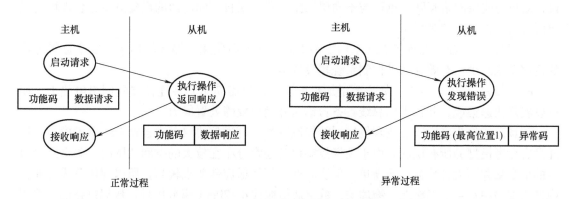

图 2.3-6　Modbus 协议事务处理过程

2.3.3　现场总线

2.3.3.1　概述

现场总线是指伴随着计算机通信技术发展起来的，应用在工业自动化领域的一种工业数据通信总线。它主要解决工业现场的智能仪器仪表、控制器、执行机构等现场设备的数字通信以及现场控制设备和高级控制系统之间的信息传递问题。现场总线是自动化控制领域的底层数据通信网络。它的出现对自动化领域的技术发展产生了重要影响，是当今技术发展的热点之一，被称为自动化领域的计算机网络。现场总线控制系统（fieldbus control system，FCS）自 20 世纪 80 年代末出现，历经 30 多年发展，已成为第五代工业过程控制的自动化系统。

按照 1999 年国际电工委员会（international electrotechnical commission，IEC）给出的标准定义，现场总线是指安装在制造或过程区域的现场装置与控制室内的自动装置之间的数字式、串行、多点通信的数据总线。或者，现场总线是以单个分散的数字化、智能化的测量和控制设备作为网络节点，用总线相连接实现相互交换信息，共同完成自动控制功能的网络控制系统。其本质含义表现在以下几个方面：

1）现场通信网络是指，用于过程及制造自动化的现场设备或仪表互联的通信网络，使过去采用点到点的模拟量信号传输或开关量信号的单点并行传输，变成多点一线的双向串行数字传输。

2）现场设备互联是指，现场设备可以通过现场总线直接实现互联，相互交换信息，并且可以根据需要选择适合类型的传输介质。

3）互操作性。一个现场总线控制系统可能连接多个制造厂商生产的设备。所谓互操作性是指来自不同厂商的设备可以互相通信，这样用户可以自由选择设备，制造商可以方便新增设备功能，而不用局限于特定通信协议和控制系统，只有这样才便于自由集成 FCS。

4）分散功能块。现场总线控制系统把功能块分散到现场仪表来执行，从而构成虚拟控制站，且可统一组态，用户可以灵活选用各种功能块构建控制系统。

5）现场总线供电。现场总线不仅可以传输控制信息，还可以为现场设备供电。总线供电不仅简化了安装布线，而且可以通过安全栅实现本系统安全。

6）开放式互联网络。现场总线是开放网络，采用公开化、标准化、规范化的通信协议，既可与同层网络互联，也可与不同层网路互联，来自不同厂商的设备只要符合现场总线协议就可以连接成控制系统。

7）经济性。建立在现场总线基础上的 FCS，在电缆费用、输入输出卡、安全栅等方面的费用急剧减少，有效降低了控制系统建设成本。

8）设备易于安装维护。如果要增加现场设备，只需简单安装连接器到网络电缆上，便可以实现快速集成，并且现场总线具备自诊断和简单故障处置能力。

现场总线作为应用于工业现场底层的控制网络，其通信协议基本遵循 OSI 参考模型，但并没有参考模型的所有层次。由于现场控制设备通常分布在较大的空间范围内，单个网络节点的信息量并不大且传输任务简单，但实时性和环境适应性要求较高。所以现场总线将通信模型主要集中在 4 个层次上：物理层，数字通信取代 4~20mA 模型信号；数据链路层，采用异步或同步协议，可以监督各设备之间的通信，进行错误检测；应用层，将数据编码成控制网络设备约定的报文，并提供过程控制服务；用户层，连接空间分散的各个工业现场实现高层控制功能。国际电工委员会（IEC）的 SP50 委员会提出了两种现场总线结构模型：星形现场总线和总线型现场总线。此外还有环形、树形和菊花链形等现场总线。

目前世界各国许多公司都开发了自己的现场总线协议，各自采用不同的标准，数目多达四十余种。国际电工技术委员会/国际标准协会（IEC/ISO）1999 年制定的 IEC 61158 标准涵盖了 8 种总线协议，2007 年第 4 版现场总线标准 Ed. 4 纳入了 20 种总线协议，IEC 61158-1：2014 包含了 19 种总线协议，IEC 61158-1：2019 纳入了 21 种总线协议。目前，应用较广的总线有基金会现场总线（FF）、控制局域网（CAN）总线、局部操作网络（LonWorks）总线、过程现场总线（PROFIBUS）、可寻址远程传感器高速通道（HART）总线、控制与通信链路（CC-Link）总线等。发射场主要使用的总线是 PROFIBUS 和 CAN，下面进行重点介绍。

2.3.3.2 PROFIBUS 总线

PROFIBUS 总线是用于工厂自动化车间级监控和现场设备层数据通信与控制的现场总线，传输信号单位是字节数，通信活动发生在远程 I/O 设备之间，不具备总线供电和本质安全（简称本安）功能。PROFIBUS 也是德国国家标准 DIN 19245 和欧洲标准 EN 50170 的现场总线，分别由 PROFIBUS-DP（decentralized periphery，分散化外围设备）、PROFIBUS-FMS（field message specification，总线报文规范）、PROFIBUS-PA（process automation，过程自动化）组成。DP 型用于分散外设间的高速传输，适合于加工自动化领域的应用；FMS 意为现场信息规范，适用于纺织、楼宇自动化、可编程控制器、低压开关等一般自动化应用；而 PA 型则是用于过程自动化的总线类型。PROFIBUS 是由西门子公司为主的 13 家德国公司和 5 个研究所共同推出的，它采用了 ISO/OSI 模型的物理层、数据链路层，由这两部分形成了其标准第一部分的子集。DP 型隐去了 3~7 层，而增加了直接数据连接拟合作为用户接口；FMS 型只隐去第 3~6 层，采用了应用层作为标准的第二部分；PA 型隐去了 3~7 层，其传输技术遵从 IEC 61158.2 标准接口。PROFIBUS-DP 是一种经过优化的高速通信连接，是专为自动控制和设备级分散 I/O 之间的通信设计的，主要侧重于控制现场自动化，用于分布式控制系统的高速数据传输，其传输速率高达 12Mbit/s。截至目前，DP 的应用占到 80% 的 PRO-FIBUS 应用安装实例，代表了 PROFIBUS 的技术精华和主要特点。下面主要论述发射场使用广泛的 PROFIBUS-DP 总线。

（1）PROFIBUS-DP 的基本功能。PROFIBUS-DP 网络由 3 类设备组成：一类主站（DPM1）、二类主站（DPM2）和从站。在同一条总线上最多可以连接 126 台设备。数据链路层可以提供 SRD 服务（发送要求带数据的应答报文）和 SND 服务（不要求应答的广播报文）。PROFIBUS-DP 的基本功能有，主站和从站间的循环用户数据传输、控制指令、诊断功能、安全性功能、系统行为、识别号等。

（2）PROFIBUS-DP 的扩展功能。允许在主站和从站之间传送非循环的读写及报警功能，且可实现与循环数据通信相并行的操作。这样用户可以用工程工具去优化从站的设备参数或读取从站设备状态，而不影响系统的运行。PROFIBUS-DP 扩展功能的数据交换原理如图 2.3-7 所示。扩展功能主要由工程工具对现场设备进行在线操作，具有低优先权的非循环数据的传输与快速循环的用户数据并行进行传输，主站需要附加的时间来执行非循环的通信服务，这在整个系统的参数化中必须加以考虑。

图 2.3-7 PROFIBUS-DP 扩展功能的数据交换原理

（3）PROFIBUS-DP 的系统结构。从构成上可以分为单主站和多主站系统。在单主站系统中，总线运行时只有一个主站在总线上活动，可以没有二类主站，但必须包含一类主站和从站。在多主站系统中，总线上可以连接若干个主站，任何一个主站都可以读取从站的输入和输出映像，但只有在组态时制定为一类的主站才能向它所属的从站写输出数据。

同时，PROFIBUS 网络组建，实际上是指一组协议与应用规约的集合，是数据链路层上使用统一的通信协议，基于 Token-passing 的主从轮询协议，而在其下的物理层和其上的应用层则使用不同的应用规约。在大多数的应用场合，使用了 RS-485 物理层。PROFIBUS-DP 网络布线时选用带屏蔽的双绞线，以提高总线抗干扰能力；网络分段每段包括 32 个站，整个网络站个数是 126。根据不同应用环境可选用不同的物理层和应用行规来组建 PROFIBUS 网络。在 PROFIBUS 网络的布置方面，采用标准的总线电缆和总线接线器。在总线终端正确接上接线器的终端电阻，是组建一个抗干扰能力强、稳定可靠的 PROFIBUS 网络的有效方法。

2.3.3.3 CAN 总线

CAN 总线协议是 20 世纪 80 年代初德国博世（BOSCH）公司为解决汽车的众多控制单元、测试仪器之间的实时数据交换而开发的一种串行通信协议。由于 CAN 总线采用了许多新技术和独特设计，与其他总线相比其具有突出的可靠性、实时性和灵活性，应用范围目前已不再局限于汽车行业。CAN 总线是唯一成为国际标准的现场总线，也是国际上应用最广泛和的最具前途的现场总线之一。CAN 总线是一种串行数据通信协议，其通信接口中集成了 CAN 协议的物理层和数据链路层功能，可完成对通信数据的成帧处理，包括位填充、数据块编码、循环冗余检验、优先级判别等项工作。CAN 总线与 OSI 参考模型如图 2.3-8 所示，CAN 总线特点如下：

1）可以多主方式工作，网络上任意一个节点均可以在任意时刻主动地向网络上的其他节点发送信息，而不分主从，通信方式灵活。

2）网络上的节点可分成不同的优先级，可以满足不同的实时要求。

3）采用非破坏性位仲裁总线结构机制，当两个节点同时向网络上传送信息时，优先级低的节点主动停止数据发送，而优先级高的节点可不受影响地继续传输数据。

4）可以点对点、一点对多点及全局广播几种传送方式接收数据。节点数可达 110 个。

5）直接通信距离最远可达 10km。通信速率最高可达 1MB/s。

6）节点在错误严重的情况下，具有自动关闭总线的功能，切断它与总线的联系，以使总线上的其他操作不受影响。

7）通信介质可采用双绞线、同轴电缆和光导纤维，一般采用廉价的双绞线即可，无特殊要求。

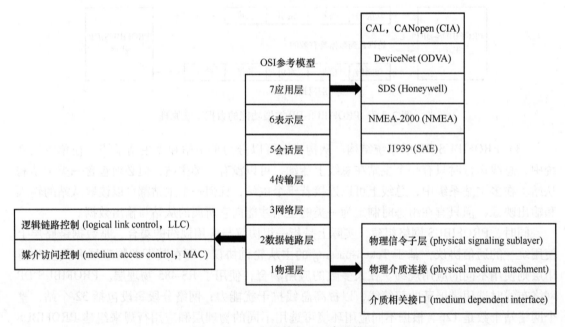

图 2.3-8　CAN 总线与 OSI 参考模型

一般而言，CAN 总线通信机制如下：

（1）多主控制与优先级仲裁。CAN 总线采用多主控制模式，在网络上每个节点在物理层面上都有权利发送数据。当多个节点同时尝试发送数据时，网络通过优先级仲裁机制来决定哪个节点获得优先发送权。通过 ID 仲裁，ID 数值越小、报文优先级越高的，占有总线。非破坏性仲裁，任何节点在总线空闲时都能发送报文，发送低优先级报文的节点退出仲裁后，在下次总线空闲时重发报文。

（2）短帧结构与差分传输。CAN 总线采用短帧结构来传输数据，有助于减少传输时间，降低数据受干扰风险。使用差分信号传输，通过 CAN-H 和 CAN-L 之间的电压差来传输数据，可以提高信号的抗干扰性。

（3）检错机制可靠。CAN 总线内置了良好的检错机制，如循环冗余检验和帧检验。如果在传输过程中检测到错误，CAN 总线会要求重新发送，从而提高了通信的可靠性。

（4）灵活的网络配置。CAN 总线支持灵活的网络配置，理论上可以接入任意数量的节点，并且可以根据需要添加和移除节点。每个节点都有唯一 ID，使得数据传输具有确定性。

2.3.4　工业以太网

2.3.4.1　概述

多年来，工业控制是采用现场总线来实现的，但由于种种原因，现场总线的种类越来越多，各种现场总线之间由于没有统一标准，导致互操作性很差，因此引入了低成本、高速率、应用广泛的以太网技术。然而，以太网的实时性和可靠性较差，难以满足工业控制要求，因此，相关组织对以太网进行了一些扩展，成为工业以太网。它的技术优势如下：

（1）应用广泛。以太网是应用非常广泛的计算机网络技术，几乎所有的编程语言都支持工业太网的应用开发。

（2）通信速率高。目前，100Mbit/s 的工业以太网已开始广泛应用，1Gbit/s 以太网技术也逐渐成熟，而传统的现场总线最高速率只有 12Mbit/s。显然，以太网的速率要比传统现场总线快得多，完全可以满足工业控制网络不断增长的带宽要求。

（3）成本低廉。以太网网卡的价格较现场总线网卡要便宜得多。另外，以太网已经应用多年，人们对以太网的设计、应用等方面有很多经验，具有相当成熟的技术。

（4）资源共享能力强。网络上的用户已解除了资源地理位置上的束缚，在联入互联网的任何一台计算机上就能浏览工业控制现场的数据，实现"控管一体化"，这是其他任何一种现场总线都无法比拟的。

（5）可持续发展潜力大。以太网的引入将为控制系统的后续发展提供可能性，用户在技术升级方面无须独自的研究投入，对于这一点任何现有的现场总线技术都是无法比拟的。

综上，工业以太网源于以太网又不同于以太网，工业以太网在以太网原有核心技术的基础上，为应对工业环境性、通信实时性、节点时间同步、网络的功能安全与信息安全等问题，提出了相应的解决方案。工业以太网的关键技术如下：

（1）实时通信技术。采用以太网交换、全双工通信、流量控制等技术，以及确定性数据通信调度控制策略、简化通信站软件层次、现场设备层网络微网段化等针对工业过程控制的通信实时性措施，解决了以太网通信的实时性。

（2）总线供电技术。采用直流电源耦合、电源冗余管理等技术，设计了能网络代电或总线供电的以太网集线器，解决了以太网总线的供电问题。

（3）远距离传输技术。采用网络分层、控制区域微网段化、网络超小时滞中继以及光纤等技术，解决了以太网的远距离传输问题。

（4）网络安全技术。采用控制区域微网段化，各控制区域通过具有网络隔离和安全过滤的现场控制器与系统主干相连，实现各控制区域与其他区域之间的逻辑上的网络隔离。

（5）可靠性技术。采用分散结构化设计、冗余、自诊断等可靠性设计等技术，提高基于以太网技术的现场设备可靠性，经实验室 EMC 测试，设备可靠性符合工业现场控制要求。

工业以太网的重点在于，利用交换式以太网技术为控制器和各工作站点之间的相互协调合作提供一种交互机制，并和上层信息无缝集成，其在监控层网络上逐渐占据主流位置，并且正在向现场设备层网络渗透。现在的许多现场总线控制网络都提出了与以太网结合，用以太网作为现场总线网络的高速网段，使控制系统与互联网融为一体的解决方案。例如 PROFIBUS 的上层网段 PROFINET、Modbus/TCP 和 EtherCAT 等，都是典型的工业以太网。

2.3.4.2 PROFINET

PROFINET 是由 PROFIBUS 国际组织（PROFIBUS International，PI）提出的基于实时以太网技术的自动化总线标准，将工厂自动化和企业信息管理层 IT 技术有机融为一体，同时又完全保留了 PROFIBUS 现有的开放性。PROFINET 成功实现了工业以太网和实时以太网技术的统一，并在应用层使用大量的软件技术，如 COM 技术、OPC、XML、TCP/IP 等。从传输协议角度上，PROFINET 将数据分为 TCP/UDP/IP 标准通信（对时间要求不高的数据）、软实时（soft real time，SRT）通信（有实时要求的数据）、等时同步实时（isochronous real time，IRT）通信（对时间要求特别严格的数据）3 种类型。从应用角度上，PROFINET 分为 CBA 和 I/O，能够完全透明地兼容各种传统的现场工业控制网路和以太网，可以在整个控制系统内实现统一的网络架构，达到一网到底的革命。PROFINET 网络结构示意图如图 2.3-9 所示。

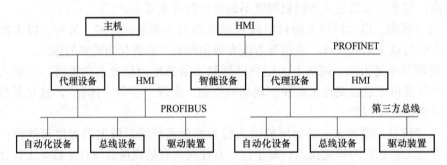

图 2.3-9 PROFINET 网络结构示意图

PROFINET 是一个整体的解决方案，符合基于工业以太网的实时自动化体系，覆盖了自动化技术的所有要求，能够实现与现场总线的无缝集成。更重要的是，PROFINET 所有的事务都在一条电缆中完成，IT 服务和 TCP/IP 开放性没有任何限制。它可以满足用于所有客户需要的统一的通信，实现从高性能到等时同步可以伸缩的实时通信。PROFINET 提供两种集成现场总线系统的方法：

（1）通过代理服务器的现场总线设备集成。代理服务器代表以太网上较低层的现场设备。采用代理服务器方案，PROFINET 提供了从现有设备到新安装的设备之间的全透明转换。

（2）整个现场总线应用的集成。一个现场总线段代表一个自包含的 PROFINET 组件，该组件代表的是在较低层操作现场总线的 PROFINET 设备。由此，较低层现场总线的所有功能以组件的形式保存在代理服务器内。

作为新一代的现场总线，PROFINET 需要能够集成许多成熟的正在使用的现场总线。由于 IT 技术的应用，在 PROFINET 方案中保护投资也起着至关重要的作用。PROFINET 能集成现有的现场总线系统，且无须修改现有设备。这就保护了所有投资者的现有投资。

PROFINET 的主要技术特点如下：

1）PROFINET 的基础是组件技术。每个设备都被看成是一个组件对象模型（component object model，COM）接口的自动化设备；拥有一个标准化组件定义设备之间的通信。

2）PROFINET 采用标准以太网和 TCP/IP，通过应用层的分布式组件对象模型（distrib-uted COM，DCOM）完成节点之间的通信和寻址。

3）通过代理设备实现 PROFINET 与 PROFIBUS 或其他现场总线的无缝集成。

4）PROFINET 支持总线型、树形、星形、冗余环形结构。

5）PROFINET 采用 100Mbit/s 以太网交换技术，允许主从站点在任何时刻发送数据。

6）借助简单网络协议，PROFINET 可以在线调试和维护设备，支持统一诊断，可高效定位故障点。

2.3.4.3　EtherCAT

以太网控制自动化技术（Ethernet for control automation technology，EtherCAT）是德国倍福（Beckhoff）公司于 2003 年提出的一种高可靠高效率的实时工业以太网技术，于 2007 年成为国际标准，由 EtherCAT 技术协会（EtherCAT technology group，ETG）负责推广，并于 2014 年成为我国国家标准。

EtherCAT 是一个可用于现场级的超高速 I/O 网络，它使用标准的以太网物理层和常规的以太网卡，传输媒体可为双绞线或光纤。传统以太网技术用于现场级的最大问题是通信效率低，仅为 0.77%。为了提高通信效率，EtherCAT 采用了类似 Interbus 现场总线的集总帧等时通信原理。EtherCAT 开发了专用集成电路（application specific IC），ASIC 芯片现场总线内存管理单元（fieldbus memory management unit，FMMU）用于 I/O 模块，这样 EtherCAT 可采用标准以太网帧，并以特定的环状拓扑发送数据，在 FMMU 的控制下，网络上的每个站（或 I/O 单元）均从以太网帧上取走与该站有关的数据，或者插入该站要输出的数据。Eth-erCAT 还通过内部优先级系统，使实时以太网帧比其他数据帧有较高的优先级。EtherCAT 几乎支持任何拓扑结构，包括线形、树形与星形等；在 100Mbit/s 时；允许两设备之间最大电缆长度为 100m。EtherCAT 工业以太网的主要特点如下：

1）最快的工业以太网技术之一，同时提供纳秒级精确同步。

2）在网络拓扑结构方面没有任何限制，可连接多至 65535 个设备。

3）节点地址可自动设置，无须配置交换机和网络调试，集成的诊断信息可以精确定位错误。

4）主站设备无须特殊插卡，从站设备可以使用由多个供应商提供的高集成度和低沉本的芯片。

5）利用分布式时钟的精确校准技术，提供了有效的同步解决方案，数据交换完全基于纯粹的硬件设备。

EtherCAT 技术突破了其他以太网解决方案的系统限制：通过该项技术无须接收以太网数据包将其解码之后再将过程数据复制到各个设备，EtherCAT 从站设备在报文经过其节点时读取相应的编址数据，同样输入数据也是在报文经过时插入至报文中，然后转发到下一个从站，整个过程中报文只有几纳秒的时间延迟，如图 2.3-10 所示。这种传输方式提高了宽带的利用率，通常一个数据帧就可以完成一个周期的通信。由于发送和接收的以太网帧压缩了大量的设备数据，所以有效数据率可达 90% 以上。

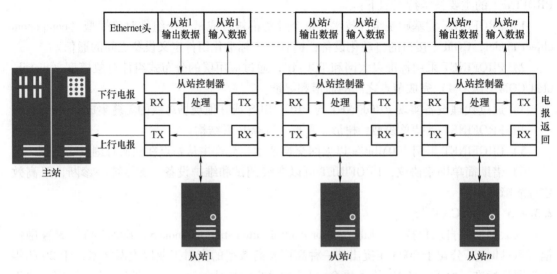

图 2.3-10　EtherCAT 运行原理

总之，EtherCAT 拥有杰出的通信性能，接线也非常简单，并对其他协议开放。传统的现场总线系统已达到了极限，而 EtherCAT 则突破性地建立了新的技术标准，30μs 内可以更新 1000 个 I/O 数据，可选择双绞线或光纤并利用以太网和因特网技术实现垂直优化集成。使用 EtherCAT 可以用简单的线形拓扑结构替代昂贵的星形拓扑结构，无须昂贵的基础组件。EtherCAT 还可以使用传统的交换机连接方式，以集成其他的以太网设备。其他的实时以太网方案需要与控制器进行特殊连接，而 EtherCAT 只需要价格低廉的标准以太网卡便可实现。同时，EtherCAT 拥有多种机制，支持主站到从站、从站到从站以及主站到主站的通信。它实现了安全功能，采用技术可行且经济实用的方法，使以太网技术可以向下延伸至 I/O 级。EtherCAT 功能优越，可以完全兼容以太网，可将因特网技术嵌入简单设备中，并最大化地利用了以太网提供的巨大带宽，是一种实时性能优越且成本低廉的网络技术。

2.4　数据处理

数据处理主要是指把通过传感器、监测设备等多种方式采集传输到系统内的数据进行处理的过程。这些数据可以是历史的，也可以是实时的；可以是压力、温度、电压、电流、流量、转速等物理量的测量值，也可以是视频、图像等感知数据。处理过程包含多个方法步骤，如整理、清洗、分析和转化等。数据处理是实现数据应用的基础工作，它将采集到的海量数据通过多个方法步骤最终转化为有意义的信息，从而在模型构建、仿真和决策支持中发挥基础性作用。

数据处理是继数据采集、数据传输后的关键步骤，数据处理结果的好坏直接决定了后续工作质量的高低，进而影响最后的决策准确性。通过数据处理，海量的数据提高了质量，从而使原始数据更具有可用性、可参考性、可解释性，为后续的数据分析和应用奠定了可靠的基础。数据处理内容和方法多样，这里对发射场中数据处理涉及的误差来源、误差修正和数据融合技术等内容进行介绍。

2.4.1　测量误差

测量误差，简单来讲就是通过测量得到的某个物理量的值与该物理量真实值之间的差值。对于任何一个物理量而言，都不可能通过测量得到一个真实完整、绝对准确的数值。这个数值是一个理想的概念，即使是选择当前最先进的测量技术、测量仪器，采用最完善的方法，也只是在无限地逼近真实值，而无法得到真实值。测量值和真实值之间的差值被称为误差。误差不是错误，误差是不可避免和不可消除的。

既然真实值无法确切的获得，测量值是否准确可用就变得至关重要。衡量测量值准确程度的大小称为准确度，简单来讲，准确度即为测得值与真值之间的符合程度。准确度的高低常用来衡量误差的大小。即，准确度越高，误差越小；准确度越低，误差越大。

测量结果误差存在必然性、不可避免性，对误差研究的目的不是为了彻底消灭误差，而是通过对误差的来源、分类性质及其产生和传播的规律探究分析，使得测量结果更趋近真实值，从而解决工作中遇到的实际问题，探究研究对象的真实情况。

2.4.1.1　误差的来源

误差是由于测量值的不准确带来的，主要是测量方法、测量装置、测量人员及测量环境等诸多因素的综合影响造成的。

（1）测量方法。测量方法带来的误差又称方法误差，主要是指由于采用的方法不先进、理论不严密、被测量对象定义不明确等原因导致的最终得到的测量值与真实值之间的差值。减少方法误差的途径主要有改进测量方法、多次测量求平均值等。

（2）测量装置。测量装置带来的误差又称仪器误差或装置误差，主要是指由于测量使用的仪器仪表、辅助设备等本身不完善、不精密、不稳定等原因带来的计量误差，归根到底是由设计原理、制造与安装、调整与使用不当等原因造成的。减少仪器误差的途径主要是选择更精密的仪器仪表。

（3）测量人员。测量人员带来的误差又称人为误差，主要是指由于测量人员仪器操作熟练程度、分辨能力高低、反应速度快慢、固有习惯、主观判断的限制以及疲劳或一时疏忽等生理、心理上的原因造成的误差，如视差、观察误差、估读误差等。减少人为误差的途径主要有提高测试人员技术水平、保持良好测试状态、引入自动化工具、多次测量取平均值等。

（4）测量环境。测量环境带来的误差又称外界误差，主要是由于测量时实际环境存在差异产生的误差。环境差异包括温度、湿度、气压、振动、电磁场、光照度等，以及这些因素的空间不均匀性和时间不稳定性等。这些环境差异不仅会影响被测物理量值本身的变化，同时也会影响测试用的仪器仪表的精准度，甚至环境的变化也会影响测试人员的心理、生理，从而影响其测试技术水平的发挥。为了减少环境误差对结果的影响，测试时对外界环境制定相应的标准，提出一定的要求，环境条件必须满足标准；同时，测量时尽量选择同样的环境，减少环境差异对测量结果带来的影响。

2.4.1.2　误差的表示及分类

根据表示方法，误差可分为绝对误差和相对误差；根据误差出现的规律，可分为系统误差、随机误差和粗大误差；根据被测量随时间变化的速度，又可分为静态误差和动态误差；根据使用条件，又可以分为基本误差和附加误差。

1. 绝对误差

绝对误差是测量值与真实值相对偏离的绝对大小。绝对误差有单位，单位与被测物理量的单位相同。绝对误差用来表示测量值与真实值之间的偏离程度和方向，由于真实值不可获得，绝对误差并不完全准确。仅用绝对误差通常不能说明测量质量的好坏，为了表明测量结果的准确程度，通常将测量值与绝对误差一同列出。绝对误差的计算公式为

$$E = X - T \tag{2.4-1}$$

式中，E 为绝对误差，单位与被测物理量保持一致；X 为测量值；T 为真实值。

当测定值大于真实值时，E 为正值，反之 E 为负值。

2. 相对误差

相对误差等于测量值与真实值之差的绝对值除以真实值，再乘以百分之百。因此相对误差是一个百分数，一个无量纲数。一般来说，相对误差更能反映测量的可信程度，是衡量测量准确度的重要指标之一。相对误差的计算公式为

$$\gamma = \frac{|X - T|}{T} \times 100\% \tag{2.4-2}$$

式中，γ 为相对误差，无量纲；X 为测量值；T 为真实值。

3. 系统误差

系统误差是指，在测量系统、仪器、人员、环境等不发生变化的条件下，对同一被测量进行多次测量得到的测量值中含有的按一定规律变化或恒定不变的误差。系统误差是由一些恒定因素产生的，如测量方法的缺陷、测量仪器的精准度不足等。系统误差可以通过找到引起误差的原因，采取一定的措施修正，如对压力表或流量计标校、对获取数据修正等。

4. 随机误差

随机误差是指在多次重复测量时具有随机性和不可预见性变化的误差，也称为偶然误差或不定误差。它是因测定过程中一系列有关因素微小的随机波动而形成的具有相互抵偿性的误差，具有大小和方向不固定、无法测量或者校正的特点。随机误差可以通过多次测量取平均值的方法减小。

5. 粗大误差

粗大误差是指明显超出规定条件下预期的误差。粗大误差歪曲了检测的结果，造成测量结果不准确甚至错误。在数据处理时必须剔除被判定为含有粗大误差的可疑值或者异常值，这些值不应参与数据处理，避免数据污染。粗大误差主要是外界环境的突变、检测人员的操作失误或测试仪器突发故障等因素引起的。

对测量条件、测量设备、测量步骤进行分析，检查是否有差错或引起粗大误差的因素，也可以将测量数据同其他人员用别的方法或由不同仪器所得的结果进行数据核对，以发现粗大误差。或者，以统计学原理和有关专业知识建立起来的粗差准则为依据，对异常值或坏值进行剔除。

6. 静态误差

静态误差是指被测量随时间基本不变或变化缓慢时的附加误差。

7. 动态误差

动态误差，是指在被测量随时间变化很快的过程中测量所产生的附加误差。它是由于测量对象或者测量系统有惯性、迟滞性，不能让输入信号的所有成分全部通过时引起的；或

者，是由于输入信号中不同频率成分通过时受到不同程度衰减引起的。

8. 基本误差

基本误差是指，测试系统在规定的标准条件下使用时所产生的误差。为了使测量装置的误差有一个稳定的数值，通常对测量装置的工作条件加以规定。测量装置标准工作条件下所具有的误差，称为测量装置的基本误差。

9. 附加误差

当使用条件偏离规定的标准条件时，除具有基本误差外还会产生附加误差。所谓测量装置的附加误差是指测量装置在非标准工作条件下增加的误差。它表现为计量器具示值的变动性、量具复现量的变动性、测量变换器计量学特性的变动性等。

2.4.2 误差修正

为了尽最大可能规避或降低误差对结果的影响，必须根据误差的特点，探究误差的修正技术。前面介绍了静态误差和动态误差。随机误差和系统误差属于静态误差。动态误差根据误差产生的原因可以划分为第一类动态误差及第二类动态误差：第一类动态误差是测量系统进行动态测试时由于惯性、延迟性或者非线性等带来的误差；第二类动态误差是测量系统中噪声在输入信号中随时间变化造成的误差。目前，不同的技术可以修正不同的误差，同一种误差也有多个修正技术。本节主要介绍校正系统误差的数字修正方法、克服随机误差的数字滤波方法及解决第一类动态误差的动态补偿方法。

2.4.2.1 系统误差的数字修正

系统误差的处理原则是，先找出系统误差产生的根源，然后采取相应的措施尽量减小或者消除系统误差。在规定的测量条件下多次测量同一个被测量，从被测量的测得值与计量标准所复现的量值之差可以发现并得到恒定的系统误差的估计值；在测量条件改变时，如随时间、温度、频率等条件改变时，测得值按某一确定的规律变化，可能是线性地或非线性地增长或减小，以此可以发现测量结果中存在可变的系统误差。

1. 测量值上加修正值

修正值的大小与系统误差的大小相等符号相反，可表示为

$$\Delta = \overline{X} - X_S \tag{2.4-3}$$

式中，Δ 为测量值的系统误差估计值；$\overline{X}$ 为未修正的测得值；X_S 为标准值。

需要注意当对测量仪器的示值进行修正时，Δ 为仪器的示值误差

$$\Delta = \overline{X} - X_S \tag{2.4-4}$$

式中，Δ 为测得值的系统误差估计值；$\overline{X}$ 为被评定的仪器的示值或标称值；X_S 为标准装置给出的标准值。

修正值 C 为

$$C = -\Delta \tag{2.4-5}$$

已修正的测得值 X_C 为

$$X_C = \overline{X} + \Delta \tag{2.4-6}$$

2. 测量值乘修正因子

修正因子 C_r 等于标准值与未修正测得值之比：

$$C_r = \frac{X_S}{X}$$

(2.4-7)

已修正的测得值 X_C 为未修正测得值乘修正因子：

$$X_C = C_r \overline{X}$$

(2.4-8)

3. 画修正曲线

修正曲线是依据检测所得数据的趋势及分布情况采用不同的方法拟合成最佳的线，可以是直线，也可以是曲线。修正曲线反映了测量值随着某个条件量变化的趋势，在进行测量时根据已知条件即可通过查询修正曲线得到测量结果的精确修正值。例如，在判断空气露点时，可以根据湿度、温度等值通过湿空气焓湿图查询得到露点值。通过修正曲线得到的数值可能为近似值，并不是精确值。在实际工作中，修正曲线一般采用最小二乘法拟合得到。

4. 制定修正值表

在测试系统中，测量值一般要受到一个或者多个条件量的影响，有时多个条件量之间无明显关联，函数关系是未知的。在此情况下，可以将修正值制作成表格，在使用时可以直接通过查询表格的方法获得精确修正值。比如，在已知温度、气压等条件下，可以通过密度表获得不同物质的密度。

在制定修正表时，需要得到修正值或者修正因子。修正值及修正因子通常是将测得值与尽可能标准的精确的测量系统所获得的测量值比较得到，也可以通过实验的方法获得。修正值或修正因子并不是确定的，主要受到参照测量系统的准确度的影响以及受到应用环境的影响。

2.4.2.2 随机误差的数字滤波

随机误差具有界限性、聚中性、对称性、抵偿性等统计学特性。界限性是指，在测量系统不变的前提下，随机误差不可能超出某个误差限值，简而言之，随机误差的绝对值是存在上限的。聚中性是指，随机误差符合正态分布，绝对值较小的误差出现的概率大于绝对值较大的误差。对称性是指，随机误差绝对值相等的正负误差出现的概率相等。抵偿性是指，随着测量次数的增加，随机误差的算术平均值趋于零。

随机误差主要通过数字滤波方法进行处理。数字滤波是一种计算方法，可以通过软件计算实现，它是软件算法，不是硬件方法，不需要模拟电路来实现。因此，数字滤波的可靠性高，不受外界条件的影响，可以规避其他方法存在的阻抗匹配、特性波动、非一致性等问题；同时，它具备适用广泛、操作简单方便的特点，只要根据不同测量系统的特性改变算法中的参数，即可改变算法特性，该方法适用不同的测量系统。

1. 非线性法数字滤波

非线性法滤波比较简单，通常是修正仪器本身受外界环境影响或者自身不稳定性引发的突变性数据，进而得到相对精确的数据结果。

（1）限幅滤波法。限幅滤波法主要是根据随机误差的界限性的特点，在同一测量系统中通过两两比较的方法判断不同批次的测量值是否在某一界限内，从而剔除超出误差允许范围的测量结果。具体方法是，将已有的测量结果作为基准，将本次测量结果与已有测量结果进行比较，若两者差值超出允许范围，则认为本次测量结果受到了干扰，应予剔除。

若第 n 次测量结果为 x_n，$\overline{x}_n$ 表示滤波后的测量结果，则本次滤波的结果可表示为

$$\Delta x_n = \mid x_n - \bar{x}_{n-1} \mid \begin{cases} \leqslant a, \bar{x}_n = x_n \\ > a, \bar{x}_n = \bar{x}_{n-1} 或 \bar{x}_n = 2\bar{x}_{n-1} - \bar{x}_{n-2} \end{cases} \tag{2.4-9}$$

式中，a 为相邻两次测量结果允许的最大增量，或者是相邻两次测量结果允许的最大误差。若 a 表示最大增量，可根据 x 的最大变化速率 V_{max} 及两次测量间隔时间 T_s 确定，即 $a = V_{max}T_s$。

若 $\Delta x_n > a$，测量结果经滤波后，则变为 $\bar{x}_1, \cdots \bar{x}_{n-1}, \bar{x}_{n-1}$ 或 $\bar{x}_1, \cdots \bar{x}_{n-1}, 2\bar{x}_{n-1} - \bar{x}_{n-2}$。

限幅滤波法的关键是，必须精准地估计出相邻两个测量结果允许的最大误差或最大增量 a。该方法适合对温度、压力等变化较慢的测量系统。

（2）中值滤波法。中值滤波法是利用同一测量系统对某一参数连续测量 n 次（n 一般为奇数），然后将 n 次测量结果进行排序，选择中间值作为本次测量的最终结果；若 n 为偶数，可以将测量结果的中间两个值取平均后作为本次测量的最终结果。中值滤波法是一种运算简单的典型非线性滤波，可以较好地剔除异常数据，同时也可以保留测量结果的细节信息。中值滤波法一般应用在一些缓慢变化的参数处理中，如温度、液位、压力等。

设测量结果的 X_i 的长度为 N（$i = 1, 2, \cdots, N; N \gg n$），若窗口要求测量次数为 $n = 2k+1$，则在进行数据处理时，一维中值滤波器的输出为

$$\mathrm{med}(X_i) = X(k) \tag{2.4-10}$$

这里选择的是窗口 $2k+1$ 内排序的第 k 个值，即排序后的中间值。

若窗口为 $n = 2k$，则在进行数据处理时，一维中值滤波器的输出为

$$\mathrm{med}(X_i) = \frac{X(k) + X(k+1)}{2} \tag{2.4-11}$$

这里选择的是窗口 $2k$ 内排序的第 k 个值和第 $k+1$ 个值的平均值。

（3）基于拉依达准则的数据滤波法。拉依达准则法又称为 3σ 法则，是限幅滤波法的一种改进方法，可以更准确地将严重失真的异常数据剔除。适用拉依达准则的两个前提条件：等精度重复测量时的测量次数 N 必须足够大，且测量误差服从正态分布。一般情况下若测量次数少于 10 次时不能进行数据是否异常的判断。

拉依达准则：当测量次数 N 足够多且测量服从正态分布时，在各测量值中，若第某次的测量值 X_i 所对应的误差 $V_i > 3\sigma$，则认为该 X_i 为坏值，予以剔除。具体计算过程如下：

第一步，计算 N 次的测量值 $X_1 \sim X_N$ 的算术平均值，即

$$\bar{X} = \frac{1}{N}\sum_{i=1}^{N} X_i \tag{2.4-12}$$

第二步，计算各项的误差 V_i，即

$$V_i = X_i - \bar{X} \tag{2.4-13}$$

第三步，计算标准偏差 σ，即

$$\sigma = \sqrt{(\sum_{i=1}^{N} V_i^2)/(N-1)} \tag{2.4-14}$$

（4）判断并剔除异常数据。若 $V_i > 3\sigma$，则认为测量值 X_i 为异常数据，予以剔除。

2. 平均滤波法

（1）算数平均法。样本数量为 N 个连续测量结果（分别为 $X_1, X_2, \cdots, X_N$）相加，然

后取其算术平均值作为本次测量的滤波器输出值。即

$$\overline{X} = \frac{1}{N}\sum_{i=1}^{N} X_i \qquad (2.4\text{-}15)$$

根据随机误差的对称性及抵偿性特点，只要测量结果 N 足够大，随机误差就会消除抵偿，$\overline{X}$ 越逼近真实值，平均滤波的效果越好。但是，随着测量结果的增多，测量系统的敏捷性会降低，因此平均滤波法适用于缓变信号。

（2）滑动平均法。若测量系统中数据更新率较高，则可以采用滑动平均法进行数据处理。滑动平均滤波法同样采用对测量结果取算术平均值的算法。与算数平均法不同的是，滑动平均法的数据是变化的。滑动平均法的计算对象始终保持 N 个测量结果，测量结果保持 N 个不变，每重新测量一次则将新测量的结果放在数据末尾，同时将第一个测量结果去掉，从而实现对不同的 N 个测量结果取算数平均值。

通过由 N 个测量数据组成的队列，队列长度为固定值 N，每进行一次测量，则测量结果为

$$\overline{X}_n = \frac{1}{N}\sum_{i=0}^{N-1} X_{n-i} \qquad (2.4\text{-}16)$$

式中，$\overline{X}_n$ 为第 n 次采样经滤波后的输出；X_{n-i} 为未经滤波的第 $n-i$ 次测量结果；N 为滑动平均项数。

滑动平均法由于每次均对 N 个数据进行算数平均计算，新的测量结果在数据量较大的情况下影响较小，该方法灵敏度低，但是可以降低计算时间，提升计算效率。

3. 复合滤波法

复合滤波法就是将多种滤波方法结合使用，从而避免每一种滤波方法的劣势，提高数据处理的准确度。在实际应用中，通常采用复合滤波的方法消除异常测量结果，同时通过数据平滑提升计算效率。比如去极值平均滤波算法，先用中值滤波算法滤除测量结果中的异常测量结果，然后把剩余的各测量结果进行平均滤波。通常剔除的极值为最大值和最小值，若测量结果个数为 N，则对 $N-2$ 个测量结果通过平均滤波的算法计算。该方法可以尽可能抵消随机误差，又能将随机误差明显偏大的测量结果剔除。

2.4.2.3　动态补偿方法

动态补偿方法是基于系统模型及传感器数据进行实时补偿的方法，通过对测量系统或被测对象的规律性、动态性进行分析和建模，计算在实际测量中的误差，并对测量结果进行实时补偿，又称为在线误差补偿或实时误差补偿。动态补偿方法误差补偿精度高，不仅可以补偿系统误差，而且可以补偿随机误差，但有些滞后不能全部补偿，同时补偿技术复杂，实施环境有限，实施费用高。

在实际应用中，动态补偿要实现全补偿是非常困难的，性价比低，一般情况下只需要减少误差的影响，满足使用要求即可。在进行动态补偿时需要 5 个步骤实现：

1）实时监测。将各种传感器或检测元器件安装在监测位置，对被测对象的物理特性、运动状态、位置和姿态等信息进行实时监测并记录数据。这些信息为后续的误差补偿奠定了数据基础。

2）数据处理与建模。基于实时监测得到的大量数据，将数据进行分门别类，采用合适

的算法进行数据处理和建模，识别和分离出测量系统中的各种误差成分。这有助于为补偿策略提供明确的目标和方向。

3）误差补偿。基于实时监测和数据处理的结果，应用相应的算法和模型对测量系统进行实时误差补偿。这可以校正测量系统的测量过程，使其更接近理想的测量结果，从而提高测量精度。

4）适应性。动态误差补偿技术可以通过修改参数、修订模型或选择算法等途径进行调整和优化，进而适应不同工作环境、任务，从而具备自适应能力。通过该途径，测量系统不仅可以提高适应性，同时可在各种复杂环境下保持出色的性能。

5）系统集成。将动态误差补偿技术与人工智能、图像处理、大数据等技术结合，可以有效实现测量精度的提升，实现对组成结构复杂、测量结果要求精确系统的态势感知，进而实现对监测对象的运动控制或者生产的自动化。

2.4.3　数据融合

在实际应用中，几乎所有的测量系统都是依托各式各样的传感器来采集数据的。这些海量的数据形式多种多样，信息的处理实时性要求高，传统的信息处理方法已经无法满足当前的需求。基于计算机技术、AI 技术、物联网技术的发展，通过对人脑处理信息模式的模仿，数据融合技术作为一种新的信息综合处理方法应运而生。

2.4.3.1　基本概念

数据融合技术已经发展为一门独立的学科，是一个具有广泛应用领域的概念。数据融合的基础是测量系统中使用的多个或者多种传感器，可以测量多维度的数据。数据融合可以定义为，利用计算机技术对按时序获得的若干传感器的观测信息在一定准则下加以自动分析、综合以完成所需的决策和估计任务而进行的信息处理过程。多传感器系统是数据融合的硬件基础，多源信息是数据融合的加工对象，协调优化和综合处理是数据融合的核心。

数据融合是一个多层次、多方面的处理过程。这个过程是对多源数据进行检测、结合、相关、估计和组合，以达到精确的状态估计和身份估计，以及完整及时的态势评估和威胁估计。此定义有 3 个要点：数据融合是多信源、多层次的处理过程，每个层次代表信息的不同抽象程度。数据融合过程包括数据的检测、关联、估计与合并；数据融合的输出包括低层次上的状态身份估计和高层次上的整体态势的评估。从日常工作应用的角度来说，数据融合是对多个传感器和信息源所提供的关于某一环境特征的不完整信息加以综合，以形成相对完整、一致的感知描述，从而实现更加准确的识别判断功能。综合考虑上述定义，融合都是将来自多传感器或多源数据进行综合处理，从而得出更为准确可信的结论。多传感器数据融合主要包括多传感器的目标检测、数据关联、跟踪与识别、情况评估和预测。数据融合的基本目的是通过融合提高数据的利用率，得到比单独的各个输入数据更多的信息。数据融合的目的是协同作用的结果，即由于多传感器的共同作用，从而得到更多维度的数据相关联、印证，使系统的有效性得以增强。多传感器数据融合技术实际上是一种多源信息的综合技术，通过对来自不同传感器的数据进行分析和综合，可以获得被检对象及其性质的最佳一致估计。多传感器数据融合是指将经过集成处理的多种传感器信息进行合成，形成对外部环境某一特征的一种表达方式。多传感器数据融合是人类和其他逻辑系统中常见的基本功能。

2.4.3.2 原理特性

数据融合是指，对运用各种信息获取技术所取得的各种信息进行采集、传输、综合、提取、相关及合成，达到发射场态势监控、诊断和辅助决策的技术系统。

其主要目标是从种类繁多的海量数据中，提取对特定目标的有用、精准的信息。数据融合技术在多信息、多平台和多用户系统中起着重要的处理和协调作用，保证了数据处理系统各单元与汇集中心或融合中心间的连通性与实时、准时性通信，并能提供准确的目标物位置、变化方向、变化趋势，以及变化量的准确信息，这是和传统平台的不同之处。它具有多种信息的收集、综合、提取、分析及准确传输的能力，包括将准确的信息，在准确的时间内，传输给准确的地点和准确的人。

数据融合技术的核心是，利用高性能信息处理与计算技术，将来自多个传感器或多源的观测信息进行分析、综合处理，从而获得决策所需的信息的现代高技术。

数据融合的基本原理：充分利用多种传感器资源及其获得的数据，通过对各种传感器及人工观测信息的合理综合与分析，并将各种传感器在空间、时间和波谱/频谱等物理特征上的互补性与冗余信息依据的某种优化准则或算法组合起来，产生对观测对象的一致性解译和描述。其目标是基于各种传感器检测信息和人工观测信息的优化组合和分析来导出更多有用信息的现代技术系统。

（1）数据融合的特性。

1）冗余性，指多源数据对环境或目标的表示、描述或解译结果相同。

2）互补性，指信息来自不同的自由度且相互独立。

3）合作性，指不同传感器在观测和处理信息时对其他信息有依赖关系。

（2）数据融合的优点。研究与实践结果表明，多传感器集成和数据融合的主要优点可归纳如下：

1）准确性和全面性。与只使用一种传感器相比，多传感器集成和数据融合处理后，可以获得有关环境的更准确、更全面的信息。

2）冗余性和容错性。一组相似的传感器采集的信息存在冗余性，而这种冗余信息的适当融合可以在总体上降低信息的不准确性。在单个传感器出现误差和失效的情况下，系统仍能正常可靠地工作。这是因为每个传感器的噪声是不相关的，融合处理后可明显的抑制噪声，降低不确定性。

3）互补性。不同类型的传感器采集的信息具有明显的互补性，某些传感器提供密集的信息，另一些传感器给出的是稀疏信息。这种互补性经过适当处理后，可以补偿单一传感器的不准确性和测量范围的局限性。

4）可靠性。多传感器集成可增加系统的可靠性，某个或某几个传感器失效时，系统仍能正常运行。

5）实时性和经济性。与使用单个传感器相比，多传感器信息和数据融合技术可以更迅速、更经济地获取有关环境的多种信息。

（3）数据融合的层次。与传统的数据处理方式相比，数据融合的关键在于其需要处理更复杂、更多样的数据形式，可以在不同的信息层次上出现，每个层次代表了对数据不同程度的融合过程。这些信息抽象层次包括数据层、特征层和决策层。相应的数据融合层次主要有数据级融合、特征级融合和决策级融合，见表 2.4-1。

表 2.4-1　数据融合层次

类型	数据级融合	特征级融合	决策级融合
所属层次	最低层次	中间层次	高层次
主要优点	原始信息丰富，并能提供另外两个融合层次所不能提供的详细信息，精度最高	实现了对原始数据的压缩，减少了大量干扰数据，易实现实时处理，并具有较高的精确度	具有很强的容错性，很好的开放性，处理时间短、数据要求低、分析能力强
主要缺点	效率低下，数据量大，处理时间较长，实时性差；分析数据限制，配准精度要求很高；原始数据易受噪声污染，需融合系统具有较好的容错能力	在融合前必须先对特征进行相关处理，把特征向量分类成有意义的组合	判决精度低，误判决率升高，同时对预处理及特征提取有较高要求，数据处理的代价比较高
主要方法	HIS 变换、PCA 变换、小波变换及加权平均等	聚类分析法、贝叶斯估计法、信息熵法、加权平均法、D-S 证据推理法、表决法及神经网络法等	贝叶斯估计法、专家系统、神经网络法、模糊集理论、可靠性理论以及逻辑模板法等
融合流程	数据—预处理—数据融合—特征提取—融合属性说明	数据—预处理—特征提取—特征级融合—融合属性说明	数据—预处理—特征提取—属性说明—属性融合—融合属性说明

2.5　小结

本章对发射场设备数据的采集、传输、处理等基础知识进行了介绍，以便读者对发射场设备数据获取有较清晰全面的了解，并方便后续章节中相关内容的理解和掌握。本章具体内容包括发射场产生的数据类型、数据的采集方法、对应的采集设备，串行数据传输、现场总线和工业以太网技术，以及数据误差的产生、修正和数据融合技术等，以上基本都是总体概略性介绍，要进一步了解技术细节，请参阅相关专业书籍。

第 **3** 章　信息系统开发技术基础

3.1　概述

信息系统是一个极为复杂的人机系统，它不仅包含计算机技术、通信技术，还包含其他工程技术。开发信息系统需要掌握一些信息系统开发设计的原则、方法，要熟知硬件和软件两方面的知识。硬件知识主要包括计算机、存储、网络、显示及安全设备的基本知识和常见的部署架构；软件知识主要包括操作系统、中间件、数据库、编程语言、开发工具、开发框架、服务架构及应用部署的相关知识。此外，开发者还应通过信息系统的性能评估指标及方法，了解掌握信息系统的运行状态。

3.1.1　开发原则

在信息系统设计开发的过程中，必须要遵守一系列原则，以下是常见的一些原则：

1）先进性原则。信息系统必须采用具有国内先进水平，并符合国际发展趋势的技术、软件和设备。

2）高可靠原则。设计系统时，要充分考虑信息系统的可靠性。

3）标准化原则。设计系统时，要遵循国际标准、国家标准、行业和相关规范。

4）成熟性原则。设计系统时，要采用国际主流、成熟的体系架构来构建系统。

5）可扩展性原则。设计系统时，要考虑业务未来发展的需要，功能容易扩展。

6）安全性原则。设计系统时，要充分考虑系统的安全和信息的安全。

3.1.2　开发方法

信息系统的开发方法一般有很多种，以下介绍比较常见的结构化方法、原型法和面向对象法。

1. 结构化方法

结构化方法的基本思想是将结构与控制加入到项目中，以便在预定的时间和预算内完成信息系统的开发。这种方法遵循系统工程原理，按照事先设计好的程序和步骤，使用一定的开发工具，完成规定的文档，在结构化和模块化的基础上进行信息系统开发。结构化方法的开发过程一般是，先把系统功能视为一个大的模块，再根据系统分析设计的要求进行模块分解或组合。

结构化方法按照用户至上的原则，自上而下、结构化、模块化地对系统进行分析与设计，各个子系统间相对独立。该方法被广泛地应用于不同行业信息系统的开发中，特别适用于那些业务工作比较成熟、定型的系统，如银行、电信、商品零售等。

2. 原型法

原型法是一种根据用户需求，利用系统开发工具，快速构建一个系统模型展示给用户，并在此基础上与用户交流，进行补充、修改、完善，最终实现用户需求的开发方法。原型法的开发过程包括系统需求分析、系统初步设计、系统调试、系统检测等阶段。用户仅需在系统分析与系统初步设计阶段完成对应用系统的简单描述，开发者在获取一组基本需求定义后，利用开发工具生成应用系统原型，快速建立一个目标应用系统的最初版本，并把它提交给用户试用、评价，根据用户提出的意见和建议进行修改和补充，从而形成新的版本，再返回给用户，通过反复迭代，能够得到符合用户要求的信息系统。

原型法具有开发周期短、见效快、与业务人员交流方便的优点，特别适用于那些用户需求模糊，结构性比较差的信息系统开发。

3. 面向对象法

面向对象法是基于类和对象的概念，同时运用封装、继承、多态等机制来构造模拟现实系统的方法。传统的结构化方法的基本点是面向过程，系统被分解成若干个过程。但是，面向对象的方法是以对象为中心，利用特定的软件工具直接完成从对象客体的描述到软件结构间的转换，从而简化了从分析和设计到软件模块结构之间多次转换的繁杂过程，缩短了开发周期。

3.2 硬件技术基础

一个信息系统需要硬件承载来运行，一般包括网络设备、服务器、存储设备、显示设备、安全设备，通常可以分为 5 层，如图 1.2-1 所示。最底层为感知与执行层，完成信息采集和设备控制功能，相关主要设备本书第 2 章有详细介绍；传输层将信息按照特定路由进行传输，包括各种网络设备；服务层完成数据存储、服务提供，主要是一些服务器、磁盘阵列和安全设备；应用层负责数据的处理，主要是一些计算设备和应用软件；显示层主要是面向用户，直观展现信息，主要是各级指挥所的拼接屏、小间距 LED、投影等大屏显示设备。

3.2.1 网络设备

3.2.1.1 网络基础知识

1. OSI 模型

OSI 参考模型分为 7 层，如图 3.2-1 所示，从下到上分别为物理层、数据链路层、网络层、传输层、会话层、表示层和应用层。OSI 参考模型中的低 3 层实现通信子网的功能，提供面向通信的服务；高 3 层实现用户功能，提供面向信息处理的服务；传输层成为面向通信服务与面向信息服务的桥梁。每一层执行本层所承担的具体任务，且功能相对独立，通过接口与其相邻层连接，依靠各层之间的接口或功能组合，实现两系统间、多结点间信息的传输。OSI 模型使网络结构层次分明，是一个非常理想化的理论模型。

图 3.2-1　OSI 参考模型

2. TCP/IP 参考模型

TCP/IP 参考模型包括许多协议，组成了 TCP/IP 协议簇。TCP/IP 模型为 4 层，从下到上分别为网络接口层、网络层、传输层和应用层，如图 3.2-2 所示。

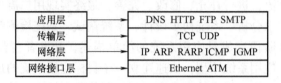

图 3.2-2　TCP/IP 参考模型

（1）网络接口层。它通过物理传输媒体及互联设备，将网络层发来的 IP 数据包传输到相邻节点的目标主机网络层。一方面接收网络层的 IP 数据包，并通过物理传输媒体向外发送；另一方面接收到来自物理网络上的数据帧，从中抽取 IP 数据包后发送给网络层。

（2）网络层。它负责对子网间的数据包进行路由选择，将数据包从信源传送到信宿。此外，网络层还可以实现拥塞控制、网络互联等功能。在 TCP/IP 模型中，网络层主要包含 5 个协议：IP、ARP、RARP、ICMP 和 IGMP。IP 是网络层的核心，负责 IP 数据报在计算机网络上的路由转发；ARP 实现 IP 地址到物理地址的映射；RARP 实现物理地址到 IP 地址的映射；ICMP 用于网络层控制信息的产生和接收处理；IGMP 实现本地组播成员的管理。

（3）传输层。它负责提供端到端的数据传输服务，针对不同用户或应用对通信质量要求的不同，传输层定义了 TCP 和 UDP 两种端到端的协议。TCP 是面向连接的无差错传输字节流的协议，通过引入确认、超时重发、流量控制和拥塞控制等机制，提供端到端的可靠数据传输；UDP 是一个不可靠的、无连接的协议，不确认报文的到达，提供端到端的数据无连接服务。

（4）应用层。它负责为使用网络的用户提供常用的、特定的应用程序，常用的应用层协议包括域名服务（DNS）、远程登录协议（Telnet）、超文本传输协议（HTTP）、文件传输协议（FTP）、简单网络管理协议（SNMP）和邮件传输协议（SMTP/POP3）。

3. 组播

IP 通信有 3 种方式：一是单播，是指在源主机与目的主机之间进行点对点的通信；二是广播，是指在源主机与同一网段中所有其他主机之间进行点对多点的通信；三是组播，是指在 IP 网络中，报文从一个源发出，并被转发到一组特定的接收者（即组播组）。对于组播通信，组播源只发送一份数据，相同的报文在每条链路上最多只有一份，其目的地址为组播地址。组播地址不同于单播地址，它并不属于某个特定主机，而是属于一组主机。一个组播地址表示一个群组，需要接收组播报文的接收者都可以加入这个群组。组播组中的所有接收者都可收到同样的复制数据，并且只有组播组内的主机可以接收该数据，其他主机无法接收。相较于单播和广播，组播可以有效地节约网络带宽、降低网络负载，所以被广泛应用于 IPTV、实时数据传送和多媒体会议等网络业务中。

如图 3.2-3 所示，一份数据报文，通过单播传输需要使用一个单播地址作为目的地址。数据源向每个接收者发送一份独立的报文。如果网络中存在 N 个接收者，则数据源需要发送 N 份报文；通过组播传输时使用一个组播地址作为目的地址，数据源仅需向组播组发送一份报文。即使网络中存在 N 个接收者，数据源也仅需发送一份数据报文。

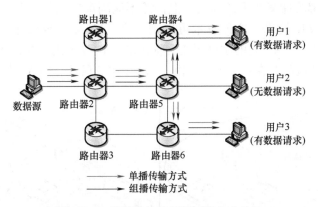

图 3.2-3　单播传输和组播传输方式对比

4. 堆叠

堆叠是指将多台支持堆叠特性的交换机通过堆叠线缆连接在一起，从逻辑上将它们虚拟成一台交换设备，并作为一个整体参与数据转发。堆叠是广泛应用的一种横向虚拟化技术，具有提高可靠性、扩展端口数量、增大带宽、简化组网等作用。堆叠系统的多台交换机之间形成冗余备份，如图 3.2-4 所示，交换机 A 和交换机 B 组成堆叠系统，交换机 A 和交换机 B 相互备份，交换机 A 故障时，交换机 B 可以接替交换机 A 保证系统的正常运行。

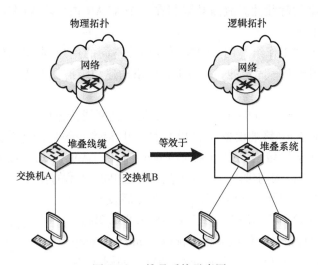

图 3.2-4　堆叠系统示意图

5. VLAN

虚拟局域网（virtual local area network，VLAN），是将一个物理的 LAN 在逻辑上划分成多个广播域的通信技术。每个 VLAN 是一个广播域，VLAN 内的主机间可以直接通信，而 VLAN 间则不能直接互通。这样，广播报文就被限制在一个 VLAN 内。

早期的以太网是一种基于带冲突检测的载波监听多路访问（carrier sense multiple access/collision detection，CSMA/CD）的共享通信介质的数据网络通信技术。当主机数目较多时会导致冲突严重、广播泛滥、性能显著下降，甚至造成网络不可用等问题。通过二层设备实现

LAN 互联虽然可以解决冲突严重的问题，但仍然不能隔离广播报文和提升网络质量。在这种情况下出现了 VLAN 技术。这种技术可以把一个 LAN 划分成多个逻辑的 VLAN，每个 VLAN 是一个广播域，VLAN 内的主机间通信就和在一个 LAN 内一样，而 VLAN 间则不能直接互通，广播报文就被限制在一个 VLAN 内，如图 3.2-5 所示。VLAN 具备以下特点：

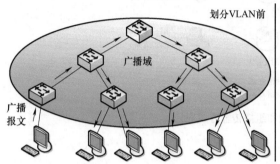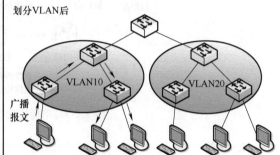

图 3.2-5   VLAN 划分前后报文传播路径对比

（1）限制广播域。广播域被限制在一个 VLAN 内，节省了带宽，提高了网络处理能力。

（2）增强局域网的安全性。不同 VLAN 内的报文在传输时相互隔离，即一个 VLAN 内的用户不能和其他 VLAN 内的用户直接通信。

（3）提高了网络的健壮性。故障被限制在一个 VLAN 内，本 VLAN 内的故障不会影响其他 VLAN 的正常工作。

（4）灵活构建虚拟工作组。用 VLAN 可以划分不同的用户到不同的工作组，同一工作组的用户也不必局限于某一固定的物理范围，网络构建和维护更方便灵活。

6. PoE

以太网供电（power over ethernet，PoE）是指通过网线传输电力的一种技术，借助现有以太网通过网线同时为 IP 终端设备（如 IP 电话、IP 摄像头等）进行数据传输和供电。

PoE 又被称为基于局域网的供电系统（power over LAN，PoL）或有源以太网（active ethernet），也被简称为以太网供电。为了规范和促进 PoE 技术的发展，解决不同厂商供电和受电设备之间的适配性问题，IEEE 标准委员会先后发布了 3 个 PoE 标准：IEEE 802.3af、IEEE 802.3at、IEEE 802.3bt。

PoE 系统包括两种设备，供电设备（power-sourcing equipment，PSE）和受电设备（powered device，PD），如图 3.2-6 所示。PSE 是通过以太网给受电设备供电的 PoE 设备，提供检测、分析、智能功率管理等功能；PD 是指传感器、摄像头、电话机等。

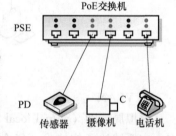

图 3.2-6   PoE 设备连接图

按照 IEEE 标准的定义，PSE 分为 MidSpan（PoE 功能模块在设备外）和 Endpoint（PoE 功能模块集成到设备内）两种类型。Endpoint 类型的设备依据使用的供电线对不同，分为 Alternative A（1/2 和 3/6 线对）和 Alternative B（4/5 和 7/8 线对）两种供电模式。

供电模式 Alternative A，通过数据对供电。PSE 通过 1/2 和 3/6 线对给 PD 供电，1/2 链接形成负极，3/6 链接形成正极。10BASE-T、100BASE-TX 接口使用 1/2 和 3/6 线对传输数据，1000BASE-T 接口使用全部的 4 对线对传输数据。由于直流电和数据频率互不干扰，所以可以在同一对线同时传输电流和数据。

供电模式 Alternative B，通过空闲对供电。PSE 通过 4/5 和 7/8 线对给 PD 供电，4/5 链接形成正极，7/8 链接形成负极。

IEEE 标准不允许同时应用以上两种供电模式。PSE 只能提供一种用法，但是 PD 必须能够同时适应两种情况。

3.2.1.2　网络设备介绍

（1）中继器，工作在物理层，主要功能是对数据进行再生和还原，重新发送或者转发，只起到扩展传输距离的作用，对高层协议是透明的。

（2）集线器，工作在物理层，可以理解为具有多端口的中继器。同样是对接收到的数据进行再生、整形、放大以扩大网络的传输距离，它采用广播方式转发数据。

（3）网桥，工作在数据链路层，只能够连接相同 MAC 层的网络，根据帧的物理地址进行网络之间的信息转发，不仅能扩展网络的距离或范围，而且能提高网络的可靠性和安全性。

（4）交换机，主要用于信号转发，有二层交换机和三层交换机之分。二层交换机属于数据链路层设备。与集线器广播的方式不同，它维持着一个 MAC 地址表，可以识别数据包中的 MAC 地址信息，并根据 MAC 地址进行转发，能为接入交换机的任意两个网络节点提供独享的电信号通路。三层交换机带路由功能，工作于网络层。网络中的交换机一般默认是二层交换机。

（5）路由器，工作在网络层，通过逻辑地址进行网络之间的信息转发，可完成异构网络之间的互联互通，能连接使用相同网络层协议的子网。它根据一定的路由选择算法，结合数据包中的目的 IP 地址，确定传输数据的最佳路径。网桥和交换机利用 MAC 地址来确定数据的转发端口，而路由器利用网络层中的 IP 地址做出相应的决定。由于路由选择算法比较复杂，路由器的数据转发速度比网桥和交换机慢，主要用于广域网之间或广域网与局域网的互联。

（6）网关，又称网间连接器、协议转换器，是最复杂的网络互联设备，仅用于两个高层协议不同的网络互联。网关是一种充当转换重任的计算机系统或设备。在使用不同的通信协议、数据格式或语言，甚至体系结构完全不同的两种系统之间，网关是一个翻译器。它一般只能进行一对一的转换，或者是少数几种特定应用协议的转换。

3.2.2　服务器

3.2.2.1　服务器介绍

服务器的英文名称为"server"，是计算机的一种，是网络中为客户端计算机提供各种服务的高性能计算机。服务器和普通计算机的功能是类似的，只是相对于普通计算机，在稳定性、安全性、性能等方面对服务器的要求更高。服务器的分类标准是多元化的，主要可按产品形态、指令集架构、处理器数量等进行分类。

1. 按产品形态分类

（1）塔式服务器（tower server）。塔式服务器一般具有立式或卧式机箱结构，可放置在普通的办公环境，机箱结构较大，有较大的内部硬盘、冗余电源、冗余风扇的扩容空间，并具备较好的散热功能。

（2）机架式服务器（rack server）。机架结构采用传统电信机房的设备结构标准，宽度为 19in（约 48.26cm），高度以"U"为单位计算，每 U 为 1.75in（约 4.445cm）。机架式服务器是一种外观按照统一标准设计的服务器，可以认为它是一种结构优化的塔式服务器，它的设计宗旨主要是为了尽可能减少服务器占用的空间。

（3）刀片式服务器（blade server）。刀片式服务器就是在一个机箱里可以插入数量不等的"刀片"，其中每一块"刀片"就是一块服务器主板。它比机架式服务器需要更少的机架空间，是一种更高密度的服务器平台。不同厂商有不同高度的机框，但各厂商机框皆为 19in宽，可安装在 42U 的标准机柜上。

（4）机柜式服务器（cabinet server）。机柜式服务器一般由一组冗余电源集中供电，散热方面由机柜背部风扇墙集中散热，功能模块和支撑模块相分离，通过供电、散热的整合，相比普通机架式服务器，其运行功耗低且可靠高效。它集成计算、网络、存储于一体，在面向不同应用时，可以部署不同的软件，提供一个整体的解决方案。此外，机柜式服务器无须烦琐拆装，维护便捷，能够轻松实现统一集中管理和业务自动部署。

2. 按指令集架构分类

（1）复杂指令集计算（complex instruction set computing，CISC）服务器，也被称为 X86服务器，是采用 Intel、AMD 或其他兼容 X86 指令集的处理器芯片以及 Windows 操作系统的服务器。IA-32、X86-32、X86-64 架构都属于 X86 架构，即 Intel 的 32 位 X86 架构；X86-64架构是 AMD 在 Athlon 64 处理器系列中采用的新架构。

（2）精简指令集计算（reduced instruction set computing，RISC）服务器。它的指令系统相对简单，只要求硬件执行很有限且最常用的那部分指令，大部分复杂的操作则使用成熟的编译技术，由简单指令合成。目前中高档服务器普遍采用这一指令系统的 CPU，特别是高档服务器全都采用 RISC 指令系统的 CPU，并且此类服务器都采用 UNIX 操作系统。采用 RISC 指令的 CPU 主要有 Compaq 公司的 Alpha、HP 公司的 PA-RISC、IBM 公司的Power PC、SUN 和富士通合作研发的 SPARC 处理器、华为基于 ARM 架构授权研发的鲲鹏920 处理器。

（3）显式并行指令计算（explicitly parallel instruction computing，EPIC）服务器。Intel采用 EPIC 技术的服务器的 CPU 是安腾（Itanium）处理器。它是 64 位处理器，也是 IA-64系列处理器中的第一款。IA-64 在很多方面来说，都比 X86 有了长足的进步。它突破了传统IA-32 架构的许多限制，在数据的处理能力，以及系统的稳定性、安全性、可用性、可观理性等方面获得了突破性的提高。IA-64 系列处理器最大的缺陷是与 X86 指令的不兼容。

3. 按处理器数量分类

按照处理器的数量可将服务器分为单核服务器、双核服务器、四核服务器、八核服务器等。其中，"核"是指一台服务器内部的 CPU 个数，如单核服务器内部 CPU 数量为 1 颗，双核服务器为 2 颗，以此类推。在服务器运行时，多颗 CPU 同时运行操作系统的单一复本，系统将任务队列对称地分布于每颗 CPU 之上，所有的 CPU 都可以平等地访问内存、I/O 和外部中断，从而极大地提高了整个系统的数据处理能力。

3. 2. 2. 2　服务器架构

服务器架构设计的目的是，当部分硬件损坏时，确保系统仍然能够对外提供服务，通常可以采用主备架构、主从架构、集群架构等。

1. 主备架构

主备（active-standby）架构是一种最简单的架构，如图 3.2-7 所示。

主备架构指的是一台服务器（主机）处于某种业务的激活状态，对外提供服务；另一台服务器处于该业务的备用状态，不对外提供服务。在同一时间内只有一台服务器运行，备用服务器通过实时同步数据和状态信息，以便在主服务器发生故障时立即接管。当运行的服务器出现故障无法提供正常服务时，另一台备用服务器会通过软件诊测（一般是通过"心跳诊断"）将备用服务器激活，从而保证应用在短时间内完全恢复正常使用。

2. 主从架构

主从架构是两个相对独立的应用在两台机器同时运行，但彼此均设为备机，当某一台服务器出现故障时，另一台服务器可以在短时间内将故障服务器的应用接管过来，从而保证了应用的持续性，但对服务器的性能要求比较高，如图 3.2-8 所示。

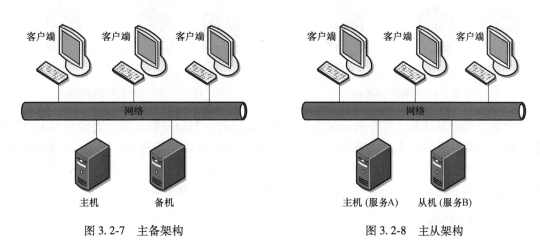

图 3.2-7　主备架构　　　　　　　　图 3.2-8　主从架构

正常情况下，主机对外提供服务 A，从机对外提供服务 B。当主机故障时，从机会接管原先由主机提供的服务 A，这时从机将对外提供服务 A 和 B。如果主机恢复，主机将重新对外提供服务 A，而从机将只对外提供服务 B。

与主备架构相比，主从架构的从机也对外提供服务，设备利用率较高，但其涉及服务分类，相关配置会复杂一些。

3. 集群架构

主备架构和主从架构通过冗余一台服务器来提升可用性，但在业务应用多、用户访问量大的情况下，服务器的数量会直线攀升，这时为了保证业务的高可用就需要使用集群架构。它可以分为两类：一类是对称集群，即集群中每个服务器的角色都是一样的，都可以对外提供所有业务；另一类是非对称集群，集群中的服务器分为多个不同的角色，不同的角色提供不同的服务。

（1）对称集群架构。正常情况下，所有的服务器采取某种策略，如随机或轮询等方式，使得其中的某些服务器对外提供服务。当集群中的某台服务器故障后，该故障服务器将不对外提供服务，由剩余的服务器对外提供服务。当故障的服务器恢复后，该服务器将重新回到集群中，参与任务分配。对称集群架构如图 3.2-9 所示。

通常，这些服务器之间要建立心跳连接，用于判断服务器是否死机、网络是否正常、服务是否卡死、执行时间是否过长等，然后根据实际情况来采取相应策略。

（2）非对称集群架构中不同服务器的角色是不同的，不同角色的服务器承担不同的职责。以 Master-Slave 为例，部分任务仅 Master 服务器才能执行，部分任务是 Slave 服务器才能执行。非对称集群架构如图 3.2-10 所示。

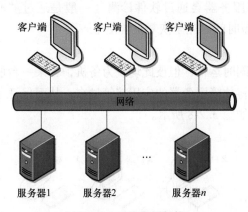 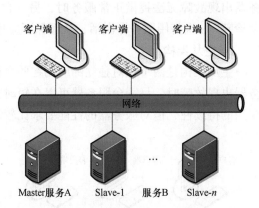

图 3.2-9　对称集群架构　　　　　图 3.2-10　非对称集群架构

集群会通过某种方式进行 Master 选举，选举成功的为 Master 服务器，否则为 Slave 服务器。Master 服务器将对外提供服务 A，Slave 服务器将对外提供服务 B。Master 服务器故障后，需要将剩余的 Slave 服务器中的一个重新指定为 Master 服务器；如果是 Slave 服务器故障，则并不需要重新进行选举，只需要将故障服务器从集群剔除即可。

3.2.3　存储设备

3.2.3.1　存储设备介绍
存储设备的分类标准众多，可按存储介质、组网方式、连接方式等进行分类。

1. 按照存储介质分类
依据存储介质不同，存储系统可分为磁盘存储、全闪存储、混闪存储、光盘库等。

（1）磁盘存储，指全部以磁盘为永久存储介质的存储。磁盘性能一般，但价格便宜。

（2）全闪存储，指全部以固态硬盘为永久存储介质的存储。其性能优异，但价格也较高。

（3）混闪存储，指永久存储介质同时含有磁盘和闪存盘的存储。与全闪存储相比，混闪存储在性能和价格上进行了一定折中。

（4）光盘库，指以光盘为存储介质，由驱动器及其控制器组成的存储设备。其单位存储空间价格较低，支持数据的长期保存，但读写性能不高。

2. 按组网方式分类
按组网方式，存储系统可分为 IP 组网存储、光纤通道（fiber channel，FC）组网存储、无限带宽（infiniband，IB）组网存储等。

（1）IP 组网存储，指采用以太网技术进行组网的存储设备，常见速率包括 1Gb/s、10Gb/s、25Gb/s、100Gb/s 等。IP 组网的兼容性较好，建设成本较低。

（2）FC 组网存储，指采用 FC 技术进行组网的存储设备，常见速率包括 8Gb/s、16Gb/s、32Gb/s 等。FC 组网的效率较高，但采购成本和维护难度也相对较高。

（3）IB 组网存储，指采用 IB 技术进行组网的存储设备，常见速率包括 40Gb/s、56Gb/s、100Gb/s、200Gb/s 等。IB 组网的延迟较低、速率较高，组网的扩展性较弱。

3. 按连接方式分类

按连接方式，存储系统可分为存储区域网络（storage area network，SAN）存储、网络附加存储（network attached storage，NAS）、直接附加存储（direct attached storage，DAS）。

（1）SAN 存储，指通过光纤通道交换机、以太网交换机等连接设备将磁盘阵列与相关服务器连接起来的高速专用存储网络。

（2）NAS，是一种专业的网络文件存储及文件备份设备，对不同主机和应用服务器提供文件访问服务。

（3）DAS，将存储设备通过小型计算机系统接口（small computer system interface，SCSI）或光纤通道直接连接到一台主机上，主机管理它本身的文件系统，不能实现与其他主机的资源共享。

3.2.3.2　存储架构

存储架构设计的基本思路是将数据复制到多个存储设备，实现数据的冗余备份。常见的架构有主备复制、主从复制、主主复制等。

1. 主备复制架构

主备复制架构最为常见，也最为简单，几乎所有的存储系统都提供了主备复制的功能，如 MySQL、Redis、MongoDB 等。主备复制架构如图 3.2-11 所示。

主备复制架构工作过程如下：主机存储数据，通过复制通道将数据复制到备机，正常情况下都由主机来响应客户端的读写操作，备机不对外提供服务。若主机出现故障，此时系统处于不可用状态，要通过人工操作或软件配置策略将备机升为主机，才能响应客户端的读写操作。在主机故障至切换备机的时间内，一些客户端的写操作数据会丢失。此外，主备间数据复制存在一定延时，当主机出现故障时，部分数据会复制不成功，造成备机缺少部分数据。

2. 主从复制架构

主从复制架构如图 3.2-12 所示。其工作过程如下：主机存储数据，通过复制通道将数据复制到从机。正常

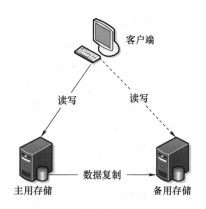

图 3.2-11　主备复制架构

情况下，客户端写操作发送给主机，读操作可发送给主机也可以发送给从机，具体方式可以选择随机读、轮询读、只读主机等。当主机出现故障时，客户端无法进行写操作，但读操作能被从机响应。同主备复制架构一样，主从复制架构也会存在同样的数据丢失问题，但主从复制架构能够更好地满足用户的读操作，用户在浏览新闻、观看视频时，不会因主机故障而

受太多的影响。

3. 主主复制架构

主主复制架构如图 3.2-13 所示。其工作过程如下：两台主机都存储数据，通过复制通道将数据复制到另外一台主机。正常情况下，客户端可以将读写操作发送给任意一台主机。当其中一台主机出现故障时，另一台主机将响应所有客户端的读写操作；若故障恢复，则继续由两台主机按照设定的原则响应客户端的读写操作，两台主机之间继续互相复制对方的数据。同样，主主复制架构也存在数据丢失问题，但相比上述两个架构，能更可靠地响应客户端的读写操作。

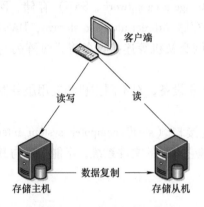

图 3.2-12　主从复制架构

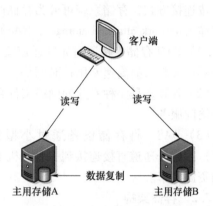

图 3.2-13　主主复制架构

3.2.4　大屏显示设备

3.2.4.1　显示设备介绍

常见的大屏幕显示系统主要分为 3 类，分别为 DLP 拼接、LCD 拼接、LED 拼接。

1. DLP 拼接

数字光学处理（digital lighting progress，DLP），是应用数字微镜晶片（DMD）来实现的。其原理是将灯泡发射出的强光均匀化处理，通过一个三原色的色环，将光分成 R、G、B 三色，分色后的光线再由透镜投射在 DMD 上，然后由 DMD 来完成投影画面动作、色彩的组合，经反射后再投影到屏幕上成像。

DLP 拼接的突出优势是"零缝隙"，主要应用在对投影画面质量要求较高的一些场所，其对环境的要求较高，施工安装维护占空间较大，维护成本较高。

2. LCD 拼接

LCD 拼接屏是采用 LCD 显示单元进行拼接，通过拼接控制软件系统，来实现大屏幕显示效果的一种拼接屏。LCD 拼接具有厚度薄、重量轻、低能耗、长寿命、无辐射等优点，而且其画面细腻、分辨率高，各项关键性能指标表现优秀。但 LCD 作为拼接显示单元，其拼接缝隙在 3 种拼接显示单元中是最大的，影响画面整体效果。

3. LED 拼接

LED 拼接是由多个 LED 灯珠组成的 LED 模组，通过拼接组合形成得大尺寸显示屏。发光像素点之间的距离称为"像素点间距"，用 P 值表示，单位为 mm，可用来表征 LED 显示屏的规格，P 值越小成像越细腻。常见的 LED 显示屏封装形式有 SMD、GOB、COB。目前，P1 以下的 LED 拼接几乎都采用 COB 封装形式。它将多个 LED 芯片直接安装在一个基板上，然后封装成一个 LED 灯珠，这种设计使得 COB LED 屏幕的像素密度更高、亮度更高、对比度更高。

LED 拼接屏的环境适应能力强，可以使用在任何环境中，不管是风吹日晒还是强光照射都可以，它也是仅有的一款可以应用在户外场景下的拼接屏种类。

3.2.4.2　大屏显示系统架构

大屏显示系统有两种架构：一种是集中式显示控制系统；另一种是分布式显示控制系统。集中式显示控制系统比较常见；分布式显示控制系统是一种新型的网络化远程控制系统，它的功能要比集中式的更强大，能实现远程管理与多客户端管理。

1. 集中式显示控制系统

集中式显示控制系统指的就是把所有的前端信号集中在一个控制室内，并由拼接控制器向大屏传输信号，如图 3.2-14 所示。

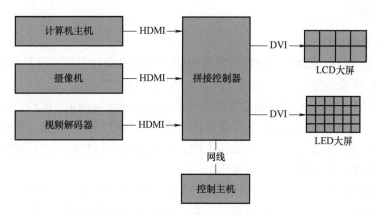

图 3.2-14　集中式显示控制系统

前端的视频信号源，如摄像机监控信号、计算机信号，接入拼接控制器，再从拼接控制器引出输出线到大屏上，计算机主机通过网线或串口线与拼接控制器相连接，控制输入图像的显示位置。

2. 分布式显示控制系统

分布式显示控制系统，也称为分布式 KVM 坐席管理系统，是一个硬件或软件组件分布在不同的计算机上，彼此之间通过消息传递，来进行通信和协调的系统。它采用全 IP 架构，以分布式技术为核心，通过设置 KVM 坐席输入节点、KVM 坐席输出节点、网络交换机、用户主机、显示器、鼠标和键盘，坐席人员可以任意调用不同的画面，如图 3.2-15 所示。

简单地说，分布式显示控制系统就是在信号源的前端加输入节点，在后端加输出节点，由不同的节点控制不同的信号，从而可以实现更加强大的功能。某一个节点设备出问题，不会影响其他信号的正常显示。前端显示器可以调取任何一种信号，同时还可以实现画面共享功能。每个控制室都可以自己观看并提取图像，也可以把监控图像传到上一级的控制室，实现远程管理。

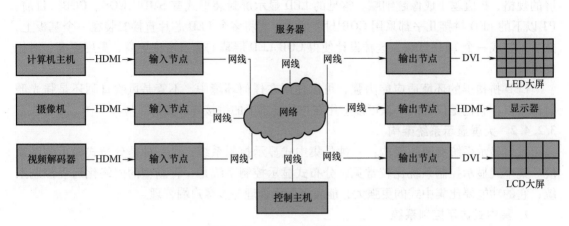

图 3.2-15　分布式显示控制系统

3.2.5　安全设备

3.2.5.1　安全设备介绍

（1）防火墙。防火墙能够以物理的或虚拟的方式对单个计算机或计算机网络进行隔离。它的主要作用是防范外部网络对内部网络的非法访问和恶意攻击。

（2）入侵防御设备。入侵防御系统（intrusion prevention system，IPS），是防御网络中的攻击和入侵等行为的安全设备。它在安全功能上是对防火墙的一个补充，能够增强入侵行为库，检测出威胁后自动进行防御。相比防火墙，它能更深入地对数据进行检测和控制，进而提升网络对于入侵攻击等威胁的防范水平。

（3）日志审计设备。该设备通过收集网络上所有软硬件设备产生的日志、审计信息，根据策略进行存储，为事后取证提供依据。它能对所收集的信息进行汇总、分析、报警，对安全问题进行挖掘，提供各种报表，帮助管理员更好地掌握网络情况。

（4）数据库审计。它通过对内部人员的数据库操作及运维操作等网络行为进行解析、分析、记录、汇报，可以帮助用户进行事前规划预防、事中实时监视、事后合规报告、事故追踪溯源，加强内外部网络行为监管。

（5）入侵检测设备。它对整个网络系统进行实时监视，抓取网络中指定的数据包，对其分析和统计，并能够展示全面的网络监控报表，会对分析发现的具有威胁的网络数据或者行为产生告警。

（6）漏洞扫描设备。漏洞存在于网络系统的各个角落，交换机、路由器、服务器、PC、应用系统等都可能存在漏洞，极易遭受攻击入侵。漏洞扫描设备就是发现漏洞、修补漏洞的一种产品。

3.2.5.2　部署模式

安全设备的部署模式通常可以分为串联模式和旁路模式两大类。

1. 串联模式

在这种工作模式下，安全设备是串联在网络链路中的，所有的网络流量都会经过安全设备过滤，再转发出去。串联模式又分为两种，一种是路由模式，另一种是透明模式，如

图 3.2-16 所示。

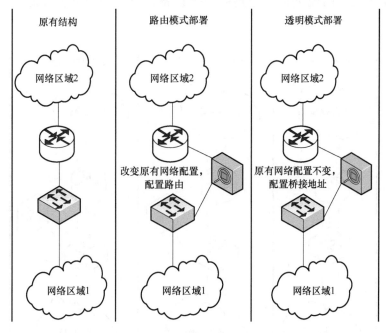

图 3.2-16　串联模式

（1）路由模式。路由模式也叫网关模式，是指把安全设备当成一个路由设备或网关来使用。局域网中的出局流量先指向安全设备的内网口 IP 地址，安全设备通过静态或动态路由配置或者 NAT 地址转换，将数据发送出去。

（2）透明模式。透明模式也称网桥模式、桥接模式，工作在这种模式时，原有的网络设备不用更改任何配置，在网络链路上完全透明。安全设备不用配置与交换机、路由器互联的 IP 地址，只需要配置一对内部桥接用的 IP 地址即可。

路由模式部署方式比较麻烦，需要对网络进行较大的改动，重新规划互联 IP 地址。一旦设备出现问题，故障恢复时间会很长。但是，路由模式下，很多功能都可以使用，如网络地址转换（NAT）、VPN 通道、负载均衡等。

透明模式部署简单，网络配置不做任何更改，只需要在网络链路中串接设备即可。而且，如果安全设备发生故障时，直接把设备跳过或替换一台设备即可，其配置简单、恢复时间短，但是像 NAT、负载均衡等三层以上的功能就无法使用了。不过，对于大部分企业来说，NAT、负载均衡、VPN 都有专用设备，安全设备只需要做好安全防护的功能即可。因此，在实际部署中，透明模式用得比较多。

2. 旁路模式

在旁路模式下，安全设备在网络结构中处于旁路状态。旁路模式可以分为旁路监听模式和旁路代理模式，如图 3.2-17 所示。

（1）旁路监听模式。此模式下，安全设备部署于交换机旁路，通过配置交换机镜像功能，将进出口流量镜像一份给安全设备，原有流量走向不变。安全设备通过镜像流量对网络、应用系统状态进行监听、检测和分析。

（2）旁路代理模式。此模式下，安全设备相当于代理网关，需要更改网络配置，将所有的网络数据及访问流量指向旁路的安全设备，经过安全设备过滤后，再返回给交换机。

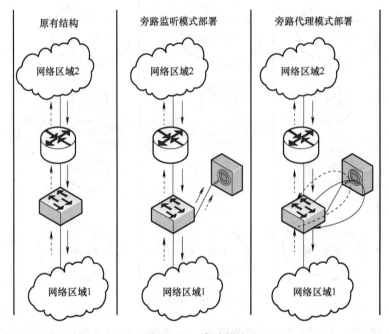

图 3.2-17　旁路模式

旁路监听模式部署方式简单，设备上下线对网络没有任何影响。但是由于是镜像流量，安全设备只能看，很难对网络流量进行拦截、过滤等操作；旁路代理模式部署可以实现对网络流量的过滤、拦截、重分发功能，但是部署方式较为复杂，而且设备故障后，会对网络产生重大影响，故障恢复时间较长。

3.3　软件技术基础

3.3.1　操作系统

对计算机来说，操作系统是最基本，也是最重要的基础性系统软件。操作系统需要完成管理和配置内存、决定系统资源供需的次序、控制输入输出设备、操作网络与管理文件等基本事务。常用的操作系统很多，下面主要介绍 Linux 操作系统和麒麟操作系统。

3.3.1.1　Linux 操作系统

服务器一般要求 7×24 小时不间断稳定运行，这正是 Linux 操作系统擅长的地方。掌握 Linux 操作系统的基本知识，有助于信息系统的开发。下面介绍 Linux 操作系统常用的命令。

（1）常用帮助命令。Linux 操作系统的命令数量有上千个，每个命令又有若干个适配不同情景的参数，单纯通过记忆掌握这些命令是非常困难的。因此，Linux 操作系统为使用者提供了帮助命令，只需要正确使用 Linux 帮助命令，就能够快速地定位到需要的命令和参数。Linux 操作系统常用的帮助命令有 3 个，即 man、help、info，见表 3.3-1。

表 3.3-1　常用帮助命令

命令	基础用法
man	man xxx，获取 xxx 命令的帮助信息
help	help xxx，获取内部命令 xxx 的帮助信息 xxx-help，获取外部命令 xxx 的帮助信息
info	info xxx，获取命令 xxx 的帮助信息，比 man 命令获取的信息更丰富

（2）文件和目录管理命令。它们是最基础的 Linux 命令，基于这两类命令，用户可以在 Linux 操作系统下创建文件和目录，也可以对已有文件和目录进行查看、删除、复制等操作，见表 3.3-2。

表 3.3-2　文件和目录管理命令

操作类型	命令及解释
文件与目录查看	ls-l，显示文件的详细信息；ls-a，显示隐藏文件；ls-r，逆序显示； ls-t，按时间排序；ls-R：递归显示
路径操作	cd，进入指定路径；pwd，显示当前路径
创建与删除目录	mkdir，新建目录；rmdir，删除目录
通配符	＊，匹配任意符号；?，匹配单个字符；［xyz］，匹配 xyz 任意一个字符；［a-z］，匹配字符范围；［！xyz］或［^xyz］，匹配不在 xyz 中的任意字符
复制文件	cp-r，复制目录；cp-a，尽可能保留原始文件，归档复制，常用于备份
删除文件	rm-r，递归删除；rm-f，强制删除，无提示

（3）文件查找命令。在 Linux 操作系统上进行文件查找的命令主要有两个：grep 和 find。这两个命令的用法非常多，见表 3.3-3。

表 3.3-3　grep 命令和 find 命令

命令	基础用法
grep	grep 命令主要用于文本搜索，格式为"grep［选项］［文件］" 1）grep xxx，搜索并显示当前目录下所有包含 xxx 的行 2）grep xxx /usr/sre，搜索并显示/usr/sre 目录下所有文件（不含子目录）包含 xxx 的行 3）grep-r xxx /usr/sre，搜索并显示/usr/sre 目录下所有文件（包含子目录）包含 xxx 的行
find	find 命令用于查找文件，格式为"find［查找路径］寻找条件操作" 1）find/etc-name xxx，在/etc 目录下查找文件名为 xxx 的文件 2）find/etc-name "sre＊"，在/etc 目录下查找文件名含有 sre 的文件 3）find/-amin-5，查找系统最后五分钟访问的文件 4）find/-user lisa，查找系统中属于用户 lisa 的文件

3.3.1.2　麒麟操作系统

国产化的麒麟操作系统现已形成了服务器操作系统、桌面操作系统、嵌入式操作系统、麒麟云等产品，能够同时支持飞腾、龙芯、申威、兆芯、海光、鲲鹏、海思麒麟等国产 CPU。以下主要介绍银河麒麟高级服务器操作系统 V10 和银河麒麟桌面操作系统 V10。

1. 银河麒麟高级服务器操作系统 V10

银河麒麟高级服务器操作系统 V10 是针对企业级关键业务，适应虚拟化、云计算、大数据、工业互联网时代对主机系统可靠性、安全性、性能、扩展性和实时性的需求，自主开发的服务器操作系统。它可以支撑构建大型数据中心服务器高可用集群、负载均衡集群、分布式集群文件系统、虚拟化应用和容器云平台等，可部署在物理服务器和虚拟化环境、私有云、公有云和混合云环境。其特点如下：

（1）支持多种硬件平台。它支持飞腾、鲲鹏、龙芯、兆芯、海光及 Intel/AMD 架构的处理器，并对上百款的读写、存储、网络设备提供了驱动支持。

（2）虚拟化技术、云平台。它内置了开源虚拟化技术 KVM，用户能够方便地搭建虚拟化环境。它支持华为、阿里、腾讯、麒麟、金山、紫光、浪潮、青云、微软等云平台；支持新业务容器化运行和高性能可伸缩的安全容器应用管理平台。

（3）便捷的应用移植。针对国内外主流的中间件应用，它给予了充分的支持与优化，包括中创、东方通、普元、金蝶、用友等，以及 WebLogic、Tuxedo、WebSphere、tomcat 等，确保了软硬件平台与应用系统之间能够高效、可靠地进行数据传递和转换，使得各种应用软件、管理工具、系统服务得以跨平台运行。

2. 银河麒麟桌面操作系统 V10

银河麒麟桌面操作系统 V10 是一款适配国产软硬件平台的简单易用、稳定高效、安全可靠的图形化桌面操作系统产品。它支持国产、国际主流处理器平台，注重移动设备多屏协同。

（1）全面支持主流硬件。它支持飞腾 FT-2000/4、飞腾 D2000、鲲鹏 920、麒麟 990、麒麟 9006C、兆芯 ZXC+、兆芯开先系列、海光 2 号、龙芯 3A4000、龙芯 3A5000、申威 421 处理器。它可以适配市场上主流的打印机、扫描仪、高拍仪、摄像头、投影仪、指纹仪、读卡器、手写板等外设设备，同时增加了对触摸屏和触控板的支持。

（2）应用兼容拓展更广。它提供了麒麟移动应用兼容运行环境（KMRE）和麒麟 Windows 应用兼容运行环境（KWRE）的创新技术。KMRE 支持本地安卓应用程序包（APK）直接安装，使桌面 PC 与移动设备融合，为用户提供了更加便捷的操作体验；KWRE 支持在多个架构下对所需 Windows 应用进行适配，使得 Windows 应用可以在麒麟桌面操作系统 V10 上运行，满足日常办公需要。

（3）系统级 SDK 支持。系统将应用层、基础层相关接口和系统层接口进行封装，为开发人员提供统一便捷的调用方式，构建适用于银河麒麟桌面操作系统 V10 的应用。应用层有 PushButton、SwitchButton、搜索输入框、滑动条、QTabBar、应用导航、应用卸载弹窗、关于弹窗、Widget 窗口类样式、窗口三联菜单、QInputDialog 等；基础层有 C 语言定时器接口、应用程序日志接口、标准 struct 格式配置文件读写接口、文件容量单位转换接口；系统层有操作系统信息获取、文件变动监听接口、系统报时服务。

3.3.2 中间件

中间件（middle ware）位于各类应用、服务与操作系统、数据库系统以及其他系统软件之间。它如同应用、数据与用户之间的纽带，可以帮助开发人员更有效地构建应用。使用中间件后，客户端传递到服务端的请求，不是直接由应用承接，而是要经过中间件进行处理后，才由具体的应用进一步处理，而应用之间的协作一般也需要借助中间件。

常用的中间件有消息中间件、事务中间件、数据中间件等。

（1）消息中间件。消息中间件能在不同平台之间通信，实现分布式系统中可靠、高效、实时的跨平台数据传输。它常被用来屏蔽掉各种平台及协议之间的特性，实现应用程序之间的协同。其优点在于能够在客户和服务器之间提供同步和异步的连接。常用的分布式消息队列开源软件有 Kafka、ActiveMQ、RabbitMQ 及 RocketMQ。

（2）事务中间件。事务中间件是在分布、异构环境下提供保证交易完整性和数据完整性的一种环境平台。它是针对复杂环境下分布式应用的速度和可靠性要求的。它给程序员提供了一个事务处理的应用程序接口（API），程序员可以使用这个程序接口编写高速且可靠的分布式应用程序。常用的事务中间件有 GTS、TXC、Seata 等。

（3）数据中间件。数据中间件处于底层数据库和应用系统之间，主要用于屏蔽异构数据库的底层细节，是客户端与后台的数据库之间进行通信的桥梁。数据中间件一般用于解决海量请求下数据访问瓶颈及数据库的容灾问题，具备分布式数据库全生命周期的运维管控能力，支持分库、分表、平滑扩容、结果集合并、SQL 解析、数据库容灾和分布式事务等特性。开源的数据中间件有 Vitess、MyCat、Atlas、OneProxy 等。

3.3.3　数据库

数据库是数据的集合，具有统一的结构形式并存放于统一的存储介质内，是多种应用数据的集成，并可被各个应用程序所共享。一般分为关系型数据库和非关系型数据库。

1. 关系型数据库

关系型数据库适合用来存储结构化数据，如用户的账号、注册时间等。这些数据通常需要做结构化查询，主要代表有 SQL Server、Oracle、MySQL、PostgreSQL、SQLite。

（1）SQL Server。SQL Server 具有易用性、可伸缩性，以及优秀的数据管理、分析功能，是一款高性价比的商业数据库。但是，它开放性较差，仅支持 Windows 平台。

（2）Oracle。甲骨文公司开发的商业数据库，不开源，支持所有主流平台，性能好，功能强，稳定性好，安全性好，支持大数据量。但是，Oracle 数据库非常复杂，收费高。

（3）MySQL。MySQL 软件采用了双授权政策，分为社区版和商业版。由于体积小、速度快、总体拥有成本低，MySQL 通常是中小型网站数据库的首选。

（4）PostgreSQL。PostgreSQL 使用 BSD 协议的完全开源、免费的关系型数据库管理系统，支持多种操作系统，功能强大，可以和多种开源工具配合。PostgreSQL 不仅是关系型数据库，还同时支持 JSON 数据、全文检索以及其他扩展。

（5）SQLite。SQLite 是一个开源的嵌入式关系数据库，实现了自给自足、无服务器、零配置、事务性的 SQL 数据库引擎。它是一个零配置的数据库，不需要在系统中设置和管理一个单独的服务，是一种非常轻量级的数据库解决方案，非常适合小型项目、嵌入式数据库或者测试环境中。

关系型数据库的主要特点如下：

1）表结构较严格，支持行列式存储结构化数据。

2）需要预定义数据类型。

3）部分支持事务特性，可保证较强的数据一致性。

4）支持 SQL 语言，增删改查功能强大，大都支持多表 join 操作。

5）较为通用，技术较成熟。

6）不适合处理大数据，当数据读写量较大时，通常需要分库分表。

7）高并发性能不足，扩展较为复杂。

2. 非关系型数据库

随着互联网的发展，数据规模越来越大，增长速度也越来越快，数据类型也变得比较复杂，可能同时包括文字、图片、音频、视频等，关系型数据库在应对这些场景时显得有些力不从心，逐渐暴露出许多难以克服的问题。因此出现了针对大规模数据场景，以性能卓越和应用便捷为目标的数据库产品——非关系型数据库，它的出现并不是要完全否认或替代关系型数据库，而是作为传统关系数据库的一个合理补充。非关系型数据库，主要代表有 Redis、HBase、MongoDB。

（1）Redis，是现在最受欢迎的 NoSQL 数据库之一，具备如下特性：基于内存运行，性能高；支持分布式，理论上可以无限扩展；是键值对存储系统；使用 ANSIC 语言编写，遵守 BSD 协议，支持网络，是可持久化的日志型数据库，提供多种语言的 API。

（2）HBase（hadoop database），是 Apache Hadoop 中的一个子项目，使用 Java 语言编写。它是一个高可靠性、高性能、面向列、可伸缩的分布式存储系统，主要用来存储非结构化和半结构化的松散数据。

（3）MongoDB，是一个基于分布式文件存储的面向文档的数据库，由 C++等语言编写，旨在为 Web 应用提供可扩展、高性能的数据存储解决方案。

非关系型数据库的主要特点如下：

1）表结构较灵活，如列存储、键值对存储、文档存储、图形存储。

2）支持非结构化数据。

3）部分不需要预定义数据类型，甚至不需要预定义表。

4）支持大数据量，且多数支持分布式。

5）高并发性能较强，易扩展。

3.3.4 编程语言

目前，全球已经投入使用的编程语言超过 50 种，其中多数可用于服务端开发，但术业有专攻，不同语言的流行度和学习成本不一样，各自的特性也有较大差异。在选择开发语言时，可以参考 TIOBE 排行榜。根据历史排名情况，主要介绍 Python、C、C++、Java、C#、JavaScript。

（1）Python 是一种解释型、面向对象的动态语言，更注重代码的简洁性和可读性。其语法相对简单，更易于学习和上手，拥有强大的标准库和第三方库，可以轻松实现各种功能和任务，涵盖广泛的应用领域，但相对于 C++来说，其执行效率较低。

（2）C/C++。C 语言是面向过程的语言，是高度可移植的语言，可以为其他语言构建模块。相比其他语言，C 编译器产生的机器代码非常快。在 C 语言的基础上，C++增加了面向对象机制、泛型编程机制、函数重载和运算符重载、异常处理机制、标准模板库（standard template library，STL）等，C++运行效率较高，同时能够比较容易地开发大型软件，适合对开发效率要求高的软件。

（3）Java 是一种通用、基于类、面向对象的编程语言，是基于 Java 虚拟机的跨平台语言。Java 可运行于多个平台，如 Windows、Linux、macOS、Unix 平台。Java 程序易于编写，且内置垃圾收集，不必考虑内存管理，Java 虚拟机拥有工业级的稳定性和高度优化的性能，且拥有广泛的开源社区支持，各种高质量组件随时可用。

（4）C#是面向对象、面向组件的编程语言。它源于 C 语言，语法类似 C 和 C++，但在设计上更加注重安全性和易用性。C#支持面向对象编程、泛型编程、事件驱动编程、语言集成查询（language integrated query，LINQ）等现代编程范式，还支持异步编程、并发编程等高级特性。C#具有语法简洁、类型安全、性能高效、扩展性好、与.NET 框架紧密结合等特点。

（5）JavaScript 是一种解释型或即时编译型的高级编程语言，是基于原型编程、多范式的动态脚本语言，支持面向对象、命令式和函数式编程风格。它的解释器被称为 JavaScript引擎，为浏览器的一部分，广泛用于客户端。此外，还有高级的服务端 JavaScript 版本，如Node.js，可以在网页上添加更多功能。虽然 JavaScript 是作为开发 Web 页面的脚本语言而出名的，但是它也能再非浏览器环境中使用。

在实际开发中应避免选择冷门语言，尽量选择生态丰富的语言，要针对开发对象、系统架构、应用场景去选择。比如，引擎层是以 C/C++为主，而算法层则是以 Python 为主。

3.3.5　开发工具

常用的开发工具包括集成开发环境、代码管理工具及 UML 建模工具。

1. 集成开发环境

集成开发环境（integrated development environment，IDE）是指用于提供程序开发环境的应用程序，一般包括代码编辑器、编译器、调试器和图形用户界面等工具。它是集成了代码编写功能、分析功能、编译功能、调试功能等于一体的开发软件服务套件。

（1）VSCode（visual studio code）是由微软开发的一款功能强大的现代化轻量级 IDE。VSCode 具有强大的插件扩展能力，几乎支持所有主流语言（C++、Java、Go、Python 等）的项目开发。该 IDE 支持语法高亮、代码自动补全、代码重构等功能，并且内置了命令行工具和 Git 版本控制系统。用户可以更改主题和键盘快捷方式实现个性化设置，也可以通过内置的扩展程序商店安装扩展以拓展软件功能。VSCode 适合轻量级开发、敏捷开发、Web开发和脚本编写，其灵活性和快速启动的特性使得它在小型项目和跨平台开发中表现得极为出色。

（2）Eclipse 是由美国 IBM 公司开发的一款功能完整且成熟的 IDE，它是一个开源、基于 Java 的可扩展开发平台，是目前最流行的 Java 语言开发工具之一。Eclipse 就其本身而言，只是一个框架和一组服务，它通过插件组件构建开发环境。Eclipse 除了可作为 Java 的集成开发环境外，还可以作为其他语言（如 C++、PHP）的集成开发环境。Eclipse 具有灵活的扩展能力、优良的性能与插件技术，可以帮助程序开发人员完成语法修正、代码修正、代码补全、信息提示等工作。

（3）PyCharm 是一款由捷克 JetBrains 公司开发的强大的集成开发环境，专门用于 Python

开发。它带有一整套可以帮助用户在使用 Python 语言开发时提高其效率的工具，如调试、语法高亮、项目管理、代码跳转、智能提示、自动完成、单元测试、版本控制等。

（4）Qt 是一个跨平台应用程序和 UI 开发框架。使用 Qt 只需一次性开发应用程序，无须重新编写源代码，便可跨不同桌面和嵌入式操作系统部署这些应用程序。Qt Creator 是一个跨平台、完整的 Qt 集成开发环境，其中包括了高级 C++代码编辑器、项目和生成管理工具、集成了上下文相关的帮助系统、图形化调试器、代码管理和浏览工具等。Qt Creator 可在 Windows、Linux 和 macOS 桌面操作系统上运行，并允许开发者在桌面、移动和嵌入式平台上创建软件。

2. 代码管理工具

使用代码管理工具的主要目的是，有效地组织、跟踪和控制项目代码的变更，确保团队成员之间的协同工作，提高开发效率，保证软件质量，并为未来的维护、升级和重构提供便利。

（1）Git 是一个开源的分布式版本控制系统，可用于敏捷、高效地处理任何或小或大的项目。通过 Git 可以方便地创建代码仓、创建开发分支、合并代码、提交代码、解决冲突、查看提交记录等。Git 不需要服务器端软件支持，工作的时候无须联网。

（2）SVN 是 Subversion 的缩写，是一个开源的版本控制系统，通过采用分支管理系统，进行资源共享，实现最终集中式的管理。其代码的管理由服务器来完成，只有连上 SVN 服务器后，才能进行代码管理。

3. UML 建模工具

统一建模语言（unified model language，UML）是一种标准建模语言。在软件开发中，当系统规模比较复杂时，可以使用 UML 工具以图形化的方式表达复杂的概念，让整个软件设计更具有可读性，可理解性。它能使开发人员尽早地发现软件设计的潜在问题，从而降低开发风险。同时，也极大地方便了业务人员与开发人员之间的交流。

（1）Trufun 是由西安楚凡公司推出的成熟的专业软件工程建模工具，支持 UML 最新标准，提供类图、用例图等框图设计建模。它支持源码生成，支持基于模型数据的文档生成，以及多专业模型联合仿真执行。支持代码和模型的正向工程和反向工程，还可以通过提供 IDE 插件的形式实现模型和代码的自动双向同步。

（2）Enterprise Architect 是一个全功能的基于 UML 的 Visual CASE 工具，简称 EA。它专注于系统和软件架构设计、模型驱动的开发以及团队协作，能够提供完整的 UML 建模支持，支持多种建模标准，支持系统工程模型、需求管理、系统建模等，能提供模型驱动的开发支持，可以生成代码，并支持代码逆向工程，支持与其他开发工具和版本控制系统的集成，支持通过云进行团队协作。

（3）Rational Rose 提供了全面的 UML 支持，支持模型驱动的开发过程，允许通过建模创建和维护源代码，支持多种编程语言，能够生成代码，同时也支持从现有代码中逆向生成 UML 模型，提供直观的可视化建模工具，提供协同工作和版本控制的功能，支持团队协作，能够生成详细的文档，包括技术文档、报告和用户手册等。

（4）Drawio 是一款非常强大的开源、免费且高质量的流程图编辑器，涵盖了流程图、UML 类图、组织结构图、泳道图、E-R 图、文氏图等多种类型，提供了 Web 端与客户端支持，同时也支持多种资源类型的导出，还具备共享和协作功能。

3.3.6　软件服务架构

（1）单体架构（monolithic architecture），是指将软件应用程序设计成一个独立的自包含的单元。单体架构中的组件是相互连接、相互依赖的，这也导致了代码之间的紧密耦合。单体架构适用小型应用程序开发、测试、调试、部署。在项目的初期，单体应用可以很好地运行。然而，随着需求的不断增加，代码库也在飞速地膨胀。慢慢地，单体应用变得越来越臃肿，可维护性、灵活性逐渐降低，维护成本越来越高。

（2）微服务架构（micro-service architecture），使用小型、自治、独立版本、自包含的服务构建软件应用程序。微服务架构，主要是中间层分解，将系统拆分成很多微服务，可以部署在不同的服务器上，也可以部署在相同服务器的不同容器上。每个微服务只专注于做好一件事，也可以与其他微服务协作完成更加复杂的任务。一个微服务的故障不会影响到其他微服务，一个微服务的负载也不会影响到其微服务。微服务架构特别适用于大型或复杂的软件系统。与单体架构相比，使用微服务架构的应用程序会被分解为更容易管理的小型服务，以应对系统的复杂性。

（3）无服务器架构（serverless architecture），能够让开发者在构建应用的过程中无须关注计算资源的获取和运维，只关注业务开发，平台会按需分配计算资源并保证应用执行，极大提升了软件应用程序的开发、部署速度。无服务器架构使用两种模型为软件应用程序提供后端逻辑：函数即服务（function as a service，FaaS）模型和后端即服务（backend as a service，BaaS）模型。两者通常一起使用来为应用程序提供功能。无服务架构具备运营成本低廉、设备运维简单、开发速度更快等特点。

3.3.7　应用部署

开发的代码需要经过编译、打包等流程，并最终部署到服务器上，才能运行并对外提供服务。应用部署的方式大致可分为物理机部署、虚拟机部署和容器化部署。

（1）物理机部署。物理机部署，就是将应用直接部署在物理服务器上。早期，物理机部署几乎是部署应用的唯一方式，服务器普遍采用高性能计算机，一台物理机只部署一个应用，其硬件资源难以被充分利用，造成资源浪费。此外，为了充分利用服务器资源，经常会将多个应用进程、数据库、缓存进程等都部署在同一台物理机上，但这种部署方案会造成进程间资源抢占。

（2）虚拟机部署。虚拟机技术的本质是硬件虚拟化，即每台虚拟机事先从物理机分配好 CPU 核数、内存、磁盘等资源，每台虚拟机通常只部署一个应用，不同的进程在不同的虚拟机上运行，从而解决了进程间资源隔离的问题。

虚拟机的出现使得用户在一台物理机上能够独立运行多个相互隔离的系统，通过对资源的抽象化使得主机资源能够被有效复用。但是，虚拟机部署存在启动时间长、环境配置复杂、版本控制不便、资源使用效率低等问题。

（3）容器化部署。容器化部署能构建一个完整、独立的运行环境。它包含 3 个关键因素：环境隔离、资源控制和文件系统。Docker 能提供轻量的虚拟化和一致性环境，允许将应用及其依赖的运行环境打包成镜像，该镜像能够被分发到任何节点上执行，无须再进行配置环境的部署。它解决了开发和部署应用时环境配置的问题，规范了应用交付和部署，降低了部署测试的复杂度以及开发运维的耦合度，极大提升了容器移植的便利性，便于构建自动化的部署交付流程。

容器和虚拟机都是资源虚拟化发展的产物，但两者在架构上又有区别。虚拟机通过虚拟机管理系统虚拟化主机硬件资源，然后构建客户机操作系统，由宿主机进行程序管理。容器则直接运行于主机内核中，应用在主操作系统的用户空间上执行独立任务，不需要从操作系统开始构建环境，赋予了应用从交付到部署再到运维的独立性。

3.4　软硬件选型

软件选型需要考虑以下因素：开放性、对称性与非对称处理、异种机互联能力、目录及安全服务的支持能力、应用软件的支持能力、网管能力、性能优化和监视能力、系统备份及恢复支持能力。

硬件选型需要考虑以下因素：系统的开放性、系统的延续性、系统可扩展性、系统的互连性能、应用软件的支持、系统的性价比、生产厂商的技术支持、可管理性、性能监控、安全管理、可用性、磁盘故障、内存问题、容错性等。

3.4.1　硬件配置选型

硬件配置方案设计是指按照新系统的目标及功能要求，综合考虑环境和资源等实际情况，在总体规划阶段进行的计算机系统软硬件平台选型的基础上，从系统的目标出发，进行具体的计算机软硬件系统选择和配置。航天发射场涉及系统多、设备种类多、分布散，对系统的可靠性要求高于性能要求。针对这种实际情况，服务器架构应该选择对称集群模式，存储应该分类进行，重要数据应该选择主备模式。针对设备分布广，有多个控制中心，人员呈现多区域集中的情况，在网络架构上应选择3层网络架构。为适应不同场所观看设备状态的需要，大屏显示系统建议使用分布架构，若只是在一个固定场所使用，也可以使用集中式显控架构。以下介绍计算机和网络的选型。

1. 计算机

计算机硬件的选择要依据数据处理方式和所运行的软件进行。如果数据处理是集中式的，系统应用主要是利用计算机强大的计算能力，则可以采用主机-终端系统。主机一般选用大型机。对于一般面向企业的信息系统，其应用本身一般是分布式的，则可使用云服务。

具体计算机机型选择时要考虑应用软件对计算机处理能力的要求。一般应考察主存的大小、高速缓存器的大小、主机处理速度、显示方式、外接转储设备及其类型，同时还要考虑计算机兼容性、可维修性、标准性等要求。

在满足业务需要的前提下，只要预算充足，应尽量购置技术上成熟、性能价格比高的计算机系统。由于现在微机性能已经有了很大的提高，甚至超出了早期大型机的水平，而价格又相对较低，因此，较小的信息系统一般选择微机作为硬件支撑环境。针对大型信息系统要从使用性能和价格等方面进行分析，提供多个硬件系统配置方案，对各个配置方案进行评价并给出有设计者倾向性的选择方案。

2. 网络

计算机网络是信息系统进行信息传输的主要载体。当前计算机网络类型多样，网络技术多样，要结合业务领域的特点选择合适的网络类型与技术，设计合理的网络拓扑结构。在进行网络的设计与选择时，要重点解决以下问题：

（1）选择网络的拓扑结构。根据应用系统的地域分布、信息流量，选择网络的拓扑结构。适合小型网络的拓扑结构主要有总线型、星形、环形和树形等类型。适用于大中型网络的拓扑结构有网状型拓扑结构和混合型拓扑结构。

（2）配备网络设备。按系统或子系统的划分配备需要的设备，如交换机、网桥、网关、路由器等。

3.4.2　软件配置选型

在信息系统开发过程中，开发方法及相应软件工具的选择，对系统开发是否顺利乃至能否成功都是至关重要的。软件主要从如下几方面考虑：

（1）操作系统。根据实际业务情况选择适当的操作系统。在保证业务可用性的情况下，优先选择国产麒麟操作系统。

（2）中间件。考虑中间件的功能是否能够满足系统的需求。例如，如果需要处理大量数据，那么可能需要选择一款高性能的消息队列中间件。如果需要实现应用程序的分布式部署，那么可能需要选择一款支持容器化部署的应用程序服务器，对于使用 Java 开发的应用程序，可以选择 Java 中间件；对于使用 Python 开发的应用程序，可以选择 Python 中间件。

（3）数据库。数据库系统选择的原则是，支持先进的处理模式，具有分布处理数据、多线索查询、优化查询数据、联机事务处理功能；具有较高数据处理能力；具有良好图形界面的开发工具包；具有较高的性能价格比；具有良好的技术支持与培训。在具体选择时同样优选国产数据库，如达梦、人大金仓等。

（4）开发语言。开发语言发展变化速度很快，当前比较流行的开发语言有通用的 C 语言系列、Java、Python 等，可根据业务处理的特点及开发人员的情况选择恰当的程序设计语言。

（5）开发工具。集成开发环境与开发语言息息相关，可以相对应地选择 Qt Creator、Eclipse、VScode、PyCharm 等，代码管理工具可以使用流行 Git，UML 工具可以使用专业的 Enterprise Architect，也可以使用国产化的 Trufun。

（6）各种应用软件包，如统计分析软件包、多元分析软件包、数学规划软件包等。

在具体选择时，软件的功能应能满足应用的需求，各种软件应配套齐全，尽量选用现成软件，以加速系统开发进度；选用具有较强适应性的软件，在与其他软件配套使用时，能满足应用要求；选用可靠性强、容错能力好的软件，还要满足用户的安全保密要求；选择主流产品，以便之后的维护与升级。

3.5　信息系统性能指标

信息系统的性能指标既包括硬件，也包括软件。硬件性能指标主要涉及计算机、网络，软件性能指标主要涉及操作系统、数据库、Web 服务等。

3.5.1 计算机性能指标

对计算机评价的主要性能指标如下：

（1）时钟频率（主频）。主频是计算机的主要性能指标之一，在很大程度上决定了计算机的运算速度。CPU 的工作节拍是由主时钟来控制的，主时钟不断产生固定频率的时钟脉冲，这个主时钟的频率即是 CPU 的主频。主频越高，意味着 CPU 的工作节拍就越快，运算速度也就越快。

（2）高速缓存。高速缓存可以提高 CPU 的运行效率。目前一般采用两级高速缓存技术，有些使用 3 级。高速缓冲存储器均由静态 RAM 组成，结构较复杂，在 CPU 管芯面积不能太大的情况下，L1 级高速缓存的容量不可能做得太大，L2 及 L3 高速缓存容量也会影响 CPU 的性能，原则是越大越好。

（3）运算速度。运算速度是计算机工作能力和生产效率的主要表征。它取决于给定时间内 CPU 所能处理的数据量和 CPU 的主频。其单位一般为 MIPS（百万条指令每秒）和 MFLOPS（百万次浮点运算每秒）。MIPS 用于描述计算机的定点运算能力，MFLOPS 则用来表示计算机的浮点运算能力。

（4）运算精度。运算精度对应的是计算机处理信息时能直接处理的二进制数据的位数，位数越多，精度就越高。参与运算的数据的基本位数通常用基本字长来表示。

（5）内存的存储容量。内存用来存储数据和程序，直接与 CPU 进行信息交换。内存的容量越大，可存储的数据和程序就越多，从而减少与磁盘信息交换的次数，使运行效率得到提高。存储容量一般用字节数来度量。

（6）存储器的存取周期。内存完成一次读（取）或写（存）操作所需的时间称为存储器的存取时间或者访问时间。连续两次读（或写）所需的最短时间称为存取周期。存取周期越短，表示从内存存取信息的时间越短，系统的性能也就越好。

（7）响应时间。响应时间是指某一事件从发生到结束的这段时间。其含义将根据应用的不同而变化。一般来说，响应时间在 0.1s 以内时，用户感觉不到任何延迟；0.1~1s 时，用户是愿意接受的；若超过 1s，则意味着用户会感觉到有延迟，但只要不超过 10s，用户还是可以接受的；若超过 10s，用户会在等待计算机完成当前操作时转向其他的任务。

（8）平均故障响应时间。平均故障响应时间是指从出现故障到该故障得到确认修复前的这段时间。该指标反应的是服务水平。平均故障响应时间越短，对用户系统的影响越小。

（9）兼容性。兼容性是指一个系统的硬件或软件与另一个系统或多种操作系统的硬件或软件的兼容能力，表示系统间某些方面具有的并存性，即两个系统之间存在一定程度的通用性。兼容是一个广泛的概念，包括数据和文件的兼容、程序和语言级的兼容、系统程序的兼容、设备的兼容以及向上兼容和向后兼容等。

除了上述性能指标之外，还有其他性能指标：综合性能指标，如吞吐率、利用率；定性指标，如保密性、可扩充性；功能特性指标，如文字处理能力、联机事务处理能力、I/O 总线特性、网络特性等。

3.5.2 网络性能指标

网络是一个是由多种设备组成的集合体。其性能指标也名目繁多。一般可以将这些性能指标分为以下几类：

（1）设备级性能指标。网络设备提供的通信量特征，是确定网络性能的一个重要因素。计算机网络设备（主要指路由器、交换机）的标准性能指标主要包括吞吐量、延迟、丢包率和转发速度等。

（2）网络级性能指标。网络级性能指标主要包括可达性、网络系统的吞吐量、传输速率、信道利用率、信道容量、带宽利用率、丢包率、平均传输延迟、平均延迟抖动、延迟/吞吐量的关系、延迟抖动/吞吐量的关系、丢包率/吞吐量的关系等。

（3）应用级性能指标。应用级性能指标主要包括 QoS、网络对语言应用的支持程度、网络对视频应用的支持程度、延迟/服务质量的关系、丢包率/服务质量的关系、延迟抖动/服务质量的关系等。

（4）用户级性能指标。计算机网络是一种长周期运行的系统。可靠性和可用性是长周期运行系统非常重要的服务性能，是决定系统是否有实际使用价值的重要参数。

3.5.3　操作系统性能指标

操作系统的性能与计算机系统工作的优劣有着密切的联系。评价操作系统的性能指标一般如下：

（1）系统的吞吐量，是指系统在单位时间内所处理的信息量，以每小时或每天所处理的各类作业的数量来度量。

（2）系统响应时间，是指用户从提交作业到得到计算结果这段时间，又称周转时间。

（3）系统资源利用率，是指系统中各个部件、各种设备的使用程度。

3.5.4　数据库性能指标

衡量数据库管理系统的主要性能指标包括数据库本身和管理系统两部分。

数据库和数据库管理系统的性能指标包括数据库的大小、单个数据库文件的大小、数据库中表的数量、单个表的大小、表中允许的记录（行）数量、单个记录（行）的大小、表上允许的索引数量、数据库允许的索引数量、最大并发事务处理能力、负载均衡能力、最大连接数。

3.5.5　Web 服务器性能指标

Web 服务器的主要性能指标包括最大并发连接数、响应延迟、吞吐量（每秒处理的请求数）、成功请求数、失败请求数、每秒点击次数、每秒成功点击次数、每秒失败点击次数、尝试连接数、用户连接数等。

3.5.6　性能指标的查看

从一个信息系统的发展历程来看，初期通常是简单的、易维护的，很少涉及性能问题；但随着时间的推移，需求不断产生，功能逐渐丰富，代码日益膨胀，软件系统从最初的集中、有序的状态，趋向于分散、混乱和无序的状态，可维护性变差，复杂度增加，性能问题也随之显现。

硬件作为软件赖以工作的基础，几乎所有的软件系统性能问题都会体现在相应的硬件资源指标上，如 CPU 使用率、平均负载、内存使用率、磁盘 I/O 使用率等。因此，有效地利用这些指标不仅有助于提前发现系统性能瓶颈，起到预警作用，而且可以为排查、解决问题提供线索。

1. CPU 使用率

CPU 使用率，又称 CPU 利用率。CPU 使用率是单位时间内 CPU 使用情况的统计，根据 CPU 使用率可以量化评估一时间段内 CPU 被占用的情况。在 Linux 系统中，查看 CPU 使用率的命令有 top、htop、ps、nmon、atop、glances、vmstat、sar 等，其中 top 最为常用，如图 3.5-1 所示。

```
top - 12:16:23 up 7 min,  1 user,  load average: 0.71, 0.89, 0.48
Tasks: 367 total,   2 running, 365 sleeping,   0 stopped,   0 zombie
%Cpu(s):  3.0 us,  0.6 sy,  0.1 ni, 96.2 id,  0.1 wa,  0.0 hi,  0.0 si,  0.0 st
MiB Mem :  31958.2 total,  22343.9 free,   2599.2 used,   7015.1 buff/cache
MiB Swap:  18669.0 total,  18669.0 free,      0.0 used,  28395.6 avail Mem
```

图 3.5-1　CPU 使用率

上述输出结果中，%Cpu(s) 这一行为 CPU 使用率的相关指标。主要 CPU 性能参数及含义见表 3.5-1。

表 3.5-1　主要 CPU 性能参数及含义

参数	含义
us	用户空间占用 CPU 百分比
sy	内核空间占用 CPU 百分比
ni	用户进程空间内改变过优先级的进程占用 CPU 百分比
id	空闲 CPU 百分比
wa	等待输入输出的 CPU 时间百分比
hi	硬中断（Hardware IRQ）占用 CPU 的百分比
si	软中断（Software Interrupts）占用 CPU 的百分比
st	用于有虚拟 CPU 的情况，用来指示被虚拟机偷掉的 CPU 时间

2. 内存使用率

在 Linux 系统中，内存使用率是最为重要的内存性能度量指标。内存相关的数据存储在虚拟文件 proc/meminfo 中，可通过 free、top、ps、vmstat、pidstat、cachestat、cachetop、memleak、sar 等命令查看，如图 3.5-2 所示。

```
(base) ubdesk@ubdesk-AORUS-15G-YC:~$ free -h
              total        used        free      shared  buff/cache   available
Mem:           31Gi       2.5Gi        21Gi       512Mi       6.9Gi        27Gi
Swap:          18Gi          0B        18Gi
```

图 3.5-2　内存使用率

上述输出结果中，Mem 表示物理内存的使用情况统计，Swap 表示交换空间（也称为逻辑内存）的使用情况统计，total、used、free 等为具体指标。主要内存性能参数及含义见表 3.5-2。

表 3.5-2　主要内存性能参数及含义

参数	含义
total	物理内存总量或交换空间总量
used	已经被使用的物理内存或交换空间
free	未被使用的物理内存或交换空间
shared	被共享的物理内存
buff/cache	用于块设备数据缓冲的内存
available	可以被应用程序使用的物理内存，包括剩余物理内存和可回收缓存

3. 磁盘性能指标

常用的磁盘性能指标有 5 个，即 I/O 使用率、饱和度、吞吐量、I/O 响应时间和 IOPS，具体含义如下：

（1）I/O 使用率，是指磁盘处理 I/O 的时间百分比。

（2）饱和度，是指磁盘处理 I/O 的繁忙程度。当饱和度为 100% 时，磁盘无法处理新的 I/O 请求。

（3）吞吐量，是指每秒 I/O 的数据量，单位为 KB。

（4）I/O 响应时间，是指 I/O 请求从发出到收到响应的时间间隔，包含队列中的等待时间和实际处理时间。

（5）IOPS（Input/Output Per Second），指每秒的 I/O 请求数。

在 Linux 系统中，磁盘性能相关的查询命令有 iostat、pidstat、iotop、strace、sar、du、dfvmsta 等。其中最常用的是 iostat 和 pidstat，前者适用于观测整个系统的 I/O，后者可观测具体进程的 I/O。以 iostat 为例，结果如图 3.5-3 所示。

图 3.5-3　磁盘性能指标

上述输出结果中，Device、tps 等为具体指标。主要磁盘性能参数及含义见表 3.5-3。

表 3.5-3　主要磁盘性能参数及含义

参数	含义
Device	/dev 目录下的磁盘（或分区）名称
tps	该设备每秒的传输次数
kB_read/s	每秒从磁盘读取数据大小，单位为 KB/s

（续）

参数	含义
kB_wrtn/s	每秒磁盘的丢块数，单数为 KB/s
kB_dscd/s	每秒磁盘的丢块数，单数为 KB/s
kB_read	从磁盘读出的数据总数，单位为 KB
kB_wrtn	写入磁盘的数据总数，单位为 KB
kB_dscd	磁盘总的丢块数量

3.6 小结

在信息系统开发与设计过程中要根据信息系统的规模、特点进行架构的分类设计。本章所讲述的硬件、软件技术基础是开发人员进行信息系统开发必须要掌握的知识。硬件设备架构、软件开发技术架构都要根据实际情况进行选择。当信息系统开发完毕后，可以使用本章提到的信息系统的性能指标对信息系统进行评估。

第 **4** 章　程序开发基础

4.1　概述

随着近年来国产化和自主可控替代进程的逐步推进，发射场国产操作系统的比例越来越高，发射场信息系统开发手段也逐步向可以跨平台的 Qt、Java 和 Python 过渡，因此，了解和掌握 C++、Java、Python 编程成为从事发射场信息系统开发的基础。本章旨在为从事发射场信息化工作的人员提供一个全面的指南，内容涵盖 C++语言基础、Java 语言基础、Python 语言基础、Qt 开发集成环境的使用、GUI 设计、多线程、网络、硬件访问、文字接口编程以及软件调试技术等方面的知识。这些知识对于开发高效、可靠和易于维护的发射场信息系统应用程序至关重要。

4.2　C++语言基础

4.2.1　表达式

数据类型是程序的基础，表达式是程序的基本单元。C++语言支持广泛的数据类型。首先，它定义了基本内置类型，包括字符型、整型、浮点型、布尔型等内容。另外，还有复合数据类型，包括引用和指针等。在实际工作中，可以根据需要选取合适的数据类型，数据类型决定了程序中数据和操作的意义。同时，C++也为程序员提供了自定义类型的机制，可以根据需要自行定义数据类型。

表达式由一个或者多个运算对象组成，对表达式求值将得到一个运算结果。把一个运算符和一个或者多个运算对象组合起来，可以生成较为复杂的表达式。

4.2.1.1　常量和变量

常量和变量表达式比较简单。常量是程序运行中其值始终保持不变的量，根据常量的类型，可以分为整型常量、实型常量、字符常量、字符串常量和逻辑常量。常量可以带后缀，如 123u、1.23f 和 123ll，分别表示无符号整型常量、单精度常量、长长整型常量。编译器会将常量放在一个只读的内存区域，其值不能发生改变。使用常量的好处就在于灵活，程序中多次用到常量，修改值时，只需要改变定义时的常量值。

变量是存储数据的容器，具有名称和类型。例如，int x = 42，声明了一个名为 x 的整型变量，并将其初始化为 42。变量的值可以在程序执行过程中更改。在 C++中，必须规定变量的数据类型，因为它决定了变量所占内存空间的大小和能存储的值的范围以及可以参与的运算种类等内容。另外，在定义时还可以为一个或者多个变量赋初值。

4.2.1.2 运算符

C++中的运算符主要包括一元运算符和二元运算符等，见表4.2-1。对于含有两个或者多个运算符的复合表达式来说，在进行表达式求值时，需要遵循特定的规则，称为运算符优先级和结合律。在实际工作中，如果遇到不太确定运算优先级的语句，建议使用括号强制让表达式按照需要的逻辑顺序运算。

表 4.2-1　C++的运算符

名称	内容
算术运算符	+（加）、-（减）、*（乘）、/（除）和%（取模）
关系运算符	==（相等）、!=（不相等）、<（小于）、>（大于）、<=（小于等于）和>=（大于等于）
逻辑运算符	&&（逻辑与）、‖（逻辑或）和!（逻辑非）
位运算符	&（按位与）、|（按位或）、^（按位异或）和~（按位非）
赋值运算符	:=（赋值）、+=（加赋值）、-=（减赋值）

4.2.1.3 类型转换

当表达式中的操作数类型不同时，C++会进行自动类型转换或隐式转换以产生有效的结果。例如，在表达式"3+4.5"中，整数3被提升为浮点数4.0，然后执行加法运算。此外，C++还支持显式类型转换，用于更精细地控制类型转换。

4.2.2 控制流

在C++编程中，控制流是程序执行过程中指令执行的顺序。通过控制流，可以根据条件判断、循环执行以及处理异常情况，来实现程序的各种复杂功能。掌握控制流是每位发射场信息系统工作人员必备的基本技能。

4.2.2.1 条件语句

条件语句是根据条件来控制流程分支的语句。C++中的条件语句主要有if语句和switch语句，见表4.2-2。

表 4.2-2　C++的条件语句

名称	内容
if 语句	if语句是最基本的条件语句，用于根据条件的真假来执行不同的代码块
switch 语句	switch语句用于根据表达式的值来执行不同的代码块。它通常用于处理多个离散的值

示例如下：

```
int x=5;
if (x > 0) {
std::cout <<"x is positive. "<<std::endl;
}
```

4.2.2.2 循环语句

循环语句是控制程序按要求进行一定次数迭代的语句，C++中的循环语句主要有 for 循环、while 循环和 do-while 循环等，见表 4.2-3。

表 4.2-3 C++的循环语句

名称	内容
for 循环	for 循环是一种经典的循环结构，适用于已知迭代次数的情况，如遍历数组或执行固定次数的操作
while 循环	while 循环适用于未知迭代次数，但结束条件已知的情况，如读取文件直到文件结束
do-while 循环	do-while 循环类似 while 循环，但至少执行一次循环体，然后检查结束条件

示例如下：

```
for (int i=0;i<10;++i) {
std::cout <<i<<"";
}
std::cout<<std::endl;
```

4.2.2.3 异常处理

C++的异常处理机制允许在发生异常情况时，将控制权从异常发生点转移到专门处理异常的代码块，通过 try-catch 语句实现。

示例如下：

```
try {
// 可能抛出异常的代码块
throw std::runtime_error("An error occurred. ");
}
catch (const std::runtime_error& e) {
// 处理异常的代码块
std::cerr<<"Caught exception: "<<e.what()<<std::endl;
}
catch (...) {
// 处理其他类型异常的代码块
std::cerr<<"Caught unknown exception. "<<std::endl;
}
```

4.2.2.4 控制流与算法和数据结构的关系

控制流与算法和数据结构紧密相连。通过使用合适的控制流结构，可以实现各种算法和数据结构操作，如搜索、排序和遍历等。理解控制流有助于更好地理解和实现这些核心概念。同时，选择合适的算法和数据结构也可以影响控制流的效率和性能。因此，在编写高效、可靠的代码时，需要综合考虑控制流、算法和数据结构的选择和实现。通过不断优化和改进控制流结构，可以提高程序的性能和可维护性。

4.2.3 函数

函数是命名了的执行特定任务的代码块。作为编程中的核心概念之一，函数在代码重用、模块化和问题分解等方面发挥着重要作用。通过将代码划分为一系列函数，可以提高代码的可读性、可维护性和重用性。

4.2.3.1 函数的定义

C++典型函数定义包括以下部分：返回类型、函数名称、由 0 个或者多个形参组成的列表以及函数体。其中，形参用逗号隔开，形参列表用圆括号括起，函数体为实现功能的代码，用大括号括起。以下是一个简单的函数定义示例：

```
int add(int a,int b) {
return a + b;
}
```

这个例子定义了一个名为 add 的函数，它接受两个整数参数 a 和 b，并返回它们的和。函数体中的 return 语句用于指定函数的返回值。

4.2.3.2 参数传递

C++支持 3 种参数传递方式——值传递、引用传递和指针传递，见表 4.2-4。

表 4.2-4 C++的参数传递方式

名称	内容
值传递	在值传递中，函数的参数是实参的副本，对参数的修改不会影响原始数据
引用传递	在引用传递中，函数的参数是实参的引用，对参数的修改会影响原始数据。在实际工作中，对于需要修改数据或避免数据复制的情况时，引用传递非常有用
指针传递	在指针传递中，函数的参数是指向实参的指针。通过解引用指针，可以访问和修改原始数据。在实际工作中，对于需要修改数据或处理大型数据结构的情况，指针传递很有效

4.2.3.3 返回类型和 return 语句

函数可以通过 return 语句返回一个值。返回类型可以是基本数据类型、复合数据类型或指针类型等。返回类型必须与函数头中声明的类型匹配。

4.2.3.4 函数重载

C++允许定义多个同名函数，在同一作用域内它们的参数列表（包含参数类型、参数个数或参数顺序）不同，这称为函数重载。函数重载使得编程人员可以根据提供的参数类型和数量来选择要调用的函数。

4.2.3.5 多态

多态是指，不同继承关系的类对象去调同一函数，产生了不同的行为。通过一个基类指针或引用调用一个虚函数时，会根据具体对象的类型来调用该虚函数的不同实现。使用多态能够增强程序的可扩展性，即程序需要修改或增加功能时，只需改动或增加较少的代码。此外，使用多态也能起到精简代码的作用。

　　多态分为静态多态和动态多态。静态多态是编译器在编译期间完成的，编译器会根据实参类型来调用合适的函数。函数重载就是一种静态多态。动态多态在程序运行时根据基类的引用（指针）指向的对象来确定自己具体该调用哪一个类的虚函数。

　　动态多态的条件如下：

　　（1）基类中必须包含虚函数，并且派生类中一定要对基类中的虚函数进行重写。

　　（2）通过基类对象的指针或者引用调用虚函数。

　　以下是一个动态多态的示例：

```cpp
class Base
{
public:
  virtual void func()
  {
    cout<<"Base::func()"<<endl;
  }
};
class Sub1 :public Base
{
  virtual void func()
  {
    cout<<"Sub1::func()"<<endl;
  }
};
class Sub2 :public Base
{
  virtual void func()
  {
    cout<<"Sub2::func()"<<endl;
  }
};
int main()
{
  Base *base=new Base();
  Sub1 sub1;
  Sub2 sub2;
  base->func();      //调用 Base 类的 func 函数
  base=&sub1;
  base->func();      //调用 Sub1 类的 func 函数
  base=&sub2;
```

```
base->func();      //调用 Sub2 类的 func 函数
return 0;
}
```

在上述示例中，Base 类是基类，Sub1 类和 Sub2 类是继承自 Base 的两个子类。在 Base 中定义了一个虚函数 func，该函数在子类中被覆盖。在 main 函数中，首先将 base 指针指向 Base 对象，调用 func 函数，会输出"Base::func()"；接着将 base 指针指向一个 Sub1 对象，然后调用 func 函数，会输出"Sub1::func()"；最后将 base 指针指向一个 Sub2 对象，再次调用 func 函数，会输出"Sub2::func()"，实现了多态的效果。其运行结果如图 4.2-1 所示。

图 4.2-1　动态多态示例运行结果

4.2.4　类

作为面向对象编程的核心概念之一，类在 C++中发挥着重要作用。类作为面向对象编程的基本构建块，允许定义自己的数据类型、封装数据和操作，并实现代码的重用和模块化。

4.2.4.1　类的定义

类的实质是数据抽象和封装。类的实现包括类的数据成员、负责接口实现的函数以及定义类所需的各种私有函数。封装后的类隐藏了它的实现细节，类的用户只能使用接口而无法访问实现部分。

在 C++中，类是一种用户自定义的数据类型，用于封装数据（成员变量）和操作（成员函数）。类的定义包括类名、成员变量和成员函数的声明。

以下是一个简单的类定义示例：

```
class MyClass {
private:
int myData; // 成员变量
public:
void setData(int data) { // 成员函数
myData=data;
}
int getData() {
return myData;
}
};
```

这个例子定义了一个名为 MyClass 的类，包含一个私有成员变量 myData 和两个公有成员函数 setData 和 getData。私有成员只能在类内部访问，而公有成员可以在类的外部访问。

4.2.4.2 成员变量和成员函数

成员变量是类的数据部分，用于存储对象的状态信息。成员变量可以是基本数据类型、复合数据类型或指针类型等。成员变量可以是公有的、私有的或受保护的，具体取决于类的访问控制。成员函数是类的操作部分，用于实现对象的行为和功能。成员函数可以是普通函数、构造函数、析构函数或运算符重载函数等。成员函数可以访问和操作类的成员变量，并可以实现各种复杂的逻辑和功能。

4.2.4.3 类的访问控制

C++提供了3种访问控制修饰符：公有（public）、私有（private）和受保护（protected）。这些修饰符用于控制成员变量和成员函数的访问权限。公有成员可以在类的外部访问和使用，公有成员通常是类的接口部分，用于与外部世界进行交互。私有成员只能在类内部访问和使用，私有成员用于隐藏内部实现细节，提高数据的安全性和封装性。受保护成员在类内部和派生类中都可以访问和使用，受保护成员用于实现继承和多态等高级功能。

4.2.4.4 构造函数与析构函数

构造函数是一种特殊的成员函数，用于初始化对象的状态。构造函数在创建对象时自动调用，并可以通过参数传递来初始化成员变量。构造函数可以是重载的，即可以有多个构造函数具有不同的参数列表。

析构函数也是一种特殊的成员函数，用于释放对象占用的资源并进行清理工作。析构函数在对象销毁时自动调用，可以用于释放动态分配的内存、关闭文件句柄等。析构函数的名称与类名相同，但前面加上一个波浪符"~"。

4.2.5 标准库

C++标准库是C++编程语言的核心组成部分，提供了丰富的功能和工具，以简化编程任务并提高代码质量，帮助开发者更加高效地进行编程。C++标准库由多个模块组成，每个模块都提供了特定的功能和工具。C++标准库常用模块见表4.2-5。

表 4.2-5 C++标准库常用模块

名称	内容
IO 库	用于处理输入和输出操作，包括文件读写、字符串格式化等。C++标准库中的 IO 模块提供了强大的文件读写和字符串格式化功能。通过流操作符<<和>>，可以轻松地将数据写入文件或从文件读取数据
容器	提供了各种数据结构，用于存储和管理数据。分为顺序容器和关联容器。顺序容器中的元素是按它们在容器中的位置来顺序保存和访问的，关联容器中的元素是按关键字来保存和访问的
泛型算法	泛型算法模块提供了一系列通用的算法函数，用于操作容器中的数据。这些算法包括排序（sort）、搜索（search）、遍历（for_each）等

4.2.6 Qt 与 C++

对于许多开发者来说，使用C++编写高质量的图形用户界面（GUI）是一个挑战。为了解决这个问题，Qt 框架应运而生。通过 C++与 Qt 的结合使用，开发者可以更加高效地构建高质量的应用程序。Qt 是一个跨平台的应用程序开发框架，提供了丰富的工具和库，能创建具有现代感的用户界面。Qt 支持多种编程语言，包括 C++、Python、Java 等。它使用一种称为 QML 的声明性语言来描述用户界面，使得开发者可以更加直观地设计和构建界面。Qt 还具有跨平台性强的特点，可以轻松地将应用程序部署到不同的操作系统和平台上。

随着技术的不断进步，C++和 Qt 也在持续发展，为开发者提供更多新的功能和工具。C++标准委员会正在积极开发新的 C++标准，如 C++20、C++23 等。这些新标准将引入更多现代编程特性，如协程、概念等，进一步提高 C++的编程效率和代码质量。随着新标准的发布，Qt 也将逐步支持这些新特性，为开发者提供更多编程选择。目前，Qt 团队已经发布了 Qt 6，并计划在未来继续推出更高版本。这些新版本将引入更多新功能，进行性能优化，以及实现跨平台支持，如 Qt Quick 3D、Qt for WebAssembly 等。通过不断升级和改进 Qt 框架，开发者可以构建出更加高效、现代的应用程序。随着移动设备和嵌入式系统的普及，对跨平台应用程序的需求也在不断增加。

4.3 Python 语言基础

Python 被广泛应用于数据分析、机器学习、Web 开发、网络编程、科学计算、图形界面开发等各个领域。Python 丰富的标准库和大量的第三方库，使其成为一种非常灵活和强大的编程语言。较新版本的 Python 3.12 发布于 2023 年 10 月。

4.3.1 Python 语言特点

4.3.1.1 Python 与 C++的区别

Python 和 C++在设计、语法、内存管理、错误处理、扩展性、生态系统等方面存在显著差异。选择哪种语言取决于具体的应用场景、项目需求和个人偏好。它们有下述几点区别。

（1）语法和语义。

1）Python 的语法清晰简洁，采用缩进来表示代码块，支持多种编程范式（如函数式编程）。Python 是动态类型的语言，变量类型在运行时确定，并且支持类型推断。

2）C++的语法相对复杂，需要正确管理大括号来定义代码块。C++是静态类型的语言，变量在声明时必须指定类型，并且不支持类型推断。

（2）内存管理。

1）Python 使用自动内存管理，通过引用计数和垃圾回收机制来管理内存。程序员无须手动分配和释放内存，这减少了内存泄漏和野指针的风险。

2）C++要求程序员手动管理内存，包括使用 new 和 delete 操作符来分配和释放内存。这种灵活性带来了更高的性能，但同时也增加了内存泄漏和野指针的风险。

（3）错误处理。

1）Python 使用异常处理机制来处理运行时错误。当异常发生时，程序的控制流会转移到相应的异常处理代码块。

2）C++支持异常处理，但也可以使用错误码来返回错误状态。程序员需要显式检查错误码并处理错误情况。

（4）扩展性。

1）Python 具有强大的扩展性，可以通过 C 或 C++编写的扩展模块来增强其功能。这允许 Python 程序调用底层库或硬件相关的代码。

2）C++本身就是一个强大的语言，提供了丰富的库和工具来支持各种应用。C++也可以通过 C 接口与其他语言进行交互。

（5）标准库和第三方库。

1）Python 的标准库提供了许多常见的功能，如文件处理、网络编程、数据库接口、图形界面开发、科学计算等。此外，还有大量的第三方库可供选择，如 NumPy、Pandas、Matplotlib 等。这些库使得 Python 在数据分析、机器学习等领域非常受欢迎。

2）C++的标准库同样丰富，包括 STL（标准模板库）、iostreams、算法库等。C++的第三方库也非常多，但可能更加专业化和底层，如 Boost、Qt、OpenCV 等。这些库为 C++提供了强大的功能，并增加了灵活性。

（6）编译和解释。

1）Python 是一种解释型语言，源代码在运行时由解释器逐行解释执行。虽然 Python 也有编译过程（将源代码转换为字节码），但通常认为 Python 是一种解释型语言。

2）C++是一种编译型语言，源代码在编译时会被转换为机器码，然后直接由计算机执行。这使得 C++通常具有更高的执行效率，但也需要更多的编译和链接时间。

4.3.1.2　Python 解释器

Python 解释器是一种用于执行 Python 代码的程序。当开发者编写 Python 代码并保存为以".py"为扩展名的文本文件后，要运行这个文件，就需要 Python 解释器来执行其中的代码。运行 Python 程序需要解释器的支持，只要在不同的平台安装了不同的解释器，代码就可以随时运行，不用担心任何兼容性问题。Python 几乎支持所有常见的平台，比如 Linux、Windows、MacOS、Android 等。Python 代码无须修改就能在这些平台上正确运行，Python 的可移植性是很强的。解释器的性能对 Python 程序的执行效率有很大影响。目前常见的 Python 解释器包括 CPython、JPython、IPython、PyPy。

1）CPython，是使用 C 语言开发的 Python 解释器，是标准的 Python 解释器，也是使用最广泛的 Python 解释器。

2）JPython，是在 JVM 上实现的 Python，由 Java 语言编写。它可以将 Python 源码编译成 JVM 字节码，由 JVM 执行对应的字节码，因为可以很好地与 JVM 集成。

3）IPython，是基于 CPython 的一个交互式解释器。相对于 CPython 而言，其交互方式有所增强，但是执行代码的功能还能与 CPython 相同。

4）PyPy，是使用 Python 实现的 Python 动态编译器，提供了 JIT 编译器和沙盒功能，因此在运行速度上要比 CPython 快很多。其起源是 Python 开发者为 Hack Python 创建的项目。其灵活性高、易于使用和试验，不过对于第三方模块的支持不足。

4.3.1.3　Python 的第三方库

Python 的第三方库数量非常庞大，据不完全统计，Python 的第三方库超过 12 万个。这些库涵盖了信息技术几乎所有领域，包括但不限于 Web 开发、数据分析、机器学习、自然语言处理、图形界面开发、科学计算、网络编程等。第三方库提供了一系列已经实现的功能和工具，避免了重复编写相同功能的代码，可以大大减少开发时间和工作量。第三方库提供了丰富的功能和工具，可以扩展原生语言的功能，满足特定需求。例如，对于数据分析应用，可以使用 pandas 库进行数据处理和分析（见表 4.3-1）。

表 4.3-1　Python 的第三方库

库名	描述	调用方式	应用场景
numpy	提供高性能的多维数组对象及工具，支持大量数学运算	import numpy as np	科学计算、数据分析、机器学习等
pandas	提供数据结构和数据分析工具，用于数据清洗和分析	import pandas as pd	数据处理、数据科学、金融分析等
matplotlib	2D 绘图库，可以制作各种图形	import matplotlib. pyplot as plt	数据可视化、图形展示等
django	Web 开发框架，用于构建服务器端应用程序	通过 pip install django 安装后，按照 django 文档构建应用	Web 应用开发、CMS、电子商务网站等
flask	微型 Web 开发框架，用于构建服务器端应用程序	from flask import flask	微型 Web 应用、API 开发、原型设计等

Python 调用第三方库通常涉及 3 个步骤：安装库、导入库和使用库。下面通过一个简单的例子来说明这个过程。以 requests 库为例，它是一个用于发送 HTTP 请求的流行库。

步骤 1　安装库

首先，需要安装 requests 库。这可以通过 Python 的包管理器 pip 来完成。打开命令行或终端，然后输入以下命令：

```
pip install requests
```

如果使用的是特定的 Python 环境（如虚拟环境或 conda 环境），确保在该环境中安装库。

步骤 2　导入库

安装完成后，可以在 Python 脚本中导入 requests 库。打开 Python 编辑器或 IDE，创建一个新的 Python 文件（如 example. py），然后输入以下代码：

```
import requests
```

步骤 3　使用库

现在可以在代码中使用 requests 库了。下面是一个简单的例子，它使用 requests 库发送一个 GET 请求到一个网站，并打印出响应的内容：

```
import requests
# 发送 GET 请求
response=requests. get('https://api. example. com/data')
# 检查请求是否成功
if response. status_code==200:
# 输出响应内容
print(response. text)
else:
print("请求失败,状态码:",response. status_code)
```

在这个例子中，首先导入了 requests 库，然后使用 requests.get（）函数发送了一个 GET 请求；检查了响应的状态码，如果状态码是 200（表示请求成功），则打印出响应的内容，否则打印出一个错误消息；保存 Python 文件，然后在命令行中运行它：

```
Python example.py
```

之后，就能够看到从网站返回的响应内容。这就是如何在 Python 中调用第三方库的一个简单例子。

4.3.2　Python 语法

4.3.2.1　变量

Python 的变量是编程中不可或缺的元素，它们承载着程序中所需的各种信息。Python 的变量设计具有许多独特的特点，使得编程过程既灵活又高效。

1. 动态类型

Python 是动态类型语言，这意味着不需要在声明变量时指定其类型。变量的类型是第一次给它赋值时确定的，并且之后可以随时更改。例如，一个变量可以先被赋予一个整数值，然后再被赋予一个字符串值。其示例如下：

```
variable=32            # 整数类型
variable="Hello"       # 字符串类型
variable=3.14          # 浮点数类型
print(variable)        # 输出：3.14
```

2. 强类型

Python 的变量是强类型的。即，一旦变量被赋予了一个特定类型的值，它就必须保持该类型，直到显式地更改它。这种强类型特性有助于确保程序的稳定性和安全性，因为它防止了隐式类型转换可能导致的意外错误。其示例如下：

```
variable="Hello"              # 字符串类型
# variable=32                 # 这将引发 TypeError,因为变量当前是字符串类型
# 如果你想将变量改为整数类型,需要显式地转换
variable=int(variable)        # 显式类型转换
print(variable)               # 输出：0,因为字符串"Hello"无法转换为整数
```

3. 标识符

变量的命名遵循一定的规则。变量名必须以字母或下划线开头，后面可以跟字母、数字或下划线。这种命名规则使得变量名易于阅读和理解，同时也有助于提高代码的可读性和可维护性。其示例如下：

```
my_variable=32             # 有效的变量名
_private_var="hello"       # 有效的变量名,以下划线开头通常表示私有变量
```

```
123_variable="error"        # 无效的变量名,不能以数字开头
class="Python"              # 无效的变量名,因为'class'是 Python 的关键字
print(my_variable)         # 输出:32
```

4. 赋值和引用

在 Python 中,变量实际上是对象的引用。这意味着当给变量赋值时,实际上是让变量引用一个对象。这种引用机制使得 Python 能够方便地处理复杂的数据结构,如列表、字典等。同时,它也使得变量之间的数据共享和传递变得更加简单和高效。其示例如下:

```
my_list=[1,2,3]            # 创建一个列表
another_list=my_list       # another_list 引用的是 my_list 的对象
print(another_list)        # 输出:[1,2,3]
# 修改列表,两个变量都会受到影响,因为它们引用的是同一个对象
my_list.append(4)
print(another_list)        # 输出:[1,2,3,4]
# 创建一个新的列表,my_list 不再引用原来的列表对象
my_list=[5,6,7]
print(my_list)             # 输出:[5,6,7]
print(another_list)        # 输出:[1,2,3,4],不受影响
```

4.3.2.2 数据类型

Python 中有多种数据类型(见表 4.3-2),包括数值类型(整数、浮点数、复数)、布尔类型、序列类型(字符串、列表、元组)、集合类型、映射类型(字典)以及其他数据类型(如文件对象、自定义类等)。

表 4.3-2 Python 的主要数据类型

数据类型	特点	示例
整数(Integer)	无小数点的数字,可以是正或负	x = 10
浮点数(Floating Point)	有小数点的数字,用于表示实数	pi = 3.14159
复数(Complex)	包含实部和虚部的数字,用于数学和科学计算	z = 1+2j
布尔值(Boolean)	只有两个值:True 或 False	is_raining = True
字符串(String)	由字符组成的有序序列,不可变	text = "你好,航天!"
列表(List)	可变的有序元素集合,可以包含不同类型的元素	fruits = ["apple","banana","cherry"]
元组(Tuple)	不可变的有序元素集合,与列表类似但不可修改	coordinates = (4,5)
集合(Set)	无序的不重复元素集合,用于消除重复元素	numbers = {1,2,3,4,5}
字典(Dictionary)	无序的键值对集合,键唯一,值可以是任何类型	person = {"name":"Alice","age":30}

4.3.2.3　函数

在 Python 中，函数（Function）是一个可重用的代码块，它执行特定的任务并可能返回一个结果。函数提供了一种组织代码的方式，使其更加模块化、可读和可维护。通过函数，可以将复杂的逻辑封装起来，并在需要时调用函数来执行这些逻辑。Python 中不需要显式声明返回类型，因为 Python 是动态类型的语言。Python 使用 def 关键字来定义函数，后面跟的是函数名称、参数列表和冒号，然后是缩进的函数体；同时作为参数传递给其他函数，以及从其他函数返回。

Python 函数的特点如下：

1）代码重用。函数允许编写一次代码并在需要时多次调用，从而避免重复代码。

2）模块化。通过将代码分解为不同的函数，可以创建模块化的程序，这有助于组织和理解大型项目。

3）封装。函数隐藏了实现细节，只通过参数和返回值与外部世界交互。这有助于保护代码不受外部干扰。

4）返回值。函数可以返回一个值或多个值，这可以用于计算结果、状态信息或其他数据。

5）参数传递。函数可以接受任意数量的参数，包括位置参数、关键字参数、默认参数、可变参数等。

6）作用域。函数有自己的作用域，这意味着在函数内部定义的变量不会干扰全局作用域中的变量。

7）文档字符串。函数可以包含文档字符串（docstring），这是一个位于函数定义开头的字符串，用于解释函数的目的、参数和返回值。

下面是一个简单的 Python 函数示例，它接受两个数字作为参数，并返回它们的和。

```python
# 定义一个函数,用于计算两个数的和
def add(a,b):
    """这个函数接受两个参数 a 和 b,并返回它们的和"""
    result=a+b
return result
# 调用函数
sum_of_numbers=add(3,5)
# 输出结果
print(sum_of_numbers) # 输出: 8
```

在这个例子中，add 是一个函数名，a 和 b 是位置参数，函数体内部执行了加法操作，并通过 return 语句返回了结果。调用函数时，传递了 3 和 5 作为参数，并将返回的结果存储在 sum_of_numbers 变量中，然后打印出来。此外，Python 函数还支持默认参数，允许在调用函数时省略某些参数，并使用预定义的默认值。相关代码如下：

```python
def greet(name,greeting="Hello"):
    """这个函数接受一个名字和一个问候语(默认为'Hello'),并返回问候信息"""
```

```
    return f"{greeting},{name}!"
# 调用函数,只传递一个参数
message=greet("Alice")
print(message) # 输出: Hello,Alice!
# 调用函数,传递两个参数
message=greet("Bob","Hi")
print(message) # 输出: Hi,Bob!
```

在这个例子中, greet 函数有一个名为 name 的位置参数和一个名为 greeting 的默认参数。当只传递一个参数给函数时, greeting 参数将使用默认值"Hello"。当传递两个参数时, greeting 参数将使用提供的值"Hi"。

4.3.2.4 Python 的缩进规则

在 Python 中, 缩进不仅是可选的格式化工具, 还是语法的一部分。这意味着缩进是必需的, 不能随意省略。此外, Python 使用缩进来表示代码块的结构, 而不是像 C++那样使用大括号 {}。Python 的缩进规则如下:

1) 逻辑行的首行需要顶格, 即无缩进。源代码的第一个逻辑行不应该有缩进。

2) 相同逻辑层 (同一个代码块) 保持相同的缩进量。这意味着, 在同一个代码块 (如函数体、循环体、条件语句体等) 中的所有语句, 都应该使用相同数量的空格或制表符进行缩进。

3) 冒号 (:) 标记一个新的逻辑层。在 Python 中, 冒号用于表示代码块的开始。当遇到冒号时, Python 解释器会期待接下来的行有更多的缩进。

4) 增加缩进表示进入下一个代码层, 减少缩进表示返回上一个代码层。例如, 在循环或条件语句内部, 会看到更多的缩进, 这是因为这些内部语句属于一个新的代码层。

下面是一个 Python 缩进规则的示例:

```
def my_function(x):  # 函数定义开始,无缩进
    if x > 0:  # if 语句开始,增加 4 个空格的缩进
        print("x is positive")  # if 语句块内的语句,相对 if 缩进 4 个空格
        else:  # else 语句与 if 语句在同一逻辑层,因此缩进与 if 相同
        print("x is zero or negative")  # else 语句块内的语句,相对 else 缩进 4 个空格
    # 函数定义结束,返回无缩进的状态
print("Function defined")
# 开始一个 for 循环
for i in range(5):  # for 语句开始,无缩进
    print(i)  # for 循环体内部的语句,相对 for 缩进 4 个空格的缩进
# for 循环结束,返回无缩进的状态
```

在这个示例中, 可以看到 Python 如何使用缩进来定义代码块的范围和层次结构。函数定义、if-else 语句和 for 循环都使用了不同级别的缩进, 以表示它们各自的代码块。在每个

代码块内部，语句保持相同的缩进，以表示它们属于同一个代码层。如果违反了这些缩进规则，Python 解释器会抛出 IndentationError 异常。

4.4 Java 语言基础

Java 是太阳微系统（Sun Microsystems）公司于 1995 年 5 月推出的高级程序设计语言。它可运行于多个平台，如 Windows、MacOS 及其他多种 Linux 内核版本的系统。Java 语言具有功能强大和简单易用两个特征，具有面向对象、分布式、跨平台等特点，可以编写桌面应用程序、Web 应用程序、分布式程序和嵌入式系统应用程序等。发射场绝大多数 Web 程序都可以用 Java 开发。

4.4.1 Java 与 C++

Java 从 C++语言继承较多，甚至可以将 Java 看成是类 C 语言发展和衍生的产物。比如，Java 语言的变量声明、操作符形式、参数传递、流程控制等方面与 C 语言、C++语言完全相同。但同时，Java 是一个纯粹的面向对象的程序设计语言，它继承了 C++ 语言面向对象技术的核心。Java 舍弃了 C 语言中容易引起错误的指针（以引用取代）、运算符重载（operator overloading）、多重继承（以接口取代）等特性，增加了垃圾回收器功能用于回收不再被引用的对象所占据的内存空间。

Java 与 C++的具体区别如下。

1. 面向对象方面

（1）继承。C++支持多重继承，允许一个类有多个直接基类。多重继承功能很强，但使用复杂，而且会引起许多问题。Java 不支持多重继承，但允许一个类继承多个接口，实现了 C++多重继承的功能，又避免了 C++的多重继承带来的问题。

（2）是否完全面向对象。Java 是完全面向对象的语言，所有函数和变量都必须是类的一部分。然而，C++允许将函数和变量定义为全局的。此外，Java 取消了 C/C++的结构和联合，消除了不必要的麻烦。

2. 语言机制

（1）指针。Java 没有指针，无法使用指针来直接访问内存，从而有效地避免了 C/C++的指针操作带来的内存泄漏等问题。

（2）操作符重载 。Java 不支持操作符重载，操作符重载被认为是 C++的突出特征，Java 语言不支持操作符重载是为了保持 Java 语言尽可能简单。

（3）编译预处理。Java 不支持预处理功能；C/C++在编译过程中都有一个预编译阶段，预处理器为开发人员提供了方便，但增加了编译的复杂性。Java 虚拟机没有预处理器，但它提供的引入语句（import）与 C++预处理器的功能类似。

3. 内存管理

Java 程序中所有的对象都是用 new 操作符创建的，这个操作符类似 C++的 new 操作符。Java 自动进行内存回收操作，不需要程序员手动删除动态创建的对象。但是，C++必须由程序员手动释放内存资源，增加了程序设计者的负担。当 Java 中一个对象不再被用到时，内存回收器将给它加上标签以示删除。Java 的内存回收操作是以线程方式在后台运行的，利用空闲时间工作。

4. 语言类型

C++是编译型语言。所谓编译型语言是指程序执行之前，需要一个专门的编译过程，通过编译系统（不仅是通过编译器，编译器只是编译系统的一部分）把高级语言编译成机器语言，把源代码编译成为机器语言文件，如 Windows 下的 exe 文件。exe 文件可以直接运行而不需要编译，运行时不需要翻译，所以编译型语言的程序执行效率高。

Java 语言则是一种特殊的高级语言，因为它既有编译型语言的特征，也有解释型语言的特征。Java 程序代码要先经过编译，再解释两个步骤。具体运行原理，参见下节。

4.4.2 Java 的核心机制

4.4.2.1 Java 虚拟机

Java 虚拟机（Java virtual machine，JVM）是一个虚拟的计算机，提供了一个标准的运行环境来执行 Java 程序。它模拟了一台计算机的全部或部分功能。与实际计算机一样，它由硬件和操作系统两部分构成。不同的是，JVM 的计算机硬件和操作系统都是虚拟的，不存在于物理世界中，而是由软件实现的。

Java 虚拟机由以下 3 个子系统构成：

1）类加载器子系统（class loader subsystem），负责加载字节码文件，并将其转化为 JVM 可识别的数据结构。类加载器根据名称或其他特殊属性加载字节码文件，然后生成类的实例。

2）运行时数据区（runtime data area），包括方法区、堆、虚拟机栈、本地方法栈和程序计数器。这些组成了 Java 程序运行期间所需的内存区域。

3）执行引擎（execution engine），负责解释并执行字节码文件。JVM 提供了两个执行引擎：解释器和 JIT 编译器。解释器逐条解释字节码指令进行执行，而 JIT 编译器则会在程序运行时对热点代码进行编译优化并使得程序运行更快。

Java 程序的执行过程如图 4.4-1 所示。

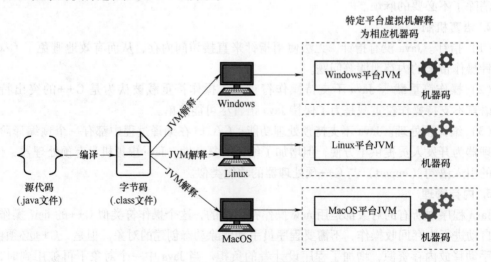

图 4.4-1　Java 程序的执行过程

1）Java 编译器将 Java 源文件编译成平台无关的字节码文件（可简单理解为中间语言），其扩展名为 .class。Java 编译器会执行词法分析、语法分析、语义分析、代码生成等过程，将源代码转换为字节码文件。

2）由运行在不同操作系统上的 Java 虚拟机加载并解释编译生成的字节码文件。JVM 首先会将字节码文件加载进来，生成相应的类对象，然后解释执行其中的指令，最终把执行结果输出。

JVM 具有跨平台、节约内存、自动垃圾回收等特性。它是 Java 平台的核心和关键技术之一。由于有 JVM 的存在，使得 Java 程序可以在任意操作系统运行相同的代码，而且不需要对代码进行任何修改，因此让 Java 语言具有跨平台的特性。

4.4.2.2　Java 内存回收

Java 内存回收机制是 Java 语言的核心机制之一，对内存管理起到至关重要的作用。它能自动追踪并管理应用程序中创建的对象，当这些对象不再使用时，内存回收机制会自动回收其占用的内存，使这部分内存能够被再次利用。此机制极大地减少了开发者需要手动管理内存的负担，防止了因为疏忽导致的内存泄漏问题，是 Java 语言相较 C++ 等其他语言的一个显著优点。

Java 内存回收机制是通过垃圾回收器（garbage collector，GC）来实现的。Java 使用自动内存管理，使得开发人员不需要手动释放内存。垃圾回收器会自动识别不再使用的对象，并将其回收，释放内存空间。

Java 内存回收机制基于以下原则：

1）引用计数。每个对象都有一个引用计数器，当引用计数为 0 时，表示该对象不再被引用，可以被回收。

2）可达性分析。通过根对象（如静态变量、方法区中的类信息等）作为起点，进行可达性分析，判断对象是否可达。如果对象不可达，则表示该对象不再被使用，可以被回收。

在确定了哪些垃圾可以被回收后，垃圾回收器要做的事情就是开始进行垃圾回收，但是这里面涉及一个问题是如何高效地进行垃圾回收。这就要借助垃圾回收算法来实现了。下面介绍常用的垃圾回收算法。

1. 标记-清除（mark-sweep）算法

这是最基础的垃圾回收算法。之所以说它是最基础的，是因为它最容易实现，思想也是最简单的。标记-清除算法分为两个阶段：标记阶段和清除阶段。标记阶段的任务是标记出所有需要被回收的对象，清除阶段就是回收被标记的对象所占用的空间。其具体过程如图 4.4-2 所示。

如图 4.4-2 所示，可以看出标记-清除算法实现起来比较容易，但是有一个比较严重的问题就是容易产生内存碎片，碎片太多可能会导致后续过程中需要为大对象分配空间时无法找到足够的空间而提前触发新的一次垃圾回收动作。

2. 复制（copying）算法

为了解决标记-清除算法的缺陷，复制算法就被提了出来。它将可用内存按容量划分为大小相等的两块，每次只使用其中的一块。当这一块的内存用完了，就将还存活着的对象复制到另外一块上面，然后再把已使用的内存空间一次清理掉，这样一来就不容易出现内存碎片的问题。其具体过程如图 4.4-3 所示。

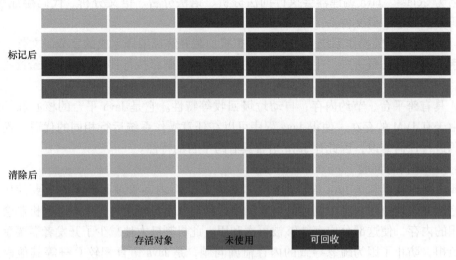

图 4.4-2 标记-清除算法具体过程

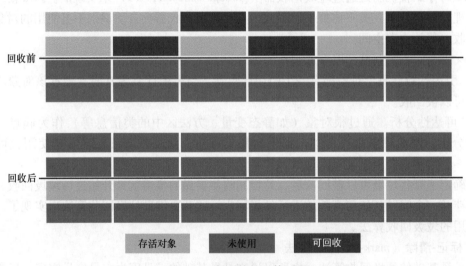

图 4.4-3 复制算法具体过程

虽然这种算法实现简单、运行高效且不容易产生内存碎片，但是却对内存空间的使用带来了高昂的代价，因为能够使用的内存缩减到原来的一半。

很显然，复制算法的效率与存活对象的数目多少有很大的关系，如果存活对象很多，那么复制算法的效率将会大大降低。

3. 标记-整理（mark-compact）算法

为了解决复制算法的缺陷，充分利用内存空间，提出了标记-整理（mark-compact）算法。该算法的标记阶段和标记-清除算法的一样，但是在完成标记之后，它不是直接清理可回收对象，而是将存活对象都向一端移动，然后清理掉端边界以外的内存。其具体过程如图 4.4-4 所示。

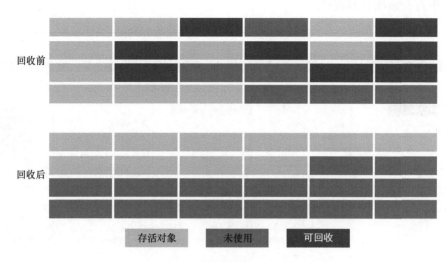

回收前

回收后

存活对象　未使用　可回收

图 4.4-4　标记-整理算法具体过程

4. 分代收集（generational collection）**算法**

分代收集算法是目前大部分 JVM 的垃圾回收器采用的算法。它的核心思想是根据对象存活的生命周期将内存划分为若干个不同的区域。一般情况下将堆区划分为老年代（tenured generation）和新生代（young generation）。老年代的特点是每次垃圾回收时只有少量对象需要被回收，而新生代的特点是每次垃圾回收时都有大量的对象需要被回收，那么就可以根据不同代的特点采取最适合的回收算法。在对象存活率低的新生代，可以选用复制算法，只需要付出少量存活对象的复制成本就可以完成收集。而老年代中因为对象存活率高、没有额外空间对它进行分配担保，可以选择标记-清除算法或者标记-整理算法进行垃圾回收。

4.5　Qt Creator 集成环境的使用

4.5.1　Qt Creator 工具

Qt Creator 是一个跨平台的集成开发环境（IDE），用于开发基于 Qt Creator 应用程序。它包含了一个可视化的 GUI 设计器，集成了调试器的代码编辑器、控制台、内置帮助等工具。

启动 Qt Creator，出现图 4.5-1 所示的主界面。

Qt Creator 的界面很简洁，上方是主菜单栏，左侧是主工具栏，窗口的中间部分是工作区。根据设计内容不同，工作区会显示不同的内容。如图 4.5-1 所示，单击左侧主工具栏"欢迎"按钮后显示实例的界面。这时工作区的左侧有"Projects""示例""教程""Get Started Now"几个按钮，单击后会在主工作区显示相应的内容。

单击"Projects"按钮后，工作区显示新建项目按钮和最近打开项目的列表。

单击"示例"按钮后，工作区显示 Qt Creator 自带的大量实例，选择某个实例就可以在

Qt Creator 中打开该项目源程序。

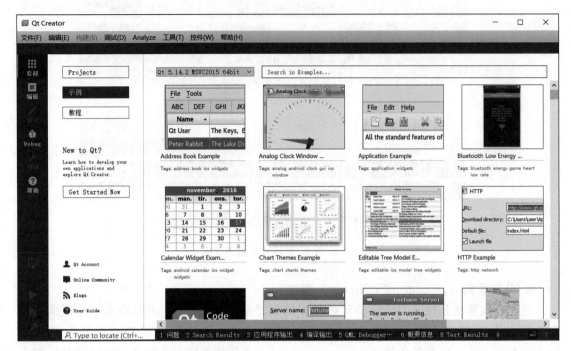

图 4.5-1　Qt Creator 主界面

4.5.2　Qt Creator 的使用

4.5.2.1　新建一个 GUI 项目

用 Qt Creator 编写一个"你好，航天！"程序，以初步了解 Qt Creator 设计应用程序的基本过程。

创建 GUI 项目包括以下几个过程：

1）Qt Creator 创建图形界面的应用 Qt Widgets Application，即支持桌面平台的有 GUI 界面的应用程序。GUI 的设计完全基于 C++语言，采用 Qt 提供的一套 C++类库。

2）选择需要创建界面的基类（base class），本项目可以继承 QMainWindow、QWidget 和 QDialog。其中，QMainWindow 是主窗口类，主窗口具有主菜单栏、工具栏和状态栏，类似一般的应用程序的主窗口；QWidget 是所有具有可视界面类的基类，QDialog 是对话框类，可建立一个基于对话框的界面。

3）选择编译工具。Qt 具备很强的跨平台特性，本身并不包含编译器。Qt Creator 会自动检测由系统或者安装程序注册的编译器。常见的编译器包括 GCC、MinGW、MSVC 和 Clang。GCC（GNU compiler collection）是一个针对 Linux 和 OS X 的编译器。MinGW（Minimalist GNU for Windows）是一个 GCC 和 GNU Binutils 的原生软件端口，用于在 Windows 上开发原生的 Microsoft Windows 应用程序。MinGW 和 Qt Creator 以及 Qt installers for Windows 是一起发布的。MSVC 是微软开发的可视化 C++开发平台。Clang 是一个针对 Windows、Linux 和 OS X 的 C、C++、Objective C 轻量级编译器。

4.5.2.2　项目的文件组成和管理

完成了以上新建项目的步骤后，在 Qt Creator 的左侧工具栏中单击"编辑"按钮，显示图 4.5-2 所示的窗口。窗口左侧有上下两个子窗口，上方的目录树显示了项目内文件的组织结构，如当前项目为 hello space。项目的名称构成目录树的一个根节点。Qt Creator 可以打开多个项目，但是只有一个活动项目（Active Project）。活动项目的项目名称节点用粗体字体表示。

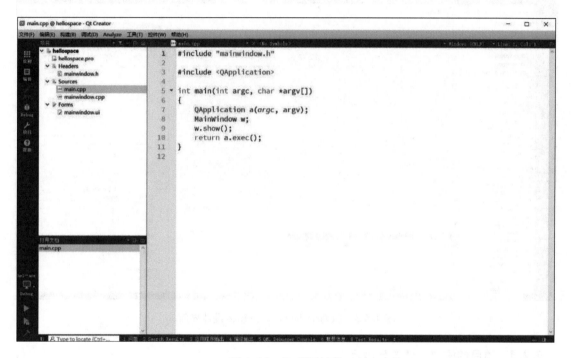

图 4.5-2　Qt 项目结构

在项目名称节点下面，分组管理着项目内的各种源文件，几个文件及分组分别为以下几项：hellospace. pro 是项目管理文件，包括一些对项目的设置项；Headers 分组，该节点下是项目内的所有头文件（. h）。图 4.5-2 所示项目有一个头文件 mainwindow. h，是主窗口类的头文件；Sources 分组，该节点下是项目内的所有 C++源文件（. cpp）。项目有两个 C++源文件。mainwindow. cpp 是主窗口类的实现文件，与 mainwindow. h 文件对应。main. cpp 是主函数文件，也是应用程序的入口；Forms 分组，该节点下是项目内的所有界面文件（. ui）。项目有一个界面文件 mainwindow. ui，是主窗口的界面文件。界面文件是文本文件，使用可扩展标记语言（extensible markup language，XML）描述界面的组成。

左侧上下两个子窗口的显示内容可以通过其上方的一个下拉列表框进行选择，可以选择的显示内容包括项目、打开文档、书签、文件系统、类视图、大纲等。如图 4.5-2 所示，上方的子窗口显示项目的文件目录树，下方显示打开的文件列表。可以在下方选择显示类视图，这样下方则显示项目内所有的类的结构，便于程序浏览和快速切换到需要的代码位置。

双击文件目录树中的文件 mainwindow. ui，出现图 4.5-3 所示的窗体设计界面，这个界面是 Qt Creator 中集成的 QtDesigner。窗口左侧是分组的组件面板，中间是设计的窗体。在组件面板的 Display Widgets 分组里，将一个 Label 组件拖放到设计的窗体上面。双击刚刚放置的 Label 组件，可以编辑其文字内容，将文字内容更改为"你好，航天!"。还可以在窗口右下方的属性编辑器（Property Editor）里编辑标签的 Font 属性。

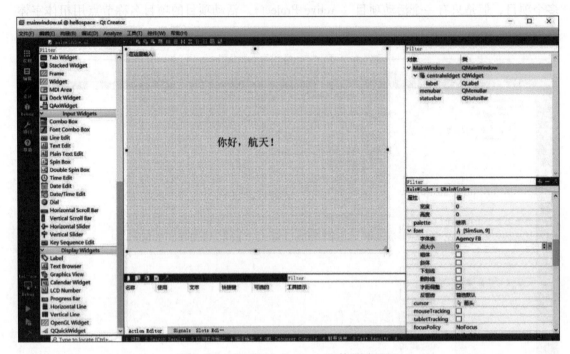

图 4.5-3　Qt 项目 hello space 窗体设计界面

4.5.2.3　项目的构建、调试与运行

单击主窗口左侧工具栏上的"Projects"按钮，出现图 4.5-4 所示的项目编译器选择和设置界面。界面左侧一栏的"Build & Run"下面显示了本项目中可用的编译器工具，要使用哪一个编译器用于项目编译，单击其名称即可，选择的编译器名称会突出表示。这里选择使用 MinGW64bit 编译器。

每个编译器又有"Build"和"Run"两个设置界面。在 Build 设置界面上，有一个"Shadow build"复选框。如果勾选此项，编译后将在项目的同级目录下建立一个编译后的文件目录，目录名称包含编译器信息，这种方式一般用于使用不同编译器创建不同版本的可执行文件的情况。如果不勾选此项，编译后将在项目的目录下建立"Debug"和"Release"子目录用于存放编译后的文件。

首先对项目进行编译，没有错误后，再运行程序。项目 hello space 程序运行界面如图 4.5-5 所示。这就是一个标准的桌面应用程序，采用了可视化的方式设计了一个窗口，并在上面显示了字符串"你好，航天!"。

在 Qt Creator 中也可以对程序设置断点进行调试，但是必须以 Debug 模式编译，并以"Start Debugging"（快捷键 F5）方式运行程序。程序调试的方法与一般 IDE 工具类似，本书不再详述。

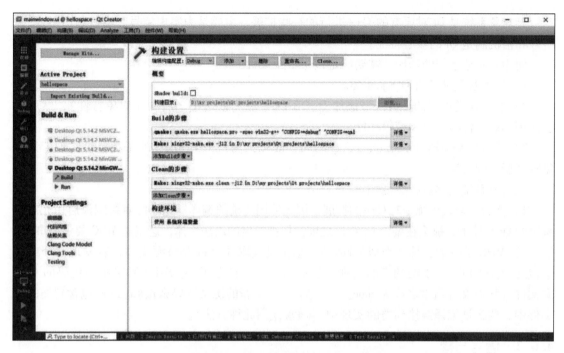

图 4.5-4　项目编译器选择和设置界面

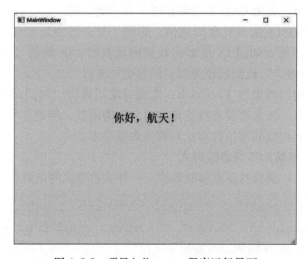

图 4.5-5　项目 hello space 程序运行界面

4.6　GUI 编程

4.6.1　Qt 元对象系统

Qt 的元对象系统提供的功能有，对象间通信的信号和槽机制、运行时类型信息和动态属性系统等。

元对象系统是 Qt 对原有的 C++进行的一些扩展，主要是为实现信号和槽机制而引入的。信号和槽机制是 Qt 的核心特征。

使用元对象系统的功能，需要满足以下 3 个条件：

1）该类必须继承自 QObject 类。

2）必须在类声明的私有区域添加 Q_OBJECT 宏（该宏用于启动元对象特性），然后才能使用动态特性、信号和槽等功能。

3）元对象编译器（meta-object compiler，MOC）为每个 QObject 的子类提供实现了元对象特性所需的代码。

元对象系统具体运行原则如下：

1）因为元对象系统是对 C++的扩展，因此使用传统的编译器是不能直接编译启用元对象系统的 Qt 程序的，那么在编译 Qt 程序之前需要把扩展的语法去掉，这就是 MOC 要做的事。

2）MOC 是一个工具（类似 qmake），该工具读取并分析 C++源文件，若发现一个或多个包含 Q_OBJECT 宏的类的声明，则会生成另外一个包含了 Q_OBJECT 宏实现代码的 C++源文件（该源文件通常名称为 moc_＊.cpp），这个新的源文件要么被#include 包含到类的源文件中，要么被编译链接到类的实现中（通常使用此种方法）。

4.6.2 信号与槽

信号与槽是 Qt 的一个核心特点，也是它区别于其他框架的重要特性。信号与槽是对象间进行通信的机制，也需要由 Qt 的元对象系统支持才能实现。

Qt 使用信号与槽的机制实现对象间通信，隐藏了复杂的底层实现，完成信号与槽的关联后，发射信号时并不需要知道 Qt 是如何找到槽函数的。Qt 的信号与槽机制与 Delphi 和 C++Builder 的"事件-响应"机制比较类似，但是更加灵活。

某些开发架构使用回调函数（callback）实现对象间通信。与回调函数相比，信号与槽的执行速度稍微慢一点，因为需要查找连接的对象和槽函数，但是这种差别在应用程序运行时是感觉不到的，而其提供的灵活性却比回调函数强很多。

4.6.2.1　connect( ) 函数的不同参数形式

QObject∷connect( ) 函数有多重参数形式。一种参数形式的函数原型如下：

```
QMetaobject:: Connection QObject:: connect (const Qobject * sender,
const char * signal,const Qobject * receiver,const char * method,Qt::Con-
nectionType type＝Qt::AutoConnection)
```

使用这种参数形式的 connect( ) 进行信号与槽函数的连接时，一般句法如下：

```
connect(sender,SIGNAL(signal()),receiver,SLOT(slot()));
```

这里使用了宏 SIGNAL( ) 和 SLOT( ) 指定信号和槽函数，而且如果信号和槽函数带有参数，还需注明参数类型。示例如下：

```
connect(spinNum,SIGNAL (valueChanged (int)),this,SLOT (updatestatus
(int));
```

另外一种参数形式的 connect() 函数的原型如下：

```
QMetaObject::ConnectionQObject::connect (constQObject * sender,con
stQMetaMethod &signal,const QObject * receiver,constQMetaMethod &method,
Qt::ConnectionType type=Qt::AutoConnection)
```

对于具有默认参数的信号与槽（即信号名称是唯一的，没有参数不同而同名的两个信号），可以使用这种函数指针形式进行关联。示例如下：

```
connect(spinNum,SIGNAL(valueChanged(int)),this,SLOT(updatestatus
(int));
```

另外一种参数形式的 connect() 函数的原型如下：

```
QMetaObject::ConnectionQobject::connect (constQobject * sender,con
stQMetaMethod &signal,constQobject * receiver,constQMetaMethod &method,
Qt::ConnectionType type=Qt::AutoConnection)
```

对于具有默认参数的信号与槽（即信号名称是唯一的，没有参数不同而同名的两个信号），可以使用这种函数指针形式进行关联。示例如下：

```
connect (lineEdit, &QLineEdit:: textChanged, this, &widget:: ontex-
tChanged);
```

QLineEdit 只有一个信号 textChanged（QString），在自定义窗体类 widget 里定义一个槽函数 ontextChanged（QString），就可以用上面的语句将此信号与槽关联起来，无须出现函数参数。这在信号的参数比较多时更简便一些。

而对于具有不同参数的同名信号就不能采用函数指针的方式进行信号与槽的关联。例如，QSpinBox 有两个 valueChanged() 信号，分别如下：

```
void QSpinBox:: valueChanged (int i) 和 void QSpinBox:: valueChanged
(constQString &text)
```

即使在自定义窗体 widget 里定义了一个槽函数：

```
void onValueChanged(int i);
```

在使用下面的语句进行关联时，编译会出错：

```
connect (spinBox, &QSpinBox:: valueChanged, this, &widget:: onVal-
ueChanged);
```

不管是哪种参数形式的 connect() 函数，最后都有一个参数 Qt::ConnectionType type，默认值为 Qt::AutoConnection。枚举类型 Qt:ConnectionType 表示了信号与槽之间的关联方式，有以下几种取值。

1）QtAutoConnection（默认值）。如果信号的接收者与发射者在同一个线程，就使用

Qt::DirectConnection 方式；否则使用 Qt::QueuedConnection 方式，在信号发射时自动确定关联方式。

2）Qt::DirectConnection。信号被发射时槽函数立即执行，槽函数与信号在同一个线程。（有关多线程的知识，见本章 4.7 节）

3）Qt::QueuedConnection。在事件循环回到接收者线程后执行槽函数，槽函数与信号在不同的线程。

4）Qt::BlockingQueuedConnection。与 Qt::QueuedConnection 相似，只是信号线程会阻塞直到槽函数执行完毕。当信号与槽函数在同一个线程时绝对不能使用这种方式，否则会造成死锁。

4.6.2.2 使用 sender( ) 获得信号发射者

在槽函数里，使用 QObject::sender( ) 可以获取信号发射者的指针。如果知道信号发射者的类型，可以将指针投射为确定的类型，然后使用这个确定类的接口函数。

例如，在 QSpinBox 的 valueChanged（int）信号的槽函数里，可以通过 sender( ) 和 qobject_cast（此处为 Qt 的类型转换函数，具体可查阅其他资料）获得信号发射者的指针，从而对信号发射者进行操作。其代码如下：

```
QSpinBox * spinBox=qobject_cast<QSpinBox * >(sender());
```

4.6.2.3 自定义信号及其使用

在自定义的类里也可以自定义信号，信号就是在类定义里声明的一个函数，但是这个函数无须实现，只需发射（emit）。

例如，在下面的自定义类 QPerson 的 signals 部分定义一个信号 ageChanged（int）：

```
class QPerson :public QObject
{
Q_OBJECT
private:
    int m_age=10;
public:
    void increaseAge() ;
signals:
    void ageChanged(intvalue);
}
```

信号函数必须是无返回值的函数，但是可以有输入参数。信号函数无须实现，只需在某些条件下发射信号。例如，在 increaseAge( ) 函数中发射信号，代码如下：

```
void QPerson:: increaseAge()
{
    m_age++;
    emit ageChanged(m_age);//发射信号
}
```

在 increaseAge（）函数里，当私有变量 m_age 变化后，发射信号 ageChanged（int）表示年龄发生了变化。至于是否有与此信号相关联的槽函数，信号发射者并不管。如果在使用 QPerson 类对象的程序中为此信号关联了槽函数，在 incAge（）函数里发射此信号时，就会执行相关联的槽函数。至于是否立即执行槽函数，发射信号的线程是否等待槽函数执行完之后再执行后面的代码，与 connect（）函数设置信号与槽关联时设置的连接类型以及信号与槽是否在同一个线程有关。

4.6.3　GTK+

4.6.3.1　GTK+的简介

GTK+（GIMP Toolkit）是以较宽松公共许可证（lesser general public license，LGPL）许可协议发布、跨平台的图形用户界面工具包。它起初是作为开源项目 GIMP 的基础依赖库而创建的，如今已经发展成为一个设计简便、功能丰富的通用图形库，是 GNU/Linux 下开发图形界面的主要框架之一。

GTK+以 C 语言作为主要开发语言，现在可以支持多种语言。它拥有一套完整的界面控件元素，不论是开发一次性的小工具，还是开发大型的应用程序都适用。

GTK 官方网址：https://www.gtk.org/

GTK-Project 下载网址：https://www.gtk.org/download/index.php

4.6.3.2　GTK 特点

（1）现代化、更新快：GTK+是采用软件开发中的最新技术开发的工具包，只要发现 BUG，开发人员就会尽力在下一版本中修补缺陷。GTK+支持开发大型社区，拥有来自如 Red Hat、Novell、Lanedo、Codethink、Openismus 和 Intel 公司的核心维护者。

（2）简单易用：该工具包容易上手，可支持多种前后端语言，如 C++、Perl、Python、Java 以及 C#等，这使得 GTK+在应用开发时相当具有吸引力。

（3）设计灵活、可扩展：鉴于开发者需要的工具包，GTK+扩展了很多功能，包括本地外观和感觉、主题支持、线程安全、面向对象的方法、国际化、本地化、可访问、支持 UTF-8 等。

（4）自由、开放：GTK+是开源的，每个人不仅可以自由地获得和使用这个工具包，还可以在满足某些条件的情况下修改并重新发布它。

（5）可移植：用户可以在多个运行硬件平台和操作系统上运行它；开发却只要编写一次程序，就可以在其他平台和操作系统下重新编译运行。

4.6.3.3　GTK+的使用方法

使用 GTK+编写"你好，航天！"的实例程序如下。该程序用 C++语言实现，运行界面如图 4.6-1 所示。

图 4.6-1　用 GTK+编写的"你好，航天！"程序运行界面

```
#include <gtk/gtk.h>
int main(int argc,char * argv[]) {
  GtkWidget * window;
  GtkWidget * label;
  gtk_init(&argc,&argv);
  /* 创建一个置顶的窗口 */
  window=gtk_window_new(GTK_WINDOW_TOPLEVEL);
  /* 设置窗口标题 */
  gtk_window_set_title(GTK_WINDOW(window),"你好航天");
  /*将窗口的销毁信号与程序退出连接,这样当窗口即将被销毁时,将通知 GTK+主程
序循环停止 */
  g_signal_connect(window,"destroy",G_CALLBACK(gtk_main_quit),
NULL);
  /*创建"你好航天!"标签 */
  label=gtk_label_new("你好,航天!");
  /*标签加入到主窗体中 */
  gtk_container_add(GTK_CONTAINER(window),label);
  /* 确保窗体显示 */
  gtk_widget_show_all(window);
  /*开启主循环,直到应用退出 */
  gtk_main();
  return 0;
}
```

4.6.4 Qt 图表 chart 插件 Qwt

4.6.4.1 Qwt 简介

Qwt（Qt Widgets for Technical Applications）是一个基于 LGPL 版权协议的开源项目，可生成各种统计图，是为具有技术专业背景的程序提供 GUI 组件和一组实用类，其目标是以基于 2D 方式的窗体部件来显示数据、数据源，以数值、数组或一组浮点数等方式提供；输出方式可以是 Curves（曲线）、Slider（滚动条）、Dials（圆盘）、Compasses（仪表盘）等。Qwt 工具库是基于 Qt 开发的，继承了 Qt 的跨平台特性。航天发射场中很多软件中图表可视化显示是采用 Qwt 插件实现的。

4.6.4.2 编译安装

由于 Qwt 并不属于 Qt 官方自带的类库，需要编译后才能使用。Qwt 的下载编译安装分为以下几个步骤。

（1）下载 Qwt 源码，可在 Qwt 官方网址 https://sourceforge.net/projects/qwt/files/qwt/下载。

（2）安装和编译。

1）Linux 平台：安装依赖，在终端依次执行 sudo apt-get install libqt5designer5，sudo apt-get install qttools5-dev，sudo apt-get install libqt5svg5 ∗；进入源码目录，执行 make 进行编译；执行 sudo make install 进行安装。

2）Windows 平台：Qt Creator 打开源码内的 qwt. pro，先单击构建菜单中 qmake，再单击构建，进行编译。将编译文件夹中的 lib 文件夹下的 libqwtd. a 和 libqwt. a 文件复制到 Qt 安装目录下对应的 lib 文件夹下。将编译文件夹中的 lib 文件夹下的 qwtd. dll 和 qwt. dll 文件复制到 Qt 安装目录下对应的 bin 文件夹下。将编译文件夹中的 designer→plugins→designer 文件夹下的 qwt_designer_plugin. dll 文件和 libqwt_designer_plugin. a 文件复制到 Qt 安装目录下的 mingw73_64→plugins→designer 文件夹下。在 Qt 安装目录下对应的 include 文件夹下新建 qwt 文件夹，然后将 qwt 解压路径下 src 目录中所有文件复制到新建的 qwt 文件夹中。

（3）编译成功后，即可在 Qt Designer 中出现 Qwt Widgets 组件，如图 4.6-2 所示。

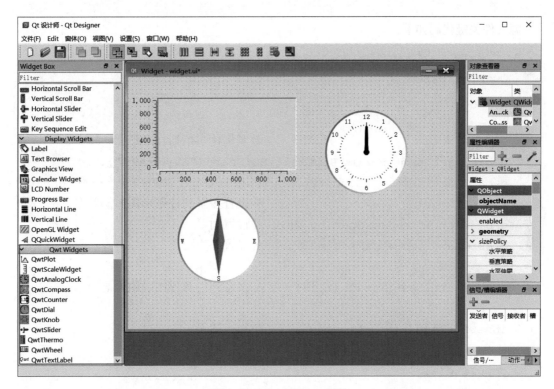

图 4.6-2　Qwt Widgets 组件

4.6.4.3　示例

下面以一个航天发射场软件中经常使用的条形图作为示例，来说明如何使用 Qwt 来完成数据条形图显示。

新建一个类继承自 QwtPlot 类，头文件中关键代码如下：

```
class BarChart: public QwtPlot
{
  Q_OBJECT
public:
```

```
    BarChart(QWidget * =NULL);
public Q_SLOTS:
    void setMode(int);                      //设置显示模式,分组显示或者叠加显示
    void setOrientation(int);          //设置直方图显示方向,横向或者纵向
    void exportChart();                                //将直方图导出为 pdf
private:
    void populate();
    QwtPlotMultiBarChart *d_barChartItem;        //多系列柱条形图
};
#endif
```

源文件关键代码如下:

```
BarChart::BarChart(QWidget * parent):
    QwtPlot(parent)
{
...
                                //实例化多系列柱条形图
    d_barChartItem=new QwtPlotMultiBarChart("Bar Chart");
    d_barChartItem->setLayoutPolicy(QwtPlotMultiBarChart::AutoAdjust-
Samples);                                //设置多系列柱条形图布局策略,详见表 A
    d_barChartItem->setSpacing(20); //设置间距
    d_barChartItem->setMargin(3);      //设置外边距

    d_barChartItem->attach(this);      //多系列柱条形图吸附到画布

    insertLegend(new QwtLegend());    //插入图例

    populate();
    setOrientation(0);

    setAutoReplot(true);
}

void BarChart::populate()                  //设置直方图数据和相关样式
{
    static const char * colors[]={"DarkOrchid","SteelBlue","Gold" };
                                //条形柱颜色
```

```
    const int numSamples=5;                    //样本组数
    const int numBars=sizeof(colors)/sizeof(colors[0]);
                                               //样本组内条数,3
    for(int i=0; i<numBars;i++)
    {
      QwtColumnSymbol * symbol=new QwtColumnSymbol(QwtColumnSymbol::
Box);                                          //列形标志对象,外形为盒子
      symbol->setLineWidth(2);                 //设置线宽
      symbol->setFrameStyle(QwtColumnSymbol::Raised);
                                               //设置面板风格:凸起的框架样式
      symbol->setPalette(QPalette(colors[i]));
                                               //设置画板颜色

      d_barChartItem->setSymbol(i,symbol);//给多形状柱条形图设置列性标志
    }

                                               //创建多系列柱条形图数据
    QVector<QVector<double>>series;            //二维数组
    for (int i=0; i<numSamples; i++)           //五组
    {
      QVector<double> values;
      for (int j=0;j<numBars; j++)             //每组三条
        values+=(2+qrand()% 8);

      series+=values;
    }

                                               //设置数据到多系列条形图
    d_barChartItem->setSamples(series);
}

void BarChart::setMode(int mode)
{
    if (mode==0)
    {
      d_barChartItem->setStyle(QwtPlotMultiBarChart::Grouped);
                                               //设置多系列柱条形图风格为每组
                                               并排显示
```

103

```
  }
  else
  {
    d_barChartItem->setStyle(QwtPlotMultiBarChart::Stacked);
                                  //设置多系列柱条形图风格为层叠在单个
                                    条形图上显示,占比不同
  }
}


void BarChart::setOrientation(int orientation)
{
  QwtPlot::Axis axis1,axis2;
                                  //根据参数设置条形图的方向
  if (orientation==0)
  {
    axis1=QwtPlot::xBottom;
    axis2=QwtPlot::yLeft;

    d_barChartItem->setOrientation(Qt::Vertical);
  }
  else
  {
    axis1=QwtPlot::yLeft;
    axis2=QwtPlot::xBottom;

    d_barChartItem->setOrientation(Qt::Horizontal);
  }
  setAxisScale(axis1,0,d_barChartItem->dataSize()-1,1.0);
                                  //设置坐标轴 axis1 伸缩,步长为 1.0
  setAxisAutoScale(axis2);        //自动缩放坐标轴 axis2,条形图的纵轴

  //坐标轴由三个组件组成:骨架(Backbone)、刻度(Ticks)、示数(Labels)
  //axis1 作为横轴,只需要显示数字分组即可,故禁用骨架和刻度;
  //axis2 作为纵轴,需要显示读数,故使能骨架和刻度;
  QwtScaleDraw * scaleDraw1=axisScaleDraw(axis1);
                                  //根据坐标轴 ID 获取坐标轴
  QwtScaleDraw * scaleDraw2=axisScaleDraw(axis2);
                                  //根据坐标轴 ID 获取坐标轴
```

```
        plotLayout()->setAlignCanvasToScale(axis1,true);
                                         //为指定的轴线设置排列画布到轴
                                           线比例尺
        plotLayout()->setAlignCanvasToScale(axis2,false);
        plotLayout()->setCanvasMargin(100);      //设置 QWtPlot 画布外边距为 0
        updateCanvasMargins();
        replot();
    }


    void BarChart::exportChart()
    {
        QwtPlotRenderer renderer;                //打印画布到 barchart.pdf
        renderer.exportTo(this,"barchart.pdf");
    }
```

程序运行后，Qwt 条形图如图 4.6-3 所示，可以将直方图按照分组或者层叠显示、横向或纵向显示，还可以将图表转化为 pdf 输出。

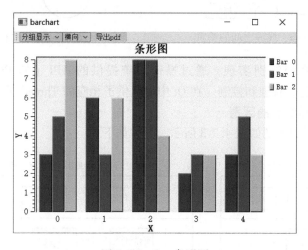

图 4.6-3　Qwt 条形图

4.7　多线程

4.7.1　多线程简介

4.7.1.1　什么是多线程

多线程是指在一个程序中同时执行多个独立的任务或操作。每个任务或操作都是由一个单独的线程来执行，而这些线程共享程序的资源和内存空间。与单线程相比，多线程可以提高程序的运行效率和响应速度，因为它可以充分利用 CPU 的多核处理能力，同时也可以避免某些操作阻塞其他操作的问题。程序、进程、线程之间的关系如图 4.7-1 所示。

4.7.1.2 多线程的概念和基本原理

多线程是一种并发编程的技术，它允许程序在同一个进程中同时执行多个独立的任务或操作。每个任务都由一个单独的线程来执行，而这些线程共享程序的资源和内存空间。

多线程的基本原理（见图 4.7-2）是通过将程序分成多个子任务，并创建对应数量的线程来同时执行这些子任务。每个线程都有自己的堆栈、寄存器和指令计数器等状态信息，可以独立地运行代码。不同线程之间可以进行通信和协调，通过锁、信号量、条件变量等机制来实现数据同步和互斥访问。

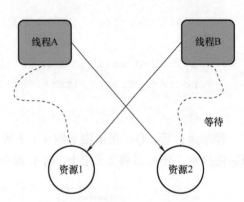

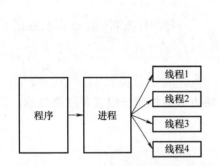

图 4.7-1 程序、进程、线程之间的关系　　　图 4.7-2 多线程的基本原理

多线程在操作系统级别实现，通过操作系统提供的 API（如 POSIX 标准中提供的 pthread 库）进行创建、管理和控制。在 Qt 中也提供了相应的 Thread 类来实现。

4.7.1.3 多线程与单线程的区别

多线程与单线程的区别如图 4.7-3 所示，具体如下：

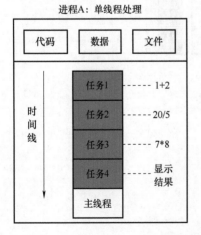
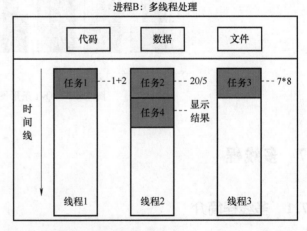

图 4.7-3 多线程与单线程的区别

1）执行方式不同。单线程只能执行一个任务，而多线程可以同时执行多个任务。

2）程序性能不同。多线程可以充分利用 CPU 资源，提高程序运行效率，而单线程则无法充分利用 CPU 资源，导致程序运行速度变慢。

3）内存占用不同。多线程需要占用更多的内存空间和系统资源（如 CPU 时间片），因此对于内存有限或资源受限的应用场景，单线程更为适合。

4）编写难度不同。在编写过程中，多线程需要考虑并发、数据安全等问题，需要对程序设计有一定了解和经验；而单线程相对来说比较简单易于编写。

5）错误处理方式不同。在单线程中如果出现异常错误会直接导致程序崩溃，在多线程中则需要使用特殊手段处理错误以保证程序稳定性。

4.7.1.4　多线程的应用场景

（1）CPU 密集型任务，需要进行大量计算或处理数据，占用大量 CPU 资源，如图像、视频处理等。这种任务适合使用多线程技术，因为可以充分利用 CPU 资源并提高程序运行效率。

（2）I/O 密集型任务，需要进行大量的输入输出操作，如读取文件、网络通信等。这种任务相比 CPU 密集型任务更适合使用单线程或少量线程，因为在进行 I/O 操作时会阻塞 CPU，此时如果开启过多线程反而会增加上下文切换的负担，导致程序运行效率变慢。

（3）在 GUI 程序中，多线程的应用主要是为了提高用户体验和避免程序卡顿的问题。

1）后台任务。当用户进行某些操作时，如打开文件、导入数据等。这些操作可能需要耗费一定时间。如果在主线程中执行这些操作，则会导致 GUI 卡顿或无响应。因此可以使用一个后台线程来执行这些任务，使得主界面能够保持流畅。

2）异步更新 UI。当某个操作需要对 UI 进行更新时，如下载进度条、播放音乐等，在主线程中更新 UI 可能会造成界面卡顿。因此可以使用一个单独的线程来进行 UI 更新，并通过回调机制将结果返回到主线程以更新 UI。

（4）多媒体处理，在图像编辑、视频剪辑等软件中，处理大量数据需要大量计算资源。使用多个线程分别处理不同部分的数据可以提高效率并且减少卡顿现象。

（5）高并发服务器程序中多线程的应用。多线程的应用主要是为了提高服务器的并发处理能力和吞吐量。

4.7.2　线程同步

4.7.2.1　线程同步的概念

线程同步是指，在多线程编程中，为了保证多个线程按照某种特定的方式正确、有序地执行，需要进行线程间的协作与同步。在多线程编程中，当多个线程共享同一份资源时，由于线程的执行顺序是不确定的，因此会存在一些并发问题，如死锁、竞态条件、资源争用等问题。为了避免这些问题，需要对线程进行同步。线程同步实际上就是通过线程之间的协作，使得线程能够按照一定的顺序来访问共享资源，从而避免并发问题的发生。

线程不同步可能会导致以下问题：

1）竞态条件（race condition）。多个线程同时访问、修改一份共享资源，可能会导致资源的状态不确定，进而导致程序出现逻辑错误，甚至崩溃。

2）死锁（deadlock）。多个线程在等待对方释放锁，导致所有线程都无法继续执行，程序陷入死循环，最终可能会崩溃。

3）饥饿（starvation）。某些线程可能因为无法获取资源而一直等待，导致无法正常执行，进而影响整个程序的性能。

4）资源争用（resource contention）。多个线程同时竞争同一份资源，导致资源的使用效率下降，总体性能降低。

线程同步方式有以下几种：

1）互斥锁（mutex）。使用互斥锁来控制多个线程对共享资源的访问。只有获得锁的线程才能进入临界区进行操作，其他线程必须等待锁释放后才能进入。

2）读写锁（read-write lock）。读写锁允许多个线程同时读取共享资源，但只允许一个线程写入共享资源。读写锁可以提高程序的并发性能，减少资源争用问题。

3）条件变量（condition variable）。条件变量用于等待特定条件的发生。当某个线程等待某个条件变量时，它会被阻塞，直到其他线程发出信号，通知条件变量已经满足。

4）信号量（semaphore）。使用信号量来控制多个线程对有限数量资源的访问。信号量表示资源的数量，每个线程在使用完资源后必须释放信号量，以便其他线程可以使用资源。

以上是常见的几种线程同步方式，每种方式都有其适用的场景和优缺点，根据具体的应用场景选择适合的同步方式是非常重要的。

4.7.2.2 Qt 中实现线程同步的方法

在 Qt 中，有多种可以实现线程同步的用法。

（1）基于互斥量的线程同步。QMutex 和 QMutexLocker 是基于互斥量的线程同步类。

1）QMutex 定义的实例是一个互斥量。QMutex 主要提供以下 3 个函数：

① lock()：锁定互斥量；如果另外一个线程锁定了这个互斥量，它将阻塞执行直到其他线程解锁这个互斥量。

② unlock()：解锁一个互斥量，需要与 lock() 配对使用。

③ tryLock()：试图锁定一个互斥量，如果成功锁定就返回 true；如果其他线程已经锁定了这个互斥量，就返回 false，但不阻塞程序执行。

互斥量可以理解为一把锁，多个线程尝试用成员函数 lock() 来加锁，只有一个线程能锁定成功（成功的标志是 lock() 函数返回），如果没有锁成功，那么流程将卡在 lock() 这里不断尝试去锁定。

QMutex 需要配对使用 lock() 和 unlock() 来实现代码段的保护，在一些逻辑复杂的代码段或可能发生异常的代码中，配对就可能出错。

2）QMutexLocker 是另外一个简化了互斥量的类。OMutexLocker 的构造函数接受一个互斥量作为参数并将其锁定，QMutexLocker 的析构函数则将此互斥量解锁，所以在 QMutexLocker 实例变量的生存期内的代码段得到保护，自动进行互斥量的锁定和解锁。

（2）基于信号量的线程同步。信号量（semaphore）是另一种限制对共享资源进行访问的线程同步机制，它与互斥量（mutex）相似，但是有区别。一个互斥量只能被锁定一次，而信号量可以多次使用。信号量通常用来保护一定数量的相同的资源，如数据采集时的双缓冲区。

QSemaphore 是实现信号量功能的类，提供以下几个基本的函数：

1）acquire（intn），尝试获得 n 个资源；如果没有这么多资源，线程将阻塞直到有 n 个资源可用。

2）release（intn），释放 n 个资源，如果信号量的资源已全部可用之后再 release（），就可以创建更多的资源，增加可用资源的个数。

3）intavailable（），返回当前信号量可用的资源个数，这个数永远不可能为负数，如果为 0 就说明当前没有资源可用。

4）bool tryAcquire（intn = 1），尝试获取 n 个资源，不成功时不阻塞线程。

（3）基于条件等待和互斥量的线程同步。在多线程的程序中，多个线程之间的同步实际上就是它们之间的协调问题。假设线程 threadCollect 写满一个缓冲区之后，数据显示线程 threadShow 和数据存储线程 threadSave 才能对缓冲区进行读操作。采用互斥量的方法是对资源的锁定和解锁，避免同时访问资源时发生冲突，在一个线程解锁资源后不能及时通知其他线程。

QWaitCondition 提供了一种改进的线程同步方法。QWaitCondition 与 QMutex 结合，可以使一个线程在满足一定条件时通知其他多个线程，使它们及时做出响应，这样比只使用互斥量效率要高一些。例如，threadCollect 在写满一个缓冲区之后，及时通知 threadShow 和 threadSaveFile，使它们可以及时读取缓冲区数据。

QWaitCondition 提供如下一些函数：

1）Wait（QMutex * lockedMutex），解锁互斥量 lockedMutex，并阻塞等待唤醒条件，被唤醒后锁定 lockedMutex 并退出函数。

2）WakeAll（），唤醒所有处于等待状态的线程，线程唤醒的顺序不确定，由操作系统的调度策略决定。

3）WakeOne（），唤醒一个处于等待状态的线程，唤醒哪个线程不确定，由操作系统的调度策略决定。

4）QWaitCondition，一般用于"生产者/消费者"（producer/consumer）模型。"生产者"产生数据。"消费者"使用数据。上述的数据采集、显示与存储的三线程例子就适用这种模型。下面对生产者/消费者模型进行具体讲解。

4.7.2.3　多线程中的生产者-消费者模式

生产者-消费者问题（producer-consumer problem）也称为有限缓冲问题（bounded-buffer problem），是一个多线程同步问题的经典案例。

生产者-消费者问题描述了两个访问共享缓冲区的线程，即生产者线程和消费者线程，在实际运行时会发生的问题。生产者线程的主要功能是生成一定量的数据放到缓冲区，然后重复此过程。消费者线程的主要功能是从缓冲区提取（或消耗）数据。

生产者-消费者问题关键如下：

1）保证生产者不会在缓冲区满时加入数据，消费者也不会在缓冲区为空时消耗数据。

2）保证在生产者加入过程、消费者消耗过程中，不会产生错误的数据和行为。

生产者-消费者问题不仅是一个多线程同步问题的经典案例，而且软件开发领域已经将解决该问题的方案，抽象成了一种软件设计模式（software design patterns）——"生产者-消费者"模式。生产者-消费者模式是一个经典的多线程设计模式，为多线程间的协作提供了良好的解决方案。

在生产者-消费者模式中，通常有两类线程，即生产者线程（若干个）和消费者线程（若干个）。生产者线程向数据缓冲区 DataBuffer 加入数据，消费者线程则消耗数据缓冲区的数据。生产者和消费者、内存的数据缓冲区之间的关系结构图如图 4.7-4 所示。

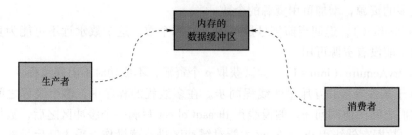

图 4.7-4　生产者和消费者、内存的数据缓冲区之间的关系结构图

在生产者-消费者模式中，有以下 4 个关键点：

1）生产者与生产者之间、消费者与消费者之间，对数据缓冲区的操作是并行的。

2）数据缓冲区是有容量上限的。数据缓冲区满后，生产者不能再加入数据；数据缓冲区空时，消费者不能再取出数据。

3）数据缓冲区是线程安全的。在并发操作数据区的过程中，不能出现数据不一致情况；或者在多个线程并发更改共享数据后，不会造成出现脏数据的情况。

4）生产者或者消费者线程在空闲时，需要尽可能阻塞而不是执行无效的空操作，尽量节约 CPU 资源。

航天发射场中数据采集和使用常采用双缓冲区，用于解决生产者线程和消费者线程处理速度不一致的问题。下面将以数据采集使用双缓冲区的例子来具体阐述生产者和消费者模型。

创建类似生产者-消费者模型的两个线程类 ThreadProducer 和 ThreadConsumer。qmythread.h 文件中这两个类的定义如下：

```
class ThreadProducer: public QThread
{
    Q_OBJECT
private:
    bool m_stop=false;
protected:
    void run() Q_DECL_OVERRIDE;
public:
    ThreadProducer();
    void stopThread();
};
class ThreadConsumer: public QThread
{
    Q_OBJECT
private:
    bool m_stop=false; //停止线程
```

```
protected:
    void run() Q_DECL_OVERRIDE;
public:
    ThreadConsumer();
    void stopThread();
signals:
    void newValue(int *data,int count,int seq);
};
```

ThreadProducer 是数据采集线程。例如，在使用数据采集卡进行连续数据采集时，需要一个单独的线程将采集卡采集的数据读取到缓冲区内。

ThreadConsumer 是数据读取线程，用于读取已存满数据的缓冲区中的数据并传递给主线程显示，采用信号与槽机制和主线程交互。

qmythread.cpp 文件中 ThreadProducer 和 ThreadConsumer 的主要功能代码如下：

```
#include "qmythread.h"
#include <QSemaphore>
const int BufferSize=8;
int buffer1[BufferSize];
int buffer2[BufferSize];
int curBuf=1; //当前正在写入的 Buffer
int bufNo=0; //采集的缓冲区序号
quint8 counter=0;//数据生成器
QSemaphore emptyBufs(2);//空的缓冲区个数,初始资源为 2
QSemaphore fullBufs; //满的缓冲区个数,初始资源为 0
ThreadProducer::ThreadProducer()
{
}
void ThreadProducer::stopThread()
{
    m_stop=true;
}
void ThreadProducer::run()
{
    m_stop=false;//启动线程时令 m_stop=false
    bufNo=0;//缓冲区序号
    curBuf=1; //当前写入使用的缓冲区
    counter=0;//数据生成器
    int n=emptyBufs.available();
```

```
    if(n<2)
      emptyBufs.release(2-n);
    while(!m_stop)                    //循环主体
    {
      emptyBufs.acquire();            //获取一个空的缓冲区
      for(int i=0;i<BufferSize;i++)   //产生一个缓冲区的数据
      {
        if(curBuf==1)
          buffer1[i]=counter;         //向缓冲区写入数据
        else
          buffer2[i]=counter;
        counter++;                    //模拟数据采集卡产生数据
        msleep(50);                   //每50ms产生一个数
      }

      bufNo++;                        //缓冲区序号
      if(curBuf==1)                   // 切换当前写入缓冲区
        curBuf=2;
      else
        curBuf=1;
      fullBufs.release();             //有了一个满的缓冲区,available==1
    }
    quit();
}
void ThreadConsumer::run()
{
    m_stop=false;                     //启动线程时令m_stop=false

    int n=fullBufs.available();
    if(n>0)
      fullBufs.acquire(n);            //将fullBufs可用资源个数初始化为0
    while(!m_stop)                    //循环主体
    {
      fullBufs.acquire();             //等待有缓冲区满,当fullBufs.ava-
                                      //ilable==0阻塞

      int bufferData[BufferSize];
      int seq=bufNo;
```

```
        if(curBuf==1)                        //当前在写入的缓冲区是 1,那
                                               么满的缓冲区是 2
          for (int i=0;i<BufferSize;i++)
            bufferData[i]=buffer2[i];        //快速复制缓冲区数据
        else
          for (int i=0;i<BufferSize;i++)
            bufferData[i]=buffer1[i];

        emptyBufs.release();                 //释放一个空缓冲区
        emit newValue(bufferData,BufferSize,seq);//给主线程传递数据
    }
  }
```

在共享变量区定义了两个缓冲区 buffer1 和 buffer2,都是长度为 BufferSize 的数组。

变量 curBuf 记录当前写入操作的缓冲区编号,其值只能是 1 或 2,表示 buffer1 或 buffer2。bufNo 是累积的缓冲区个数编号。counter 是模拟采集数据的变量。

信号量 emptyBufs 初始资源个数为 2,表示有 2 个空的缓冲区可用。

信号量 fullBufs 初始化资源个数为 0,表示写满数据的缓冲区个数为零。

ThreadProducer::run() 采用双缓冲方式进行模拟数据采集,线程启动时初始化共享变量,特别的是使 emptyBufs 的可用资源个数初始化为 2。

在 while 循环体里,emptyBufs.acquire() 使信号量 emptyBufs 获取一个资源,即获取一个空的缓冲区。用于数据缓存的有两个缓冲区,只要有一个空的缓冲区,就可以向这个缓冲区写入数据。

while 循环体里的 for 循环每隔 50 毫秒使 counter 的值加 1,然后写入当前正在写入的缓冲区,完成 for 循环后正好写满一个缓冲区,这时改变 curBuf 的值,切换用于写入的缓冲区。

写满一个缓冲区之后,使用 fullBufs.release() 为信号量 fullBufs 释放一个资源,这时 fullBufs.available==1,表示有一个缓冲区被写满了。这样,ThreadConsumer 线程里使用 fullBufs.acquire() 就可以获得一个资源,可以读取已写满的缓冲区里的数据。

ThreadConsumer::run() 用于监测是否有已经写满数据的缓冲区,只要有缓冲区写满了数据,就立刻读取出数据,然后释放这个缓冲区给 QThreadDAQ 线程用于写入。

ThreadConsumer::run() 函数的初始化部分使 fullBufs.available==0,即线程刚启动时是没有资源的。

所以,这里使用了双缓冲区、两个信号量来实现采集和读取两个线程的协调操作。采集线程里使用 emptyBufs.acquire() 获取可以写入的缓冲区。

设计窗口基于 QDialog 应用程序,类定义两个线程的实例,threadProducer 和 threadConsumer。另外,自定义了一个槽函数 onthreadB_newValue(),用于与 threadConsumer 的信号关联,在 Dialog 的构造函数里进行了关联。其关联的代码如下:

```
  connect(&threadConsumer,SIGNAL(newValue(int*,int,int)),this,
SLOT(onthreadB_newValue(int*,int,int)));
```

槽函数 onthreadB_newValue() 的功能是读取一个缓冲区里的数据并显示，其实现代码如下：

```
void Dialog::onthreadB_newValue(int * data,int count,int bufNo)
{
//读取 threadConsumer 传递的缓冲区的数据
  QString  str=QString::asprintf("第%d 个缓冲区:",bufNo);
  for (int i=0;i<count;i++)
  {
    str=str+QString::asprintf("%d,", * data);
    data++;
  }
  str=str+'\n';
  ui->plainTextEdit->appendPlainText(str);
}
```

传递的指针型参数 int * data 是一个数组指针，count 是缓冲区长度。

```
//启动线程
  threadConsumer.start();
  threadProducer.start();
}
//结束线程
  threadConsumer.terminate(); //因为 threadB 可能处于等待状态,所以用
                                terminate 强制结束
  threadConsumer.wait();
  threadProducer.terminate();//结束线程的 run() 函数执行
  threadProducer.wait();
```

启动线程时，先启动 threadConsumer，再启动 threadProducer，否则可能丢失第 1 个缓冲区的数据。

生产者-消费者模型程序运行示例如图 4.7-5 所示。可以看到，使用多线程读取存储双缓冲区没有出现丢失数据的情况，两个线程之间不会访问同一缓冲区，将 ThreadProducer::run() 函数中模拟采样率的延时时间缩短也不会出现问题。

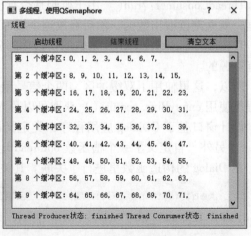

图 4.7-5 生产者-消费者模型程序运行示例

4.8　网络编程

4.8.1　TCP 通信

QT 提供了 QTcpServer 类和 QTcpSocket 类用于编写 TCP 通信应用程序,实现服务器和客户端之间的通信。QTcpServer 用于创建服务器,监听连接请求并接受客户端连接;而 QTcpSocket 用于创建客户端,并与服务器建立连接。本小节将介绍编写服务器和客户端程序代码的具体过程。

4.8.1.1　QTcpServer 类和 QTcpSocket 类

服务器端程序用 QTcpServer 类创建 TCP 服务器对象,创建 TCP 服务器对象之后,调用其成员函数 listen( ) 进行连接监听。函数 listen( ) 的原型定义如下:

```
bool QTcpServer::listen(const QHostAddress &address=QHostAddress::
Any,quint16 port=0)
```

listen( ) 函数包含了绑定 IP 地址和端口号的操作,一般服务器只监听某个端口的网络连接。参数 address 是 QHostAddress 类型的地址。在多网卡环境下,若需要指定从具体某块网卡接收数据,则绑定该网卡配置的实际 IP 地址。参数 address 也可以设置为表 4.8-1 所示的枚举类型值。

表 4.8-1　QHostAddress::SpecialAddress 枚举类型定义

SpecialAddress 枚举类型	枚举值	描述
QHostAddress::Null	0	空地址对象
QHostAddress::LocalHost	2	主机 IPv4 地址,相当于 QHostAddress("127.0.0.1")
QHostAddress::LocalHostIPv6	3	主机 IPv6 地址,相当于 QHostAddress("::1")
QHostAddress::Broadcast	1	IPv4 广播地址,相当于 QHostAddress("255.255.255.255")
QHostAddress::AnyIPv4	6	主机任意 IPv4 地址,相当于 QHostAddress("0.0.0.0")。与此地址绑定的套接字将仅在所有的 IPv4 接口上监听
QHostAddress::AnyIPv6	5	主机任意 IPv6 地址,相当于 QHostAddress("::")。与此地址绑定的套接字将仅在所有的 IPv6 接口上监听
QHostAddress::Any	4	双栈任意地址。与此地址绑定的套接字将监听所有的 IPv4 和 IPv6 接口

启动监听后,TCP 服务器就会一直阻塞监听,而客户端使用 QTcpSocket 类创建 QTcpSocket 对象,调用其成员函数 connectToHost( ) 进行尝试连接到服务器操作。connectToHost( ) 函数需要指定服务器的 IP 地址和端口号,该函数以异步方式连接到服务器,不会阻塞程序执行。当 TCP 服务器接收到客户端连接请求完成三次握手之后,TCP 服务器的 QTcpServer 类对象会发送一个 newConnection( ) 信号;在与 newConnection( ) 信号关联的自定义槽函数中,可以用 nextPendingConnection( ) 成员函数来创建一个 QTcpSocket 对象;然后,使用此 QTcpSocket 对象与客户端通信。

此时 TCP 服务器有两个对象,分别是 QTcpServer 类和 QTcpSocket 类的对象。其中,QTcpServer 对象用来监听客户端连接请求,QTcpSocket 对象用来与客户端通信。客户端与

TCP 服务器连接成功之后，客户端的 QTcpSocket 对象会触发一个 connected（）连接成功的信号，客户端就可以使用程序内部的 QTcpSocket 对象与 TCP 服务器内部的 QTcpSocket 对象进行数据通信。当 TCP 服务器或客户端有数据到来时，QTcpSocket 对象就会发送 readyRead（）信号，在与 readyRead（）信号关联的槽函数中读取缓冲区数据。

QTcpSocket 类是从 QIODevice 间接继承的，因此可以直接使用流数据读写函数。一个 QTcpSocket 对象可以同时发送和接收数据，且发送与接收是异步进行的，有各自的缓冲区。如果客户端或 TCP 服务器要断开连接，需要使用 QTcpSocket 类对象的 disconnectFromHost（）成员，对于 disconnectFromHost（）成员函数，描述如下：

```
void QAbstractSocket::disconnectFromHost ( )
```

该关闭连接操作，是试图关闭连接，如果关闭连接请求时还有数据没有写完，则需要等待所有数据被写入，最终完成后会修改套接字状态为 UnconnectedState（未连接状态），并发送一个 disconnected（）信号表示连接已经断开。QAbstractSocket::SocketState 是枚举类型，具体定义见表 4.8-2。

表 4.8-2   QAbstractSocket::SocketState 枚举类型定义

枚举类型	枚举值	描述
QAbstractSocket::UnconnectedState	0	套接字未连接
QAbstractSocket::HostLookupState	1	套接字正在执行主机名查找
QAbstractSocket::ConnectingState	2	套接字开始建立连接
QAbstractSocket::ConnectedState	3	已建立连接
QAbstractSocket::BoundState	4	套接字绑定到地址和端口
QAbstractSocket::ClosingState	6	套接字即将关闭（数据可能仍在等待写入）
QAbstractSocket::ListeningState	5	仅供内部使用

4.8.1.2   TCP 通信编程应用示例

为了演示如何编写 TCP 通信程序代码，本小节创建两个示例。示例 1 的 TCPServer 是 TCP 服务器程序，能够监听指定 IP 地址和端口，有客户端发起连接时创建 QTcpSocket 建立连接，接收客户端发来的消息显示在文本框，也可以发送消息给客户端，运行界面如图 4.8-1 所示；示例 2 的 TCPClient 是 TCP 客户端程序，通过指定 IP 地址和端口与服务器建立连接，能够向服务器发送消息和接收来自服务器的消息，运行界面如图 4.8-2 所示。

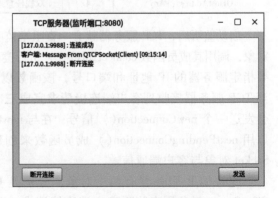

图 4.8-1   TCPServer 运行界面   图 4.8-2   TCPClient 运行界面

示例 1 TCPServer 主要代码及注释

```
  ServerWidget::ServerWidget(QWidget * parent) : QWidget(parent),ui
(new Ui::ServerWidget)
  {
    //初始化 QTcpServer 和 QTcpSocket 对象
    tcpServer=new QTcpServer(this);
    tcpSocket=new QTcpSocket(this);
    tcpServer->listen(QHostAddress::AnyIPv4,8080);  //监听 8080 端口
    connect(tcpServer,SIGNAL(newConnection()),this,SLOT(do_new-
Client()));  //建立新连接信号槽
  }
  //处理客户端连接请求槽函数
  void ServerWidget::do_newClient()
  {
    tcpSocket=tcpServer->nextPendingConnection();//取出建立好连接的套
                                                接字
    connect(tcpSocket,&QTcpSocket::readyRead,[=]() {
          //从通信套接字中取出内容
          QByteArray array=tcpSocket->readAll();
          ui->textEditRead->append(array);      //追加添加内容
      } );
  }
  //发送数据槽函数
  void ServerWidget::on_ButtonSend_clicked()
  {
    /*保留关键代码,其余略*/
    tcpSocket->write(str_info.toUtf8().data());//发送数据
  }
```

示例 2 TCPClient 主要代码及注释

```
  ClientWidget::ClientWidget(QWidget * parent) : QWidget(parent),ui
(new Ui::ClientWidget)
  {
    tcpSocket=new QTcpSocket(this);//初始化 QTcpSocket 对象
    tcpSocket->bind(QHostAddress::AnyIPv4,9988);  //绑定到本机 IPv4
                                               地址和 9988 端口
    //读取服务器发来的数据信号槽
```

```
connect(tcpSocket,&QTcpSocket::readyRead,[=]() {
    QByteArray array=tcpSocket->readAll();
    ui->textEditRead->append(array);
});
}
//连接到服务器槽函数
void ClientWidget::on_ButtonConnect_clicked()
{
    //获取服务器端口和ip
    QString ip=ui->lineEditIp->text();
    qint16 port=ui->lineEditPort->text().toInt();
    //与服务器进行连接
    tcpSocket->connectToHost(QHostAddress(ip),port);
}
//发送数据槽函数
void ClientWidget::on_ButtonSend_clicked()
{
    /*保留关键代码,其余略*/
    tcpSocket->write(str_info.toUtf8().data());//发送数据
}
```

4.8.2 UDP 通信

用户数据报协议（user datagram protocol，UDP）是轻量、不可靠、面向数据报的协议，使用它传输数据之前通信两端不建立连接，用于对可靠性要求不高的场合。与 TCP 通信不同，UDP 通信不区分客户端和服务器端。UDP 程序都是客户端程序，每次发送数据都需要指定目标地址和端口。

4.8.2.1 QUdpSocket 类

Qt 中提供了 QUdpSocket 类用创建 UDP 套接字。QUdpSocket 类继承自 QAbstractSocket 类，可以使用成员函数 bind() 显式绑定 IP 地址和端口。bind() 函数 address 参数设置见表 4.8-1 所示的 QHostAddress::SpecialAddress 枚举类型定义，可以使用 QHostAddress::Any 绑定任意地址；而参数 mode 是要设置的套接字绑定模式，属于 QAbstractSocket::BindMode 枚举类型，有多种枚举值，一般设置为 QAbstractSocket::ShareAddress（见表 4.8-3）。函数 bind() 的原型定义如下：

```
bool QAbstractSocket::bind(const QHostAddress &address,quint16
port=0,
    QAbstractSocket::BindMode mode=DefaultForPlatform)
bool QAbstractSocket::bind(quint16 port=0,QAbstractSocket::Bind-
Mode mode=DefaultForPlatform)
```

表 4.8-3　QAbstractSocket∷BindMode 枚举类型定义

BindMode 枚举类型	枚举值	描述
QAbstractSocket∷ShareAddress	1	允许其他服务绑定到同一地址和端口。通过将此选项与 ReuseAddressHint 结合使用,还可以允许服务重新绑定现有共享地址。对于 UNIX 系统,这相当于 SO_REUSEADDR 套接字选项。对于 Windows 系统,这是默认行为,因此将忽略此选项
QAbstractSocket∷DontShareAddress	2	以独占方式绑定地址和端口,不允许其他服务重新绑定
QAbstractSocket∷ReuseAddressHint	4	向 QAbstractSocket 提供提示,即使地址和端口已由另一个套接字绑定,它也应尝试重新绑定服务。对于 Windows 和 UNIX 系统,这等同于 SO_REUSEADDR 套接字选项
QAbstractSocket∷DefaultForPlatform	0	当前平台的默认选项。对于 UNIX 和 macOS 系统,这等效于(DontShareAddress + ReuseAddressHint)。对于 Windows 系统,它等效于 ShareAddress

绑定后,当 UDP 数据报传入 QUdpSocket 就会发送 readRead() 信号,此时可在与 readRead() 信号关联的槽函数中,使用 QUdpSocket∷readDatagram() 读取数据。另外,可以通过 hasPendingDatagrams() 判断是否有可读数据,当至少有一个数据报需要读取时,该函数返回值是 true;通过 pendingDatagramSize() 获取第一个待读取的数据报的大小。对于数据报的读写可以使用 readDatagram() 和 writeDatagram() 函数,两个函数的相关原型定义如下:

```
qint64 QUdpSocket::readDatagram(char * data,qint64 maxSize,QHostAddress * address=nullptr,quint16 * port=nullptr)

QNetworkDatagram QUdpSocket::receiveDatagram(qint64 maxSize=-1)

qint64 QUdpSocket:: writeDatagram (const char * data,qint64 size,const QHostAddress &address,quint16 port)

qint64 QUdpSocket::writeDatagram(const QNetworkDatagram &datagram)

qint64 QUdpSocket::writeDatagram(const QByteArray &datagram,const QHostAddress &host,quint16 port)
```

QUdpSocket 可以实现单播、广播、组播 3 种通信方式。对于单播、广播、组播,数据报的发送方法是一样的,只需要分别在发送数据报的目的地址设置为单播地址、广播地址、组播地址,不需要别的其他操作。对于组播数据接收,QUdpSocket 对象需要调用 joinMulticastGroup() 加入组播组,才能接收到源主机发送的组播数据,加入组播组后,UDP 组播数据的接收方法与 UDP 单播数据的接收方法使用一致,当不再需要接收组播数据时调用 leaveMulticastGroup() 退出组播组。

4.8.2.2　UDP 通信编程应用实例

为了演示 UDP 通信程序编写,本小节设计了两个示例。示例 1 的 UdpSender 是 UDP 数据报发送程序,能够向指定 IP 地址(组播地址)和端口发送数据,运行界面如图 4.8-3 所示;示例 2 的 UdpReceiver 是 UDP 数据报接收程序,能够接收单播或组播数据,运行界面如图 4.8-4 所示。

图 4.8-3　UdpSender 运行界面

图 4.8-4　UdpReceiver 运行界面

示例 1　UdpSender 主要代码及注释

```
void UdpSender::on_send_pushButton_clicked()
{
    mSocket=new QUdpSocket(this);
    //发送 UDP 数据报,变量 str 为发送内容 QString 类型字符串
    mSocket->writeDatagram(str.toUtf8(),QHostAddress(ui->remoteIP_
lineEdit->text()),ui->remotePort_spinBox->value());
}
```

示例 2　UdpReceiver 主要代码及注释

```
void UdpReceiver::on_start_pushButton_clicked()
{
    //1. 创建 UdpSocket 对象
    mSocket=new QUdpSocket(this);
    //连接收到数据的信号和槽
    QObject:: connect ( mSocket, &QUdpSocket:: readyRead, this,
&UdpReceiver::msgrcv_slot);
    //2. 绑定 UdpSocket 对象和通信地址
    bool bound=mSocket->bind(QHostAddress::AnyIPv4,ui->port_spinBox->
value());
    QString groupIP=ui->groupIP_lineEdit->text();
    //3. 若选择接收组播消息,就加入组播组
    if(ui->isGroup_checkBox->isChecked() && !groupIP.isEmpty()) {
      mSocket->joinMulticastGroup(QHostAddress(groupIP));
    }
}
//接收消息槽函数
void UdpReceiver::msgrcv_slot()
```

```
{
    QByteArray arr;  //接收数据缓冲区
    arr.resize(mSocket->bytesAvailable());  //调整缓冲区的大小和 socket
                                             中可读数据大小一致
    mSocket->readDatagram(arr.data(),arr.size(),&localAddr,&localPort);
                                             //读取数据
    ui->textEdit->insertPlainText(localAddr.toString()+":"+QString
(arr)+"\n");                                 //显示接收的数据
}
```

4.9 硬件访问

硬件访问最终是访问硬件上的寄存器，对寄存器进行读写，Linux 系统下通过调用系统特殊函数，这些函数再调用设备驱动程序，来与具体硬件打交道。比如，内核给应用层提供的 open/read/write 等函数指针，这些函数在内核的 fs.h 中用 file_operation（用来操作文件的所有接口）结构体封装，它们只是函数指针（用来挂接驱动里的函数实体），函数实体则是具体用来操作硬件的，怎么操作要根据需求写在驱动模块里面。

因此，不建议直接用函数指针操作寄存器地址以及用低层次的汇编语言、单片机直接写寄存器等方式访问硬件，这样不仅烦琐且开发效率低，推荐使用封装好的 IO 读写函数来操作寄存器，可以实现程序最好的可移植性。

4.9.1 串口编程

在 Linux 系统中，所有的设备都是以文件的形式存在的，位于/dev/目录下，该目录下的每个文件都对应一个设备，有字符设备、块设备和网络设备等。因此，所有的设备都可以像访问文件一般地访问。例如，要访问串口，串口 1 对应的文件是 ttyS0，打开文件/dev/ttyS0，向该文件写数据，即是向串口发送数据；从该文件读取，即是从串口接收数据。与 Windows 系统采用中断方式处理串口数据不同，Linux 系统中对于串口数据的读写通常是以轮询方式进行的，也可以采用中断方式。当需要处理大量的数据时，轮询方式效率较低，容易造成 CPU 占用过高。

Qt 提供了完善的串口通信 API，可以很方便地开发包含串口通信功能的上位机程序。Qt5 中关于串口编程有两个类：QSerialPort 和 QSerialPortInfo。

QSerialPort 类提供了操作串口的一些方法，包括设置串口通信参数、打开串口、关闭串口、数据读写。其中，串口通信参数包括波特率、数据位、停止位和奇偶校验位。计算机串口通信参数一般设置为 8 个数据位、1 个停止位、无奇偶校验位。串口数据读写有阻塞和非阻塞（异步）两种方式，在 GUI 程序设计中一般采用非阻塞方式，避免界面无法响应用户操作，在单独的线程中可采取阻塞方式。

QSerialPortInfo 类提供了获取系统上可用的串口列表和支持的可用标准波特率列表的两

个方法。串口列表中的每个 QSerialPortInfo 对象表示单个串口，可以通过接口函数获取此串口的串口名称、系统位置、描述和制造商等。当系统中有多个串口时，就要通过设置串口名称来表示要操作哪个串口。QSerial-PortInfo 类还可以用来作为 QSerialPort 类的 setPort( ) 方法的输入参数。

利用 Qt5 编写串口程序，首先需要在项目中引入 Qt Serial Port 模块，具体方法是在项目工程文件（. pro 文件）增加一行语句"QT+ = serialport"。为了演示串口通信程序编写，本小节设计了一个示例，能够打开串口、发送数据、接收数据以及关闭串口。该程序运行界面如图 4.9-1 所示。

图 4.9-1　串口通信程序运行界面

（1）打开串口主要代码及注释。

```
//打开、关闭串口槽函数
void MainWindow::on_pushButton_serialPortOperate_clicked()
{
    if(ui->pushButton_serialPortOperate->text() =="打开串口")
    {
        serial=new QSerialPort(portName);
        if(serial->open(QIODevice::ReadWrite)) {//打开串口
            serial->flush(); //清空缓冲区
            //设置波特率
            serial->setBaudRate((QSerialPort::BaudRate)ui->comboBox_
baudRate->currentText().toInt());
            //设置数据位
            serial->setDataBits((QSerialPort::DataBits)ui->comboBox_
dataBits->currentText().toInt());
            serial->setParity((QSerialPort::Parity)ui->comboBox_par-
ity->currentIndex()); //设置校验位
            serial->setStopBits((QSerialPort::StopBits)ui->comboBox_
stopBits->currentIndex()); //设置停止位
            serial->setFlowControl(QSerialPort::NoFlowControl);
            /*保留关键代码,其余略*/
        }
    }
```

```
else {
    serial->close();
    /*保留关键代码,其余略*/
}
}
```

（2）发送串口数据主要代码及注释。

```
void MainWindow::on_pushButton_send_clicked()
{
    if(!serial->isOpen()) {   //如果串口没有打开,则返回
        return;
    }
    this->WriteCom();
}
void MainWindow::WriteCom()    //发送串口数据槽函数,可以以十六进制或文本
                                 形式发送数据
{
    if(!serial->isOpen()) { return; }   //串口没有打开,返回
    QByteArray outData = str.toLatin1();   //str 为需要发送的字符串,
                                            QString 转 QByteArray
    if(IsHexSend) {                       //转化为十六进制发送
      QByteArray sendHexData;
      outData=outData.replace("","");   //将字符串中的空格字符替换成空
                                            字符
      //循环写字节,两个数组成一个字节,循环次数为数据长度的一半,奇数时最后
        一位先不写
      for(int i=0;i < ( outData.length() - outData.length()%2 )/2;i++) {
        char ch=outData.mid(i*2,2).toUShort(nullptr,16);
                                //2个数字组成一个字节,转换成十六进制
      sendHexData.append(ch);
      }
      if(outData.length()%2 !=0) {   //数字个数是奇数的,单独处理最后一
                                        个数
        char ch=outData.right(1).toUShort(nullptr,16);
                                        //获取最后一个数
      sendHexData.append(ch);
      }
      serial->write(sendHexData);
```

```
    }
  else {   //以文本形式发送数据
    serial->write(outData);
  }
}
```

（3）接收串口数据主要代码及注释。

```
void MainWindow::ReadCom()
{
    if(serial->bytesAvailable()<=0) {return;}
    QByteArray buffer=serial->readAll();
    if(IsHexReceive) {   //以十六进制显示接收到的串口数据
      QString hexData=buffer.toHex().toUpper();
      ui->textEdit->append(QString("接收:%1 时间:%2").arg(hexData)
        .arg(QTime::currentTime().toString("HH:mm:ss")));
    }
    else {   //以文本形式显示接收到的串口数据
      QString normalData=QString(buffer);
      ui->textEdit->append(QString("接收:%1 时间:%2").arg(normal-
Data)
                .arg(QTime::currentTime().toString("HH:mm:ss")));
    }
}
```

4.9.2　Modbus 编程

Modbus 协议是一个 Master/Slave（主/从）架构的协议，有且只有一个主机能够查询信息或初始化传输，其他设备都是从机，只能根据主机发来的指令做出相应的反应，每个从机都有一个唯一的地址。Modbus 协议分为串行链路上的 Modbus 协议和基于 TCP/IP 的 Modbus 协议。串行链路上的 Modbus 协议有 Modbus ASCII（字符串）和 Modbus RTU 两种。ModBus 的 RTU、ASCII 协议则在此基础上规定了消息、数据的结构、命令和应答的方式。

在 ModBus 通信中，Master 端发出数据请求消息，Slave 端接收到正确消息后就可以发送数据到 Master 端以响应请求；Master 端也可以直接发消息修改 Slave 端的数据。下面基于 Qt 的 Modbus TCP 主机通信程序示例，进一步介绍 Modbus 协议通信过程，从机使用 Modbus Slave 模拟器。该程序运行界面如图 4.9-2 所示。

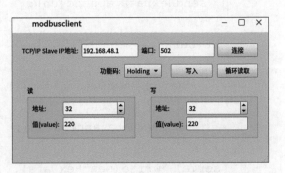

图 4.9-2　Modbus TCP 主机程序运行界面

（1）Qt 中几个常用的 Modbus TCP 类如下：

```
QModbusTcpClient        //modbusTCP 通信方式下的 TCP 客户端类
QModbusDataUnit         //存储接收和发送数据的类,数据类型为 1bit 和 16bit
QModbusReply            //客户端访问服务器后得到的回复(如客户端读服务器数
                          据时包含数据信息)
```

（2）Modbus TCP 主机连接 Slave 设备主要代码如下：

```
void modbusclient::on_connectSlave_clicked()
{
  if(!modbusDevice)  return;  //如果设备没有被创建就返回
  if(modbusDevice->state()!=QModbusDevice::ConnectedState) {
                              //处于非连接状态,进行连接
    //TCP 连接参数设置,Slave IP 地址,端口(默认 502)
    modbusDevice->setConnectionParameter(QModbusDevice::Network-
PortParameter,port);
    modbusDevice->setConnectionParameter(QModbusDevice::Network-
AddressParameter,slaveIP);
    modbusDevice->setTimeout(2000);          //连接超时设置,2000ms
    modbusDevice->setNumberOfRetries(3);   //连接失败重试连接,3 次
    if(modbusDevice->connectDevice()) {    //连接从设备
      ui->statusBar->showMessage("Slave Connected!");  //状态栏显示
                                                         连接状态
    }
  }
  else {   //处在连接状态进行断开连接的操作
    modbusDevice->disconnectDevice();
  }
}
```

（3）Modbus TCP 主机发送数据主要代码如下：

```
void modbusclient::on_pushButton_write_clicked()
{
  if(!modbusDevice)  return;
  QModbusDataUnit writeUnit=QModbusDataUnit(QModbusDataUnit::
HoldingRegisters,startAddress,1);
  quint16 writeValue=ui->lineEdit_write->text().toInt();
                                            //写入 Modbus 从机寄存器地址
  writeUnit.setValue(0,writeValue);         //写入 Modbus 从机寄存器值
```

```
    if (auto * reply = modbusDevice-> sendWriteRequest (writeUnit,1))
{  //发送写请求
      /*保留关键代码,其余略*/
    } else {
      statusBar()->showMessage (tr ("Write error: ") + modbusDevice->
errorString(),5000);  //显示错误信息
    }
  }
```

（4）Modbus TCP 主机接收从机数据主要代码如下：

```
  //从服务器读数据的读按钮槽方法
  void modbusclient::startRead()
  {
    if(!modbusDevice)  return;
    //从寄存器地址读取 1 个数
    if (auto * reply = modbusDevice-> sendReadRequest (QModbusDataUnit
(QModbusDataUnit::HoldingRegisters,startAddress,1),1)) {
      if(!reply->isFinished())
        connect(reply,&QModbusReply::finished,this,&modbusclient::
readReady);
      else
        delete reply; //删除 reply
    }
  }
  //读取数据槽函数,读取 slave 寄存器数据并在窗口上显示
  void modbusclient::readReady()
  {
    //QModbusReply 这个类存储了来自 client 的数据,sender()返回发送信号的
对象的指针
    auto reply=qobject_cast<QModbusReply * >(sender());
    if(!reply)
      return;
    if(reply->error()==QModbusDevice::NoError) {  //判断是否出错
      const QModbusDataUnit unit=reply->result();//数据从 QModbusReply
                                        这个类的 result 方法
                                        中获取

      slave_get_value=unit.value(0);
      ui->lineEdit_read->setText(QString::number(slave_get_value));
    }
    reply->deleteLater();  //删除 reply
  }
```

4.9.3　CANopen

CANopen 是一种基于 CAN 总线的通信协议，常用于工业自动化和机器人控制等领域。从 Qt5.8 开始，QtSerialBus 模块提供了 QCanBus、QCanBusFrame 和 QCanBusDevice 类，用于在 CAN 总线上发送和接收 CAN 消息，实现了对 CAN 总线的访问功能。因此，使用 Qt 可以很方便地实现 CANopen 通信。

1. Qt 中几个常用的 CAN 总线类

（1）QCanBusFrame 类封装了 CAN 数据帧的各个字段，并提供了相应的方法来设置和获取这些字段的值，包括标准帧和扩展帧。它包含了 CAN 通信所需的各种字段，如标识符、数据、远程传输请求等。标识符字段用于唯一标识消息的发送者和接收者，数据字段用于传输实际的数据内容，远程传输请求字段用于请求其他节点发送特定的数据。通过使用 QCanBusFrame，开发人员可以方便地构建和解析 CAN 通信中的数据帧。

（2）QCanBus 类用来处理 CAN 总线插件的注册和创建。QCanBus 在运行时加载 Qt CAN 总线插件，串行总线插件的所有权将转移给加载器。使用 QCanBus 类的 availableDevices（） 和 createDevice（） 方法，能够创建 QCanBusDevice，代码如下：

```
QList<QCanBusDeviceInfo> availableDevices (const QString &plugin,
QString * errorMessage =nullptr) const
QCanBusDevice * createDevice (const QString &plugin, const QString
&interfaceName,QString * errorMessage =nullptr) const
```

1）availableDevices（） 方法返回选定插件的接口信息，返回值是 QList<QCanBusDeviceInfo> 类型的，如果只接一个 CAN 接口，QList 的大小为 1。QCanBusDeviceInfo 这个类包含接口的一些信息，主要使用其中的 name（） 方法，获取指定插件的有效接口。

2）createDevice（） 方法根据插件名和接口名，创建 QCanBusDevice。如果创建成功，会返回 QCanBusDevice 类型的指针，可以用这个设备的指针去做 configurationParameter（）、connectDevice（）、disconnectDevice（）、readFrame（） 和 writeFrame（） 等操作。如果创建失败，会返回 nullptr。

（3）QCanBusDevice 类用于访问 CAN 总线设备，发送和接收 CAN 消息。

2. CANopen 通信实例

该实例演示了如何使用 Qt 发送和接收 CAN 总线帧。利用 Qt Serial Bus 类，能够轻松地实现 CANopen 通信，同时利用 Qt 提供的其他功能，可以更加灵活和方便地进行 CANopen 开发。该程序运行界面如图 4.9-3 所示。

（1）创建 QCanBusDevice。执行任何 CAN 通信都需要 QCanBusDevice 实例，QCanBus 使

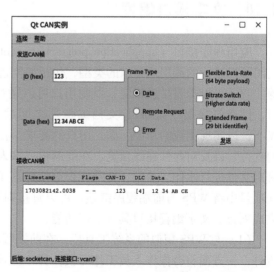

图 4.9-3　Qt CANopen 程序运行界面

用提供的插件和接口名称创建设备。创建设备后，使用 QCanBusDevice::connectDevice() 启动通信。其代码如下：

```
m_canDevice = QCanBus::instance()->createDevice("socketcan","vcan0",&errorString);
```

（2）处理传入帧。当新帧可用时，QCanBusDevice 发出 framesReceived() 信号。readFrame() 方法可用于在有可用帧时读取单个 QCanBusFrame。一旦接收到帧，就可以从中提取各个参数，如 frameId、时间戳或有效载荷。其代码如下：

```
while (m_canDevice->framesAvailable()) {
    const QCanBusFrame frame=m_canDevice->readFrame();  //接收到的Can-
                                                                Bus 帧
}
```

（3）发送帧。要通过 CAN 总线发送自定义数据，用户至少需要提供一个帧 Id 和一个有效载荷。可以选择配置其他 QCanBusFrame 参数，代码如下：

```
QCanBusFrame frame;
frame.setPayload(writings);  //QByteArray 类型有效载荷
frame.setFrameId(id);
m_canDevice->writeFrame(frame);  //设置帧内容后,使用 writeFrame()来
                                        发送该帧
```

（4）断开设备连接，代码如下：

```
m_canDevice->disconnectDevice();
```

4.10　文字接口编程

应用程序接口（appplication programming interface，API），定义了前端程序与后端程序之间可以进行的调用或请求的类型，包括如何进行调用、应使用的数据格式、要遵循的约定等。它还可以提供扩展机制，以便用户可以通过各种方式扩展现有功能。WPS 文字编程接口，即在前端程序与 WPS 文档编辑器之间通过接口进行链接，使得前端程序可以调用WPS，以实现相应的功能，满足用户的需求。在构建日常的业务系统时，经常会涉及对附件的支持，以及对附件在线预览、在线编辑、多人协同编辑等功能的需求。除上述需求外，还有对文件进行水印、盖章、特殊标识等特殊需求，这些需求又与具体的项目相关联。因此，在项目中将 WPS 与前端程序链接，可以直接对项目相关文档进行相应操作，便于操作人员完成项目。文字编程接口具有下述功能：

（1）与 WPS 相似的系统工具栏。在前端程序系统工具栏中，加入相应的与 WPS 类似的组件，一方面符合操作人员工作习惯；另一方面，这些组件直接与 WPS 链接，便于操作人员对文档进行相应的操作。

（2）文档编辑器功能实现。在项目中，操作人员直接在前端程序中进行对文档的预览、编辑、删除等工作，对文档的一系列操作会保存在 WPS 中。

（3）特殊的功能实现组件。WPS 有特殊功能的加载项，可以通过加载项实现对文档的特殊操作（如加水印等）。

4.10.1　WPS 加载项概述

1. 什么是 WPS 加载项

WPS 加载项是一套基于 Web 技术用来扩展 WPS 应用程序的解决方案。每个 WPS 加载项对应打开一个网页，并通过调用网页中 JavaScript 方法来完成其功能逻辑。WPS 加载项由自定义功能区和网页两部分组成。自定义功能区只需要一个配置文件，对应 WPS 加载项目录中的 ribbon.xml 文件；网页部分负责执行自定义功能区对应的逻辑功能。因为不需要显示网页，所以省略了 HTML 文件，并用 main.js 来引入所有的外部 JavaScript 文件，在这些 JavaScript 文件中通常包含了一系列用 JavaScript 实现的函数，这些函数与自定义功能区的功能一一对应，称为接口函数。

WPS 加载项打开的网页可以直接与 WPS 应用程序进行交互，同时一个 WPS 加载项中的多个网页会形成一个整体，相互之间可以进行数据共享。开发者不必关注浏览器兼容的问题，因为 WPS 加载项的底层是以开源浏览器 Chromium 为基础进行优化扩展的。WPS 加载项具备快速开发、轻量化、跨平台的特性，目前已针对 Windows/Linux 操作系统进行适配。WPS 加载项功能特点如下：

（1）完整的功能。可通过多种不同的方法，对文档、电子表格和演示文稿进行创作、格式设置和操控；通过鼠标、键盘执行的操作几乎都能通过 WPS 加载项完成；可以轻松地执行重复任务，实现自动化。

（2）3 种交互方式。自定义功能区，采用公开的 CustomUI 标准，快速组织所有功能；任务窗格，展示网页，内容更丰富；Web 对话框，结合事件监听，实现自由交互。

（3）标准化集成。不影响 JavaScript 语言特性，网页运行效果和在浏览器中完全一致；WPS 加载项开发文档完整，接口设计符合 JavaScript 语法规范，避免不必要的学习成本，缩短开发周期。

2. WPS 加载项推出背景

近些年来，随着 HTML5 及 Node.js 相关技术的繁荣，前端开发生态圈空前繁荣，涌现出了大量工程化的开发方法、框架及工具链，这些开发工具和方案使前端开发的生产力大大提高。Web 技术由于其跨平台、轻量化、丰富的界面表现能力等特点，成为开发小程序应用的首选。业内流行的小程序应用开发方案，如微信小程序，都是以 Web 技术作为首选开发方案。WPS 桌面版是一个传统、典型、庞大的桌面应用程序，它有着标准的 Office 二次开发接口，在 Windows 平台上，一般是以 com/vsto 等技术方案来对 WPS 进行插件开发。如果能把这些接口进行改造，以 Web 技术来给 WPS 进行插件开发，将会大大提高开发 WPS 插件的生产力。

3. WPS 加载项集成优势

在传统的 com/vsto 的 Office 插件开发中，插件的代码稳健性是对 WPS 客户端本身稳定性有决定性影响的因素之一。因为在这种传统的技术方案中，这些插件模块是在 WPS 进程内运行的。这样带来的问题是，只要插件中存在引起程序崩溃（crash）的代码，势必会直接引起 WPS 客户端本身的崩溃，目前是当 WPS 发现某个插件运行崩溃后（即主动把该插件加入黑名单），待下一次进程启动时，主动询问用户是否要加载此插件来解决此问题。jsapi 的执行模型解决了这个问题，jsapi 运行在 WPS 主进程外，虽然会带来 ipc 的时间开销，但有效地避免了第三方代码的稳健性问题。在一次 js 任务的执行过程中，如果 js 执行线程崩溃，WPS 主线程完全可以检测到这种异常，从而从异常的状态中恢复过来，放弃这一次 js 任务的执行，转向其他的 js 任务，或者去处理新的主线程消息队列中的消息。

4.10.2　WPS 加载项的三种交互方式

自定义菜单：自定义功能区采用通用的 CustomUI 标准进行配置，如图 4.10-1 所示。该标准定义了一整套标准的控件，如按钮、下拉菜单、组合框，能够对控件的标签、图标、点击事件等属性进行配置。下面通过一个示例进行详细说明。

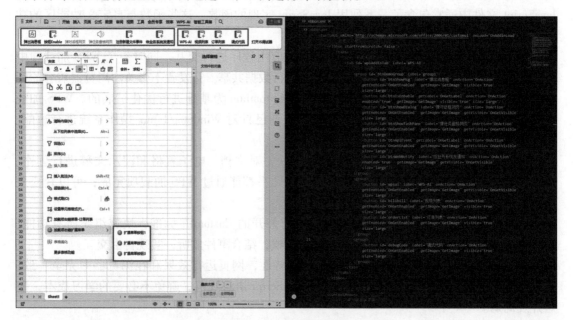

图 4.10-1　自定义菜单

自定义任务窗格：WPS 加载项的任务窗格是一个用来浏览网页的用户界面面板，通常停靠在 WPS 应用程序主窗口的一侧，开发者可以控制任务窗格停靠的位置及宽高，如图 4.10-2 所示。但重要的是，任务窗格中的这个网页可以和 WPS 直接完成交互，开发者可以提取 WPS 文档中的数据在网页中集中显示，也可以通过网页交互将数据直接写进文档。

自定义 Web 对话框：根据给定的 url、标题、宽高等信息创建一个对话框（见图 4.10-3），对话框中的内容是一个 Web 网页（见图 4.10-4）。

4.10.3　新建 WPS 加载项

WPS 加载项启动时，先在 WPS 加载项对应文件夹中自动创建 index.html 网页并打开，之后 index.html 从当前路径引入 main.js，从而能够在接下来的过程中执行接口函数。当网

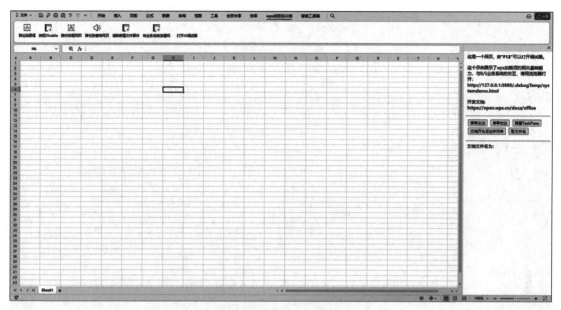

图 4.10-2　自定义任务窗格

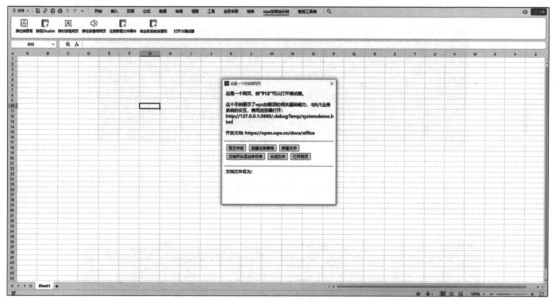

图 4.10-3　自定义 Web 对话框

页打开成功之后，开始解析 ribbon. xml 生成自定义功能区，解析过程中会调用若干次接口函数，最终完成加载。注意，开发者应当避免在该目录下创建 index. html。WPS 加载项 API 通过对 JavaScript 功能进行扩展，实现了网页与 WPS 应用程序交互。这些 API 被集中在 window. wps 对象下，但在开发中通常会省略掉 window，直接以 WPS 开始。

管理员权限（如果安装的是 WPS 个人版，则不需要管理员权限）启动命令行，通过 npm 全局安装 wpsjs 开发工具包，命令为 npm install -g wpsjs，如图 4. 10-5 所示。如果之前已经安装了，可以检查下 wpsjs 版本，更新 wpsjs 的命令为 npm update -g wpsjs。

图 4.10-4　自定义 Web 对话框对应的 Web 网页

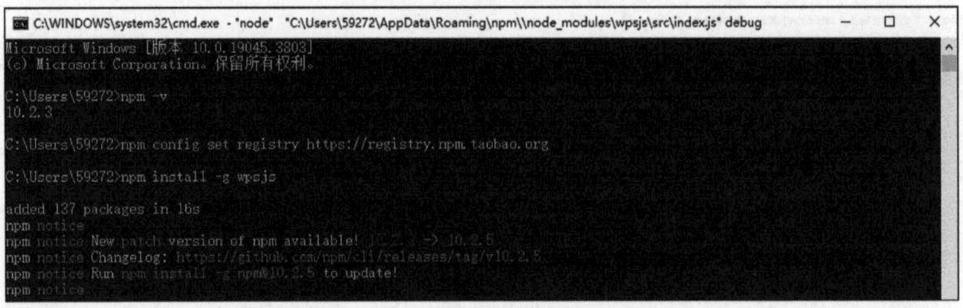

图 4.10-5　安装 wpsjs 开发工具包

（1）新建一个 WPS 加载项，假设这个 WPS 加载项取名为"wpsai"。输入命令 wpsjs create wpsai，会出现图 4.10-6 所示的几个选项。

图 4.10-6　新建 WPS 加载项

通过上下方向键可以选择要创建的 WPS 加载项的类型，如果选择"文字"，则创建的加载项会在 WPS 文字程序中加载并运行；同理选择"电子表格"，则会在 WPS 表格中运行。这里假设选择的是"电子表格"，按 Enter 键确定，如图 4.10-7 所示。

（2）选择示例代码的代码风格类型。wpsjs 工具包提供了两种不同代码风格的示例："无"代表示例代码中都是原生的 js 及 html 代码，没有集成 vue \ react 等流行的前端框架。"vue"代表生成的示例代码集成了 vue 相关的脚手架，在实际的项目中选用 vue 基于示例代码可能更适合做工程化的开发。

图 4.10-7　创建 WPS 电子表格

这里选择"无",按 Enter 键确认。确认后 wpsjs 工具包会在当前目录下生成一个 wpsai 的文件夹(见图 4.10-8),进入到此文件夹,可以看到 wpsai 的相关代码已经生成。

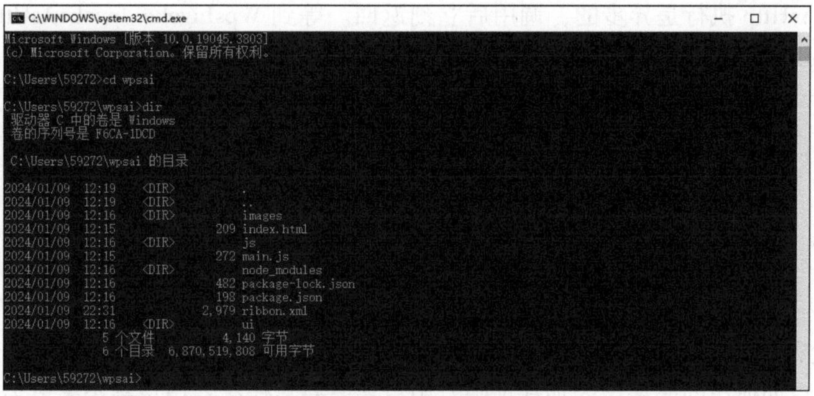

图 4.10-8　wpsai 目录文件

(3)开始调试及写代码。WPS 加载项调试是指对其中的一个网页单独进行的调试。调试时会弹出一个独立调试器对话框,除此之外和网页调试基本一致。可以在调试器的 Console 中直接查看任意的 API 属性和调用 API 方法。调试自动生成的 index. html 网页,使用快捷键 Alt+F12。注意调试过程中需要先关闭 alert 或其他同步弹框,才能继续向下调试。

用户可以在自己的浏览器中调用 WPS 加载项的 JavaScript 方法。wps_sdk. js 对调用进行了封装,让开发者可以快速调用。另外,wps_sdk. js 支持 Chrome、Edge、IE8 及 IE8 以上版本浏览器。其示例代码如下:

```
WpsInvoke. InvokeAsHttp (WpsInvoke. ClientType. wps,' JsDemo ',' Onbtn-
ShowDialogClick',{},function (res) {
  if(res. status==0)
    alert('finish')
  else
    alert(res. message)
})
```

接口定义如下:

```
WpsInvoke. InvokeAsHttp(type,name,func,params,callBack)
```

其中,WpsInvoke 是 wps_sdk. js 封装的对象;InvokeAsHttp 是启动 WPS 应用程序的接口。

参数定义如下:

type——WPS 应用程序的类型,类型的定义在 ClientType 中,ClientType. wps 代表文字

（wordprocess）、ClientType. et 代表表格（electric table）、ClientType. wpp 代表演示（wps power point）。

name——WPS 加载项名称。

func——执行的 JavaScript 方法。

params——传递给方法 func 的参数。

callBack——WpsInvoke. InvokeAsHttp 执行的回调函数。

注意，启动 WPS 应用程序需要用户在浏览器单击允许启动 WPS Office。WpsInvoke. InvokeAsHttp 执行是异步的，调用后立刻返回。等到 WpsInvoke. InvokeAsHttp 执行完成后，执行 callBack 回调函数，并给回调函数传参：

```
{
    status:0,//返回状态。0 代表成功;1 代表上次请求没有完成;2 代表没有允许执行
    message:""//返回状态描述信息
}
```

（4）发布部署。加载项开发完成后，很多开发者可能会有这样的一些问题：加载项如何部署？用户如何访问部署后的加载项呢？用户需要安装什么？用户是否需要去手动修改配置呢？

目前平台提供两种部署方式：jsplugins. xml 模式和 publish. xml 模式。这两种模式都不需要用户手动配置什么，只需要本地安装好相应版本的 WPS 就行。WPS 可以同时支持这两种模式。

执行命令 wpsjs debug 后即可开始调试（见图 4. 10-9），wpsjs 工具包会自动启动 WPS 并加载 wpsai 这个加载项。同时，wpsjs 工具包启动一个 http 服务，此服务主要提供以下两方面的能力：

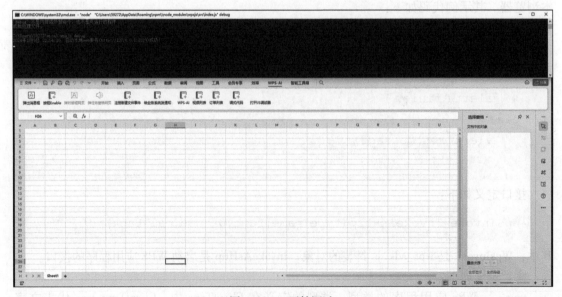

图 4. 10-9　开始调试

1）提供前端页的热更新服务。wpsjs 工具包检测到网页数据变化时，会自动刷新页面。

2）提供 wps 加载项的在线服务。wpsjs 生成的代码示例是在线模式的，wps 客户端程序实际上是通过 http 服务来请求在线的 wps 加载项相关代码和资源的。最后，可以用 visual studio code 打开示例代码，开始代码的编写工作。

注意，wpsjs 工具包示例代码中有一个 package. json 文件，这是 node 工具标准的配置文件。其中有一个依赖包为 wps-jsapi，这个依赖包是 WPS 支持的全部接口的 TypeScript 描述，方便在 VSCode 中编写代码时，提供代码联想功能。由于 WPS 接口会跟随业务需求不断更新，因此当发现代码联想对于有些接口不支持时，可通过 npm update -save -dev wps -jsapi 命令定期更新这个包。

4.11 GDB

4.11.1 概述

GDB（GNU symbolic debugger）是开源组织自由软件基金（free software foundation，FSF）推出的源码级调试工具软件，是 Linux 系统下常用的程序调试器，是一种非常优秀的调试工具。它具有以下特点：

1）GDB 支持多种语言的调试，包括 C/C++、Java 等。

2）GDB 具有出色的可移植性，可以支持各种架构，如 ARM、X86、ARM64 等。

3）GDB 支持多种调试方式，包括直接调试以及 USB 或网络远程调试模式。

4）GDB 能提供异常定位功能，对于段错误等问题可以给出准确的提示。

5）GDB 能进行堆栈跟踪，深入分析代码的工作过程，同时它还支持多进程的同时调试，能够详细了解系统服务进程之间的调用关系。

通过 GDB，用户可以对程序的运行状态进行监测和调整，并控制它的运行。当程序出现错误时，它可以帮助程序员更快地找到问题，提高程序运行的质量。

4.11.2 GDB 基本命令

本节给出了 GDB 部分常用基本命令。在大多数情况下，这些命令有对应的缩写形式，见表 4.11-1。

表 4.11-1　GDB 部分常用基本命令

命令	命令缩写	命令说明
list	l	显示多行源代码
break	b	设置断点，程序运行到断点的位置会停下来
run	r	开始运行程序
display	disp	跟踪查看某个变量，每次停下来都显示它的值
step	s	执行下一条语句，如果该语句为函数调用，则进入函数执行其中的第一条语句
next	n	执行下一条语句，如果该语句为函数调用，不会进入函数内部执行（即不会一步步地调试函数内部语句）

（续）

命令	命令缩写	命令说明
print	p	打印内部变量值
continue	c	继续程序的运行，直到遇到下一个断点
set var name＝v		设置变量的值
start	st	开始执行程序，在 main 函数的第一条语句前停下来
file		加载需要调试的程序
kill	k	终止正在调试的程序
watch		监视变量值的变化
backtrace	bt	查看函数调用信息（堆栈）
quit	q	退出 GDB 环境

4.11.3 GDB 基本调试

用户在开发环境中安装好 GDB 即可进行调试工作。首先对源文件（.c 文件或 .cpp 文件）进行编译，使用编译命令时加-g 选项生成调试信息，具体命令如下：

```
gcc -g gdb_test.cpp -o gdb_test（编译 .c 文件）
g++ -g gdb_test.cpp -o gdb_test（编译 .cpp 文件）
```

之后，输入 gdb 进入 GDB 模式，最后进行调试。常用的调试命令有显示源代码（list 或 l）、设置断点（break 或 b）、执行程序（run 或 r）、单步执行（next 或 n）和打印变量值（print 或 p）等。

（1）输入 gdb 进入 GDB 界面，输入 file local_file（文件路径）装入需要调试的程序。除上述方法，也可直接在命令端输入 gdb local_file 直接进入。进入 GDB 调试如图 4.11-1 所示。

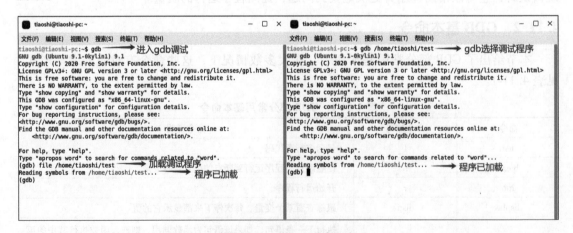

图 4.11-1　进入 GDB 调试

（2）使用 list（l）命令显示程序多行源代码，并使用 break（b）在需要查询的代码处设置断点。设置断点如图 4.11-2 所示。

```
(gdb) l
1       //e.c
2       #include <stdio.h>
3       void debug(char *str)
4       {
5           printf("debug info :%s\n",str );
6       }
7       main(int argc,char *argv[]){
8           int i,j;
9           j=0;
10          for(i=0;i<10;i++){
(gdb)
11              j+=5;
12              printf("now a=%d\n", j);
13          }
14      }
(gdb) b 5
Breakpoint 1 at 0x1159: file test.c, line 5.
(gdb) b 12
Breakpoint 2 at 0x119b: file test.c, line 12.
(gdb)
```

图 4.11-2 设置断点

（3）输入 run（r）执行程序，若程序打了断点，则会运行至断点处，可以输入 next（n）执行下一步，也可输入 print（p）打印此时需要知道的变量的值。运行代码如图 4.11-3 所示。

```
(gdb) run
Starting program: /home/tiaoshi/test

Breakpoint 2, main (argc=1, argv=0x7fffffffe028) at test.c:12
12              printf("now a=%d\n", j);
(gdb)
(gdb) n
now a=5
10          for(i=0;i<10;i++){
(gdb) n
11              j+=5;
(gdb) p j
$1 = 5
(gdb) p i
$2 = 1
(gdb)
```

图 4.11-3 运行代码

4.11.4 GDB 远程调试

4.11.4.1 命令行远程调试

命令行具有灵活性和强大的控制能力。对于熟悉命令行的开发者来说，可以直接通过输入各种调试命令，对程序进行精确控制。

（1）在主机端，GDB 通过 target remote 命令与目标机器上的可执行二进制文件或正在运行的进程建立连接，语法如下：

1）target remote serial-device。该命令通过宿主机端 serial-device 和远程目标建立连接。

2）target remote host：port、target remote tcp：host：port、target remote udp：host：port。前两条命令等价，用于建立 TCP 连接；第 3 条命令用于 UDP 连接的建立。

（2）在目标机端，调试代理通过启动 gdbserver 建立应用程序与 GDB 的连接，语法如下：

1）target>gdbserver comm program［args …］。其中，comm 可以是一个串行设备名称，也可以是一个 TCP 连接，包含了宿主机的主机名（IP 地址）和端口号。需要注意的是，所选择的 TCP 端口号不能和目标机上开发的网络服务所用的端口冲突，同时 gdbserver 所指定的端口号必须和宿主机端的 target remote 命令所指定的端口号相同。

2）target > gdbserver comm-attach pid。其中，pid 为被调试进程的进程标识符（process i-dentifier）。

4.11.4.2 Qt 远程调试

Qt 图形界面也可用于调试，调试过程更加直观和方便。同时，它还有丰富的调试功能，如断点管理、变量观察、调用堆栈查看等，这些功能都可以通过单击或填写表单来完成，不需要记忆复杂的命令。本节介绍使用 Qt Creator 进行远程调试。

1. 增加套件（kits）

首先打开 Qt Creator 工具→选项，增加一个"Kits"，设置添加套件（kits）的名字以及编译器（compiler）的类型和调试器（debugger）的类型，如图 4.11-4~图 4.11-6 所示。

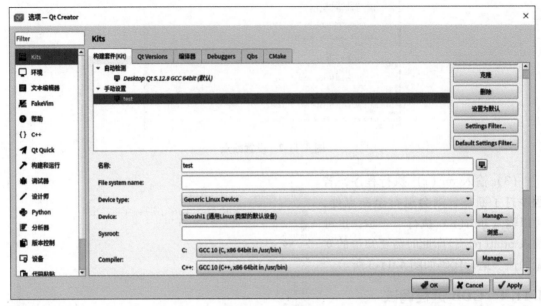

图 4.11-4　套件设置

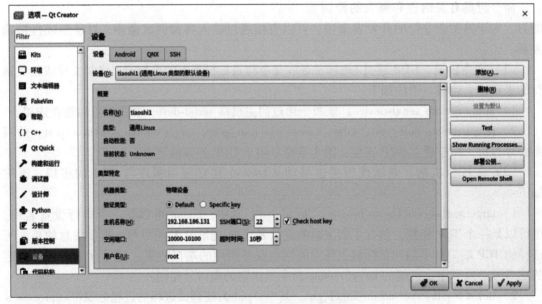

图 4.11-5　与目标机建立连接

2. 进行远程调试

本节仅介绍基础的断点调试操作。Qt 调试界面如图 4.11-7 所示。

此处仅演示断点调试操作。按下 F5 键，开始调试，程序运行至断点处时暂停执行，箭头指向处即为当前断点处，此时可查看变量 firstSnum 的值，程序单步运行一次，可查看 firstSnum 值的变化情况。其具体操作如图 4.11-8 和图 4.11-9 所示。

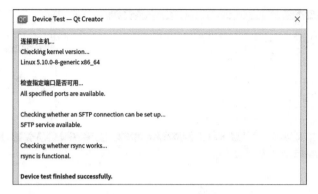

图 4.11-6　建立连接成功

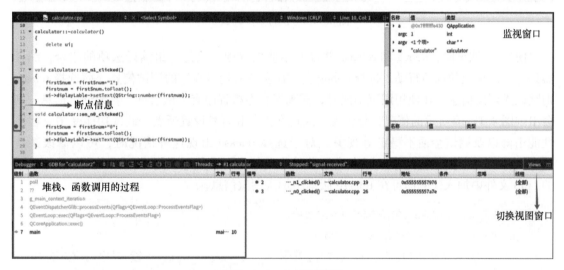

图 4.11-7　Qt 调试界面

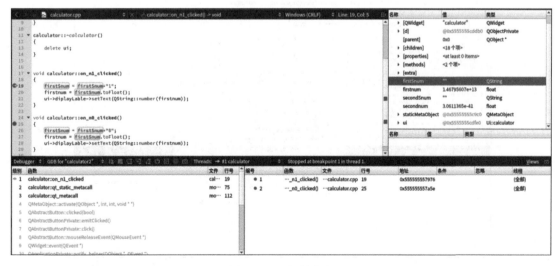

图 4.11-8　初始信息

图 4.11-9　执行单步调试

使用 Qt 调试时，debug 和 release 并没有本质的界限，只是一组编译选项的集合，编译器只是按照预定的选项行动。选择 debug 会默认保留有代码程序的调试信息，而选择 release 则默认无调试信息。在使用调试功能时，需确保目标机程序有调试信息，若无调试信息，则会出现图 4.11-10 所示的情况，导致无法通过文件名和行号设置断点、调试功能受限、程序性能下降以及调试会话不稳定等现象。对于选择 release 出现这种情况时，可以修改某些选项，从而得到优化过的调试版本或是带跟踪语句的发布版本。如在 Linux 系统下，在 Qt 的 .pro 文件中加入代码即可在 release 版本中加入调试信息。

```
QMAKE_CXXFLAGS_RELEASE +=-O0 -g
QMAKE_CFLAGS_RELEASE +=-O0 -g
DEFINES-=QT_NO_DEBUG_OUTPUT    #禁用 QT_NO_DEBUG_OUTPUT 宏,以启用调试输出
```

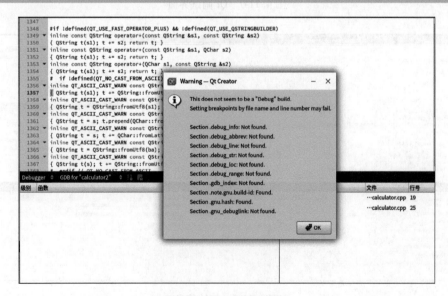

图 4.11-10　无调试信息

4.12　小结

本章讲述了程序开发基础，涉及编程语言 C++、Java 和 Python。这些编程语言是航天发射场信息系统开发的主要编程语言，从 Qt 开发环境、GTK+、chart 插件等方面对 GUI 开发进行了简单的介绍。多线程可用于解决并行计算任务的问题，网络编程、访问硬件和文字接口编程涉及信息系统开发的多个方面，GDB 调试是程序开发人员的必修课。通过本章的介绍，希望读者能够了解程序开发所需的编程语言等基础知识。

第 **5** 章　网站前端开发技术

5.1　概述

本书第 4 章详细介绍了常规应用软件的开发技术,这些技术主要聚焦于计算机桌面软件或后台服务软件的开发。然而,日常生活中更常接触到的是网页形式的软件。这类软件的运行是前后端分离的,前端部分通过浏览器加载到用户的计算机上运行,主要负责界面的展示以及与用户的交互;而后端部分则在另一台计算机(即服务器)上运行,负责处理与数据库和硬件设备的交互。前后端之间通过套接字(socket)进行通信,实现数据的传输和交互。这类软件不仅运行是前后端分离的,在设计上也逐渐从前后一体的开发模式向前后端分离的模式转变。在前后端分离的开发模式下,前端和后端被视作两个独立的应用。后端类似传统的计算机桌面软件或后台服务软件,负责处理后台逻辑和数据交互;前端网页被放置在网页服务器(如 Tomcat、ⅡS 等)上,供浏览器加载和展示。

近年来,前端技术的进步尤为显著,本章将从前端网页的基本结构、网页设计技术、前后端通信技术等几个方面阐述网站前端开发,并通过具体的开发实例进行详细示范。

5.2　前端网页的基本组成

前端网页的本质就是可被浏览器解释执行的文档,组成网页的有 3 种元素:HTML、CSS 和 JavaScript。这 3 种元素都是单独的语言,是构成前端技术的基础。超文本标记语言(hypertext markup language,HTML)是一种标记语言,用于定义网页的结构和内容。通过使用各种标签,如<head>、<title>、<body>、<p>等,开发者可以指定网页的标题、元数据、链接、段落、图片等元素。层叠样式表(cascading style sheets,CSS)是一种样式表语言,用于控制网页的外观和布局。通过使用选择器、属性和值,开发者可以指定网页元素的样式,如字体、颜色、大小、位置等。CSS 可以实现网页的布局和美化,使其在不同设备和浏览器上具有良好的展示效果。JavaScript 是一种脚本语言,可以使网页具有动态特效和交互性。通过使用事件处理器和函数,开发者可以响应用户的操作,如单击按钮、滑动页面等,从而改变网页的内容或执行某些操作。JavaScript 还可以与服务器进行通信,实现数据的动态加载和更新。

图 5.2-1 所示的网面是在浏览器中打开了一个简单的网页。左侧显示了一个带有"请点击"文字的按钮,右侧是打开开发者工具后显示的网页代码。该网页的基本功能是单击"请点击"的按钮后弹出一个提示框,提示框内容为"你好,航天"。

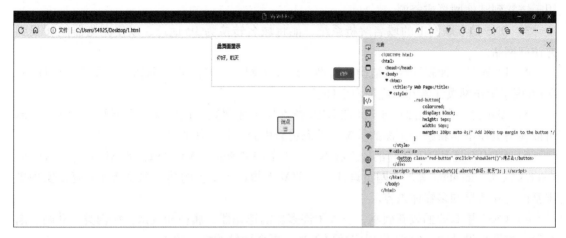

图 5.2-1　"你好，航天"网页

在这个简单的例子中，整个网页的 HTML 标记、CSS 样式、JavaScript 代码编写在一起，图 5.2-2 所示的代码是在编辑器中编辑的网页代码。网页主体为 HTML 标记，主体中嵌入的第 5～13 行是 CSS 样式表，定义了按钮的颜色、大小、位置等信息；第 19～23 行是 JavaScript 代码，定义了单击按钮时的行为。

```html
1   <!DOCTYPE html>
2   <html>
3   <head>
4       <title>My Web Page</title>
5       <style>
6           .red-button{
7               color:■red;
8               display: block;            CSS样式表
9               height: 5epx;
10              width: 50px;
11              margin: 200px auto 0;/* Add 200px top margin to the button */
12          }
13      </style>
14  </head>
15  <body>
16      <div>
17          <button class="red-button" onclick="showAlert()">请点击</button>
18      </div>
19      <script>
20          function showAlert(){
21              alert("你好，航天");       JavaScript语言
22          }
23      </script>
24  </body>
25  </html>
26
```

图 5.2-2　"你好，航天"网页代码

HTML、CSS 和 JavaScript 通常一起使用，分别负责结构、样式和行为方面的描述。这种组合是前端开发的基础，这 3 种语言的结合能够创建结构清晰、易于使用且具有良好用户体验的网页。

除了 HTML、CSS 和 JavaScript 这 3 种基本语言，网页设计还包括以下基本概念：

1）HTTP 是互联网应用最为广泛的一种网络协议，定义了客户端与服务器之间的通信规则。在网页设计中，HTTP 用于浏览器向服务器发送请求并获取网页内容。

2）URL 是互联网上资源的位置和访问方式，指定了网页的地址。在网页设计中，URL

143

用于链接到其他网页或资源。

3）DNS 是互联网上的域名解析系统，能将域名转换为 IP 地址，以便浏览器能够找到并访问网站。

4）DOM 是一种表示网页结构的模型，定义了网页元素的对象和属性。在网页设计中，DOM 用于操作网页元素和响应用户事件。

5）Ajax 是一种使用 JavaScript 和 XML 技术异步加载数据的方法。在网页设计中，Ajax 可以使网页在不刷新整个页面的情况下动态更新内容，提高用户体验。

6）HTML5 是 HTML 语言的较新版本，引入了许多新的元素和 API，如<video>、<audio>、<canvas>、Geolocation 等。在网页设计中，HTML5 提供了更多的功能和灵活性，可以实现更丰富的交互效果和多媒体内容。

7）CSS3 是 CSS 的较新版本，引入了许多新的选择器、属性和效果，如伪类、动画、渐变等。在网页设计中，CSS3 可以实现更美观、更个性化的样式效果。

8）响应式设计（responsive design），是一种根据不同设备和屏幕大小自适应调整网页布局的方法。在网页设计中，响应式设计可以使网页在不同设备上具有良好的展示效果和用户体验。

5.3　前端开发流程

网站前端开发流程如图 5.3-1 所示。

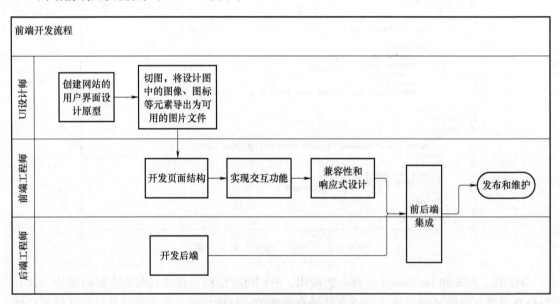

图 5.3-1　网站前端开发流程

流程中包括以下几个关键步骤：

1）原型设计。创建网站的用户界面，包括布局、颜色、字体、图标等。一般使用设计工具（如 Axure、Sketch 软件等）来制作高保真的设计原型。

2）切图。在 UI 设计完成后，通常会提供切图，即将设计图中的图像、图标等元素导出为可用的图片文件。这些切图用于前端开发中，以确保网站在不同设备和屏幕尺寸上的显示效果一致。

3）开发页面结构。使用 HTML 标记语言创建页面的结构，包括头部、导航、内容区域、页脚等；使用 CSS 来定义页面的样式，如字体、颜色、布局等。

4）实现交互功能。使用 JavaScript 添加交互功能，如页面滚动、表单验证、动画效果等；还可以使用第三方库或框架（如 jQuery、React、Vue 等）来加速开发过程。

5）兼容性和响应式设计。确保网站在不同的浏览器和设备上正常工作，并进行兼容性测试；可以采用响应式设计方法，使网站能够自适应不同的屏幕尺寸和设备类型。

6）集成后端和测试。将前端代码与后端系统集成，进行功能测试、界面测试和用户体验测试，以确保网站的功能和界面正常。如果只是简单测试前端功能，可以使用数据模拟工具，而不依赖后端系统。

7）发布和维护。在网站开发完成后，将代码部署到服务器上，并进行后续的维护和更新工作。

5.4　前端网页开发框架

5.4.1　前端网页开发框架的选择

前端网页开发框架是一种用于构建网页应用程序的工具集，提供了一组预定义的代码和组件，用以帮助开发人员快速高效地构建高质量、响应式和功能丰富的网页。目前，在 JavaScript 下比较流行的前端框架有 React、Angular、Vue.js（后面简写为 Vue）。图 5.4-1 所示的占比是这些框架在全球开发应用中的大概情况（占比会随时间变化）。

1）React。它由 Facebook 公司开发并维护，是一个用于构建用户界面的 JavaScript 库。它使用组件化的方式构建应用程序，并允许开发人员通过简单的 JavaScript 和 HTML 代码创建复杂的用户界面。

2）Angular。它是由 Google 公司开发的，是一个全功能的前端框架，用于构建单页面应用程序。它提供了一套完整的工具集，包括数据绑定、组件化、路由和服务等，以帮助开发人员快速构建高质量的应用程序。

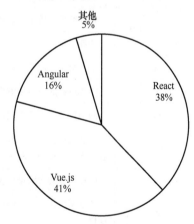

图 5.4-1　前端开发框架全球占比

3）Vue.js。它是由尤雨溪个人开发的一个轻量级的 JavaScript 框架，旨在通过简单的 API 和易于学习的语法，帮助开发人员构建复杂的用户界面。它提供了一个灵活的组件系统，并具有响应式数据绑定和强大的路由功能。

除了这几个框架外，jQuery 也曾经在历史上发挥过重要作用，并且在很多网站中仍在发挥重要作用。jQuery 是一个快速、小型且功能丰富的 JavaScript 库。借助易于使用的 API（可在多种浏览器中使用），使 HTML 文档的遍历和操作、事件处理、动画和 Ajax 等事情变得更加简单。JavaScript 库就是指封装好的 JavaScript 函数，可以直接在程序中进行调用。jQuery 库封装了 JavaScript 常用的功能代码，提供了一种简便的 JavaScript 设计模式，优化了 HTML 文档操作、事件处理、动画设计和 Ajax 交互。

目前，航天发射场信息系统软件中有相当一部分使用了 Vue 框架进行前端开发。因此，本章接下来将重点介绍如何使用 Vue。

5.4.2　Vue 基本语法

5.4.2.1　插值语法和指令语法

Vue 中包含插值语法和指令语法两类模板语法。

插值语法主要用于解析标签体内容，写法为 {{表达式内容}}，可以直接读取 data 中的所有属性值。

指令语法用于解析标签，如<a：href =" 表达式" >，同样可以读取 data 属性。Vue 内置了一系列指令，见表 5.4-1。

表 5.4-1　Vue 内置指令表

指令	指令功能
v-bind	单向绑定解析表达式，主要用于动态设置标签属性
v-model	双向数据绑定
v-for	遍历数组、对象、字符串，用于展示列表数据
v-on	绑定事件监听
v-if	条件渲染，适用于切换频率较低的场景
v-else	条件渲染
v-show	条件渲染，适用于切换频率较高的场景
v-text	向其所在的节点中渲染文本内容
v-html	向指定节点中渲染包含 HTML 结构的内容，会替换掉之前的内容
v-cloak	特殊属性，Vue 实例创建完毕并接管容器后会删掉，与 CSS 配合使用可以解决网速慢时页面展示出 {{xxx}} 的问题
v-once	所在节点初次渲染后视为静态内容，不再发生变化，可优化性能
v-pre	跳过其所在节点的编译过程，用于没有使用指令语法、没有使用插值语法的节点，加快编译过程

5.4.2.2　数据处理

Vue 中对数据的处理，主要涉及数据绑定和数据代理。

数据绑定有 2 种方式：单向数据绑定，只能从 data 流向页面，如 v-bind；双向数据绑定，不仅能从 data 流向页面，还可以从页面流向 data，如 v-model。双向数据绑定一般应用在表单类元素上，如<input>、<select>、<textarea>等。通过 Vue 的双向绑定，可以实现数据变化的时页面会自动刷新，页面变化时数据也会自动变化。

数据代理是指通过一个对象代理对另一个对象中的属性进行操作。Vue 中主要是通过

ViewModel（视图的模型，即网页中绑定的数据或方法，简写为 VM）对象代理 data 对象属性的读写操作，可以更加方便地操作 data 中的数据。其基本过程是先通过 Object. defineProperty（）把 data 对象中所有属性添加到 VM 上，其次为每一个添加到 VM 上的属性，都指定一个 getter/setter，最后在 getter/setter 内部去操作 data 中对应的属性。

5.4.2.3　事件处理

在 Vue 的事件处理机制中，主要涉及事件绑定、事件修饰符和键盘事件等技术。

Vue 中可以给页面元素绑定事件。使用 v-on：xxx 或@ xxx 绑定事件，其中 xxx 是事件名。事件的回调需要配置在 methods 对象中。

需要注意的是，methods 中配置的函数都是被 Vue 管理的函数，this 指向 VM 或组件的实例对象。因此，在 methods 中配置的函数应避免使用箭头函数，否则 this 就不是指向 VM 了。此外，@ click = " demo 和@ click = " demo（ $ event)" 效果一致，区别在于后者可以传参。

Vue 中也可以通过事件修饰符对事件的发生范围进行限定。事件修饰符可以连续使用，见表 5.4-2。

表 5.4-2　Vue 事件修饰符

修饰符	修饰符的功能
Prevent	阻止默认事件
Stop	阻止事件冒泡
Once	事件只触发一次
Capture	事件捕获模式
self	只有 event. target 是当前操作的元素时才触发事件
passive	事件的默认行为立即执行，无须等待事件回调执行完毕

Vue 还对一些常用键盘按键起了别名以便使用，如回车对应 enter、删除对应 delete（同时对应退格键）、退出对应 esc 等。

5.4.2.4　计算属性

计算属性（computed）是一个提前定义好的方法，可以看作是一个特殊的值，可以在插值表达式中使用。计算属性的实现借助了 Objcet. defineproperty（）方法提供的 getter 和 setter。计算属性的 get（）函数在初次读取时会执行一次，当依赖的数据发生改变时会被再次调用。计算属性最终会出现在 VM 上，直接读取使用即可。与 methods 实现相比，计算属性内部有缓存机制（复用），效率更高，调试方便。

需要注意的是，如果计算属性要被修改，那必须写计算属性的 set（）函数去响应修改，且 set（）中要引起计算时依赖的数据发生改变。如果计算属性确定不考虑修改，可以使用计算属性的简写形式。

5.4.2.5　监视属性

在 Vue 中可以通过 watch 对简单属性值及其对象中属性值的变化进行监听。当被监视的属性变化时，回调函数自动调用，进行相关操作。创建 Vue 时传入 watch 配置，或者通过 vm. $ watch 监视。

在 watch 中配置 deep：true 可以监测对象内部值的改变（多层），Vue 中默认的 watch 不监测对象内部值的改变（一层）。使用 watch 时，要根据监视数据的具体结构，决定是否采用深度监视。

计算属性（computed）和监视属性（watch）之间的区别是，computed 能完成的功能，watch 都可以完成，而 watch 能完成的功能，computed 不一定能完成。例如，watch 可以进行异步操作而 computed 不行。

需要注意的是，监视的属性必须存在，才能进行监视。所有被 Vue 管理的函数，最好写成普通函数，这样 this 的指向才是 VM 或组件实例对象。此外，所有不被 Vue 管理的函数，如定时器的回调函数、Ajax 的回调函数等、Promise 的回调函数等，最好写成箭头函数，这样 this 的指向才是 VM 或组件实例对象。

5.4.3 Vue 组件

5.4.3.1 基本概念

在 Vue 组件开发过程中，涉及模块与组件、模块化与组件化等相关概念。

模块是向外提供特定功能的 JavaScript 程序，一般是扩展名为 js 的文件。使用模块本质上是复用 JavaScript，以简化 JavaScript 的编写，提高 JavaScript 的运行效率。如应用中的 JavaScript 都以模块来编写的，那这个应用就是一个模块化的应用。

组件是用来实现局部功能的代码和资源的集合，不仅包含 js 文件，还可能有 HTML、CSS、img 等资源文件，组件同样可以达到复用和简化项目编码，提高运行效率的目的。如应用中的功能都是用组件的方式来编写的，那么这个应用就是一个组件化的应用。

5.4.3.2 组件的基本使用

使用 Vue 组件有 3 个步骤：一是创建组件，二是注册组件，三是使用组件（写组件标签）。

使用 Vue 的 Vue.extend（options）、Vue.component（options）和 new Vue（options）这 3 种方法可以创建组件。每种方法的 options 几乎一样，但也有些区别：首先，尽量不要写 el，因为最终所有的组件都要经过一个 VM 的管理，应尽量由 VM 中的 el 决定服务哪个容器；其次，data 必须写成函数，这样可以避免组件被复用时，数据存在引用关系。

在 new Vue 的时候传入 components 选项可以进行局部注册，使用 Vue.component（'组件名', 组件）进行全局注册。

在组件完成创建和注册之后，就可以像通常的 HTML 标签一样使用了。

5.4.3.3 组建的嵌套

组件的嵌套实际上就是在一个组件中调用其他组件的过程。但由于子组件无法直接使用父组件中的数据，如果需要使用，则必须由父组件把数据传递给子组件才可以。本质上，就是让子组件中的属性与父组件中的属性进行关联绑定，然后子组件使用该属性，这样才能做到数据传递。同样的，子组件无法直接给父组件传递数据，也无法操作父组件中的数据，更无法调用父组件中的方法。所以，所谓的子组件向父组件通信，其实就是想办法让子组件调用父组件的方法，进而响应父组件中的数据。

5.4.3.4 VueComponent 函数

VueComponent 是 Vue.extend 生成的一个构造函数。

当创建一个实例时，Vue 解析时会创建组件的实例对象，即 Vue 执行 new VueComponent（options）。需要注意的是，每次调用 Vue. extend，返回的都是一个全新的 VueComponent。

5.4.3.5　关于 this 的指向

关于 this 的指向，需特别注意两点：

（1）在组件配置中，data 函数、methods 中的函数、watch 中的函数、computed 中的函数，它们的 this 均是 VueComponent 实例对象。

（2）在 new Vue（options）配置中，data 函数、methods 中的函数、watch 中的函数、computed 中的函数，它们的 this 均是 Vue 实例对象。

5.5　前后端通信技术

前后端通信技术是指，前端从后端获取服务以及将用户的前端操作向后端通信的技术。在网页的前后端通信技术中，主要涉及通信数据格式和通信数据传输两个基础性技术。

5.5.1　通信数据的格式

目前，前后端通信数据的格式包括以下 3 种：HTML 格式、XML 格式和 JSON 格式。

5.5.1.1　HTML 格式

HTML 是一种用于创建网页的标准标记语言。它不是一种编程语言，而是一种标记语言，通过使用一系列标签来描述网页的内容和结构。HTML 文档是由 HTML 标记组成的描述性文本，这些标记可以说明文字、图形、动画、声音、表格、链接等网页元素。

HTML 语言由一系列的元素构成，这些元素都是用尖括号包围的关键词，如<html>。这些元素通常成对出现，如<head>和</head>，用来定义网页的头部信息；<body>和</body>，用来包含可见的页面内容。在 HTML 文档中，标签通常用来描述网页的不同部分，如<h1>用来定义一个大标题，<p>用来定义一个段落等。

HTML 文件是 ASCII 文本，包括格式标记和超级文本链接的嵌入代码。HTML 的扩展名通常为 . html 或 . htm。它是一种非常基础且重要的网页制作技术，所有的网页开发都是从学习 HTML 开始的。HTML 文本是由 HTML 标记组成的描述性文本，通过这些标记可以告诉浏览器如何组织和显示网页的内容。具体示例如图 5.2-2 所示。

5.5.1.2　XML 格式

可扩展标记语言（extensible markup language，XML），是一种用于标记电子文件使其具有结构性的标记语言。它是标准通用标记语言（SGML）的一个子集，主要用于描述数据。其设计宗旨是传输数据，而不是显示数据。

XML 是一种类似 HTML 的标记语言。但与 HTML 不同的是，XML 标签没有被预定义，需要用户自行定义标签。这使得 XML 具有高度的灵活性和可扩展性，可以根据不同的需求和数据类型来定义不同的标签。XML 文件通常作为配置文件来使用，但也可以用于存储和传输数据。XML 由文档声明、元素、属性和注释组成。文档声明、元素（或者叫节点）和注释使用配对的尖括号<>构成。属性是节点的附属物，属性值用双引号（"）或单引号（'）

分隔。相关具体示例形式如下：

```
<? xml version="1.0" encoding="UTF-8" ? ><!--这是一个注释-->
<sites>
<equipment name="空调",url="192.168.1.1" />
    <equipment name="加注",url="192.168.1.2" />
    <equipment name="机电",url="192.168.1.3" />
</sites>
```

5.5.1.3 JSON 格式

JS 对象表示（JavaScript object notation，JSON）是一种常用的数据交换格式。它使用花括号包含键值对的结构来表示数据，数据结构类似字典或映射。其中的键（也称为字段或属性）和值可以是任意类型的数据，包括字符串、数字、对象、数组、布尔值等。键和值之间使用冒号（:）分隔，键值对之间使用逗号（,）分隔。相关具体示例形式如下：

```
{
"sites": [
    { "name":"空调","url":"192.168.1.1" },
    { "name":"加注","url":"192.168.1.2" },
    { "name":"机电","url":"192.168.1.3 " }
    ]
}
```

JSON 文本格式在语法上与创建 JavaScript 对象的代码相同。由于这种相似性，无须解析器，JavaScript 程序能够使用内建的 eval() 函数，用 JSON 数据来生成原生的 JavaScript 对象。再加之以简洁、易读和易解析的文本形式表示结构，因此它常用于 Web 应用程序、移动应用程序、服务器端编程以及与外部 API 的交互等领域。它已经成为一种事实上的数据交换标准，被广泛应用于互联网和移动应用开发中。

5.5.2 通信数据的传输

目前，主要的前后端通信技术包括以下几种：

1）超文本传输协议（hepertext transfer protocol，HTTP）。前端向后端发送 HTTP 请求，后端返回 HTTP 响应。

2）异步 JavaScript 和 XML（asynchronous JavaScript and XML，AJAX）。前端使用 AJAX 技术发送异步请求，后端返回响应。

3）WebSocket。前端和后端可以通过 WebSocket 协议建立持久化的双向连接，实现即时通信。

4）消息队列远程传输（message queuing telemetry transport，MQTT）。前后端通过发送和接收消息来交换信息。这些消息被存储在消息服务器的一个队列中，等待被接收方处理。通过使用消息队列，发送方和接收方可以独立地工作，而不需要建立直接的连接。

这些技术各有特点，可以根据具体的应用场景选择合适的通信方式。

5.5.2.1　HTTP

（1）概述。HTTP 是一种用于在客户端和服务器之间传输数据的应用层协议。它是互联网的基础，被广泛用于数据通信。

（2）主要概念。

1）请求和响应。HTTP 的基本交互方式是客户端发送请求给服务器，服务器返回响应给客户端。请求和响应都由一个起始行、零个或多个头部字段以及一个可选的消息体组成。

2）方法。HTTP 支持多种请求方法，如 get、post、put、delete 等。不同的方法用于不同的目的，如获取资源、提交数据、更新资源等。

3）状态码。服务器在响应中使用状态码来表示请求的处理结果。常见的状态码包括 200（成功）、404（未找到）、500（内部服务器错误）等。

4）统一资源定位符（uniform resource locator，URL）。URL 包括协议、主机名、端口、路径和查询参数等信息，用于指定请求的资源位置。

5）头部字段。请求和响应都可以包含头部字段，用于传递额外的信息。头部字段包括请求的类型、客户端浏览器信息、服务器信息、缓存控制等。

6）消息体。请求和响应的消息体用于传输实际的数据，如在 post 请求中提交的数据、在响应中返回的 HTML 页面或 JSON 数据等。

（3）通信过程。创建 TCP 连接：通过三次握手过程，确认双方链路正常并创建 TCP 连接。HTTP 通信过程如图 5.5-1 所示。

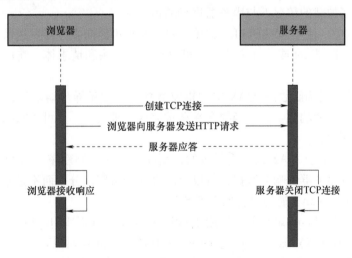

图 5.5-1　HTTP 通信过程

1）客户端（通常是浏览器）向服务器发送 HTTP 请求。请求包括请求方法（如 get、post）、URL、协议版本以及其他可能的请求头信息，如 user-agent、host 等关于自身的信息。

2）服务器应答。服务器将处理结果作为 HTTP 响应发送回客户端。响应包括状态码、协议版本以及可能的响应头信息和响应体，应答的第一部分是版本号和协议状态码。

3）浏览器接收响应。客户端接收到服务器的响应，并根据响应的状态码和头部信息来确定如何处理该响应。如果响应是一个 HTML 页面，浏览器可能会将其渲染并显示给用户。

4）服务器关闭 TCP 连接。

HTTP 请求响应数据是网页程序前后端通信的基础，通信对象为浏览器与后端服务器，是网页能够被加载的基础。HTTP 请求响应数据在 HTTP 的 body 中，有 multipart/form-data、raw、binary、application/x-www-from-urlencoded 等几种格式。

1）multipart/form-data。以表单形式提交请求数据，主要用于传输文件。

2）application/x-www-from-urlencoded。以键值对的数据提交请求数据。

3）raw。用于上传任意格式的文本，可以上传 text、json、xml、html 等。

4）binary。只可以传输二进制数据，通常用来传输文件，由于没有键值，所以一次只能传输一个文件。

5.5.2.2 AJAX

（1）概述。AJAX 是一种网页开发技术。AJAX 技术允许网页通过在后台与服务器进行少量的数据交换，使网页实现异步更新。这意味着可以在不重新加载整个网页的情况下，更新部分网页内容。它主要使用 JavaScript 来实现与服务器的通信，通过 XMLHttpRequest 对象发送和接收 HTTP 请求。

（2）主要概念。

1）异步请求。AJAX 的核心概念是异步请求。传统的 HTTP 请求是同步的，即在发送请求后用户需要等待服务器响应并刷新整个页面。然而，通过 AJAX，JavaScript 可以在后台发送异步请求，不会阻塞用户与页面的交互。

2）XMLHttpRequest 对象。XMLHttpRequest 对象是用于发送异步 HTTP 请求的 API。它允许网页在不重新加载的情况下与服务器进行通信。

3）请求和响应。使用 XMLHttpRequest 对象，网页可以向服务器发送请求，并接收服务器的响应。请求可以是 get 或 post 方法，并可以包含请求头和请求体。响应包括状态码、响应头和响应体。

4）回调函数。回调函数是 AJAX 中的重要概念。在发送异步请求后，可以指定一个回调函数来处理服务器的响应。回调函数会在请求完成后被调用，并可以根据响应进行相应的操作，如更新页面内容。

5）局部更新。由于 AJAX 请求是异步的，因此可以在不刷新整个页面的情况下进行局部更新。通过获取服务器的响应数据，可以更新页面的特定部分，而不是整个页面。

（3）通信过程。AJAX 通信过程如图 5.5-2 所示。

1）创建 XMLHttpRequest 对象。使用 JavaScript 中的 new XMLHttpRequest() 或 new ActiveXObject("Microsoft. XMLHTTP") 创建一个 XMLHttpRequest 对象。

2）设置请求方法和 URL。使用 open() 方法设置请求的方法（如 get 或 post）和要发送请求的 URL。

3）设置请求头。可以使用 setRequestHeader() 方法设置请求头信息，如内容类型、接受的响应类型等。

4）发送请求。使用 send() 方法发送请求。如果请求是 get 方法，并且没有请求体，则可以直接传递空字符串作为参数。如果请求是 post 方法，则可以传递请求体的数据。

5）监听请求状态。使用 onreadystatechange 事件处理程序来监听请求状态的变化。当请求状态改变时，会触发该事件。

6）处理响应。在请求完成后，可以通过 responseText 属性获取响应的数据。如果响应是 XML 格式的，可以使用 responseXML 属性。根据响应的数据，可以进行相应的处理，如更新页面内容。

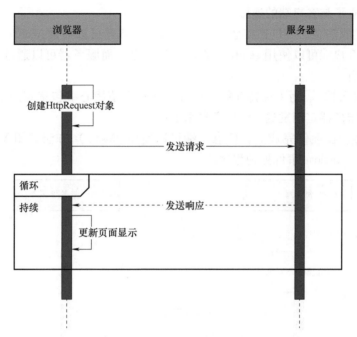

图 5.5-2　AJAX 通信过程

5.5.2.3　WebSocket

（1）概述。WebSocket 是一种持久性双向通信的网络协议，适用于实时性要求较高的应用场景。它提供了一种全双工通信的方式，允许服务器和客户端之间进行实时的数据交换，无须在每次数据交换时重新建立连接，从而实现更快、更高效的通信。

（2）主要概念。

1）全双工通信。WebSocket 提供了一种全双工通信的方式，允许服务器和客户端之间进行实时的数据交换。这意味着服务器和客户端可以同时发送和接收数据，而不需要在发送数据之前等待对方的响应。

2）持久性连接。WebSocket 建立的是持久性连接，在通信期间不会关闭连接。这使得服务器和客户端之间可以持续地进行数据交换，而不需要每次数据交换时都重新建立连接。

3）二进制数据交换。WebSocket 使用二进制数据交换，而不是文本数据交换。这使得数据交换更加高效，并且可以避免文本数据交换中可能出现的字符编码问题。

4）基于 URL 的协议。WebSocket 是一种基于 URL 的协议，使用 ws:// 或 wss:// 协议头来指定通信的目标服务器。这使得 WebSocket 可以轻松地与现有网页和应用程序集成。

5）握手协议。WebSocket 使用握手协议来建立连接。在握手过程中，客户端向服务器发送一个请求，服务器返回一个响应，确认连接成功。握手协议确保了客户端和服务器之间的双向通信。

（3）通信过程。WebSocket 通信过程如图 5.5-3 所示。

1）前端发起连接。前端通过 JavaScript 使用 WebSocket 对象向服务器发起连接请求。这通常通过指定服务器的 WebSocket 地址（如 ws：//example.com/websocket）来实现。

2）服务器端响应。服务器接收到连接请求后，会返回一个 WebSocket 响应。这表示服务器已经成功建立了与客户端的连接。

3）发送和接收消息。一旦连接建立，客户端和服务器可以通过 WebSocket 进行实时的双向消息传递。客户端可以使用 send（ ）方法发送消息，而服务器可以通过 onmessage 事件处理程序接收消息。

4）心跳包（可选）。为了保持连接的活性，通常会使用心跳包来定期发送消息。这可以通过客户端或服务器定期发送一个空消息来实现。

5）关闭连接。在通信完成后，任意一端可以使用 close（ ）方法关闭 WebSocket 连接。这会触发另一端的 onclose 事件处理程序。

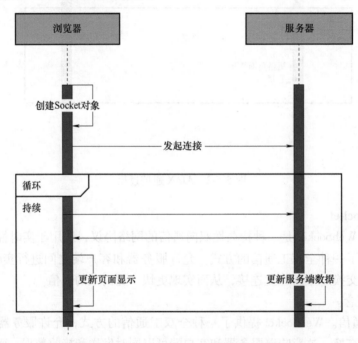

图 5.5-3　WebSocket 通信过程

5.5.2.4　MQTT

（1）概述。MQTT 是一种基于发布/订阅模式的轻量级物联网消息传输协议。该协议提供了一对多的消息分发机制，实现了应用程序的解耦。MQTT 具备很小的传输消耗和协议数据交换，能最大限度地减少网络流量，能提供 3 种不同消息服务质量等级来满足不同消息发送需求。

（2）主要概念。

1）订阅（subscription）。订阅包含一个主题（Topic）和一个最大的服务质量（Qos）等级。订阅和单个会话（session）关联。会话可以包含多于一个的订阅。会话的每个订阅都有一个不同的主题。

2）主题名（topic name）。附加在应用消息上的一个标签。如果服务端已知且与订阅匹配，服务端就会发送应用消息的一个副本给每一个匹配的客户端订阅。

3）主题过滤器（topic filter）。订阅中包含的一个表达式，用于表示相关的一个或多个主题。主题过滤器可以使用通配符。

4）会话（session）。将从客户端向服务端发起 MQTT 连接请求开始，到连接中断或会话过期为止的消息收发序列。会话持续时长与网络连接一样，如果客户端能在会话过期之前重新建立了连接的话，可以在客户端和服务端的多个连续网络连接间存在。

5）控制报文 MQTTControlPacket。通过网络连接发送的信息数据包。类似 ICMP，MQTT 规范定义了十四种不同类型的控制报文，其中一个（publish 报文）用于传输应用消息。

6）服务器（broker）。服务器端又称为消息代理，目前国内使用比较多的是开源的 EMQX；在消息订阅模型中，它充当服务器的角色，类似送信的邮差。

7）客户端。客户端是产生和使用消息的软件，可以是桌面应用软件，也可以是浏览器端，浏览器端 MQTT 常用的有 mqtt.js、Paho.mqtt.js、Ascoltatori 等多种。其中 mqtt.js 是基于 WebSocket 实现的，因此使用的 8083 端口；而 Paho.mqtt.js 和 Ascoltatori 是基于 TCP 实现的，使用的是 1883 端口。本章实例使用的是 8083 端口。

8）QoS 消息服务质量机制。通过使用 QoS 机制，来保证通信的质量，也就是发送 connect 报文的次数时间，有几种情况（见表 5.5-1）。

表 5.5-1　QoS 机制

QoS 值	含义	具体含义解释
0	至多 1 次	消息发布完全依赖底层 TCP/IP 网络。会发生消息丢失或重复。1 次发送失败后，不再重新发送。这级别可用于如下情况：环境传感器数据，丢失一次读记录无所谓，因为不久后还会有第二次发送。这种方式主要用于普通 APP 的推送，倘若智能设备在消息推送时未联网，推送过去没收到，再次联网也就收不到了
1	至少 1 次	确保信息到达，发送 1 次对方没有确认接收后，会重新发送，但是可能会出现多次接收的情况
2	至多 1 次	确保信息到达 1 次且仅到达 1 次。在一些要求比较严格的计费系统中，可以使用此级别。在计费系统中，消息重复或丢失会导致不正确的结果。这种最高质量的消息发布服务还可以用于即时通信类的 APP 的推送，确保用户收到且只会收到 1 次

对于 QoS 值的确认，是基于两者客户端的最低值，如 A 客户端使用的是 QoS2，B 客户端使用的是 QoS1，那么服务器最后使用的就是 QoS1。

（3）通信过程。

1）建立连接。MQTT 通信建立连接过程如图 5.5-4 所示。建立连接总是由客户端发起，连接成功后，服务器会向客户端返回连接成功消息。

2）发送信息过程。MQTT 发送信息过程如图 5.5-5 所示。在信息发送过程中，服务器起到消息中转作用，这种方式也将消息产生和消费双方解耦，同时由服务器来保证服务质量，实现一对一、一对多、多对多的通信。

3）消息订阅流程。MQTT 消息订阅流程如图 5.5-6 所示。客户端向服务器发送一个 subscribe 数据包，该数据包中有客户端想要订阅的主题和其他一些参数；服务器收到 subscribe 数据包后，向客户端发送一个 subbk 数据包作为应答。

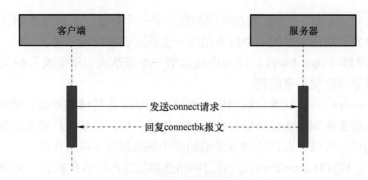

图 5.5-4　MQTT 通信建立连接过程

图 5.5-5　MQTT 发送信息过程

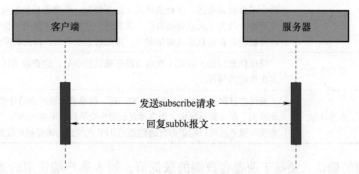

图 5.5-6　MQTT 消息订阅流程

（4）MQTT 与 WebSocket 的关系。MQTT 与 WebSocket 都是应用层的协议。MQTT 可以直接基于 TCP 实现，也可以基于 WebSocket 实现。因为 WebSocket 本身是基于 TCP 实现的，因此，基于 WebSocket 实现的 MQTT 是比 WebSocket 更高一层的协议，但基于 TCP 的 MQTT 与 WebSocket 则是同一层次的协议。

5.6　前端开发实例

本实例是开发一个以动画方式显示火箭推进剂储罐液位的 Vue 组件。组件的功能是通过 MQTT 方式从 MQTT 服务器接收数据，并通过数据来控制储罐显示的液位高度。

5.6.1　开发环境建立

5.6.1.1　Vue 开发的环境准备

1）安装 Node.js。Node.js 是一个基于 Chrome V8 引擎的 JavaScript 运行环境，是今天 Web 前端开发必不可少的基础设施。需要注意的是，Web 前端在开发阶段是依赖 Node.js 环境的，但最终产品发布后还是运行在浏览器中，所以运行的时候，不依赖 Node.js。

2）安装 npm。npm 是 Node.js 的包管理器，安装 Node.js 时会默认安装 npm。Node.js 诞生以后，Node.js 的包管理工具 npm 和打包工具 webpack 将 JavaScript 语言的开发从手工作坊推进到大规模工程化开发，促使 React/Vue 这样的前端框架产生并变得非常强大和复杂。

3）安装 Vue CLI。在命令行中输入以下命令安装 Vue CLI（命令行界面）：

```
npm install -g @vue/cli
```

5.6.1.2　开发工具准备

用 VS Code 开发 Vue 项目是一种常见的开发方式。它提供了很多有用的功能和插件来提高开发效率。一般需要安装 Vue.js 的相关插件，如 Vue.js 扩展和 Vetur。

另外，还需要使用 Java 语言或者 Node.js 开发一个能够为前端提供数据的后端程序。如果使用 MQTT 通信，则需要安装 MQTT 消息服务器。本书使用了国产 MQTT 消息服务器 EMQX。

5.6.2　储罐组件的页面结构

储罐组件的页面结构包含两部分：一部分是画布 canvas 控件，用于绘制储罐图片；另一部分是第三方的 el-select 控件，用户通过 el-select 控件选择显示哪个图片。

```html
<template>
    <div>
        <div>
            <canvasref="canvas"></canvas    >
        </div>
        <div>
            <el-selectv-model="newImageIndex"placeholder="Select
image index" @change="handleImageIndex">
                <el-option
                  v-for="item in11"
                  :key="item"
                  :label="tank_${item-1}.png"
                  :value="item"
                ></el-option>
            </el-select>
        </div>
    </div>
</template>
```

5.6.3　加注数据显示的基本流程

加注数据显示的基本流程如图 5.6-1 所示。当用户打开网页后，网页加载加注显示组件，加载完毕后，在网页上绘制图片，并创建 MQTT 库对象，同时指定组件在用户单<双>击时的回调函数。MQTT 库在创建时，将首先指定各种动作的回调函数，之后链接服务器，并向 MQTT 库对象发送连接成功或错误的消息。每当 MQTT 服务器有新的主题数据时，就会将数据发送给网页，网页按照数据内容显示。如果用户选择下拉列表控件的某一选项，也会按照用户的选择结果更新储罐图片的显示。

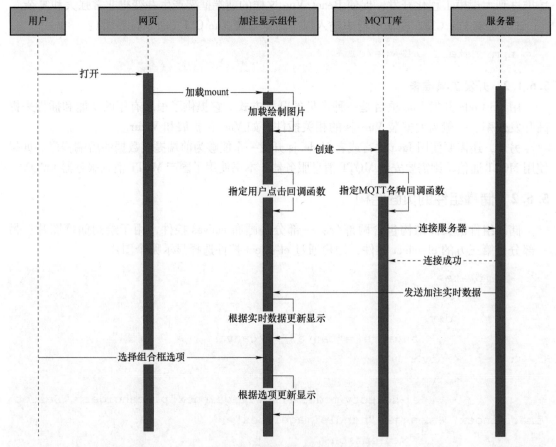

图 5.6-1　加注数据显示的基本流程

5.6.4　储罐组件的数据定义

组件的数据选项中，定义了组件的各个数据属性，这些属性相当于面向对象设计中的私有属性或字段。在储罐组件中，比较重要的属性是图片的索引值和与 MQTT 连接相关的设置。

本节使用的图片索引值对应图 5.6-2 所示的液位高度图片，动画效果通过图片的切换来实现，可以表示液位从 0% 到 100% 的变化，每间隔 10% 更换一张图片。相关代码如下：

图 5.6-2　表示储罐液位高度的图片

```
data() {
  return {
    newImageIndex: 1,
    imageIndex: 1,// 设置图片的初始索引
    connection: {//设置的连接相关参数
    protocol:'ws',
    host:'127.0.0.1',
    port: 8083,
    endpoint:'/mqtt',
    clean: true,
    connectTimeout: 30 * 1000,// ms
    reconnectPeriod: 4000,// ms
    clientId:'emqx_vue_'+Math.random().toString(16).substring(2,8),
    username:'emqx_test',
    password:'emqx_test',
    },
    subscription: {//设置消息订阅相关参数
      topic:'fuelfilling',
      qos: 0,
    },
    receiveNews:',
    qosList: [0,1,2],
    client: {//设置客户端连接相关参数
      connected: false,
    },
```

```
subscribeSuccess: false,
connecting: false,
retryTimes: 0,
}
```

5.6.5　储罐组件中的方法

组件中的方法全部定义在 methonds 选项区域，各方法的功能见表 5.6-1。

表 5.6-1　组件方法及功能列表

序号	方法	功能描述	调用关系
1	draw	在画板上绘制罐的图片	被 handleImageIndex 调用
2	handleImageIndex	处理 MQTT 传过来的图片序号参数	被 MQTT 新消息到来的回调函数调用，el-select 控件选项发生变化时被浏览器调用
3	initData	初始化系统参数	被 handleOnReConnect 调用
4	handleOnReConnect	处理 MQTT 重新连接事件	MQTT 回调函数
5	createConnection	创建 MQTT 连接，设置各种回调函数	被组件挂载函数 mounted 调用
6	doSubscribe	订阅消息	MQTT 回调函数
7	doUnSubscribe	取消订阅消息	MQTT 回调函数
8	handleProtocolChange	处理协议变化	MQTT 回调函数

在表 5.6-1 给出的调用关系中，有部分函数是回调函数（callback）。回调函数是一种特殊的函数，是一个被作为参数传递的函数。与普通函数调用不同的是，在调用某个函数（通常是 API 函数）时（如 funcA），如果将另外一个函数（如 funcB）的地址作为参数传递给这个函数（即 funcA），funcB 就是回调函数。例如，funcA（funcB），就是函数 funcA 在需要的时候，利用传递的地址调用回调函数 funcB。在实际开发中，回调函数的使用非常广泛。例如，在 Web 开发中，当用户与页面进行交互（如点击按钮）时，浏览器会调用事先注册好的回调函数来处理这些事件。在 Node.js 等异步编程环境中，回调函数也是实现异步操作的重要手段。此外，在操作系统和框架的 API 中，回调函数也经常被用来处理各种事件和消息。

下面对表中的函数逐一进行讲解。

（1）draw() 函数。这个函数的功能是在画布上绘制图片，是整个组件的核心函数。重绘时，按照画布大小对图片进行了缩放。相应代码如下：

```
draw() {//在画板上绘制储罐的图片
  const canvas=this.$refs.canvas;
  const ctx=canvas.getContext('2d');
  const image=new Image();
// 根据 imageIndex 加载/assets 文件夹下的图片
  image.src=require('@/assets/image/tank_${this.imageIndex}.png');
  image.onload=()=>{
// 在画布上缩放绘制图片
```

```
    var imgWidth=image.width;
    var imgHeight=image.height;
    var canvasWidth=canvas.width;
    var canvasHeight=canvas.height;
      var  scale = Math.min (canvasWidth/imgWidth, canvasHeight/
imgHeight);
    var x=imgWidth * scale;
    var y=imgHeight * scale;
    ctx.drawImage(image,0,0,x,y);
  }
 }
```

（2）handleImageIndex( ) 函数。这个函数的功能是处理图片序号，如果序号处于 0~10 的范围内，并且序号发生了变化，就调用 draw( ) 函数重绘图片。相应代码如下：

```
handleImageIndex(index) {//处理 MQTT 传过来的图片序号参数
  console.log(index);
  console.log(this.imageIndex);
// 判断图片序号是否在预定的范围内
  if(index <0 || index >10) {
    return;
  }
if(this.imageIndex!=index){//判断图片是否有变化
    this.imageIndex=index; // 更新图片索引
    this.draw(); // 使用新的图片重新绘制
  }
}
```

（3）initData( ) 函数。这个函数的功能是初始化系统参数，包括标记连接和订阅状态的标志。相应代码如下：

```
initData() {//初始化系统参数
  this.client={
    connected: false,
  }
  this.retryTimes=0
  this.connecting=false
  this.subscribeSuccess=false
}
```

（4）handleOnReConnect( ) 函数。这个函数的功能是处理重连 MQTT 服务器。如果连续

5 次重连不成功，则提示连接超时。相应代码如下：

```
handleOnReConnect() {//处理 mqtt 重新连接事件
    this.retryTimes +=1
        if(this.retryTimes >5) {
            try {
                this.client.end()
                this.initData()
                this.$message.error(错误:连接超时')
            } catch (error) {
                this.$message.error(error.toString())
            }
        }
}
```

（5）createConnection() 函数。这个函数是组件的核心函数之一。在这个函数中除了建立与 MQTT 服务器的连接外，还指定了各种事件的回调动作，包括建立连接、重新连接、收到消息、收到错误等。这里的核心逻辑代码用黑体加粗标出，通过 lambda 表达式（或称箭头函数）定义了 MQTT 消息到来时的匿名回调函数。约定服务器发送给网页的消息格式为如下代码所示的 JSON 格式字符串：

```
{"id":"tankLevel","value":"6"}
```

通过 JSON.parse（message）语句，把 MQTT 发过来的字符串转换成了一个 JavaScript 对象，这个对象有两个属性，分别为 id 和 value，属性 value 中保存了储罐需要显示的图片序号。之后以 value 属性作为参数，调用 handleImageIndex 方法，显示储罐图片。相应代码如下：

```
createConnection() {//创建 mqtt 连接
    try {
        this.connecting=true
        const { protocol,host,port,endpoint,...options }=this.connection
        const connectUrl='${protocol}://${host}:${port}${endpoint}'
        console.log(connectUrl)
        this.client=mqtt.connect(connectUrl,options)
        this.client.on('connect',() => {
            this.connecting=false
            console.log('Connection succeeded!')
        })
        this.client.on('reconnect',this.handleOnReConnect)
        this.client.on('error',error => {
```

```
      console.log('Connection failed',error)
    })
    this.client.on('message',(topic,message) => {// 接收到消息
      var messageObject = JSON.parse(message)
      this.handleImageIndex(messageObject.value)
    })
  } catch (error) {
    this.connecting = false
    console.log('mqtt.connect error',error)
  }
}
```

（6）doSubscribe( ) 函数。这个函数的功能是订阅 MQTT 消息。订阅时，指定了订阅的回调函数，是一个 lamda 表达式定义的匿名函数。函数的基本内容是，如果有错误，则在控制台输出错误提示；如果没有错误，则在控制台提示订阅成功。相应代码如下：

```
doSubscribe() {// 订阅消息
    const { topic,qos } = this.subscription
    this.client.subscribe(topic,{ qos },(error,res) => {
    if(error) {
        console.log('Subscribe to topics error',error)
            return
        }
    this.subscribeSuccess = true
    console.log('Subscribe to topics res',res)
    })
}
```

（7）doUnSubscribe( ) 函数。这个函数的功能是取消订阅 MQTT 消息。订阅时，指定了取消订阅的回调函数，是一个 lamda 表达式定义的匿名函数。函数的基本内容是，如果有错误，则在控制台输出错误提示。相应代码如下：

```
doUnSubscribe() {// 取消订阅消息
  const { topic } = this.subscription
  this.client.unsubscribe(topic,error => {
      if(error) {
        console.log('Unsubscribe error',error)
      }
  })
}
```

5.6.6　储罐组件生命周期中"挂载后"阶段执行的动作

组件挂载后开始执行真正的显示动作，动作时序为首先绘制初始时的图片，然后与 MQTT 服务器建立连接，最后订阅数据。相应代码如下：

```
mounted() {
  this.draw();
// Create paho MQTT client
  this.createConnection();
// Subscribe to MQTT topic to receive image index
  this.doSubscribe();
}
```

储罐组件图片的显示刷新流程如图 5.6-3 所示。其核心逻辑为，组件收到服务器发送过来的消息数据→如果消息中图片序号与之前的不同，则重新绘制图片。

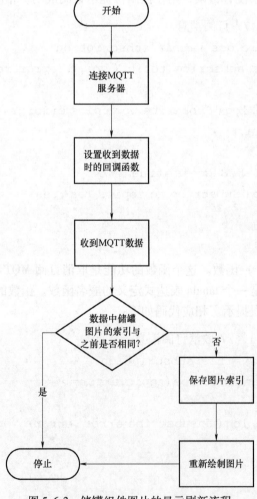

图 5.6-3　储罐组件图片的显示刷新流程

5.6.7　运行效果

最终这个简单的前端开发实例的运行效果如图 5.6-4 左侧所示。当用户从下拉组合框中选择图片时，会显示储罐相应的图片，当 MQTT 服务器发送过来图片索引时，也会显示储罐相应的图片。图 5.6-4 右侧所示为 Vue.js 编写的组件经过 webpack 打包后生成的可以直接被浏览器解析的原始 HTML 代码。

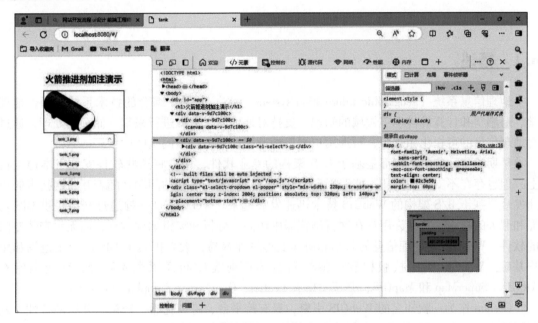

图 5.6-4　火箭推进剂加注演示程序及运行效果

5.7　小结

本章介绍的是网站前端开发技术。首先，介绍了网页的基本组成，通过基本组成使得读者可以对现代的网页有一个初步的了解；然后，介绍了前端开发流程，主要是 UI 设计师和前端工程师如何分工，合作完成前端开发。之后，讲述了前端网页开发框架和前后端通信技术；最后，通过一个加注储罐动画显示的开发实例讲述前端开发的具体实践。

本章介绍的前端开发只能使读者有一个粗浅的概念，如果要编写大规模实用程序，读者还需要大量的学习和实践。

第 **6** 章　WebGIS 引擎 Cesium

6.1　概述

地理信息系统（geographic information system，GIS）是一个综合的技术系统，涵盖地理学、遥感学和计算机科学等领域的知识，支持对地理信息数据进行采集、储存和处理，通过对地理信息的可视化和分析，帮助用户更好地理解和解决复杂的空间问题。

早期的 GIS 应用基本都是基于 C/S 架构的专业软件，用户将这些软件安装于本地主机上，但也存在不支持联网、不能跨平台及数据分享更新不便利的问题。随着互联网技术的快速发展，基于 B/S 架构的 WebGIS 技术迅速发展起来。WebGIS 是一种通过网络提供 GIS 功能和服务的技术。它允许用户在网页浏览器中访问、分析和编辑地理数据，而无须安装专门的软件。WebGIS 使地理信息的共享和协作变得更加容易，大大扩展了 GIS 的应用范围和用户基础。WebGIS 类库按版权和开源性可分为商业类库和开源类库两种：商业类库有 ArcGIS、SuperMap 和 MapGIS；开源类库有 Leaflet、Openlayers、Mapbox 和 Cesium。

Cesium 作为一款知名的 WebGIS 引擎，具有跨平台、跨浏览器、轻量、开源的特性，其图形渲染采用 WebGL 技术，在性能上也能满足不同层次的需求，因而其应用范围广阔，包括地图服务、城市规划、空间科学和数字孪生等领域。国内外许多企业的产品也是基于 Cesium 开发。

6.2　Cesium 基础知识

6.2.1　Cesium 坐标系统

Cesium 支持多种坐标系统，各自有其特定的应用场景和转换方法。目前，Cesium 中的坐标系有以下 5 种。

6.2.1.1　WGS84 经纬度坐标系

1984 年世界大地坐标系（world geodetic system 1984，WGS84）是一种应用于全球定位系统（GPS）的坐标系统。它以经度、纬度和高度来定义地球上任何一点的位置。WGS84 的原点设定在地球质心，Z 轴指向 BIH1984.0 定义的协议地球极（CTP）方向，X 轴指向 BIH1984.0 的零度子午面和 CTP 赤道的交点，Y 轴和 Z、X 轴构成右手坐标系。它是一个地固坐标系，坐标轴与地球固连，随地球一起自转。Cesium 中没有专门的类来表示。

6.2.1.2　WGS84 弧度坐标系

WGS84 弧度坐标系也是 WGS84 的一种表现形式，不同之处在于它的经度和纬度单位采用弧度制。WGS84 弧度坐标系与 WGS84 经纬度坐标系本质上是相同的，只是表示方式不同。在 Cesium 中，用 Cartographic 类来表示它。

6.2.1.3　笛卡儿空间直角坐标系

笛卡儿空间直角坐标系是一种三维坐标系，空间中任一点的位置由三个相互垂直的坐标轴上的坐标值来确定。这三个坐标轴通常被称为 x 轴、y 轴和 z 轴，它们相交于一点，称为原点。该坐标系的坐标值通常以米为单位。Cesium 中用 Cartesian3 类来表示。

笛卡儿空间直角坐标系和 WGS84 弧度坐标系各有其特点和适用场景。笛卡儿坐标系主要用于 3D 空间中的物体定位和操作，如平移、旋转和缩放等；WGS84 弧度坐标系用于表示地球表面上的位置，经常用于输入或显示地理位置数据。

6.2.1.4　屏幕坐标系

屏幕坐标系是一个二维的笛卡儿坐标系，常用于表示屏幕空间中的位置，如鼠标单击的位置。该坐标系主要用于处理屏幕上的交互事件，如用户单击或触摸屏幕时获取的位置信息。在 Cesium 中，用 Cartesian2 类来表示它。

6.2.1.5　4D 笛卡儿坐标系

4D 笛卡儿坐标系是一个四维的笛卡儿坐标系，是在三维笛卡儿坐标系（Cartesian3）的基础上增加了一个额外的 w 分量。这使得 4D 笛卡儿坐标系不仅可以描述空间中的位置，还可以描述随时间变化的动态过程。在 4D 笛卡儿坐标系中，每个点的位置由四个坐标值确定：x、y、z 和 w。其中，x、y 和 z 与三维笛卡儿坐标系中的坐标轴相对应，表示空间中的位置；w 则通常用于表示时间或其他与动态过程相关的参数。Cesium 中用 Cartesian4 类来表示。

4D 笛卡儿坐标系主要用于处理更高维度的数学运算和变换，尤其是在三维场景的渲染和操作中。w 分量的引入，允许在四维空间中执行各种操作，如摄像机变换和顶点着色器中的坐标处理等。

6.2.2　瓦片图

6.2.2.1　瓦片图概述

瓦片图（tile images）是一种将地图或图像切分为多个小块（即瓦片）的技术（见图 6.2-1）。每个瓦片可以独立加载和显示。这种技术非常适合网络地图服务，因为它可以有效地管理内存，提高加载速度，并支持无缝缩放和平移。

瓦片图的主要优点体现在高效加载、平滑缩放和拖动、适应不同分辨率以及缓存优化等方面。通过将地图分割成小块瓦片，瓦片图实现了仅加载用户视野范围内的地图数据，从而显著提高了加载速度和响应速度。同时，瓦片图支持平滑的缩放和拖动操作，使用户能够流畅地探索地图。此外，瓦片图还具备适应不同分辨率的能力，可以切割成不同大小的瓦片以适应各种显示设备。最后，通过本地缓存已加载的瓦片，能进一步提高显示速度，为用户提供更好的地图体验。

6.2.2.2　瓦片图获取

获取瓦片图通常涉及以下步骤。

（1）确定目标位置的瓦片坐标。首先，需要知道目标位置的瓦片坐标。这通常可以通过经纬度信息和缩放层级来计算。瓦片图坐标（X，Y，Z）用来唯一标识一个地图瓦片。

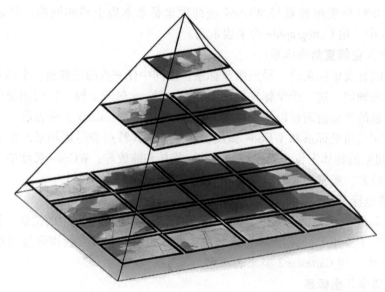

图 6.2-1　瓦片图示意

1）Z，表示缩放层级（ZoomLevel）。它决定了地图的详细程度和瓦片的大小。通常，Z 值越大，地图显示的细节越多，瓦片所代表的地理区域也越小。例如，Z=0 可能表示全球范围的地图，而 Z=18 可能表示非常详细的街道级地图。当前主流服务商的瓦片层级在 20 层上下。

2）X，表示瓦片在水平方向（经度方向）上的序号。在同一缩放层级下，X 的值从左到右递增。例如，在 Z=1 的情况下，X 的值可能是 0、1、2……代表不同经度范围的瓦片。

3）Y，表示瓦片在垂直方向（纬度方向）上的序号。在同一缩放层级下，Y 的值从上到下递增。例如，在 Z=1 的情况下，Y 的值可能是 0、1、2……代表不同纬度范围的瓦片。

这些坐标通常用于构造瓦片图的 URL，以便从地图服务提供商的服务器上获取对应的瓦片图像。

（2）构造瓦片图地址信息。一旦有了瓦片坐标，下一步是构造瓦片图的地址信息。这通常涉及将瓦片坐标插入到特定的 URL 模板中。这个 URL 模板通常是由地图服务提供商提供的，并包含了访问瓦片图所需的参数，如瓦片坐标、缩放层级、图片格式等。

（3）下载瓦片图。使用上一步构造的 URL，可以通过 HTTP 请求下载瓦片图。这通常可以通过编程语言的网络库或工具来实现，如 Python 的 Requests 库或 Java 的 HttpURLConnection 类。

（4）缓存瓦片图。为了提高性能和响应速度，可以将已经下载过的瓦片图缓存起来。这样，当用户再次访问同一区域时，可以直接从缓存中加载瓦片图，而不需要重新下载。

需要注意的是，不同的地图服务提供商可能有不同的瓦片图获取方式和限制。因此，在实际应用中，需要查阅相关文档或 API 来获取具体的实现细节和最佳实践。此外，还有一些开源的地图瓦片服务提供商，如 OpenStreetMap（OSM），它们提供了全球范围内的免费地图瓦片数据。可以使用这些数据来构建用户自己的地图应用或进行相关的地理信息系统分析。

6.2.3　Cesium 支持的数据标准和格式

Cesium 支持多种数据标准和格式，各自有其特定的用途和优势。

6.2.3.1　OGC 地图服务

开放地理空间联盟（open geospatial consortium，OGC）地图服务定义了一系列标准，包括了 WMS、WMTS 和 TMS 等。它们各自服务于不同的地图数据发布和共享需求。

网络地图服务（web map service，WMS）：WMS 允许用户通过 HTTP 请求来获取地图图像。它支持多种格式的输出，如 JPEG、PNG 和 SVG，并且可以按照用户设定的参数（如图层、样式和空间范围）来生成这些图像。

网络地图切片服务（web map tile service，WMTS）：WMTS 是专门提供地图切片服务的 OGC 标准。与 WMS 不同，WMTS 预先生成了一系列固定缩放级别的瓦片地图，并以网格形式组织它们。这使得 WMTS 在处理大量并发请求时效率更高，因为它避免了实时渲染地图的需要。

切片服务（tile map service，TMS）：TMS 是一种较老的标准，用于提供以瓦片图形式存储的地图数据。它类似 WMTS，通常用于开源项目和简化的地图瓦片服务。

6.2.3.2　3D Tiles

3D Tiles 是一种为流式传输和渲染海量 3D 地理空间数据而设计的格式标准。这种格式通过分块和分层地组织数据，极大地减轻了浏览器和 GPU 的负担，特别适用于处理大规模的 3D 模型，如建筑物数据集、CAD/BIM 模型、点云和摄影测量模型等。它基于 glTF 扩展，加入了分层 LOD 的概念，支持多种异构数据集，并允许用户根据需求自由进行 3D 空间数据的可视化。作为 OGC 标准规范的成员，3D Tiles 确保了不同平台和应用程序之间的兼容性和互操作性。

6.2.3.3　GeoJSON

GeoJSON 是一种基于 JSON 的地理空间信息数据交换格式，用于表示地理空间数据。它允许将地理空间数据以结构化的方式存储和传输，以便在不同的系统之间进行共享和处理。GeoJSON 可以表示各种类型的地理空间对象，包括点、线、面、多点、多线和多面等。每个对象都由一组属性和几何形状组成。属性可以包含任意数量的键值对，用于描述对象的元数据或特征。几何形状则描述了对象的形状和位置。

6.2.3.4　KML

Keyhole 标记语言（keyhole markup language，KML），是一种基于 XML 语法的标记语言，专门用于描述和保存地理信息，由 Keyhole 公司开发和维护。这种语言允许用户创建和共享包含点、线、图片、多边形等地理元素的文件，这些文件可以被专业 GIS 应用识别并在相应的平台上进行可视化显示。

6.2.3.5　glTF

图形语言传输格式（graphics language transmission format，glTF），是一种流行的 3D 内容格式标准。其核心是以 JSON 为基础的文件结构。这种格式可跨平台，能够在不同的系统和应用程序之间无缝传输和使用，因此成为了 Web 上 3D 对象的事实标准。通常，将

glTF 的 3D 模型作为资源引入 WebGL 项目，并通过特定的组件附加到场景中即可实现模型的加载和渲染。由于其广泛的支持和通用性，glTF 已成为 Web 及其他平台上交换 3D 内容的首选格式之一。

6.2.3.6　CZML

Cesium 标记语言（cesium markup language，CZML），是一种基于 JSON 架构的语言，专门设计用于描述和渲染动态的三维地球场景。它能够定义图形元素如点、线、地标和模型等随时间变化的行为，非常适合用来展示时空数据。CZML 作为 Cesium 的专用的数据格式，为 Cesium 提供了一种标准化的方式来呈现丰富的时空数据。

CZML 使得开发者可以通过纯数据驱动的方式来构建复杂的三维场景，无须编写大量的自定义代码。由于 CZML 是基于 JSON 的，它同样具有易于阅读和编写的优点，可以被各种应用程序生成或解析。此外，CZML 支持时间插值功能，允许属性值随时间变化，这意味着客户端可以基于时间戳进行插值计算，以准确地显示物体在不同时间点之间的移动轨迹。

CZML 具有流式传输能力，支持以增量流的方式传送数据到客户端，这允许在场景显示之前不需要下载完整的 CZML 文档，从而提高数据处理的效率。

CZML 是一种强大的数据描述语言，专门为动态三维地球场景设计，使得像 Cesium 这样的虚拟地球应用能够以数据驱动的方式展示随时间变化的复杂场景。

6.2.3.7　Terrain

Terrain 格式指的是用于存储和传输三维地形数据的文件格式，常用于表示数字高程模型，包括 Quantized-Mesh 和其他通过 Cesium ion 转换的格式。这种格式专门为了高效渲染和流式传输大规模地形数据而设计。

6.2.3.8　格式转换

由于建模软件导出的格式不能直接用于 Cesium，使用前需要进行格式转换。地图转换主要涉及 tiff 格式转 jpg 或 png 格式，常用软件工具有 ArcGIS、GeoServer 和 Global Mapper 等；地形转换主要涉及 tiff 格式转 terrain 格式，常用软件工具有 CTB、GDAL、CesiumLab 和 terr2cesiumApp；三维小模型转换主要涉及 obj、dae 格式转 glTF 格式，可使用 Cesium Ion 在线转换或 GitHub 上的开源工具；3D Tiles 模型转换主要涉及 obj、dae、osgb、shp、rvt、dgn 等格式转 3D Tiles 格式，常用软件工具有 CesiumLab 和 GitHub 上的开源工具。

6.3　Cesium 项目创建流程

项目创建中使用的工具有 VS Code 和 nginx。VS Code 用来编辑代码；nginx 用来部署 Cesium 应用，也可用于发布 GIS 静态数据（如地形数据）。

6.3.1　获取 Cesium 库

进入 Cesium 的官方网站（https://Cesium.com），在网页顶部中间位置 Platform 标签中选中 Downloads 选项，即可进入到 Cesium 库的下载页面。本书使用 Cesium-1.95 版本。

将下载好的 Cesium 库压缩包解压，其中常用文件夹为 Apps、Build、Source、ThirdParty、Tools 等，常用文件为 index.html、server.cjs、LICENSE.md。Cesium-1.95 版本根目录结构如图 6.3-1 所示。

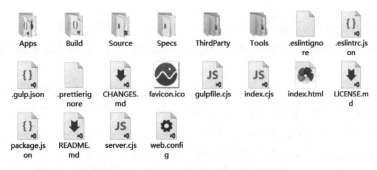

图 6.3-1　Cesium-1.95 版本根目录结构

（1）Build 文件夹，是 Cesium 库用于二次开发的核心文件夹（见图 6.3-2）。

图 6.3-2　Build 目录下主要文件夹

1）Build/Cesium 文件夹存放经过打包压缩后的最小版本 Cesium 库。

2）Build/CesiumUnminified 文件夹存放未经压缩过的 Cesium 库，可用于项目调试。

3）Build/Documentation 文件夹存放 Cesium 库所有 API 的帮助文档。

（2）Source 文件夹，包含了 Cesium 库中所有的源代码。

6.3.2　编辑器及插件

基于 Cesium 库进行二次开发，使用 VS Code 作为开发工具，需安装 Live Server 插件。Live Server 是一个节点应用程序，用于监视工作目录及其子目录中文件变化。当文件发生改变时，它通过 Web 套接字连接向浏览器发送消息，指示重新加载页面。

在 VS Code 扩展中找到 Live Server 插件，单击安装按钮即可（见图 6.3-3）。安装完插件后，打开命令面板，输入 settings，单击首选项。进行 Live Server 的配置，代码如下：

图 6.3-3　安装 Live Server 插件

```
"liveServer.settings.port":8080,//设置本地服务的端口号
"liveServer.settings.root":"/",//设置根目录,也就是打开的文件会在该目录下找
"liveServer.settings.CustomBrowser":"chrome",//设置默认打开的浏览器
"liveServer.settings.AdvanceCustomBrowserCmdLine":"chrome --incognito --remote-debugging-port=9222",
"liveServer.settings.NoBrowser":false,
"liveServer.settings.ignoredFiles":[//设置忽略的文件
".vscode/**",
"**/*.scss",
"**/*.sass"]
```

设置完毕后,重启 VS Code 以使配置文件生效。

6.3.3　API 介绍

Cesium 有完整的 API 说明文档(见图 6.3-4)和示例代码,用户可根据实际需求进行查阅。

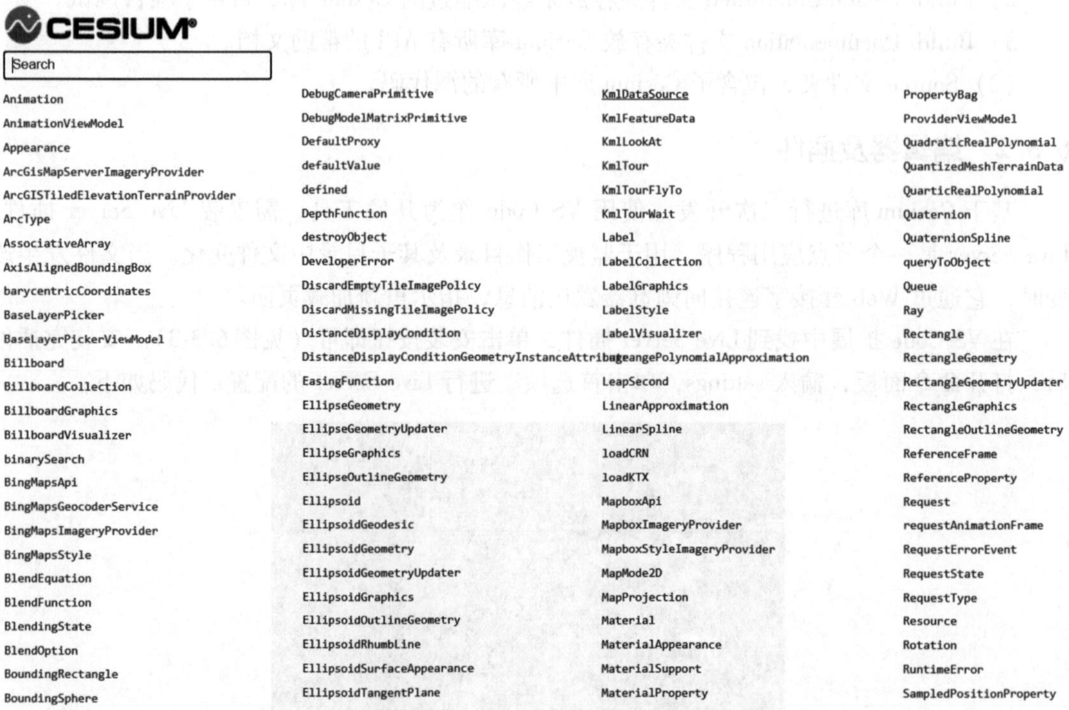

图 6.3-4　Cesium 官方 API 文档

以下是 Cesium 的所有 API 汇总:

1)Core,是核心模块,包含 Cesium 的基础构件、数据结构、算法等。

2）Scene，是场景模块，包含 Cesium 的渲染引擎、摄像机、灯光、图像合成等。

3）Widgets，是小部件模块，包含 Cesium 的用户界面、控制面板、信息窗口等。

4）DataSources，是数据源模块，包含 Cesium 的数据解析、可视化、编辑等。

5）ThirdParty，是第三方模块，包含 Cesium 的依赖库、插件、工具等。

6）Workers，是工作线程模块，包含 Cesium 的并行计算、异步加载等。

7）Plugins，是插件模块，包含 Cesium 的地理编码、路线规划、地形分析等。

每个模块都包含了许多 API，下面列举一些常用 API：

1）Cesium，属于 Cesium 命名空间，包含 Cesium 的全局变量、常量、函数等。

2）Viewer，属于 Cesium. Viewer 类（见图 6.3-5），用于创建和管理 Cesium 场景和小部件。

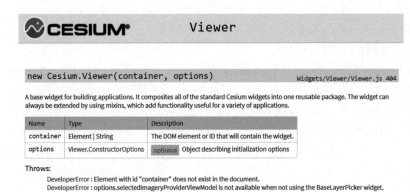

图 6.3-5 Cesium. Viewer 类

3）Camera，属于 Cesium. Camera 类，用于管理摄像机的位置、朝向、视野等。

4）Entity，属于 Cesium. Entity 类，用于描述 Cesium 场景中的实体，包含位置、属性、图形等。

5）DataSource，属于 Cesium. DataSource 类，用于加载和解析各种格式的地理数据源。

6）ImageryLayer，属于 Cesium. ImageryLayer 类，用于管理 Cesium 场景中的图像图层。

7）TerrainProvider，属于 Cesium. TerrainProvider 类，用于加载和管理 Cesium 场景中的地形数据源。

8）Ellipsoid，属于 Cesium. Ellipsoid 类，用于描述 Cesium 场景中的椭球体。

9）Color，属于 Cesium. Color 类，用于描述颜色，包含 RGBA、HSVA 等。

10）Cartesian3，属于 Cesium. Cartesian3 类，用于描述三维空间中的点，包含 x、y、z 坐标。

6.3.4 Cesium 项目结构

Cesium 库的引用相对简单，用户在创建项目时，只需新建一个 CesiumProject 文件夹，将解压出来的 Cesium-1. 95 版本复制到 CesiumProject 文件夹根目录下，即完成了库的引用工作。如对应用大小有限制也可只把 Build 目录中的最小版本库复制过来使用，而后使用 VSCode 打开 CesiumProject 文件夹，在根目录下新建一个 main. html 和 app. js 文件，至此一个简单的 Cesium 项目就构建好了，如图 6.3-6 所示。main. html 和 app. js 文件中的具体代码来源于官方使用 CZML 的示例 Demo。

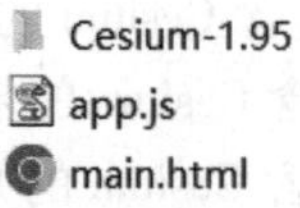

Cesium-1.95
app.js
main.html

图 6.3-6 简单的 Cesium 项目结构示意图

main. html 文件中的代码如下：

```html
<!DOCTYPE html>
<html lang="en">

<head>
<meta charset="UTF-8">
<meta name="viewport" content="width=device-width,initial-scale=
1.0">
<title>CesiumTest</title>
<script src="./Cesium-1.95/Build/Cesium/Cesium.js"></script>
<script src="./Cesium-1.95/Apps/Sandcastle/Sandcastle-header.js">
</script>
<style>
    @import url("./Cesium-1.95/Apps/Sandcastle/templates/bucket.css");
</style>
</head>

<body>
<div id="cesiumContainer" class="fullSize"></div>
<div id="toolbar"></div>
<script src="./app.js"></script>
</body>
</html>
```

在 main. html 文件中，需要将 Cesium. js 和 Sandcastle-header. js 源文件包含进工程中。Cesium. js 包含了 Cesium 库显示及操作等核心功能；Sandcastle-header. js 包含了添加界面控件等功能。

app. js 文件中的代码如下：

```javascript
// 下面的两行代码实现智能提示
/// <reference path="./Cesium-1.95/Source/Cesium.d.ts"/>
// import * as Cesium from 'cesium';  // 运行的时候需要注释掉该行
Cesium.Ion.defaultAccessToken = "your token";
```

```
const viewer=new Cesium.Viewer("cesiumContainer",{
  geocoder: true,
  homeButton: true,
  sceneModePicker: true,
  baseLayerPicker: true,
  navigationHelpButton: true,
  animation: true,
  timeline: true,
  fullscreenButton: true,
    shouldAnimate: true,

});

Sandcastle.addDefaultToolbarButton("Satellites",function () {
  viewer.dataSources.add(
    Cesium.CzmlDataSource.load("./Cesium-1.95/Apps/SampleData/sim-
ple.czml")
  );

  viewer.camera.flyHome(0);
});

Sandcastle.addToolbarButton("Vehicle",function () {
  viewer.dataSources.add(
    Cesium.CzmlDataSource.load("./Cesium-1.95/Apps/SampleData/Ve-
hicle.czml")
  );

  viewer.scene.camera.setView({
    destination: Cesium.Cartesian3.fromDegrees(-116.52,35.02,95000),
    orientation: {
      heading: 6,
    },
  });
});

Sandcastle.reset=function () {
  viewer.dataSources.removeAll();
};
```

app. js 文件中则包含了 Viewer 类对象的初始化，在界面上添加了 Satellites 按钮和 Vehicle 按钮，单击这两个按钮可以在不同的场景中进行切换。场景中模型加载了 CZML 格式的数据源，使得模型可以在场景中运动。

完成上述工作后，选中 main. html 文件，使用 Live Server 打开该文件，打开之后即可在默认浏览器中看到图 6. 3-7 所示的页面。

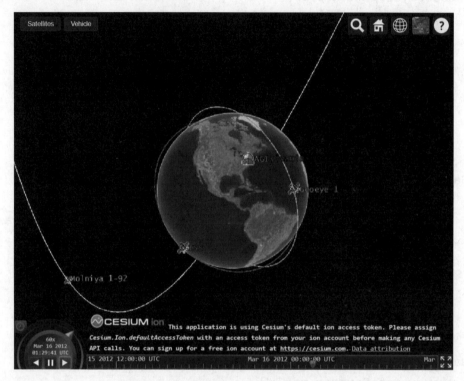

图 6. 3-7　Cesium 应用程序场景卫星运行轨道

该示例程序展示了三个卫星运行轨道（Molniya 1-92、ISS、Geoeye 1）及当前时刻卫星所在位置，随着时间的变化轨迹，卫星在轨道上运行的情况；左上角有两个按钮控件，可分别用来选择卫星运行场景和汽车按指定路线行驶场景（见图 6. 3-8）。

6. 3. 5　Cesium 项目部署

一个 Cesium 项目开发完毕后，需要将其进行部署，通常选择将其部署到 nginx 上。nginx 是一款面向性能设计的 HTTP 服务器，具有占用内存少，稳定性高等特性。将下载的 nginx 包解压出来，把 CesiumProject 文件夹复制到 nginx 根目录，如图 6. 3-9 所示。

接下来就是修改 nginx 的配置文件，进入到 conf 文件夹，找到 nginx. conf 文件，用记事本打开，按照图 6. 3-10 所示进行修改。

nginx 默认监听端口是 80，为防止被占用将其改为 8000；root 后面改为 Cesium 应用的根目录文件夹名（此处为 CesiumProject）；index 改为在 Cesium 项目根目录创建的 main. html 即可。更改完后保存关闭配置文件，重新启动 nginx. exe 程序。在浏览器地址栏输入 http://localhost:8000 即可出现图 6. 3-11 所示的页面，至此部署工作完成。

176

图 6.3-8　Cesium 应用程序场景汽车行驶

图 6.3-9　Cesium 应用部署路径目录结构图　　　　　　图 6.3-10　nginx 配置文件修改

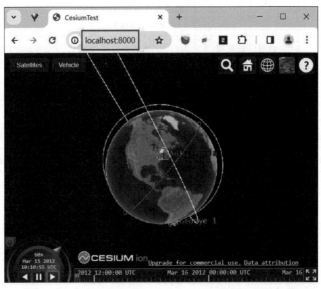

图 6.3-11　Cesium 应用在 nginx 上部署完成后的页面

177

6.4 Cesium 常用功能

6.4.1 界面控件显隐

运行 Cesium 官方示例库会看到图 6.4-1 所示的页面。

图 6.4-1 Cesium 应用常规页面

在页面右上角和底部共有 9 个控件，每个控件名及显示方式见表 6.4-1。

表 6.4-1 Cesium 示例程序页面默认控件属性

序号	控件名	用途	控件默认显示方式 （显示为 true）	备注
1	geocoder	地理位置查询	true	
2	homeButton	回到初始化视角	true	
3	sceneModePicker	视角模式切换	true	可在 3D、2D、2.5D 哥伦布视图之间进行切换
4	baseLayerPicker	图层选择	true	选择要显示的地图服务和地形服务
5	navigationHelpButton	帮助	true	用于显示默认的地图控制和帮助选项
6	animation	动画控制	true	用于控制视图动画的播放速度，可以设置地球暂停或运动，及设置自转速度
7	creditContainer	版权信息显示	—	
8	timeline	时间轴控制	true	
9	fullscreenButton	全屏	true	

注意，creditContainer 控件的隐藏不能通过布尔值 false 来设置，有以下两种方法可以隐藏该控件。

（1）第一种方法代码如下：

```
viewer._cesiumWidget._creditContainer.style.display="none";
```

（2）第二种方法。在 main. html 的 body 标签中添加<div id="credit"></div>，在 app. js 中创建 viewer 时添加 creditContainer："credit"，即可。

6.4.2　影像及地形数据加载

Cesium 库提供了用于加载影像的 ImageryProvider 类和加载地形数据的 createWorldTerrain 类，影像数据是视场中所能看到的地图，地形数据用来表示真实的地形起伏，通过这种立体形式的展示用户能从图中获取到更多信息。

ImageryProvider 类的子类封装了各种形式的影像加载方法，ImageryProvider 类是一个基类作为接口使用，不能被直接实例化，具体功能的实现由其子类完成，其子类见表 6.4-2。

表 6.4-2　ImageryProvider 子类

序号	子类名	备注
1	ArcGisMapServerImageryProvider	调用 ArcGis Server 发布的瓦片图服务
2	BingMapsImageryProvider	调用 Bing 地图网络服务
3	OpenStreetMapImageryProvider	调用 Open Street Map 在线地图或者 Slippy 地图切片
4	TileMapServiceImageryProvider	为 TMS，REST 风格的瓦片服务，可使用 Map Tiler 或 GDAL2Tiles 生成瓦片图
5	GoogleEarthEnterpriseImageryProvider	调用 Google Earth 发布的影像或地图服务
6	GoogleEarthEnterpriseMapsProvider	
7	GridImageryProvider	可在每个具有可控制背景和辉光的图块上绘制线框网格
8	IonImageryProvider	使用 Cesium ion REST API 提供瓦片图像
9	MapboxImageryProvider	调用 Mapbox API 发布的各种数据服务，需要提前申请令牌
10	MapboxStyleImageryProvider	
11	SingleTileImageryProvider	加载一张图片作为底图
12	TileCoordinatesImageryProvider	可在切片方案中的每个渲染图块周围绘制一个框，并绘制其中的标签指示图块的 X、Y、Z 坐标
13	UrlTemplateImageryProvider	可连接至各种地图源
14	WebMapServiceImageryProvider	为 WMS，OGC 标准影像数据服务之一，用于从分布式地理空间数据库请求地理区域的地图块
15	WebMapTileServiceImageryProvider	为 WMTS，OGC 标准影像数据服务之一，通过网络提供预先渲染的地理参考地图瓦片

6.4.2.1　必应地图加载

Cesium 在实例化 Viewer 时，如果不指定 ImageryProvider 子类来加载影像，则会默认使用 BingMapsImageryProvider 类来加载官方提供的必应地图（见图 6.4-2）。注意，在代码中必须加入申请的令牌 Cesium. Ion. defaultAccessToken = "your token" 才能正常加载出地图。其示例代码如下：

```
Cesium. Ion. defaultAccessToken = "your token";
let viewer = new Cesium. Viewer(" cesiumContainer",{});
```

图 6.4-2 必应地图加载效果

6.4.2.2 ArcGIS 在线地图加载

ArcGIS 是 Esri 公司集多年地理信息系统咨询和研发经验，开发出的一套完整的 GIS 平台产品，具有强大的地图制作、空间数据管理、空间分析、空间信息整合、发布与共享的能力。ArcGIS 有在线地图资源，进入其提供的地图资源页面（https://map. geoq. cn/ArcGIS/rest/services），选择其中一项单击进入，进入到图 6.4-3 所示的在线瓦片图资源的页面（https://map. geoq. cn/arcgis/rest/services/ChinaOnlineStreetPurplishBlue/MapServer），将资源网址提供给 ArcGisMapServerImageryProvider 类即可使用在线的瓦片资源。

使用下面的示例代码即可完成加载在线瓦片图的操作，效果如图 6.4-4 所示。

```
let viewer = new Cesium. Viewer(" cesiumContainer",{
    imageryProvider: new Cesium. ArcGisMapServerImageryProvider({
    url:" https://map. geoq. cn/arcgis/rest/services/ChinaOnlineStreet-
PurplishBlue/MapServer"
    })
});
```

6.4.2.3 离线瓦片图加载

Cesium 库提供了非常多的接口，允许用户加载本地离线的瓦片图。将准备好的瓦片图

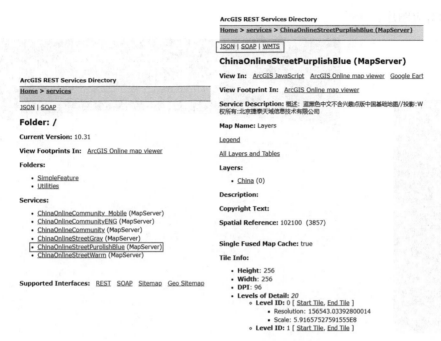

图 6.4-3　ArcGIS 在线瓦片图资源网站

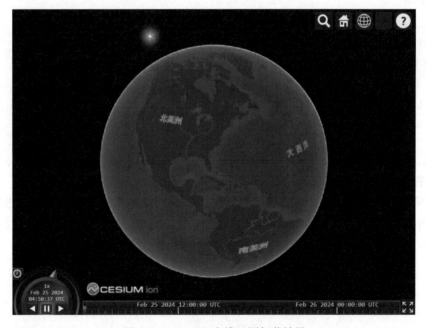

图 6.4-4　ArcGIS 在线地图加载效果

放置于一个文件夹中，即图 6.4-5 所示的 wapian 文件夹，文件夹及其子文件夹名从上层到底层分别对应 Z、X、Y 的值。

使用 UrlTemplateImageryProvider 类载入该文件夹，指定文件扩展名为 png，即可完成离线瓦片图的加载，如图 6.4-6 所示。由于本地瓦片图资源只覆盖了部分地区，所以其他位置没有显示对应图片。

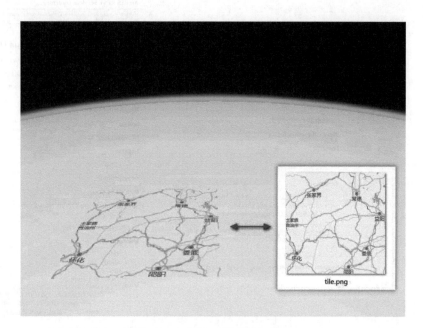

图 6.4-5　wapian 文件夹
　　　　结构目录

图 6.4-6　离线瓦片图加载显示

```
let viewer=new Cesium.Viewer(" cesiumContainer",{
    imageryProvider:new Cesium.UrlTemplateImageryProvider({
        url:"./wapian/{z}/{x}/{y}/tile.png",
        fileExtension:"png"
    })
});
```

6.4.2.4　在线地形数据加载

createWorldTerrain 类是 Cesium 操作地形的接口，该接口可提供全球地形数据供用户使用。在实例化 Viewer 时，设置 terrainProvider 值为 Cesium.createWorldTerrain()，代码如下所示，即可实现地形数据的加载。地形数据加载前后对比如图 6.4-7 所示。

```
let viewer=new Cesium.Viewer(" cesiumContainer",{
    terrainProvider: Cesium.createWorldTerrain()
});
```

如图 6.4-7 所示，可以看出未加载地形数据时山川没有起伏的效果，整体像一个平面，加载地形数据后近处的山川有明显的立体感，远处不同地形也呈现出了起伏的态势。Cesium 默认不加载地形数据。

6.4.2.5　本地地形数据加载

Cesium 除了可以加载在线地形数据，还可以加载本地存放的地形数据。首先，需要下

图 6.4-7　地形数据加载前后对比

载某一地区的高程数据，可在地理空间数据云网站（https://www.gscloud.cn/）进行下载（见图 6.4-8），下载的地形数据格式为 tiff（以 DEM 命名的为地形数据）。如果选中的地形区域较大，地形数据会被分成多个 tiff 文件，可以使用 ArcGIS 软件拼接成一个文件。Cesium 不能直接载入 tiff 格式的地形数据，需要将该格式转换为 terrain 格式才能使用。格式转换的工具有 CesiumLab 和 terr2CesiumApp。terrain 格式地形数据的目录结构如图 6.4-9 所示。

图 6.4-8　地形数据下载

图 6.4-9　terrain 格式地形数据的目录结构

　　将准备好的地形数据文件夹复制到 Cesium 应用的工程目录，使用 CesiumTerrainProvider 类载入地形数据，将地形数据赋给 viewer.terrainProvider，即可完成地形数据的加载，代码如下所示。该方法适用于地形数据量少的情况，如果要使用的地形数据规模较大，推荐使用 nginx 将地形数据发布为 HTTP 服务后再使用。其效果图如图 6.4-10 所示，图中左侧部分加载了地形数据，右侧没有加载地形数据。

```
let viewer=new Cesium.Viewer(" cesiumContainer",{
});
let ter=new Cesium.CesiumTerrainPro vider({
  url: "./ter"
});
viewer.terrainProvider=ter;
```

图 6.4-10　加载本地地形数据效果图

6.4.3　相机操作

Cesium 中相机的概念不同于日常生活使用的相机，Cesium 中的相机是用户与 Cesium 应用之间交互的媒介，地图的缩放、平移、旋转及鼠标操作都是由相机作为媒介来实现的，用户最终所看到的页面由相机的位置和姿态决定。

6.4.3.1　相机位置和姿态

Cesium 中一个相机通常由位置（position）、姿态（orientation）和视锥体（frustum）参数定义。通常使用较多的是其位置和姿态参数，视锥体参数使用相对较少不展开介绍。

位置参数用来确定相机的位置，可以使用 3D 笛卡儿坐标系 Cartesian3 的经纬高表示，也可使用三维坐标 (x, y, z) 的形式表示。下面的示例代码展示了两种表示方法：

```
//经纬度坐标
var position=Cesium.Cartesian3.fromDegrees(116.391,39.906,8000);
//笛卡儿坐标
var position=Cesium.Cartesian3.Cartesian3(-2180488.4108293606,
4394298.439675448,4075116.9756742814);
```

　　姿态参数用来确定相机的方向，姿态参数可以用俯仰（pitch，正角度为仰视）、偏航（heading，正角度为向东旋转）和滚动（roll，正角度向右旋转）来表示：

```
orientation:{
    heading:Cesium.Math.toRadians(0.0),
    pitch:Cesium.Math.toRadians(0.0),
    roll: Cesium.Math.toRadians(0.0)
}
```

6.4.3.2　相机控制

　　（1）setView 函数。setView 函数可定义相机飞行目标点的位置和姿态，将视角直接切换到所设定的视域范围内，没有空中飞行的过程，适合快速切换视角。相关示例代码如下：

```
//设定相机目标点位置
let position=Cesium.Cartesian3.fromDegrees(116.391,39.906,400.0);
//相机聚焦位置并确定相机姿态
    viewer.camera.setView({
    destination: position,
    orientation:{
    heading:Cesium.Math.toRadians(0.0),
    pitch:Cesium.Math.toRadians(0.0),
    roll: Cesium.Math.toRadians(0.0),
    }
});
```

　　（2）flyTo 函数。flyTo 函数可定义相机飞行目标点的位置和姿态，相机视角会平滑飞行到目标点去，飞行时间也可设置。相关示例代码如下所示，效果图如图 6.4-11 所示。

```
let position=Cesium.Cartesian3.fromDegrees(116.391,39.906,400.0);
    viewer.camera.flyTo({
    destination: position,
    orientation: {
    heading : Cesium.Math.toRadians(0.0),
    pitch : Cesium.Math.toRadians(-70.0),
    roll : Cesium.Math.toRadians(0.0),
},
    duration: 5,        // 设置飞行持续时间
    complete: function complete() {
    console.log("已完成相机飞行!");// 到达位置后执行的回调函数
    }
});
```

图 6.4-11　相机使用 flyTo 函数用指定时间飞行到目标位置

6.4.4　几何形体绘制

　　Cesium 作为一款网页端的 3D 应用开发库，几何图形的绘制是其必备的基本功能。Cesium 不仅支持常见的点、线、面等二维几何图形的绘制，还支持球体、柱体、立方体及三维模型等三维几何体的绘制。

　　Cesium 库提供了两类 API 来绘制几何形体：一类是低级 API，面向计算机图形学开发人员，涉及着色器等专业知识，API 功能强大但也更复杂，即 Primitive API；另一类是高级 API，不需要用户具有计算机图形学的专业知识，通过简单的数据驱动，就能绘制所需的几何形体，即 Entity API。本书采用 Entity API 来绘制各类几何形体。

6.4.4.1　点线面及立体的绘制

　　几何形体的绘制基本思路一样，创建一个几何形体的对象，设置对象的各类属性，最后调用 viewer. entities. add 方法将指定对象添加到画布上。下面的示例代码演示了在画布中添加点、线、面及立体形体（见图 6.4-12）。

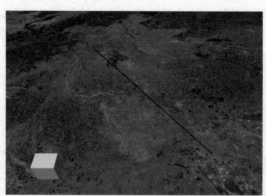

图 6.4-12　画布中添加点、线、面及立体形体

```
let ad_point={
  id:"point",
  show:true,
```

```
      position:Cesium.Cartesian3.fromDe  grees(116.000,39.500),
    point:{
      color:Cesium.Color.RED,
      pixelSize:20,
      heightReference: Cesium.HeightReference.CLAMP_TO_GROUND
    }
  }
  let ad_line={
    id:"line",
    show:true,
    polyline:{
      positions:Cesium.Cartesian3.fromDegreesArray([116.391,39.906,
117.195,39.085]),
      width:2,
      material:Cesium.Color.BLUE,
      CLAMP_TO_GROUND: true
    }
  }
  let ad_polygon={
    id:"polygon",
    show:true,
    polygon:{
      hierarchy: Cesium.Cartesian3.fromDegreesArray([117.25,39.80,
117.60,39.80,117.60,39.40,117.25,39.40]),
      material:Cesium.Color.RED.withAlpha(0.2),
      classificationType: Cesium.ClassificationType.BOTH
    }
  }
  let ad_box={
    id:"box",
    show:true,
    position:Cesium.Cartesian3.fromDegrees(116.300,39.00,5000),
    box:{
      dimensions: new Cesium.Cartesian3(10000,7000,10000),
      material: Cesium.Color.PINK
    }
  }
```

```
viewer.entities.add(ad_point);
viewer.entities.add(ad_line);
viewer.entities.add(ad_polygon);
viewer.entities.add(ad_box);
viewer.zoomTo(viewer.entities);
```

6.4.4.2 三维模型绘制

三维模型的绘制与几何形体的绘制有所区别。其模型可以是用户已经建立好的三维模型，通过设置模型的资源路径来加载到场景中。下面的示例代码演示了加载一辆小车到场景中，然后将视场聚焦到指定 ID、方位和距离的实体上（见图 6.4-13）。

```
let ad_model = {
  id: "model",
  show: true,
  position: Cesium.Cartesian3.fromDegrees(115.500,39.520,50),
  model: {
    uri: "./Cesium-1.95/Apps/SampleData/models/DracoCompressed/CesiumMilkTruck.gltf",
    minimumPixelSize: 50,
    maximumScale: 4000,
    scale: 800
  }
}
viewer.entities.add(ad_model);
viewer.zoomTo(viewer.entities.getById("model"),
  new Cesium.HeadingPitchRange(0,-0.5,30000));
```

图 6.4-13　画布中添加三维模型

6.4.4.3　形体及模型管理

在实际应用场景中，有时需要将绘制好的几何形体隐藏或者删除掉，这就涉及了三维场景中实体对象的管理。场景中实体的显示或隐藏可通过 show 属性进行控制，设置为 true 时实体可见。实体的删除可以通过 remove 或 removeAll 方法。remove 方法需要指定实体对象。下面的示例代码演示了实体的隐藏及删除操作。

```
// 隐藏实体对象
viewer.entities.getById("model").show=false;
// 删除指定实体对象
viewer.entities.remove(ad_model);
viewer.entities.remove(viewer.entities.getById("model"));
// 删除画布中全部实体对象
viewer.entities.removeAll();
```

6.4.5　事件及交互性操作

基于 Cesium 开发的应用，除了视觉效果的展示外，人机交互性也是一个重要的方面。例如，对鼠标单击、双击、放置于对象上等事件进行适当的响应，可增加应用的体验性，便于用户更加直观地观察当前场景。根据实际使用情况，Cesium 将事件分为 3 种：屏幕空间事件处理程序（对应 ScreenSpaceEventHandler）、屏幕空间相机控制器（对应 ScreenSpaceCameraController）和场景触发事件。

6.4.5.1　屏幕空间事件处理程序

屏幕空间事件处理程序，就是使用过程中对鼠标事件和键盘事件的处理程序。鼠标类型事件有 15 种，包括鼠标事件 12 种，触控屏上双指事件 3 种，见表 6.4-3。

表 6.4-3　鼠标事件类型

序号	事件名	描述
1	LEFT_DOWN	表示鼠标左键按下事件
2	LEFT_UP	表示鼠标左键弹起事件
3	LEFT_CLICK	表示鼠标左键单击事件
4	LEFT_DOUBLE_CLICK	表示鼠标左键双击事件
5	RIGHT_DOWN	表示鼠标右键按下事件
6	RIGHT_UP	表示鼠标右键弹起事件
7	RIGHT_CLICK	表示鼠标右键单击事件
8	MIDDLE_DOWN	表示鼠标中键按下事件
9	MIDDLE_UP	表示鼠标中键弹起事件
10	MIDDLE_CLICK	表示鼠标中键单击事件
11	MOUSE_MOVE	表示鼠标移动事件

（续）

序号	事件名	描述
12	WHEEL	表示鼠标滚轮事件
13	PINCH_START	表示触控屏上双指开始事件
14	PINCH_END	表示触控屏上双指结束事件
15	PINCH_MOVE	表示触控屏上双指移动事件

键盘事件较鼠标事件特殊，它们不单独使用，而是同鼠标事件配合使用，有3种键盘事件，见表6.4-4。

表 6.4-4　键盘事件类型

序号	事件名	描述
1	SHIFT	表示 Shift 键被按住
2	CTRL	表示 Ctrl 键被按住
3	ALT	表示 Alt 键被按住

下面通过一个代码示例，演示鼠标事件和键盘事件的使用方法（见图6.4-14）。首先，需要创建一个屏幕空间事件处理器对象，同时传入一个 HTMLCanvasElement 用于指定事件处理器应用的 Canvas 元素，一般情况下指定为 viewer.scene.canvas；接下来，需要使用事件处理器上的 setInputAction 方法，该方法定义事件触发的类型和执行事件触发的回调函数。该示例的核心代码如下所示。

```
// 绑定屏幕空间事件
let handler = new Cesium.ScreenSpaceEventHandler(viewer.scene.canvas);
    handler.setInputAction(function(event){
console.log("shift + 左键单击",event.position);
},Cesium.ScreenSpaceEventType.LEFT_CLICK,Cesium.KeyboardEventModifier.SHIFT);
    // 移除屏幕空间事件
    // handler.removeInputAction(Cesium.ScreenSpaceEventType.LEFT_CLICK,Cesium.KeyboardEventModifier.SHIFT);
```

选中浏览器按下 F12 键，打开网页开发者工具，按住 Shift 键，鼠标左键单击画布，即可看见日志输出文本"Shift+左键单击"，还给出了单击在笛卡儿平面直角坐标中的位置。

6.4.5.2　屏幕空间相机控制器

屏幕空间相机控制器，是与相机相关的事件处理程序，可以根据画布上鼠标事件和键盘事件，改变摄像机的位置和方向。相机事件类型见表6.4-5。

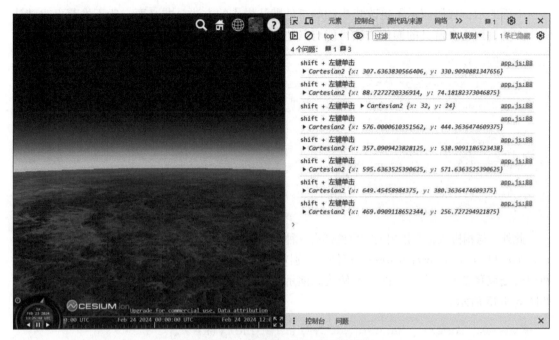

图 6.4-14　鼠标事件和键盘事件演示

表 6.4-5　相机事件类型

序号	事件名	描述	默认操作		
			3D 视图	2.5D 视图	2D 视图
1	LEFT_DRAG	按下鼠标左键，然后移动鼠标并释放按钮	绕地球旋转	地图上平移	地图上平移
2	RIGHT_DRAG	按下鼠标右键，然后移动鼠标并释放按钮	地图缩放	地图缩放	地图缩放
3	MIDDLE_DRAG	按下鼠标中键，然后移动鼠标并释放按钮	倾斜地球	倾斜地图	无
4	WHEEL	滚动鼠标中键	地图缩放	地图缩放	地图缩放
5	PINCH	双指触控屏幕	倾斜地球	倾斜地图	无
6		CTRL+LEFT_DRAG	倾斜地球	倾斜地图	无
7		CTRL+RIGHT_DRAG	倾斜地球	倾斜地图	无

　　如需改变默认操作模式，可通过屏幕空间相机控制器的五个属性来实现（见表 6.4-6）。由于 Cesium 在实例化 Viewer 类时，已经将屏幕空间相机控制器实例化，因此可直接操作该类的属性。

表 6.4-6　相机控制器属性

序号	事件名	描述
1	lookEventTypes	允许用户更改相机观看方向，仅适用于 3D 和 2.5D 视图
2	rotateEventTypes	允许用户绕地球或其他对象旋转观看，仅适用于 3D 和 2.5D 视图
3	tiltEventTypes	允许用户在 3D 和 2.5D 视图中倾斜或在 2D 中扭曲观看
4	translateEventTypes	允许用户在地图上平移，仅适用于 2.5D 和 2D 视图
5	zoomEventTypes	允许用户放大缩小观看

下面的示例代码演示了更改相机倾斜事件默认操作的方法，非必要一般不推荐更改默认操作方法，因为自定义的操作方法可能与其他相机事件冲突，导致操作失效。

```
// 倾斜视角
viewer.scene.screenSpaceCameraController.tiltEventTypes=[
  Cesium.CameraEventType.RIGHT_DRAG,
  {
    eventType: Cesium.CameraEventType.RIGHT_DRAG,
    modifier: Cesium.KeyboardEventModifier.SHIFT,
  },
]
```

此外，与相机状态变化相关的事件还有 3 种，分别是 viewer.camera.changed、viewer.camera.moveStart 和 viewer.camera.moveEnd 事件，分别对应于相机改变时触发、相机开始移动时触发和相机结束移动时触发。下面的示例代码演示了相机的这 3 个事件。相机状态变化事件演示如图 6.4-15 所示。

```
viewer.camera.changed.addEventListener(() => {
  console.log("camera changed!"); // camera changed
})
  viewer.camera.moveStart.addEventListener(() => {
  console.log("camera moveStart!"); // camera moveStart
})
viewer.camera.moveEnd.addEventListener(() => {
  console.log("camera moveEnd!"); // camera moveEnd
})
```

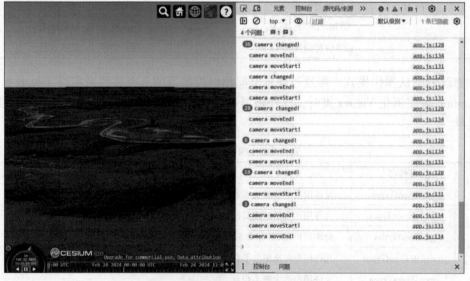

图 6.4-15　相机状态变化事件演示

6.4.5.3　场景触发事件

Cesium 与场景相关的渲染事件有 4 种，分别是 postRender、postUpdate、preRender 和 preUpdate，它们也代表了场景 Scene 的渲染过程。在实际应用中，Cesium 会自动开启渲染循环 RenderLoop，如果监听到渲染事件后，会循环触发这 4 种事件。下面的示例代码对这种现象进行了演示，用户也可以通过设置 viewer.useDefaultRenderLoop 为 false 来关闭场景的自动渲染。循环触发渲染事件演示如图 6.4-16 所示。

```
viewer.scene.postRender.addEventListener(()=>{
  console.log('postRender')
})
viewer.scene.postUpdate.addEventListener(()=>{
  console.log('postUpdate')
})
viewer.scene.preRender.addEventListener(()=>{
  console.log('preRender')
})
viewer.scene.preUpdate.addEventListener(()=>{
  console.log('preUpdate')
})
```

图 6.4-16　循环触发渲染事件演示

6.5　小结

本章对 WebGIS 引擎 Cesium 进行了介绍。首先，对 GIS 和 WebGIS 进行了简要概述；之后，引出 WebGIS 引擎 Cesium 并对 Cesium 项目创建的一般流程进行了演示说明；最后，对 Cesium 界面控件的显隐、影像及地形数据的加载、相机操作、几何形体绘制和事件交互性操作等进行了举例介绍，旨在帮助读者学习了解 Cesium 及其基础用法。

第 **7** 章　智能语音与图像技术

　　本章对智能语音与图像技术在发射场设备信息系统的应用进行介绍。首先，介绍神经网络、智能语音技术和智能图像技术开发的基础知识，主要包括语音识别、语音合成、图像识别、图像增强等内容；然后，给出智能语音与图像技术在发射场设备信息系统的具体应用实例。

7.1　概述

　　人工智能技术的迅速发展和应用场景的不断扩展，为航天发射场设备信息系统的开发提供了新的思路和方法，智能化成为航天发射场建设和发展的必然趋势。作为人工智能领域的重要分支，智能语音和图像技术可以通过算法和模型实现对语音和图像的识别、理解和处理，让计算机能够像人一样理解和处理语音和图像信息，大幅提高发射场的智能化程度和工作效率，更好地保障发射任务的安全顺利进行。

　　在发射场，智能语音技术可以帮助工作人员进行语音识别与合成，实现人机交互。例如，工作人员可以通过语音指令控制发射流程，减少人工操作，提高工作效率。同时，利用智能语音技术还可以进行语音识别和语音合成，实现自动播报和语音提醒等功能。当发射过程中出现异常情况时，智能语音系统可以通过语音合成技术自动播报预警信息，提醒工作人员及时处理，提高发射场的智能化水平。智能图像技术则可以通过图像识别、图像处理等技术，对发射场中的各种图像信息进行自动处理和分析。例如，智能图像技术可以对发射场的设备状态、环境状况等进行实时监控和预警，及时发现潜在的问题和隐患，提高发射场的安全性和可靠性。当设备出现故障或环境出现异常时，智能图像系统可以自动识别并发出警报，及时提醒工作人员进行处理。通过图像分析技术，可以对发射过程中的关键环节进行精确的评估和分析，为决策提供支持。通过对发射过程中的关键参数进行图像分析，可以判断状态是否正常，及时发现并处置发射过程中可能存在的问题和隐患。

7.2　人工神经网络

　　智能语音和图像技术常使用人工神经网络模型，本节将对人工神经网络进行介绍。

7.2.1　神经网络的基础——神经元

　　感知机是受生物学中神经元启发而产生的一种典型单层线性前馈人工神经网络，是采用监督学习的最简二类分类网络。神经元可以看作最简单的神经网络，如图 7.2-1 所示，首先接收到一些信号，这些信号通过这些树突（dendrite）组织接收，树突组织接收到这些信号后送到细胞里边的细胞核（nucleus），细胞核对这些刺激进行综合处理，当达到了一定的阈值之后，就会被激活，进而产生一个刺激的输出，类似加权投票机制。

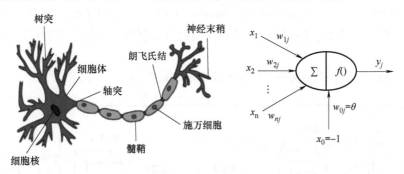

图 7.2-1　最简单的神经网络

7.2.2　主要的人工神经网络

人工神经网络（artificial neural network，ANN）也简称为神经网络（NN），是一种模仿生物神经网络（动物的中枢神经系统，特别是大脑）结构和功能的计算模型。下面均采用简称。经典的神经网络结构包含 3 个层次的神经网络，依次为输入层、输出层以及隐藏层，如图 7.2-2 所示。按照网络结构的构建方式和连接结构，包括前馈神经网络、卷积神经网络和循环神经网络。

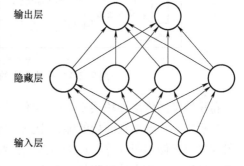

图 7.2-2　经典的神经网络结构

7.2.2.1　前馈神经网络

前馈神经网络（feedforward neural network，FNN）的结构如图 7.2-3 所示。

1）信号从输入神经元进入，沿着网络连边传输，每个信号都会与连边上的权重 w 相乘，得到隐藏层神经元的输入。

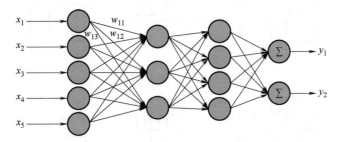

图 7.2-3　前馈神经网络的结构

2）隐藏层神经元对所有连边输入的信号进行汇总求和，经过一定的处理后输出。

3）这些输出的信号再与从隐藏层到输出层的那组连线上的权重相乘，这样就得到了输入给输出神经元的信号。

4）输出神经元对每一条输入连边的信号进行汇总，加工处理后输出。

5）最后的输出就是整个神经网络的输出。

7.2.2.2 卷积神经网络

卷积神经网络（convolutional neural networks，CNN）一般用于处理图像。它可以使原始图像即使经历平移、缩放等变换后仍然具有很高的可识别性。因此，它被广泛应用于计算机视觉领域。

图 7.2-4 所示的卷积神经网络 AlexNet 近年来非常热门。

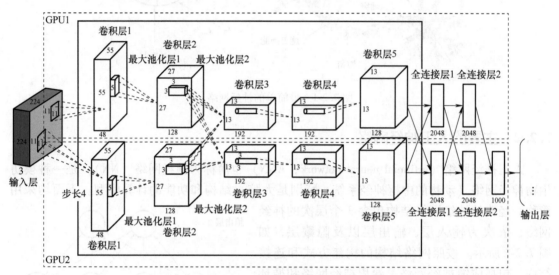

图 7.2-4　一种典型的卷积神经网络 AlexNet 的结构

卷积神经网络由卷积层 Conv、池化层 Pooling 和全连接层组成。

卷积层，主要是在原始的输入上进行特征提取，是网络中最重要的部分。将卷积核与输入图像的像素做卷积计算，进而得到新的特征映射矩阵，同时图像像素之间的关系依旧保留下来。卷积计算的大致过程如图 7.2-5 所示。由于篇幅有限，这里不再赘述。

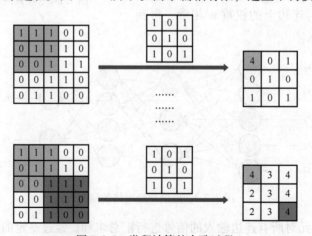

图 7.2-5　卷积计算的大致过程

池化层，主要是执行一种数字图像邻域运算，对于输入数据某个位置，使用其邻域内数值的某种统计特性代替该位置的数值并输出。所谓的"池化"，其实是指特征值筛选。以 max-pooling 池化方法的池化过程为例，每经过一个"过滤器"的计算，整个图片都会形成一个卷积特征矩阵，挑选当中元素值最大的（其实就相当于把和卷积核最像的那部分给提取出来了），这个图片在经历所有的"过滤器"运算后，把这当中所有的最大值都给筛选出来，这样就会组成一个新的图形矩阵。池化本质上是一种"降维"的方法。

在经过池化（特征提取）之后，原有的图片被降维了，经过一次次的卷积核特征提取，最后得出来的，都是"精华"。

7. 2. 2. 3　循环神经网络

循环神经网络（recurrent neural network，RNN），是指在全连接神经网络的基础上增加了前后时序上的关系，可以更好地处理如机器翻译等与时序相关的问题。循环神经网络是一种对序列数据有较强的处理能力的网络。在网络模型中，不同部分进行权值共享使得模型可以扩展到不同样式的样本。比如，卷积神经网络中一个确定好的卷积核模板，几乎可以处理任何大小的图片。将图片分成多个区域，使用同样的卷积核对每一个区域进行处理，最后可以获得非常好的处理结果。同样的，循环网络使用类似的模块（形式上相似）对整个序列进行处理，可以将很长的序列进行泛化，得到需要的结果。

循环神经网络就是用来处理序列数据的。在传统的神经网络模型中，是从输入层到隐藏层再到输出层，层与层之间是全连接的，每层之间的节点是无连接的。但是这种普通的神经网络对于很多问题都无能为力。比如，要预测句子的下一个单词是什么，一般需要用到前面的单词，因为一个句子中前后单词并不是独立的。

相比于词袋模型（bag of words model，将文本表示为一个词的集合，忽略词语的顺序和语法结构，只关注词语的出现频率）和前馈神经网络模型，循环神经网络可以考虑词的先后顺序对预测的影响。循环神经网络包括 3 个部分：输入层、隐藏层和输出层。相对于前馈神经网络，循环神经网络可以接收上一个时间点的隐藏状态。由于循环神经网络的这种特点，可用于语音识别等考虑前后文及时间先后的领域。循环神经网络的网络结构如图 7. 2-6 所示。

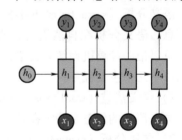

图 7. 2-6　循环神经网络的网络结构

7.3　智能语音技术开发基础

7.3.1　智能语音技术简介

智能语音技术是指通过语音识别、语音合成、语义分析等技术，实现对人类语音的理解和处理，如图 7. 3-1 所示。其中，语音识别是指将人类语音转换为计算机可识别的文本形式；语音合成是指将计算机生成的文本转换为语音输出。当前智能语音处理有多种方式，常见的有在线语音、离线语音等。在航天发射场内部网络，由于网络安全的问题，应用智能技术的同时，为保障数据安全等，需要重点发展离线语音技术。离线语音技术具备无须依赖互联网、响应速度快的优势。离线语音技术在发射场有很多应用，如口令采集等。

语音识别（automatic speech recognition，ASR）是将语音信号转换成对应文本的技术。它涉及将输入的音频信号转换为声学特征，然后通过模型训练将声学特征转换为文本。也就是说，让计算机通过识别和理解的过程把人类的语音信号转变为想要的文本或者命令，以便计算机进行理解和产生相应的操作。这项技术可以实现如自动客服、自动语音翻译、命令控制、语音验证码等多项应用。近年来，语音识别技术

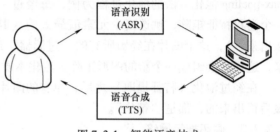

图 7.3-1　智能语音技术

在理论和应用方面都取得较大突破，开始从实验室走向市场，已逐渐走进人们的日常生活。现在，语音识别技术在发射场也有很多应用。

语音合成（text to speech，TTS），是语音识别的反向任务。语音合成将给定的文本转换成相应的音频，以供播放。也就是说，将计算机自己产生的或外部输入的文字信息，转变为可以听得懂的流利的汉语口语输出的技术。它通过机械、电子的方法产生人造语音，是实现人机语音通信，建立一个有听和讲能力的口语系统所必需的两项关键技术之一。语音合成技术的基本组成包括文本分析、语言处理、韵律处理、声学处理等步骤。其中，文本分析对输入文本进行语言学分析，逐句进行词汇、语法和语义的分析，以确定句子的底层结构和每个字的音素组成；语言处理模拟人对自然语言的理解过程；韵律处理涉及声调、重音、停顿等语言要素的处理；声学处理则将语言处理和韵律处理的结果转换成音频信号。

语义分析（semantic analysis），是指对文本进行深层次的理解和解释，以获取其中的语义信息。语义分析在自然语言处理（natural language processing，NLP）中扮演着重要的角色，可以帮助计算机理解人类语言的含义，从而实现更高级的文本处理任务。语义分析可以包括以下几个主要任务：

1）词义消歧（word sense disambiguation）。在自然语言中，一个词可能有多个不同的含义，词义消歧的任务是确定在特定上下文中一个词的确切含义。

2）句法分析（syntactic parsing）。句法分析是指对句子进行结构化分析，以确定句子中各个单词之间的关系。常见的句法分析方法包括依存句法分析和短语结构句法分析。

3）语义角色标注（semantic role labeling）。语义角色标注是指对句子中的每个单词进行标注，以表示其在句子中扮演的语义角色，如施事者、受事者、时间等。

4）实体识别（named entity recognition）。实体识别是指从文本中识别出具有特定意义的实体，如人名、地名、组织机构名等。

5）情感分析（sentiment analysis）。情感分析是指对文本中的情感进行识别和分类，常见的情感分析任务包括情感极性分类和情感强度分析。

6）语义关系抽取（semantic relation extraction）。语义关系抽取是指从文本中抽取出实体之间的语义关系，如上下位关系、关联关系等。

7）文本分类（text classification）。文本分类是指将文本按照预定义的类别进行分类，常见的应用包括垃圾邮件过滤、新闻分类等。通过这些任务的实现，可以帮助计算机更好地理解和处理人类语言。

7.3.2　语音识别技术开发基础

7.3.2.1　语音识别原理

语音识别技术，也称为自动语音识别，是一种将人类语音转换为机器可读的输入的技术。其基本原理是利用计算机对语音信号进行预处理，提取语音特征，然后与预先训练好的模型进行匹配，从而确定语音中包含的词汇。

语音识别技术主要分为两个阶段：训练阶段和识别阶段。在训练阶段，计算机从大量语音数据中学习并构建一个语音模型。在识别阶段，计算机将输入的语音信号与模型进行匹配，从而识别出语音中的词汇。

语音识别的本质是一种基于语音特征参数的模式识别。即，通过学习，系统能够把输入的语音按一定模式进行分类，进而依据判定准则找出最佳匹配结果。目前，模式匹配原理已经被应用于大多数语音识别系统中。图 7.3-2 所示为基于模式匹配原理的语音识别系统框图。

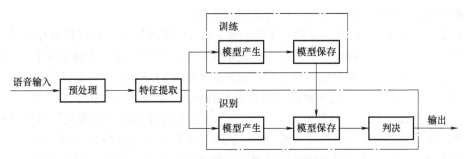

图 7.3-2　基于模式匹配原理的语音识别系统框图

语音识别技术涉及声音采集、特征提取、模式匹配、语义解析和识别反馈等多个环节。下面将对每个环节进行详细介绍。

（1）声音采集。声音采集是语音识别的第一步。它通过麦克风等设备将声音信号转换为电信号，然后输入到计算机中。在这个过程中，需要对声音进行预处理，如降噪、放大等，以提高声音信号的质量。

（2）特征提取。特征提取是语音识别的关键环节之一。它通过对声音信号进行频谱分析、时域分析等处理，提取出反映语音特征的参数，如声谱、音素等。这些特征参数可以有效地表示语音信息，为后续的模式匹配和识别提供基础。

（3）模式匹配。模式匹配是语音识别的核心环节之一。它通过将提取出的特征参数与预定义的模型进行比较，找到最匹配的模型，从而确定对应的语音内容。在模式匹配过程中，需要采用合适的算法和模型，如隐马尔可夫模型（HMM）、深度神经网络等，以提高识别的准确性和效率。

（4）语义解析。语义解析是语音识别的另一个关键环节。它通过对语音内容进行语义分析，理解其含义和意图，从而为用户提供更加智能化的服务。在语义解析过程中，需要结合自然语言处理技术，如词法分析、句法分析、语义分析等，以实现更加准确的理解和解析。

（5）识别反馈。识别反馈是语音识别的最后一个环节。它通过将识别的结果反馈给用户,如语音播报、文字输出等,使用户能够更加直观地了解识别结果。同时,也可以根据用户反馈对识别算法进行优化和改进,提高识别准确性和用户体验。

7.3.2.2 语音识别模型

从语音识别算法的发展来看,语音识别技术主要分为3大类:第一类是模型匹配法,包括矢量量化(VQ)、动态时间规整(DTW)等;第二类是概率统计方法,包括高斯混合模型(GMM)、隐马尔科夫模型(HMM)等;第三类是辨别器分类方法,如支持向量机(SVM)、神经网络(NN)等,以及多种组合方法。

(1)动态时间规整(DTW)。语音识别中,由于语音信号的随机性,即使同一个人发的同一个音,只要说话环境和情绪不同,时间长度也不尽相同,因此时间规整是必不可少的。动态时间规整是一种将时间规整与距离测度有机结合的非线性规整技术,在语音识别时,需要把测试模板与参考模板进行实际比对和非线性伸缩,并依照某种距离测度选取距离最小的模板作为识别结果输出。动态时间规整技术的引入,将测试语音映射到标准语音时间轴上,使长短不等的两个信号最后通过时间轴弯折达到一样的时间长度,进而使得匹配差别最小,结合距离测度,得到测试语音与标准语音之间的距离。

(2)支持向量机(SVM)。支持向量机是建立在VC维理论和结构风险最小理论基础上的分类方法。它是根据有限样本信息在模型复杂度与学习能力之间寻求最佳折中。从理论上说,支持向量机就是一个简单的寻优过程,它解决了神经网络算法中局部极值的问题,得到的是全局最优解。SVM已经成功地应用到语音识别中,并表现出良好的识别性能。

(3)矢量量化(VQ)。矢量量化是一种广泛应用于语音和图像压缩编码等领域的重要信号压缩技术,思想来自香农的率失真理论。其基本原理是把每帧特征矢量参数在多维空间中进行整体量化,在信息量损失较小的情况下对数据进行压缩。因此,它不仅可以减小数据存储,而且还能提高系统运行速度,保证语音编码质量和压缩效率,一般应用于小词汇量的孤立词语音识别系统。

(4)隐马尔科夫模型(HMM)。隐马尔科夫模型是一种统计模型,目前多应用于语音信号处理领域。在该模型中,马尔科夫(Markov)链中的一个状态是否转移到另一个状态取决于状态转移概率,而某一状态产生的观察值取决于状态生成概率。在进行语音识别时,隐马尔科夫模型首先为每个识别单元建立发声模型,通过长时间训练得到状态转移概率矩阵和输出概率矩阵,在识别时根据状态转移过程中的最大概率进行判决。

(5)高斯混合模型(GMM)。高斯混合模型是单一高斯概率密度函数的延伸,高斯混合模型能够平滑地近似任意形状的密度分布。高斯混合模型种类有单高斯模型(SGM)和高斯混合模型(GMM)两类。类似聚类,根据高斯概率密度函数(PDF)参数不同,每一个高斯模型可以看作一种类别,输入一个样本 x,即可通过概率密度函数计算其值,然后通过一个阈值来判断该样本是否属于高斯模型。很明显,单高斯模型适合仅有两类别问题的划分,而高斯混合模型由于具有多个模型,划分更为精细,适用于多类别的划分,可以应用于复杂对象建模。目前在语音识别领域,高斯混合模型需要和隐马尔科夫模型一起构建完整的语音识别系统。

(6)深度神经网络/深信度网络-隐马尔科夫(DNN/DBN-HMM)。当前诸如人工神经网络(ANN)、误差逆传播算法(BP)等多数分类的学习方法都是浅层结构算法,与深层算法相比存在局限性。尤其当样本数据有限时,它们表征复杂函数的能力明显不足。深度学习可通过学习深层非线性网络结构，实现复杂函数逼近，表征输入数据分布式，并展现从少数样本集中学习本质特征的强大能力。在深度结构非凸目标代价函数中普遍存在的局部最小问题是训练效果不理想的主要原因。为了解决以上问题，提出基于深度神经网络（DNN）的非监督贪心逐层训练算法，它利用空间相对关系减少参数数目以提高神经网络的训练性能。相比传统的基于 GMM-HMM 的语音识别系统，其最大的改变是采用深度神经网络替换高斯混合模型对语音的观察概率进行建模。最初主流的深度神经网络是最简单的前馈型深度神经网络（FDNN）。深度神经网络相比高斯混合模型的优势如下：

1）使用深度神经网络估计高斯混合模型的状态的后验概率分布不需要对语音数据分布进行假设。

2）深度神经网络的输入特征可以是多种特征的融合，包括离散或者连续的。

3）深度神经网络可以利用相邻的语音帧所包含的结构信息。

（7）循环神经网络（RNN）。语音识别需要对波形进行加窗、分帧、提取特征等预处理。训练高斯混合模型时候，输入特征一般只能是单帧的信号，而对于深度神经网络可以采用拼接帧作为输入，这些是深度神经网络相比高斯混合模型可以获得很大性能提升的关键因素。然而，语音是一种各帧之间具有很强相关性的复杂时变信号，这种相关性主要体现在说话时的协同发音现象上，往往之前好几个字对正要说的字都有影响，即语音的各帧之间具有长时相关性。采用拼接帧的方式可以学到一定程度的上下文信息。但是由于深度神经网络输入的窗长是固定的，学习到的是固定输入到输入的映射关系，从而导致深度神经网络对于时序信息的长时相关性的建模是较弱的。

考虑到语音信号的长时相关性，一个自然而然的想法是选用具有更强长时建模能力的神经网络模型。于是，循环神经网络近年来逐渐替代传统的深度神经网络成为主流的语音识别建模方案。相比前馈型神经网络深度神经网络，循环神经网络在隐藏层上增加了一个反馈连接，隐藏当前时刻的输入有一部分是前一时刻的隐藏层输出，这使得循环神经网络可以通过循环反馈连接看到前面所有时刻的信息，这赋予了循环神经网络记忆功能。这些特点使得循环神经网络非常适合用于对时序信号的建模。

7.3.2.3　常用的语音识别开源工具

下面介绍一些常用的语音识别开源工具。

（1）Kaldi。Kaldi 是一个开源的语音识别工具包，使用 C++编写，提供了灵活的语音特征提取、声学模型和语言模型等组件，支持多种语音识别任务。Kaldi 具有高度的可定制性和扩展性，被广泛应用于语音识别领域的研究和开发。

（2）Vosk。Vosk 是一个开源的离线语音识别工具包，由 Kaldi 语音识别工具包衍生而来。它支持多种语言和平台，并且具有高度准确性和实时性。Vosk 支持多种语言，包括英语、中文、西班牙语、法语等，具有较高的识别准确性，能够实时进行语音识别，响应速度快。Vosk 提供了多种编程语言的 API，方便开发者进行集成和使用。Vosk 官网上提供了多种语言的预训练模型，包括轻量级的模型（<100MB）、稍大模型（4GB 左右），能够在满足如嵌入式设备、大型计算机等不同性能的设备使用。

（3）CMU Sphinx。CMU Sphinx 是一个开源的语音识别系统，使用 C++编写。它提供了声学模型、语言模型和语音合成等功能，支持多种操作系统和开发环境，广泛应用于学术和商业领域。

（4）HTK。隐马尔科夫模型工具包（hidden markov model toolkit，HTK）是一个基于隐马尔科夫模型（HMM）的语音识别工具包，使用 C++编写。它提供了声学模型、语言模型和声学特征提取等功能，被广泛应用于语音识别的研究和开发。

（5）Pocketsphinx。Pocketsphinx 是一个基于 CMU Sphinx 的轻量级语音识别引擎，使用 C++编写。它可以在嵌入式设备和移动应用程序中运行，支持离线和在线语音识别，并且具有低延迟和高可靠性等特点。

（6）Mycroft Project。Mycroft Project 是一个基于 Python 的开源语音识别平台，使用 Mozilla Deepspeech 作为其语音识别引擎。它提供了易于使用的 API 和工具，支持多种语言和口音，并且可以在不同的硬件平台和操作系统上运行。

（7）Snips。Snips 是一个基于深度学习的开源语音识别引擎，使用 Python 编写。它可以在本地或云端运行，支持离线和在线语音识别，并且可以与其他智能家居设备集成。

另外，还有 6 款支持中文语音识别开源软件。

（1）PaddleSpeech。PaddleSpeech 是基于飞桨 PaddlePaddle 的语音方向的开源模型库，用于语音和音频中的各种关键任务的开发，包含大量基于深度学习前沿和有影响力的模型。

（2）ASRT。自动语音识别工具（auto speech recongnition tool，ASRT）是一个基于深度学习的中文语音识别系统，使用 TensorFlow 和 Keras，基于深度卷积神经网络和长短时记忆神经网络、注意力机制以及 CTC 实现。

（3）MASR。MASR 是一个基于端到端的深度神经网络的中文普通话语音识别项目。MASR 使用的是门控卷积神经网络（gated convolutional neural network，GCNN），网络结构类似 Facebook 在 2016 年提出的 Wav2letter。但是使用的激活函数不是 ReLU 或是 HardTanh，而是门控线性单元（gated linear unit，GLU）。

（4）ESPnet。ESPnet 是端到端语音处理工具包，涵盖了端到端语音识别、文本到语音、语音翻译、语音增强、说话者二值化、口语理解等。ESPnet 使用 PyTorch 作为深度学习引擎，并遵循 Kaldi 风格的数据处理、特征提取/格式和配方，为各种语音处理实验提供一个完整的设置。

（5）WeNet。Wenet 是出门问问公司语音团队联合西工大语音实验室开源的一款面向工业落地应用的语音识别工具包。它用一套简洁的方案提供了语音识别从训练到部署的一条龙服务，主要特点如下：

1）使用 conformer 网络结构和 CTC/attention loss 联合优化方法，具有业界一流的识别效果。

2）提供云上和端上直接部署的方案，最小化模型训练和产品落地之间的工程工作。

3）框架简洁，模型训练部分完全基于 PyTorch 生态，不依赖 Kaldi 等安装复杂的工具。

4）详细的注释和文档，十分适合用于学习端到端语音识别的基础知识和实现细节。

（6）DeepSpeech。DeepSpech 是一个开源的语音到文本（STT）引擎，使用了基于百度深度语音研究论文的机器学习技术训练的模型。深度语音项目使用谷歌的 TensorFlow，使实现更容易。

7.3.2.4 常用的语音识别数据库

语音识别技术是人工智能领域的重要分支，而语音识别数据库则是该技术发展的基石。

常用的语音识别数据库有多种，以下是其中几个常见的数据库：

（1）TIMIT。TIMIT 是一个广泛使用的语音识别数据库，包含了美国英语的读音。它包含了 630 人的 16 小时的语音录音，涵盖了多种口音和方言。

（2）LibriSpeech。LibriSpeech 是一个大规模的语音识别数据库，包含了来自公共领域的英语语音录音。它包含了约 1000 小时的语音数据，涵盖了多种说话人和语音风格。

（3）VoxCeleb。VoxCeleb 是一个用于语音识别的数据库，包含了来自名人和公众人物的语音录音。它包含了超过 100000 人的语音数据，涵盖了多种语言和口音。

（4）Common Voice。Common Voice 是由 Mozilla 组织开发的一个开源语音识别数据库，旨在收集来自全球各地的语音数据。它包含了数人的语音录音，涵盖了多种语言和方言。

这些数据库都是在语音识别研究和开发中广泛使用的资源，可以用于训练和评估语音识别模型。

目前中文语音识别数据库产品很多，主要有以下几个：

（1）THCHS30。THCHS30 是由清华大学语音与语言技术中心发布的开放语音数据集，可用于开发中文语音识别系统。

（2）AISHELL-1。AISHELL-1 是由中国科学院自动化研究所发布的中文普通话语音数据集，包含约 170 小时的录音数据。

（3）ST-CMDS-20170001_1-OS。ST-CMDS-20170001_1-OS 是由清华大学发布的中文普通话语音数据集，包含约 13.5 小时的录音数据。

（4）Magic Data。Magic Data 是由北京晴数智慧科技有限公司发布的中文普通话语音数据集，包含约 1000 小时的录音数据。

（5）Primewords。Primewords 是由上海元语信息科技有限公司发布的中文普通话语音数据集，包含约 1000 小时的录音数据。

这些数据库可以用于中文语音识别的训练和评估，提供了丰富的语音数据资源供研究和开发使用。

7.3.2.5　语音识别数据库的评估指标

下面介绍一些常用的语音识别数据库的评估指标，包括数据来源、语料库规模、语种覆盖、场景多样性、音频质量和标注质量等。

（1）语音数据来源。语音识别数据库的来源多种多样，包括公开数据集和商业数据集。公开数据集如 LibriSpeech、TED-LIUM 等，可以免费获取和使用；商业数据集则需要购买授权，如 AIShell 等。

（2）语料库规模。语料库规模是评估语音识别数据库的一个重要指标。大型语料库如 LibriSpeech、Common Voice 等包含数以万计的语音样本，有助于提高语音识别的准确率和鲁棒性。小型语料库则适用于特定的研究任务或原型开发。

（3）语种覆盖。不同的语音识别数据库可能覆盖不同的语种。例如，英文语音识别数据库有 LibriSpeech、TED-LIUM 等，中文语音识别数据库有 AIShell、CMU-Arctic 等，还有多语种语音识别数据库如 Common Voice 等。选择适合研究或应用需求的语种覆盖的数据库是很重要的。

（4）场景多样性。场景多样性指的是语音识别数据库中包含的不同场景（环境）下的语音样本。例如，安静环境下的语音、嘈杂环境下的语音、远场语音、不同口音和语速的语音等。场景多样性越丰富，越能提高语音识别的鲁棒性和泛化能力。

（5）音频质量。音频质量是评估语音识别数据库的一个重要方面。高质量的音频有助于提高语音识别的准确率，低质量的音频可能导致误识别。因此，选择音频质量较高的语音识别数据库是很重要的。

（6）标注质量。标注质量指的是语音识别数据库中标注的准确性和完整性。高质量的标注有助于提高语音识别的准确率和鲁棒性。因此，评估标注质量也是很重要的。

（7）使用许可。不同的语音识别数据库可能有不同的使用许可要求。例如，一些商业数据集可能需要购买授权才能使用，一些公开数据集则可以免费获取和使用。因此，在使用语音识别数据库时，需要注意其使用许可要求。

随着更加智能、高效、自然的语音交互体验的出现，语音识别技术有望在未来发射场设备信息系统的建设中发挥的更多、更好、更大的作用。

7.3.3 语音合成技术开发基础

7.3.3.1 语音合成技术原理

语音合成技术，也称为文语转换（TTS）技术，是将文本转换为人类语音的技术。这项技术涉及语言处理、计算机科学和人工智能等领域，旨在使计算机或其他电子设备能够理解和解释人类语言，并生成具有特定情感和语调的语音输出。它使用声学模型和波形合成技术，将文字信息转化为相应的语音输出，生成逼真的语音，使机器能够像人类一样说话。

语音合成技术的发展经历了多个阶段。最初，语音合成技术主要依赖简单的预定义词汇和有限的声音单元，生成语音的效果较为生硬。随着深度学习技术的发展，语音合成技术取得了显著的进步，能够生成更加自然、流畅的语音。

语音合成技术的发展可以分为以下 3 个阶段：

1）初步探索阶段。20 世纪 50 年代，语音合成技术开始初步探索。这个阶段的研究主要集中在语音信号处理和语音合成算法的研发上。

2）发展成熟阶段。20 世纪 80 年代，随着计算机技术的快速发展，语音合成技术逐渐成熟。这个阶段出现了基于规则的语音合成方法和基于统计的语音合成方法。

3）深度学习阶段。近年来，随着深度学习技术的兴起，语音合成技术取得了重大突破。基于深度学习的语音合成方法在自然度、清晰度和情感表达等方面都取得了显著提升。

语音合成技术的实现原理如下：

1）文本分析，是语音合成的第一步，包括分词、词性标注、句法分析等任务。这些任务有助于提取文本中的语义信息和语法结构，为后续的声学模型提供更好的输入。

2）声学模型，是语音合成的核心部分，它的任务是将文本映射到语音特征上。常见的声学模型有隐马尔可夫模型（HMM）、深度神经网络（DNN）和循环神经网络（RNN）等。这些模型可以学习到从文本到声学特征的映射关系，进而生成相应的语音。

3）韵律模型，负责控制生成语音的节奏、音高和音长等韵律特征。通过调整韵律参数，可以使生成的语音更加自然和流畅。

4）声码器模型，是指将声学特征转化为语音波形的过程。常见的声码器模型有波形拼接、帧同步和参数合成等技术。其中，波形拼接技术是最为常见的一种，它将声学特征转换为语音波形，并通过拼接的方式合成完整的语音。

5）评估与优化，是确保生成语音质量的关键步骤。评估指标包括自然度、清晰度和可懂度等。根据评估结果，可以对生成算法进行优化和调整，以改进生成语音的质量和用户体验。

语音合成技术的应用场景非常广泛，主要包括以下 4 个方面：

1）智能语音助手，是语音合成技术的重要应用之一。通过智能语音助手，用户可以通过语音与设备进行交互，实现查询信息、设置提醒等功能。

2）语音播报，是利用语音合成技术将文本信息转化为语音输出的应用。

3）语音合成器，是指将文本转换为语音的软件或设备。这些合成器可以应用于自动播报、智能广播、远程教育等领域，提供方便快捷的语音服务。

4）无障碍技术。对于有语言障碍或听力障碍的人群，语音合成技术这样的无障碍技术可以作为沟通桥梁，帮助他们更好地理解和交流信息。

总之，语音合成技术作为人工智能领域的重要分支，在智能语音助手、语音播报等领域有着广泛的应用前景。随着技术的不断发展，未来的语音合成技术将更加个性化、多语种化和情感化，为用户带来更加丰富、自然的语音交互体验。

7.3.3.2　语音合成引擎介绍

语音合成引擎是实现语音合成技术的核心组件，其作用是将文本信息转换为语音输出。它可以根据输入的语音数据生成对应的合成声音，通常涉及多个学科技术，如声学、语言学、数字信号处理技术和多媒体技术等。

语音合成引擎的算法原理主要包括以下三项：

1）声学模型，是语音合成引擎的核心部分。它通过将声音的频率、振幅和时长等信息转换成数学模型来控制声音的生成。常用的声学模型包括 WaveNet、Tacotron 和 Transformer 等。

2）语言模型，是语音合成技术中的关键部分。它用于对文本进行分析和理解，以便生成更加自然的语言声音。常用的语言模型包括 NVIDIA 的 Tokenizer、GPT 和 BERT 等。

3）解码器，是将合成声音转换为真实声音的部件。常用的解码器有数模转换器（DAC）等。

目前，市场上主要存在两种类型的语音合成引擎：

1）传统的 G 通算法，是最早的语音合成技术之一。它的核心思想是将文本转化为音高和语调的参数，然后通过计算得到声音。这种算法的优点在于实现简单，但缺点在于生成的声音质量较低。

2）基于神经网络的算法，是目前最为先进的语音合成技术。它使用神经网络来对文本进行分析和理解，然后生成更加自然的合成声音。这种算法的优点在于生成的声音质量较高；但缺点在于训练时间较长，需要大量的数据和计算资源。

语音合成引擎的开发需要经过多个步骤，包括文本预处理、声学模型训练、韵律模型训练和语音合成等。其中，声学模型负责将文本映射到声学特征上，韵律模型则控制语音的节奏、音高和音长等韵律特征。

一个好的语音合成引擎需要具备高自然度、低延迟、高清晰度和多语种支持等特点。为了实现这些特点，引擎通常会采用深度学习技术，如循环神经网络（RNN）、长短期记忆网络（LSTM）和 Transformer 等。这些深度学习技术能够自动学习文本到声学特征的映射关系，并生成高质量的语音输出。

目前市面上有许多主流的语音合成引擎，如美国谷歌公司的 TTS 引擎、美国微软公司的 AzureTTS 引擎、我国科大讯飞公司的讯飞听见 TTS 引擎等。这些引擎在技术原理和应用方面有一定的差异，但总体上都是通过整合文本预处理、声学模型和韵律模型等技术来实现高质量的语音合成。

优秀的语音合成引擎应具备以下技术特点：高自然度，能够生成逼真、自然的语音；低延迟，能够快速响应文本输入并输出高质量的语音；高清晰度，能够准确地表达文本信息；多语种支持，能够适应不同语言和口音的需求；情感表达，能够根据文本内容生成具有情感色彩的语音。

总之，语音合成引擎是实现语音合成技术的关键组件，其开发涉及多个学科技术。一个好的语音合成引擎需要具备高自然度、低延迟、高清晰度和多语种支持等特点，能够提供智能、便捷和人性化的交互体验。

7.3.3.3　常用语音合成引擎

开源的语音合成引擎有很多，以下是常用的开源语音合成引擎：

1）Tacotron，是一种端到端的语音合成系统，使用深度学习模型将文本转换为语音。Tacotron 的优点是可以生成自然流畅的语音，但缺点是生成速度较慢。可以在 GitHub 上找到 Tacotron 的开源实现。

2）Festival，是一个开源的语音合成系统，使用 TTS 技术将文本转换为语音。Festival 提供了一个强大的 API，可以用于开发各种语音合成应用。它支持多种语言和音色，并且可以通过脚本进行自定义。Festival 具有高度可定制性和灵活性，可以根据需要进行配置和扩展。可以在 GitHub 上找到 Festival 的开源实现。

3）eSpeak，是一个轻量级的开源语音合成引擎，支持多种语言和音色。它的设计简单，易于使用，并且可以在多个平台上运行。eSpeak 提供了命令行工具和 API，可以用于将文本转换为语音。

这些开源语音合成引擎可以根据需求进行定制和部署，提供高质量的语音合成服务。除了开源的语音合成引擎，还有商业化的语音合成引擎。以下是其中一些常见的商业化语音合成引擎：

1）Google Text-to-Speech，是美国谷歌公司的语音合成引擎，提供了多种语言和声音选择，可以通过 API 调用进行文本到语音的转换。

2）Amazon Polly，是美国亚马逊公司的语音合成服务，支持多种语言和声音选择，可以将文本转换为自然流畅的语音。

3）Microsoft Azure Speech Service，是美国微软公司的语音合成服务，提供了多种语言和声音选择，可以将文本转换为高质量的语音。

4）IBM Watson Text to Speech，是美国 IBM 公司的语音合成服务，支持多种语言和声音选择，可以将文本转换为自然的语音。

5）Nuance Communications，是美国 Nuance 公司的语音合成引擎。Nuance 是一家专门从事语音和图像识别技术的公司，提供了多种语音合成引擎和解决方案。

这些商业化的语音合成引擎通常具有更高的语音质量和更多的功能选项，适用于各种应用场景，如语音助手、语音导航、语音广播等。

随着人工智能技术的不断发展，语音合成技术在技术创新、情感表达、多语种支持、定制化需求、云计算集成、人工智能整合和实时合成等方面都取得重要的进展。未来，随着技术的不断创新和优化，语音合成技术将在更多领域得到应用和发展。

7.4　智能图像技术开发基础

7.4.1　智能图像技术简介

随着人工智能、计算机视觉、模式识别和机器学习等领域的快速发展，图像技术已经广泛应用于人工智能领域，智能图像处理技术也成为研究的热点。人工智能技术的引入为图像处理带来了新的方法和思路，基于人工智能的图像识别技术可以通过深度学习和卷积神经网络等方法自动学习特征和分类器。这种技术的突破使得图像识别能够在更加复杂的场景下实现高准确度和高鲁棒性。例如，在人脸识别领域，基于人工智能的图像识别技术可以通过学习大量的人脸图像，进而实现对人脸的准确识别和身份验证。基于人工智能的图像增强技术也在图像处理领域发挥了重要作用。传统的图像增强方法主要依靠手动调整图像参数和使用特定的滤波算法，而基于人工智能的图像增强技术可以通过深度学习和神经网络等方法自动学习图像增强的规律。这种技术的突破使得图像增强更加智能和高效。

图像增强是指通过调整图像的亮度、对比度、色彩等属性，来提升图像质量或者突出图像中的重要信息，以使其能够更好地表达原图像的信息，使图像更加清晰，便于观察。在数字图像处理中，一般需要对原始图像进行一定的处理以满足人们对信息的需求。但是原始图像可能存在噪声和不足之处，使得该图像的应用价值大大降低。因此，需要对原始图像进行适当的处理，以获得更好的应用效果。图像增强是指对图像进行一定的变换，常见的图像增强方法包括滤波、平滑、锐化等。其中，滤波是指用特定方式把信号中所包含的噪声进行抑制或滤去，以达到图像复原或增强目的；平滑是指根据特定需要对输入信号进行平滑处理，使其平滑无毛刺，减少失真和噪声干扰；锐化是指通过对输入信号进行适当处理，使其更具有对比度、更清晰、更准确。

图像识别技术，是一种利用计算机算法对输入的图像进行分析、处理和识别的技术。随着人工智能和计算机视觉的快速发展，图像识别技术在许多领域都得到了广泛的应用。图像识别技术的发展可以分为 3 个阶段：基于特征的图像识别、基于模板匹配的图像识别和基于深度学习的图像识别。基于特征的图像识别早期的图像识别技术，主要依赖手动提取图像中的特征，如边缘、角点、纹理等，然后利用这些特征进行分类和识别。这种方法对特征提取的要求较高，且易受到光照、角度等因素的影响。随着技术的发展，人们开始使用预先定义的模板与输入图像进行匹配，以实现图像的识别，这就是基于模板匹配的图像识别。这种方法在一定程度上提高了识别精度，但仍难以应对复杂的图像变化。基于深度学习的图像识别：近年来，深度学习技术的兴起为图像识别带来了革命性的变革。通过训练深度神经网络，可以自动提取图像中的特征，并实现高精度的分类和识别。目前，深度学习已成为图像识别的主流方法。

深度学习是智能图像技术的重要分支，包括卷积神经网络（CNN）、生成对抗网络（GAN）、目标检测与识别等技术。

（1）卷积神经网络。卷积神经网络是一种用于图像处理的深度学习模型。它通过对输入的图像进行卷积运算和池化操作，提取出图像中的特征表示，然后通过全连接层进行分类或回归等任务。卷积神经网络在图像分类、目标检测、语义分割等领域有着广泛的应用。

（2）生成对抗网络。生成对抗网络是一种用于生成新图像的深度学习模型。它由生成器和判别器两部分组成：生成器负责生成新的图像，判别器则负责判断生成的图像是否真实。生成对抗网络在图像生成、超分辨率、风格迁移等领域有着广泛的应用。

（3）目标检测与识别。目标检测与识别是智能图像技术的重要应用之一。它通过对输入的图像进行目标检测和识别，提取出目标的位置和类别等信息。常用的目标检测与识别算法有 YOLO、Faster R-CNN、SSD 等。

7.4.2 图像识别技术开发基础

7.4.2.1 图像识别技术原理

图像识别是人工智能的一个重要领域，是指利用计算机对图像进行处理、分析和理解，以识别各种不同模式的目标和对象的技术。

图像识别原理主要是结合计算机程序处理具有一定复杂性的信息。该技术的计算机实现，与人对图像识别的基本原理基本类似，人不只是结合储存在脑海中的图像记忆进行识别，而是利用图像特征对其分类，再利用各类别特征识别出图片。计算机也采用同样的图像识别原理，采用对图像重要特征的分类和提取，并有效排除无用的多余特征，进而使图像识别得以实现。有时计算机对上述特征的提取比较明显，有时就比较普通，这些对计算机图像识别的效率产生较大影响。

具体可以分为以下 5 个步骤。

（1）图像采集。图像识别的第一步是获取图像，通常使用各种传感器（如摄像头、扫描仪等）进行采集。采集的图像，可以是静态的，也可以是动态的；可以是彩色的，也可以是黑白的。为了提高识别精度，通常需要获取高质量的图像。

（2）预处理。预处理是图像识别中至关重要的一步，对提高识别精度和速度具有重要意义。预处理主要包括以下几种操作：

1）去噪，由于图像采集过程中可能受到各种噪声的干扰，因此需要使用滤波、中值滤波等方法去除噪声。

2）灰度化，将彩色图像转换为灰度图像，减少处理复杂度。

3）缩放和裁剪，根据需要将图像进行缩放或裁剪，使其适应特定的识别任务。

4）直方图均衡化，通过拉伸像素强度分布来增强图像的对比度。

（3）特征提取。特征提取是图像识别中的核心步骤，通过提取图像中的关键特征来描述图像的内容。特征提取的主要方法如下：

1）边缘检测，通过检测图像中的边缘信息来提取特征。常用的边缘检测算子包括 Sobel、Canny 等。

2）角点检测，通过检测图像中的角点信息来提取特征。常用的角点检测算法包括 Harris 角点检测等。

3）纹理分析，通过分析图像中的纹理特征来提取特征。常用的纹理分析算法包括灰度共生矩阵（GLCM）等。

4）区域分割，将图像划分为若干个区域，并对每个区域提取特征。常用的区域分割算法包括阈值分割、区域生长等。

（4）分类器设计。分类器是用于识别图像的关键。其主要设计方法如下：

1）模板匹配，通过将待识别图像与预定义的模板进行比对，确定是否匹配。

2）决策树分类器，基于决策树算法进行分类，根据提取的特征进行决策判断。

3）支持向量机（SVM）分类器，通过训练学习多个样本，找到一个最优的超平面，将不同类别的样本分开。

4）神经网络分类器，模拟人脑神经元的工作方式，构建复杂的网络结构进行分类。卷积神经网络是其中的一种重要应用。

（5）后处理。后处理是对分类结果进行进一步处理的过程如下：

1）结果融合，将多个分类器的结果进行融合，以提高识别的准确率。

2）阈值处理，根据实际需求设定阈值，将分类结果转化为二值或多值形式。

3）边缘校正和去噪，对识别结果进行平滑处理，去除噪声和异常值。

7.4.2.2 常用的图像识别算法

图像识别技术常用的算法有很多种，其中一些重要的算法如下：

1）模板匹配算法，将待识别的图像与预定义的模板进行比对，确定是否匹配。这种算法比较简单，适用于一些比较固定的场景。

2）特征分类算法，通过提取图像的特征并训练分类器来进行识别。常用的分类器包括支持向量机、神经网络等。

3）深度学习算法，在图像识别中应用广泛。其中的卷积神经网络是最为常用的一种。卷积神经网络可以从大量的数据中自动提取高层次的特征，并进行高效分类。

4）决策树算法，基于决策树算法进行分类，根据提取的特征进行决策判断。

5）遗传算法，模拟生物进化过程中的选择、交叉和突变等过程，通过优化解空间来寻找最优解。

6）粒子群优化算法，模拟鸟群、鱼群等生物群体的行为，通过个体之间的信息交流和协作来寻找最优解。

7）模拟退火算法，模拟固体退火的过程，通过逐渐降低温度来寻找最优解，适用于解决一些组合优化问题。

8）人工神经网络算法，模拟人脑神经元的工作方式，构建复杂的网络结构进行分类和识别。

这些算法各有优缺点，适用于不同的场景和问题，可以根据实际情况选择合适的算法。

目前，基于神经网络的图像识别是一种比较新型的技术，是以传统图像识别方式为基础，有效融合神经网络算法。例如，智能汽车监控采用的拍照识别技术，即汽车从该位置经过时检测设备将产生相应的反应，检测设备启动图像采集装置，获取汽车正反面的特征图像，在对车牌字符进行识别的过程，就采用了基于神经网络和模糊匹配的两类算法。

7.4.3 图像增强技术开发基础

7.4.3.1 图像增强技术原理

图像增强技术是，利用计算机算法对图像进行加工和处理，以提高图像的视觉效果和可读性的一种技术。其原理主要基于人眼对光亮度、颜色、对比度等特性的观察，通过增强图像的某些特征，抑制不感兴趣的特征，以改善图像质量、丰富信息量，加强图像判读和识别效果，满足某些特殊分析的需要。

图像增强技术可以分为两大类：一类是频域处理法，另一类是空域处理法。频域处理法是在图像的某种变换域内对图像的变换系数进行某种修正，其增强效果与输入图像有关，与人的主观视觉效果相差较远。空域处理法则直接对图像中的像素点进行操作，其增强效果与人的主观视觉效果比较一致。

空域处理法可以分为点运算和滤波两种方法。点运算方法通过对图像中的每一个像素点进行运算，实现灰度变换、直方图修正等，使图像成像均匀或扩大动态范围、扩展对比度。滤波增强分为平滑化处理和锐化处理两种：平滑化处理用于消除噪声，但也可能引起边缘模糊；锐化处理则用于突出物体的边缘轮廓，便于目标识别。

图像增强技术有多种方法，如反差增强、直方图修正、假彩色处理、滤波等。其中，反差增强是通过扩展图像的灰度级范围或调整灰度分布，提高图像的对比度和可视性；直方图修正则是通过调整图像的直方图分布，改变图像的对比度和亮度；假彩色处理是将单色图像转换为彩色图像，以提高图像的可视性和信息量；滤波则是通过消除噪声、突出边缘等手段改善图像质量。

在实际应用中，需要根据具体需求和场景选择合适的图像增强技术。随着深度学习等人工智能技术广泛应用于图像增强领域，取得了很好的效果。

7.4.3.2　常用的图像增强算法

图像增强算法，是通过计算机技术来改善图像的视觉效果或使图像更适合于人或机器的分析处理。以下是一些常见的图像增强算法：

（1）直方图均衡化。直方图均衡化是图像增强的一种常用方法，通过拉伸图像的灰度直方图，使得图像的对比度得到增强。它可以有效地改善图像的视觉效果，并提高图像的动态范围。

（2）滤波。滤波是另一种常见的图像增强方法，通过在空间域上对图像进行卷积操作，以达到平滑、锐化、降噪等效果。常见的滤波器包括高斯滤波器、中值滤波器、边缘锐化滤波器等。

（3）灰度变换。灰度变换是一种通过对像素强度进行数学变换来改善图像质量的方法。例如，通过线性或非线性函数调整像素的灰度值，可以提高图像的对比度或改变图像的外观。

（4）频率域增强。频率域增强是一种通过在图像的频率域进行处理来改善图像质量的方法。例如，傅里叶变换可以将图像从空间域转换到频率域，然后在频率域进行滤波、增强等操作，最后再通过逆傅里叶变换回到空间域。

（5）小波变换。小波变换是一种用于信号和图像处理的数学工具，可以用于图像的压缩和增强。通过将图像分解为小波系数，可以对这些系数进行修改，从而达到增强图像的效果。

（6）人工智能和深度学习算法。近年来，随着人工智能和深度学习技术的发展，越来越多的算法被应用于图像增强领域。例如，生成对抗网络、自编码器等，可以用于生成高质量的假图像或超分辨率图像。

这些算法可以在各种场景下应用，选择合适的算法要根据具体需求和场景来决定。

7.4.4 常用的图像处理模型和方法介绍

7.4.4.1 OpenCV

OpenCV 是一个基于 Apache 2.0 许可（开源）发行的跨平台计算机视觉和机器学习软件库，可以运行在 Linux、Windows、Android 和 MacOS 操作系统上。它由一系列 C 函数和少量 C++类构成，同时提供了 Python、Ruby、MATLAB 等语言的接口，实现了图像处理和计算机视觉方面的很多通用算法。OpenCV 用 C++语言编写，具有 C++、Python、Java 和 MATLAB 接口，并支持 Windows、Linux、Android 和 MacOS、OpenCV 主要倾向于实时视觉应用，并在可用时利用 MMX 和 SSE 指令。

OpenCV 的优势在于其编程语言多样性和可移植性。它不仅提供了 C++接口，还支持 Python、Ruby、MATLAB 等多种编程语言，这使得开发者可以根据自己的需求选择最合适的编程语言进行开发。此外，OpenCV 还具有高效性，充分利用了 MMX 和 SSE 指令，使得在处理大规模图像数据时具有较高的性能。

OpenCV 的应用领域非常广泛，包括但不限于机器人视觉、模式识别、机器学习、医学影像处理、摄像机标定等。由于其开源的特性，OpenCV 已成为计算机视觉领域最有力的研究工具之一。

7.4.4.2 YOLO

只需浏览一次（you only look once，YOLO）是一种基于深度学习的目标检测算法，是由 Joseph Redmon 和 Ali Farhadi 等人于 2015 年提出的第一个基于单个神经网络的目标检测系统。其主要特点是只需要浏览一次图像就可以识别出其中的物体类别和位置，旨在实现快速、实时的物体检测，被广泛应用于计算机视觉领域，特别是在实时物体检测、安全监控、自动驾驶等领域有广泛的应用前景。

YOLO 的基本原理是通过将目标检测任务转化为回归问题，实现了一种简单而高效的解决方案。它将图像划分为网格，并对每个网格单元进行预测，判断其是否包含目标物体，以及物体的类别和位置信息。这种将目标检测问题转化为回归问题的思路，大大简化了目标检测任务的复杂性。

YOLO 算法的特点如下：

1）实时性。YOLO 算法在速度上具有优势，能够实现快速的目标检测。

2）准确性。相较于传统的目标检测算法，YOLO 在准确性方面也有较好的表现。

3）简洁性。相较于其他目标检测算法，YOLO 模型结构相对简单，易于理解和实现。

随着研究的深入和技术的发展，YOLO 算法也在不断演进。其版本有 YOLOv1、YOLOv2、YOLOv3、YOLOv4、YOLOv5、YOLOv8 等。每个版本都在前一个版本的基础上进行改进，使得目标检测的性能不断提升。

YOLO 与 OpenCV 的区别在于，YOLO 和 OpenCV 是两个不同的技术或工具。它们在计算机视觉领域有着不同的应用和功能。YOLO 是一种目标检测算法，用于实时物体检测和识别；OpenCV 是一个计算机视觉库，提供了各种图像处理和计算机视觉算法的实现。

1）YOLO 是一种目标检测算法，可以实现实时的物体检测和识别。相比于传统的目标检测算法，YOLO 采用了单次前向传播的方式，将目标检测任务转化为一个回归问题，从而实现了更快的检测速度。YOLO 算法通过将图像分成多个网格，并在每个网格上预测目标的边界框和类别，从而实现对图像中多个目标的同时检测。

2）OpenCV 是一个开源的计算机视觉库，提供了丰富的图像处理和计算机视觉算法。OpenCV 可以用于图像和视频的读取、显示、处理、分析等各个方面。它支持多种编程语言，如 C++、Python 等，并且提供了丰富的函数和工具，方便开发者进行图像处理和计算机视觉相关的任务。

7.4.4.3 TensorFlow

TensorFlow 是由美国谷歌公司开发并开源的深度学习框架。其计算能力、深度学习库和工具的丰富性以及灵活的网络构建与调优方式等特点，使其成为解决图像处理和分析问题的有力工具，在智能图像技术领域具有显著的优势。以下是其一些主要应用：

1）目标检测和人脸识别。TensorFlow 被广泛用于构建和训练各种目标检测模型，如单阶多层检测器（single shot multibox detector，SSD）和 Faster R-CNN 等。这些模型能够识别并定位图像中的物体，对于人脸识别等应用场景非常有用。

2）图像生成和增强。利用 TensorFlow，研究人员和开发者可以构建生成对抗网络等模型，用于生成新的图像或增强现有图像。这有助于改善图像质量，或者在缺乏标注数据的情况下进行训练。

3）图像识别和分类。TensorFlow 可以用于构建各种卷积神经网络模型，这些模型在图像识别和分类任务中表现出色。例如，TensorFlow 被用于构建 Inception 模型，该模型在 ImageNet 大规模视觉识别挑战赛中取得了很高的准确率。

4）风格迁移。风格迁移是将一种图像的风格应用于另一种图像的技术。TensorFlow 也被用于构建各种风格迁移模型，如神经风格迁移等。

7.4.4.4 PyTorch

PyTorch 是一个由美国脸书网（Facebook）的人工智能研究团队于 2016 年发布的开源深度学习框架。它提供了丰富的工具和函数，用于开发和训练深度学习模型。PyTorch 在智能图像技术中被广泛应用，特别是在图像识别任务中。PyTorch 最突出的优点之一就是它使用了动态计算图（dynamic computation graph，DCG），与 TensorFlow 和其他框架使用的静态计算图不同。动态计算图允许在运行时更改图的行为。这使得 PyTorch 非常灵活，在处理不确定性或复杂性时具有优势，因此非常适合研究和原型设计。由于 PyTorch 与 Python 的深度集成，它非常受 Python 程序员欢迎。

在计算机视觉方面，PyTorch 提供了许多预训练模型（如 ResNet、VGG、Inception 等）和工具（如 TorchVision），可以用于图像分类、物体检测、语义分割和图像生成等任务。这些预训练模型和工具大大简化了开发计算机视觉应用的过程。

7.5 应用实例

7.5.1 语音合成技术应用实例

近年来，语音合成技术得到快速的发展，很多互联网公司及研究机构都构建了自己的语音合成模型，并应用于导航等多个领域。语音合成技术在航天发射场也得到了快速的应用。例如，将语音合成技术应用于 T0 信息自动播报，通过收集岗位人员的 T0 播报音频及深度学习的模型训练，生成语音合成的模型，在得到 TO 信息后，经过语音合成生成 TO 播报信息，通过调度系统进行广播。该项目使用 VITS 作为语音合成的框架进行训练和推理。

下面对该项目的语音合成模型的训练和推理进行介绍。

7.5.1.1　VITS 模型简介

利用对抗训练的变分推理端到端文本-语音转换 VITS（variational inference with adversarial learning for end-to-end text-to-speech）模型是一种结合变分推理（variational inference）、标准化流（normalizing flows）和对抗训练的高表现力语音合成模型。

VITS 模型是韩国科学院在 2021 年 6 月提出的，VITS 通过隐变量而非频谱串联起来语音合成中的声学模型和声码器，在隐变量上进行随机建模并利用随机时长预测器，提高了合成语音的多样性，输入同样的文本，能够合成不同声调和韵律的语音。

7.5.1.2　VITS 模型结构

（1）VITS 主要包括以下 3 块：

1）条件变分自编码器（variational auto encoder，VAE）。

2）从变分推断中产生的对齐估计。

3）生成对抗训练。

（2）VITS 的优点如下：

1）语音自然度较好。

2）语音合成速度快。

3）语音多样性好（能保证韵律的多样性）。

VITS 模型结构如图 7.5-1 所示。

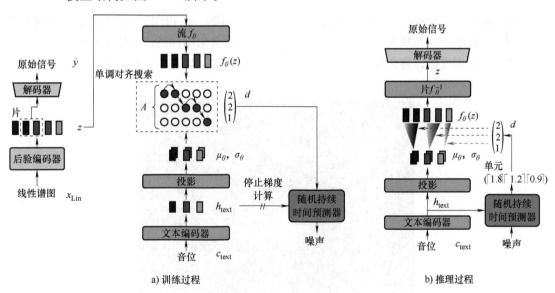

图 7.5-1　VITS 模型结构

7.5.1.3　训练 VITS 中文 AI 语音模型

（1）项目下载。下载地址为 https://github.com/CjangCjengh/vits。

（2）数据集准备。删除 filelists 中的所有文件（无用）。在里面新建 list.txt 和 list_val.txt 文件（文件名可自定义，在后面过程中保持一致即可），文件编码必须是 UTF-8（不带 BOM）！

（3）音频处理。使用音频处理软件 Adobe Audition（类似软件都可以，这里以 AdobeAudition 为例）对要训练的长音频文件进行重新编码，如图 7.5-2 所示。

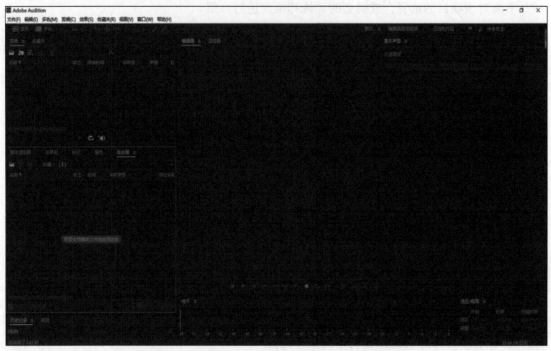

图 7.5-2　使用 Adobe Audition 软件对音频进行处理

音频要求：无背景音（自行搜索如何去背景音、去噪、去 BGM）、吐字清晰、无明显情感波动、语速适中、音量大小均衡。如果不符合要求将会影响训练出的模型质量。

进入批处理面板，将音频文件放进去，打开导出设置，如图 7.5-3 所示。

图 7.5-3　音频文件导出设置

输出位置任意，格式请严格按照图 7.5-3 所示的选择（单声道、22050Hz，PCM 16bit），剩下设置按需操作。设置完导出设置单击确定，然后在面板中单击运行即可。

（4）文本整理。打开 filelists 目录中的 list. txt（训练集）和 list_val. txt（验证集）文件。关于标点符号，如图 7.5-4 所示，请参考项目文件夹下 text 文件夹中的 symbols. py 中的 chinese_cleaner 段落中的 punctuation 行，如果知道 cleaner 的工作机制，也可以修改、自制、选择其他作者的 cleaner。本书均使用 CJ 版的中文 cleaner。

图 7.5-4　symbols. py 中的设置

关于数据量，建议训练集 500 条 10 秒长的语音起步，越多更好；验证集大概为训练集 1/10，如图 7.5-5 所示。

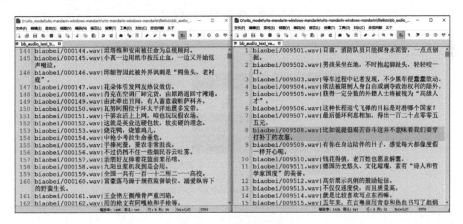

图 7.5-5　训练集和验证集

要注意的是，两个 txt 文件都必须不带任何空行，末尾处也不可以，否则后面预处理会报错"out of range"。

（5）搭建 VITS 虚拟环境。

1）新建 conda 虚拟环境，conda create-n vits Python＝3. 7（Python3. 7 以上均可）。

2）激活环境，conda activate vits。

3）接下来先安装 torch，确定显卡驱动是否已安装，输入命令 nvidia-smi，如图 7.5-6 所示。首先，查看 CUDA 驱动是否正常以及 CUDA 版本。torch 一定要安装带有 CUDA 版本的且 CUDA 版本应低于本地驱动的 CUDA 版本。其安装方法主要有 3 种：Conda 在线安装、Pip 在线安装或本地安装。

Conda 或 Pip 都是在线安装（Pip 如果换源安装，torch 容易报错）。Pip 在线安装如图 7.5-7所示。Pytorch 官网（https://pytorch. org/）给出的命令为 conda 和 pip。

如果进行本地安装，可以打开网站 https://download. pytorch. org/whl/torch_stable. html 并下载 PyTorch 和 TorchVision 的 whl 安装包。建议选择比较新的稳定版本。

torch 后缀为 cu102-cp37-win 则表示 Windows 下 Python3. 7（如果按照前文命令搭建环境，则选择 3. 7 版本即可）版本带且有 102 版本 CUDA 的安装包，一定要选择带有 cu 的！

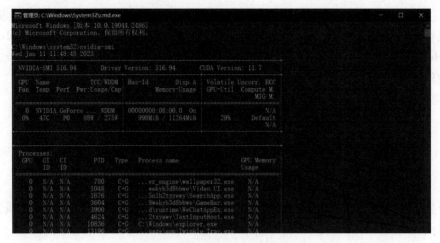

图 7.5-6　查看 NVIDA 驱动

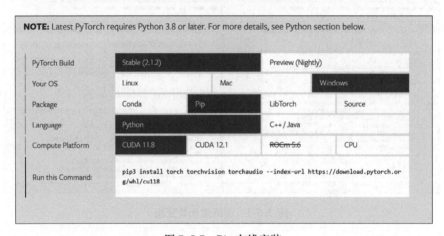

图 7.5-7　Pip 在线安装

之后在 conda 命令行 cd 到下载目录（cd 下载路径）输入命令 pip install，下载的安装包名字（带 whl 后缀），等待安装完毕即可。

（6）安装相关依赖。输入 cd 回到刚才的 vits 目录，先不要急着安装 requirements.txt，打开该文件删除 torch 相关的两行，如图 7.5-8 所示。

图 7.5-8　删除 requirements.txt 中的两行

然后，清理不需要的依赖，如果需要训练中文模型，像 pyopenjtalk、num_thai 这些都可以删掉（可选），还可以删掉=后的所有版本内容。

接下来，用 pip 命令安装 requirements. txt，即 pip install-r requirements. txt。

（7）安装 MSVC（仅 Windows）。打开网站 https://visualstudio. microsoft. com/zh-hans/downloads/，下载 visual studio installer 并安装，在 installer 中选择单个组件，搜索 MSVC 安装适合版本的生成工具（并非安装 Visual Studio）。安装路径可以不用是 C 盘，如图 7.5-9 所示。

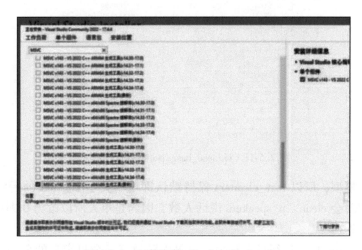

图 7.5-9　下载安装 visual studio installer

（8）Build monotonic alignment search。输入 cd 到 monotonic_align 文件夹，再输入命令 Python setup. py build_ext-inplace。

正常情况下不会报错，如果报错则检查生成工具或环境变量的搭建。如果出现"可能丢失数据"字样，并且该文件夹没有再嵌套一个 monotonic_align 文件夹，但是多出来了 build 文件夹，将 build 文件夹中的 lib 开头的文件夹中的 monotonic_align 文件夹移动到最外层的 monotonic_align 文件夹即可。

注意，Windows 下 build 后的 core 不与 Linux 通用，如果更换平台需要重新 build。

至此，环境的搭建完成。

（9）修改项目文件。以训练中文模型为例，首先根据 configs 文件夹中给出的例子生成一份属于自己的 config. json 放在此目录，这里选择给出的 chinese_base. json 为例。其中 train 的设置如图 7.5-10 所示。下面对一些设置进行说明。

```
"train": {
  "log_interval": 200,
  "eval_interval": 1000,
  "seed": 1234,
  "epochs": 2000,
  "learning_rate": 2e-4,
  "betas": [0.8, 0.99],
  "eps": 1e-9,
  "batch_size": 16,
  "fp16_run": true,
  "lr_decay": 0.999875,
  "segment_size": 8192,
  "init_lr_ratio": 1,
  "warmup_epochs": 0,
  "c_mel": 45,
  "c_kl": 1.0
},
```

图 7.5-10　chinese_base. json 中 train 的设置

1）eval_interval 为保存间隔。这里按照默认的 1000 即可以满足保存的需求，设置过小会训练过程会耗费大量时间在保存上；设置过大如果训练出现问题无法满足及时保存最近的模型的需求。

2）epochs 为迭代次数。一般来说对于质量比较好的数据集，epoch 达到 1000 就能出现效果，2000 往上勉强可以使用。这里建议 10000~20000 效果最佳。

3）batch_size 一定要改，请按照显存酌情修改（否则开始训练时即超出本机显存），6GB 大概为 4 左右，12GB 可以到 16 左右，以此类推。建议后面尝试自行开跑训练，测试并设置合适自己的数值。

4）fp16_run 半精度训练，一般按照默认开启即可。其余不用改动。

其中 data 的设置如图 7.5-11 所示。前两行要改成前面保存 list.txt 和 list_val.txt 路径，即 filelists/list.txt.cleaned 和 filelists/list_val.txt.cleaned。

```
"data": {
  "training_files":"filelists/list.txt.cleaned",
  "validation_files":"filelists/list_val.txt.cleaned",
  "language": "cmn",
  "text_cleaners":["chinese_cleaners"],
  "max_wav_value": 32768.0,
  "sampling_rate": 22050,
  "filter_length": 1024,
  "hop_length": 256,
  "win_length": 1024,
  "n_mel_channels": 80,
  "mel_fmin": 0.0,
  "mel_fmax": null,
  "add_blank": true,
  "n_speakers": 0,
  "cleaned_text": true
},
```

图 7.5-11 chinese_base.json 中 data 的设置

因为是中文模型，所以 text_cleaners 保持默认即可。关于 cleaned 的后缀，可以不用修改，后面预处理就会 clean。n_speakers 说话人数，因为是单人所以改为 0 即可。cleaned_text 保持默认的 true 即可。

如果是单人，speakers 这行可以删掉，也可以随便填一个自定义的名字，无影响。如果不了解 cleaner 的工作机制，请不要改动 symbols，这里的 Unicode 是与前文的 symbols.py 保持一致的，如图 7.5-12 所示。

```
"speakers": ["\u5c0f\u8338", "\u5510\u4e50\u541f", "\u5c0f\u6bb7", "\u82b1\u73b2", "\u8bb8\u8001\u5e08", "\u90b1\u7433", "\u4e03\u4e00", "\u516b\u56db"],
"symbols": ["_", "\uff0c", "\u3002", "\uff01", "\uff1f", "\u2014", "\u2026", "\u3105", "\u3106", "\u3107", "\u3108", "\u3109", "\u310a", "\u310b", "\u310c", "\u310d", "\u310e", "\u310f", "\u3110", "\u3111", "\u3112", "\u3113", "\u3114", "\u3115", "\u3116", "\u3117", "\u3118", "\u3119", "\u311a", "\u311b", "\u311c", "\u311d", "\u311e", "\u311f", "\u3120", "\u3121", "\u3122", "\u3123", "\u3124", "\u3125", "\u3126", "\u3127", "\u3128", "\u3129", "\u02c9", "\u02ca", "\u02c7", "\u02cb", "\u02d9", " "]
}
```

图 7.5-12 chinese_base.json 中 speakers 的设置

（10）设置项目中文 cleaner。因为下载下来的项目代码默认的 cleaner 并非是中文 cleaner，所以需要处理一下 py 代码。打开 text 文件夹下的 symbols.py，注释掉 japanese_cleaners2，去掉 chinese_cleaners 的注释，如图 7.5-13 所示。

```
11  '''# japanese_cleaners2
12  _pad        = '_'
13  _punctuation = ',.!?-~…'
14  _letters = 'AEINOQUabdefghijkmnoprstuvwyzʃɕ↓↑ '
15  '''
16
17  '''# korean_cleaners
18  _pad        = '_'
19  _punctuation = ',.!?…~'
20  _letters = 'ㄱㄴㄷㄹㅁㅂㅅㅇㅈㅊㅋㅌㅍㅎㄲㄸㅃㅆㅉㅏㅓㅗㅜㅡㅣㅐㅔ '
21  '''
22
23  # chinese_cleaners
24  _pad        = '_'
25  _punctuation = '，。！？—…'
26  _letters = 'ㄅㄆㄇㄈㄉㄊㄋㄌㄍㄎㄏㄐㄑㄒㄓㄔㄕㄖㄗㄘㄙㄚㄛㄜㄝㄞㄟㄠㄡㄢㄣㄤㄥㄦㄧㄨㄩˉˊˇˋ˙ '
27
```

图 7.5-13 symbols.py 中文 cleaner 设置

接下来，打开 cleaners. py，注释掉与中文 cleaner 无关的 import 库，如图 7.5-14 所示。

```
cleaners.py
 1  import re
 2  #from text.japanese import japanese_to_romaji_with_accent, japanese_to_ipa, japanese_to_ipa2, japanese_to_ipa3
 3  #from text.korean import latin_to_hangul, number_to_hangul, divide_hangul, korean_to_lazy_ipa, korean_to_ipa
 4  from text.mandarin import number_to_chinese, chinese_to_bopomofo, latin_to_bopomofo, chinese_to_romaji, chines
    e_to_lazy_ipa, chinese_to_ipa, chinese_to_ipa2
 5  #from text.sanskrit import devangari_to_ipa
 6  #from text.english import english_to_lazy_ipa, english_to_ipa2, english_to_lazy_ipa2
 7  #from text.thai import num_to_thai, latin_to_thai
 8  #from text.shanghainese import shanghainese_to_ipa
 9  #from text.cantonese import cantonese_to_ipa
10  #from text.ngu_dialect import ngu_dialect_to_ipa
11
```

图 7.5-14　symbols. py 注释掉无关的 import 库

这样如果前面如果没有安装与中文无关的 Python 依赖就不会报错了。

（11）预处理。回到项目目录，打开 preprocess. py，将第 10 行的 english_cleaners2 改为 chinese_cleaners，这样预处理默认就是中文 cleaner 了，如图 7.5-15 所示。

```
preprocess.py
 1  import argparse
 2  import text
 3  from utils import load_filepaths_and_text
 4
 5  if __name__ == '__main__':
 6      parser = argparse.ArgumentParser()
 7      parser.add_argument("--out_extension", default="cleaned")
 8      parser.add_argument("--text_index", default=1, type=int)
 9      parser.add_argument("--filelists", nargs="+", default=["filelists/ljs_audio_text_val_filelist.txt"
        /ljs_audio_text_test_filelist.txt"])
10      parser.add_argument("--text_cleaners", nargs="+", default=["chinese_cleaners"])
11
12      args = parser.parse_args()
13
```

图 7.5-15　preprocess. py 中文 cleaner 设置

打开 conda 终端，输入 cd 到项目目录，输入以下命令预处理 txt 文件（提示，路径以 Windows 为例，Linux 斜杠用/）：

Python preprocess. py--text_index 1--filelists 存放 list. txt 的目录 \ list. txt 存放 list_val. txt 的目录 \ list_val. txt

跑完预处理，就可以准备开始训练了。修改 train. py（仅 Windows），原 train. py 代码并不适合 Windows 下训练（Linux 请跳过此步），训练会直接报 nccl 错，所以需要修改。

打开 train. py，将 67 行的 nccl 改为 gloo，如图 7.5-16 所示。

```
train.py
61      logger = utils.get_logger(hps.model_dir)
62      logger.info(hps)
63      utils.check_git_hash(hps.model_dir)
64      writer = SummaryWriter(log_dir=hps.model_dir)
65      writer_eval = SummaryWriter(log_dir=os.path.join(hps.model_dir, "eval"))
66
67      dist.init_process_group(backend='gloo', init_method='env://', world_size=n_gpus, rank=rank)
68      torch.manual_seed(hps.train.seed)
69      torch.cuda.set_device(rank)
70
```

图 7.5-16　将 67 行的 nccl 改为 gloo

（12）开始训练（以单人模型为例）。打开 conda 终端，在项目目录中输入图 7.5-17 所示的命令开始训练（仍以 Windows 下路径为例）。

如果可以正常用 saving 命令保存 pth 文件以及用 Epoch 命令迭代，那么就是在进行正常

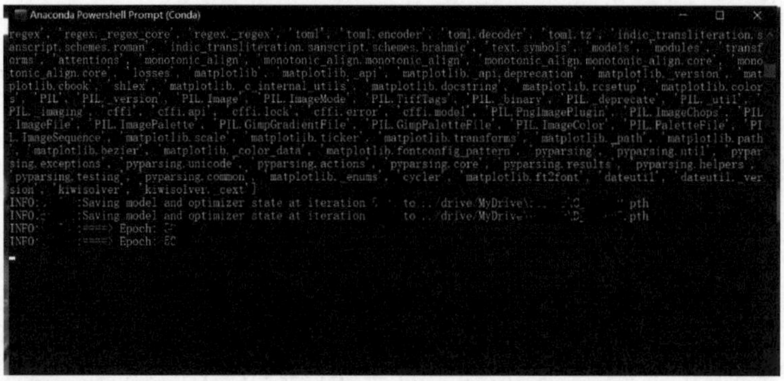

图 7.5-17　Windows 下训练过程

训练。Epoch 后面的数字为迭代数。pth 模型文件保存在项目文件夹上一级目录 drive 中的 MyDrive 文件夹中。自动保存会仅保留当前最新两次进度，所以不用担心占用过大空间。

7.5.1.4　根据训练好的模型进行 T0 语音合成

接下来，编写代码来加载训练好的模型，进行 T0 语音合成，根据面向对象的思维方式，将 T0 语音合成的代码封装成一个类，并写入 T0Speak. py 文件。下面介绍核心代码。

首先，导入所需的 Python 包，代码如下：

```
import torch
from torch import nn
from torch. nn import functional as F
from torch. utils. data import DataLoader
import commons
import utils
from data_utils import TextAudioLoader, TextAudioCollate, TextAudio-
SpeakerLoader, TextAudioSpeakerCollate
from models import SynthesizerTrn
from text. symbols import symbols
from text import text_to_sequence
from scipy. io. wavfile import write
```

接下来，定义一个 T0Speak 类，先编写一个函数将要合成的文本转化为模型能够识别的张量，代码如下：

```
class T0Speak:
def get_text ( text, hps ) :
    text_norm=text_to_sequence ( text, hps. data. text_cleaners )
    if hps. data. add_blank:
        text_norm=commons. intersperse ( text_norm, 0 )
    text_norm=torch. LongTensor ( text_norm )
    return text_norm
```

然后，在构造函数中加载训练好的模型到显存中，代码如下：

```python
def __init__(self)-> None:
  hps=utils.get_hparams_from_file("./configs/config.json")
net_g=SynthesizerTrn(len(symbols),hps.data.filter_length,
    hps.train.segment_size**hps.model).cuda()
_=net_g.eval()
_=utils.load_checkpoint("../drive/MyDrive/G_230000.pth",net_g,
None)
```

最后，编写根据 T0 的内容进行语音合成的函数，代码如下：

```python
def gene_wavs(self,T0_str):
    with torch.no_grad():
    x_tst=T0_str.cuda().unsqueeze(0)
    x_tst_lengths=torch.LongTensor([stn_tst.size(0)]).cuda()
    audio=net_g.infer(x_tst,x_tst_lengths,noise_scale=0.8,noise_
scale_w=0.667,length_scale=1.2)[0][0,0].data.cpu().float().numpy()
    from scipy.io import wavfile
    sampling_rate=22050
    wavfile.write('T0.wav',sampling_rate,audio)
```

7.5.1.5　Qt 调用 Python 脚本初始化语音合成模型

为了避免反复调用语音合成的模型，应当在图形界面初始化过程中，先加载语音合成的模型，这就涉及 Qt 调用 Python 的相关知识，具体可具体参考网上的教程。其核心代码如下：

```cpp
#undef slots
#include "Python.h"
#define slots Q_SLOTS
//初始化 Python 解释器
Py_Initialize();
PyRun_SimpleString("import sys");
PyRun_SimpleString("sys.path.append(\"/home/tts/vits-main\")");
//加载 t0speak.py 脚本
module=PyImport_ImportModule("t0speak");
if(!module){
  PyErr_Print();
  qDebug()<<"Can't load Python module";
  return;

}
```

```
//获取模块的字典
module_dict=PyModule_GetDict(module);
if(!module_dict){
  PyErr_Print();
  qDebug()<<"Get module symbol dict error";
  return;
}
//获取类的指针
pyClass=PyDict_GetItemString(module_dict,(char*)"T0Speak");
if(!pyClass){
  PyErr_Print();
  qDebug()<<"Get module class symbol error";
  return;
}
//初始化T0Speak类的实例
if(PyCallable_Check(pyClass)){
  pyObject=PyObject_CallObject(pyClass,nullptr);
}
else{
  PyErr_Print();
  qDebug()<<"Can't instance the class symbol";
}
```

7.5.1.6 收到 T0 进行语音播报

使用 Qt 设计图 7.5-18 所示的主界面。

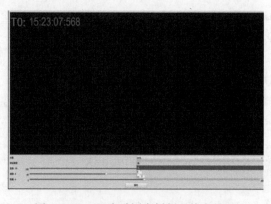

图 7.5-18　T0 自动语音播报系统主界面

当收到 T0 时,调用 T0Speak 类中的 gene_wavs 方法,生成 T0 语音,并播报出去,代码如下:

```
PyObject_CallMethod(pyObject,(char *)"gen_wav",(char *)"sss",
name.toStdString().c_str(),voiceList[i].toStdString().c_str(),("
vitsT0.wav").toStdString().c_str());
    QMediaPlaylist * playlist=new QMediaPlaylist();
    playlist->addMedia(QMediaContent(QUrl("vitsT0.wav")));
    QMediaPlayer * player=new QMediaPlayer();
    player->setPlaylist(playlist);
    player->play();
```

7.5.2　智能图像技术应用实例

航天发射场中塔架是核心关键地点，人员进出塔架必须佩戴安全帽。为了自动检测上塔人员是否佩戴安全帽，需要开发一款能够实时检测摄像头的图像中人员是否佩戴安全帽的软件。该项目使用智能图像技术中目标检测领域常用的 YOLOv8 模型，训练一个佩戴安全帽的目标检测模型，实现安全帽的实时识别。

7.5.2.1　训练图像的标注

标注训练数据是一个烦琐的过程，最好使用软件来进行标注。这里选择常用的图像标注工具 labelme 工具来完成。labelme 是一款图像标注工具，主要用于神经网络构建前的数据集准备工作，使用 Python 编写。图像标注的过程如下：

1）创建 labelme 虚拟环境 conda create-n labelme Python＝3.10，如图 7.5-19 所示。

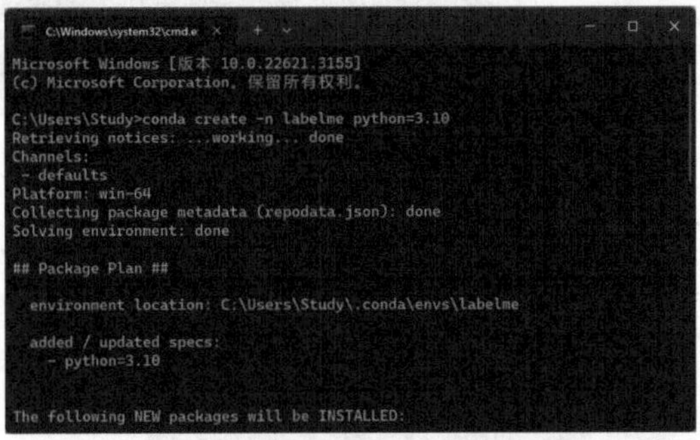

图 7.5-19　创建 labelme 虚拟环境

2）激活 labelme 虚拟环境，如图 7.5-20 所示。

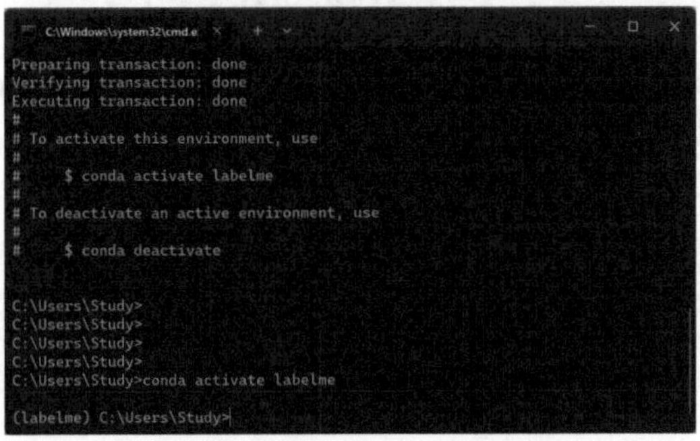

图 7.5-20　激活 labelme 虚拟环境

223

3）安装 labelme 及相关依赖库 pip install labelme，如图 7.5-21 所示。

图 7.5-21　安装 labelme 及相关依赖库 pip install labelme

4）打开 labelme 虚拟环境，如图 7.5-22 所示。

图 7.5-22　打开 labelme 虚拟环境

5）打开训练样本图像所在的文件夹，选择要标注的图像，如图 7.5-23 所示。

图 7.5-23　选择要标注的图像

6）选择创建矩形（一般情况为矩形，特殊情况可选择多边形），人工选择目标，标记目标类别以及 GroupID，如图 7.5-24 所示。

图 7.5-24　标记目标类别以及 GroupID

7）单击 Save 按钮，进行 json 标注文件的保存，首先在 JPEGImage 同级目录下创建一个 json 文件夹，然后把标注生成的 json 文件保存到该 json 文件中，单击保存按钮，即可进行保存，如图 7.5-25 所示。

图 7.5-25　标注结果保存

8）数据归一化处理，统一转化为 yolo 格式。labelme 标注的数据为 json 格式，需要转化为 yolo 专用格式。编写转化程序 tranform.py，代码如下：

```
# 处理 labelme 多边形的标注 json 转化 txt
import json
```

```
import os
name2id={'safehat': 0,'No-safehat': 1} #此处需要根据你自己的数据集类型进行
修改

def convert(img_size,box):
  dw=1. / (img_size[0])
  dh=1. / (img_size[1])
x=(box[0] + box[2]) / 2.0
y=(box[1] + box[3]) / 2.0
w=abs(box[2]-box[0])
h=abs(box[3]-box[1])
x=x * dw
w=w * dw
y=y * dh
h=h * dh
return (x,y,w,h)

def decode_json(json_floder_path,txt_outer_path,json_name):
  txt_name=txt_outer_path + json_name[:-5] +'.txt'
  with open(txt_name,'w') as f:
    json_path=os.path.join(json_floder_path,json_name)  # os 路径融合
    data = json.load(open(json_path,'r',encoding='gb2312',errors='
ignore'))
    img_w=data['imageWidth']  #图片的高
    img_h=data['imageHeight']  #图片的宽
    isshape_type=data['shapes'][0]['shape_type']
    print(isshape_type)
    for i in data['shapes']:
      label_name=i['label']  #得到json中你标记的类名
      if (i['shape_type']=='rectangle'):
        x1=float(i['points'][0][0])
        y1=float(i['points'][0][1])
        x2=float(i['points'][1][0])
        y2=float(i['points'][1][1])
        bb=(x1,y1,x2,y2)
      bbox=convert((img_w,img_h),bb)
      try:
```

```
      f.write(str(name2id[label_name])+""+"".join([str(a) for a
in bbox])+'\n')
    except:
      pass
if __name__=="__main__":
  json_floder_path='.\\json\\'  # 存放 json 的文件夹的绝对路径
  txt_outer_path='.\\labels\\'  # 存放 txt 的文件夹绝对路径
  json_names=os.listdir(json_floder_path)
  print("共有:{}个文件待转化".format(len(json_names)))
  flagcount=0
  for json_name in json_names:
    decode_json(json_floder_path,txt_outer_path,json_name)
    flagcount+=1
    print("还剩下{}个文件未转化".format(len(json_names)-flagcount))
  # break
  print('转化全部完毕')
```

7.5.2.2　训练数据集的制作

训练数据集的制作，可以采用网络爬虫、公开数据集或者自行收集标注等方式。这里选择 kaggle 平台上开放的数据集 Construction Site Safety Image Dataset Roboflow，如图 7.5-26 所示。这里要特别注意数据格式，该数据集为 YOLOv8 的格式，不用转换。还有一部分数据集为 voc 格式，有兴趣的可以自己写一个 pascalvoc 与 yolo 转化的脚本。

图 7.5-26　kaggle 平台上安全帽数据集

在下载的 safehat 目录下的 css-data 放置着所有数据，如图 7.5-27 所示。其中，test 保存了 82 个测试数据，train 保存了 1605 个训练数据，valid 放置了 114 个验证数据。

打开 train 文件夹，image 文件夹保存了图片数据，labels 文件夹保存了标注结果，如图 7.5-28所示。

随便打开一个图片数据和一个标注数据，每一行表示一个目标物体，在标注数据中包括了 14 行，因此对这样一个图片数据，会标注 14 个目标物体，如图 7.5-29 所示。

图 7.5-27　数据集目录结构

train/images保存图片数据　　　　　　　　train/labels保存图片的标注数据

图 7.5-28　数据集图片和标注的存储位置

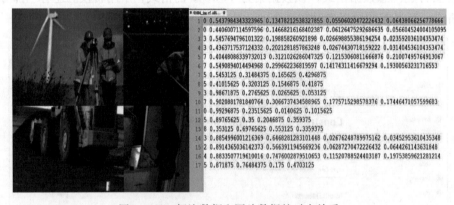

图 7.5-29　标注数据和图片数据的对应关系

每一行的数据格式如下：

Class_ID 为类别编号。
X_centre 为边界框中心点 x 坐标。
Y_centre 为边界框中心点 y 坐标。
Width 为边界框宽度。
Height 为边界框高度。

7.5.2.3 搭建虚拟环境

在命令行里，输入 conda create-n safehat python=3.10，创建安全帽识别的虚拟环境 safe-hat，并指定 Python 版本为 3.10，如图 7.5-30 所示。

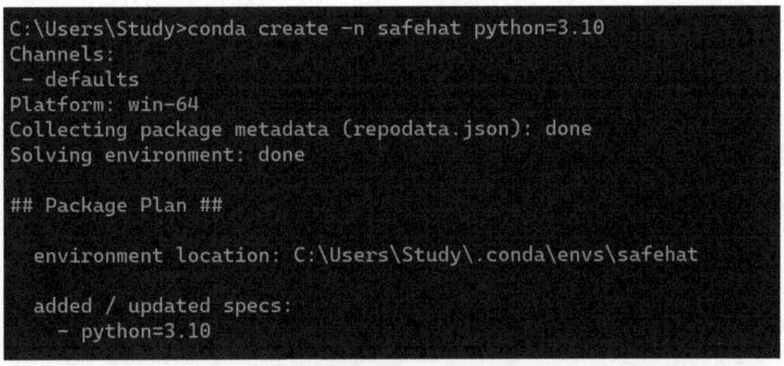

```
C:\Users\Study>conda create -n safehat python=3.10
Channels:
 - defaults
Platform: win-64
Collecting package metadata (repodata.json): done
Solving environment: done

## Package Plan ##

 environment location: C:\Users\Study\.conda\envs\safehat

 added / updated specs:
   - python=3.10
```

图 7.5-30 创建虚拟环境 safehat

输入 conda activate safehat，激活虚拟环境 safehat，如图 7.5-31 所示。

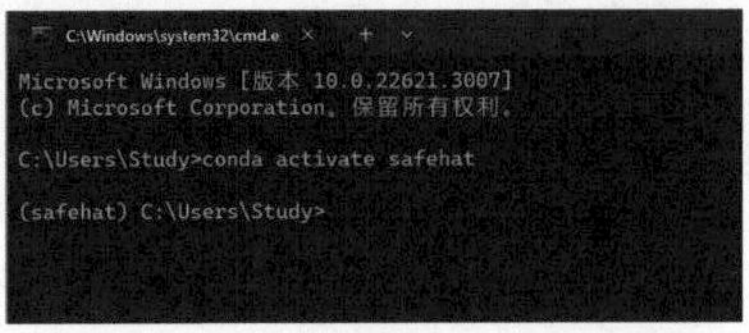

```
C:\Windows\system32\cmd.e  ×    +    ∨
Microsoft Windows [版本 10.0.22621.3007]
(c) Microsoft Corporation, 保留所有权利。

C:\Users\Study>conda activate safehat

(safehat) C:\Users\Study>
```

图 7.5-31 激活虚拟环境 safehat

输入 pip install ultralytics，安装 YOLO，如图 7.5-32 所示。

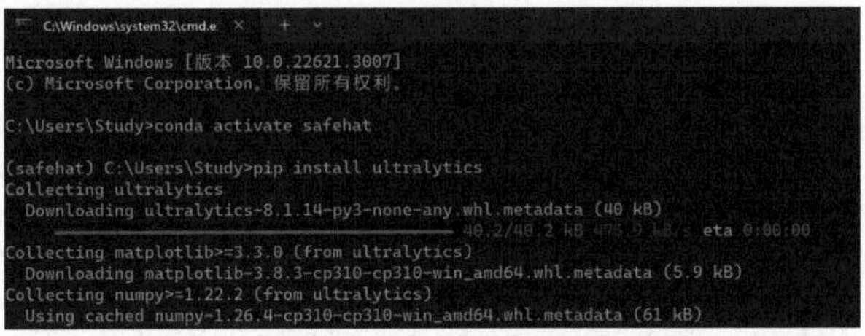

```
C:\Windows\system32\cmd.e  ×    +    ∨
Microsoft Windows [版本 10.0.22621.3007]
(c) Microsoft Corporation, 保留所有权利。

C:\Users\Study>conda activate safehat

(safehat) C:\Users\Study>pip install ultralytics
Collecting ultralytics
  Downloading ultralytics-8.1.14-py3-none-any.whl.metadata (40 kB)
                                40.2/40.2 kB 495.9 kB/s  eta 0:00:00
Collecting matplotlib>=3.3.0 (from ultralytics)
  Downloading matplotlib-3.8.3-cp310-cp310-win_amd64.whl.metadata (5.9 kB)
Collecting numpy>=1.22.2 (from ultralytics)
  Using cached numpy-1.26.4-cp310-cp310-win_amd64.whl.metadata (61 kB)
```

图 7.5-32 安装 YOLO

7.5.2.4 编写配置文件

创建一个配置文件 safehat. yaml，代码如下：

```
# 模型训练时使用的 yaml 配置文件。该文件说明了数据的地址和带训练的类别
# 训练数据用于模型的训练
train:\safety_hat_recogtion\css-data\train\images\
# 验证数据用手模型训练过程中的评估和参数调试
val:\safety_hat_recogtion\css-data\valid\images\
# 测试数据用于模型完成训练后的测试
test:\safety_hat_recogtion\css-data\test\images\
```

```
# number of classes
nc: 10
# class names:0,1,2,3,4,5,6,7,8,9
#Hardhat-安全帽
#Mask-口罩
#NO-Hardhat-无安全帽
#NO-Mask-无口罩
#NO-SafetyVest-无安全背心
#Person-人
#Safety Cone-安全锥
#SafetyVest-安全背心
#machinery-挖掘机
#vehicle 车辆


names:[Hardhat,Mask,NO-Hardhat,NO-Mask,NO-SafetyVest,Person,Safety
Cone,Safety Vest,machinery,vehicle]
```

该文件说明了数据的地址和待训练的类别，数据的地址有 3 个路径：train 对应训练数据，val 对应验证数据，test 对应测试数据。接着定义模型的类别数量 nc：10，代表 10 个待检测的类别，这 10 个类别保存在 names 中，重点关注 Hardhat 戴安全帽，NO-Hardhat 未戴安全帽这两个类别。

7.5.2.5 模型训练

编写模型的训练代码，代码如下：

```
from ultralytics import YOLO #导入 YOLO 模块
import torch
#加载 yolov8 预训练模型,作为基础模型,在此基础上训练安全帽模型
model=YOLO('\safety_hat_recogtion\yolov8n.pt')
#训练用户自定义的数据集,数据的配置保存在 safehat.yaml 中,epochs 等于 100 表
示 100 轮迭代
model.train(data='safety_hat_recogtion\safehat.yaml',epochs=100)
#使用验证集验证效果
model.val()
```

加载了 yolov8n. pt 这个预训练模型，这个模型使用了 coco 数据集训练，是通用的目标检测模型，在该模型的基础上训练安全帽模型，使用预训练模型可方便快速得到理想的训练结果。

训练数据的配置保存在 safehat. yaml 文件中，epochs=100 表示迭代 100 次。最后使用验证集验证效果。

训练程序 yolo_ train. py 的运行结果如图 7.5-33 所示。

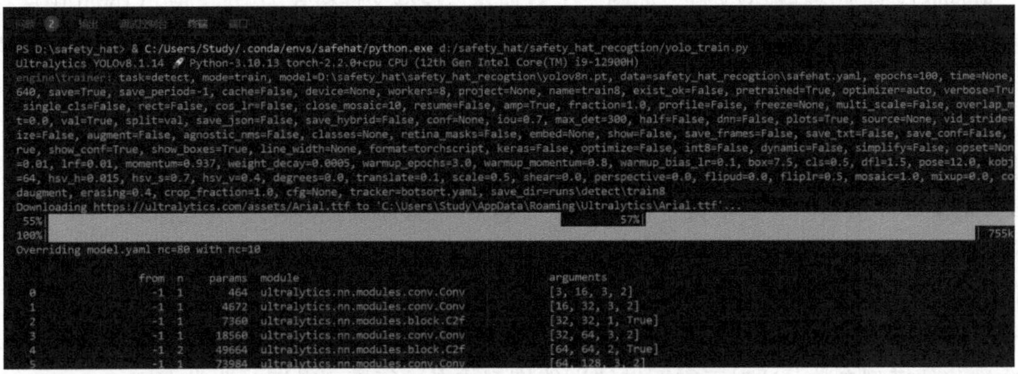

图 7.5-33　训练程序 yolo_train. py 运行结果

从运行的打印调试信息中可以看到，当前的 YOLO 版本为 UltralyticsYOLOv8.1.14 版本，任务为目标检测，为 CPU 训练。训练过程如图 7.5-34 所示。

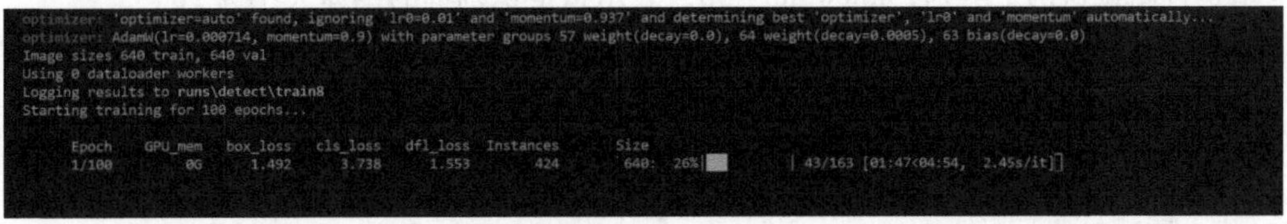

图 7.5-34　训练过程

完成训练后，会在当前目录的 runs/detect/train 路径下，保存训练过程中的数据和模型文件，如图 7.5-35 所示。

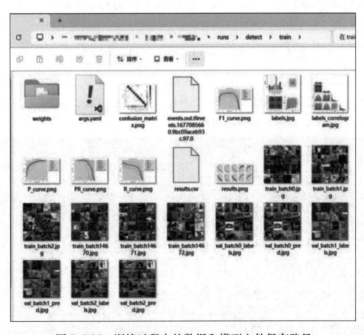

图 7.5-35　训练过程中的数据和模型文件保存路径

　　weights 文件夹保存模型文件，如图 7.5-36 所示。模型文件格式为 . pt，是 PyTorch 中保存模型参数的一种格式。它是一个完整的模型文件，不仅包含了模型的参数，还包括了模型的结构。

　　best. pt 和 last. pt 是用于保存训练过程中模型的权重参数的文件。它们的区别在于保存的是不同时间点的模型参数。best. pt 文件保存的是在训练过程中性能最好的模型的参数。通常，会在每个 epoch 结束时评估模型在验证集上的性能，并保存在验证集上表现最好的模型参数。这样，在训练结束后，可以使用 best. pt 文件保存的参数来进行推理或测试。last. pt 文件保存的是训练过程中最后

图 7.5-36　模型文件

一个 epoch 的模型参数。它可能不一定是性能最好的模型，但它保存了整个训练过程中最后一次迭代的模型参数。这对于需要继续训练模型或者进行模型微调时非常有用。

7.5.2.6　模型测试

　　首先导入训练好的模型 best. pt，测试使用图片和视频均可，只需要将测试数据传给 predict 函数。测试代码如下所示。其中，传入了 classes＝[0,2]，代表只输出 0 和 2，也就是安全帽是否佩戴这两个类别；linewidth＝30，表示指定识别框的字体大小为 30。

```
from ultralytics import YOLO #在代码中导入 yolo 模块
#导入训练好的模型 best. pt
model＝YOLO('safety_hat_recogtion\\best. pt')
#找一些测试数据#
#图片数据和视频数据都可以,直接将数据传入接口就可以了
#传入了 classes＝[0,2],代表只输出 0 和 2,也就是安全帽是否佩戴这两个类别
#1inewidth＝30 表示指定识别框的字体大小为 30
model. predict('safety_hat_recogtion\construction-safety. jpg',save＝
True,classes＝[0,2],1inewidth＝30)
model. predict(' safety _ hat _ recogtion \ 测 试 视 频 .mp4 ', save＝True,
1inewidth＝30)
```

　　运行测试代码，可以看到模型识别测试图片、视频的过程，如图 7.5-37 所示，识别结果保存在当前目录的 runs/detect/predict 中。

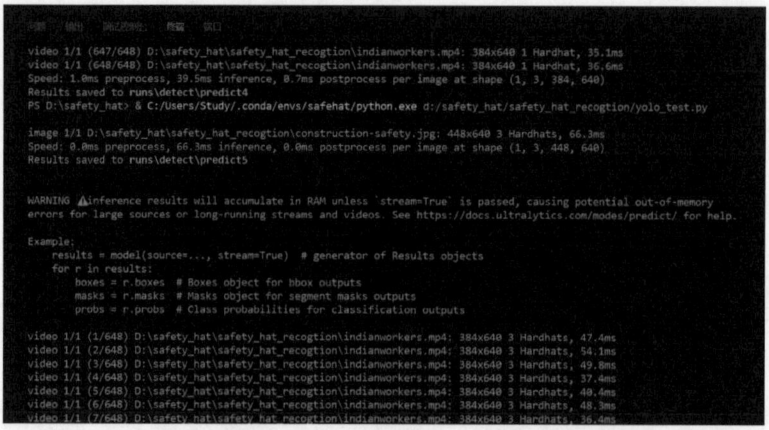

图 7.5-37　模型识别测试图片、视频的过程

识别结果如图 7.5-38 所示，可以看到运用 YOLOv8 训练的模型，能够很好地检测人员是否佩戴了安全帽，能够满足航天发射场对于塔架进出人员检测安全帽佩戴的需求。

图 7.5-38　模型识别测试图片、视频的结果

7.6　小结

本章主要介绍了在航天发射场地面设备信息系统开发中已经广泛应用的智能语音与图像技术。首先，介绍了智能语音和图像技术中常用的神经网络；接下来，在智能语音方面，对语音识别技术和语音合成技术的原理进行了介绍，给出了语音识别和语音合成的常用模型、方法和思路；之后，在智能图像技术方面，对图像识别和图像增强技术进行了介绍，给出了技术原理和相关算法；最后，给出了航天发射场在智能语音和智能图像技术的应用实例，分别是 T0 自动播报的例子和塔架安全帽检测的例子。

第 **8** 章　数据库技术

8.1　概述

数据库（database）是按照数据结构来组织、存储和管理数据的仓库。数据是数据库中存储的具体内容。数据库按照不同的规则，将数据有序地管理起来，并建立数据之间的关联关系，实现数据共享、减少数据的冗余度、使数据具有独立性、一致性和可维护性，实现数据集中控制、故障恢复等，在数据库系统中，数据不再仅服务于某个程序或用户，而是看成一个单位的共享资源，由一个叫作数据库管理系统（database management system，DBMS）的软件统一管理。它实现了许多在文件系统中难以实现的功能，如适合不同类型用户的多种用户界面，保证并发访问时数据一致性的并发控制（concurrent control），增进数据安全性（security）的访问控制（access control），在故障情况下保证数据一致性的恢复（recovery）功能，保证数据在语义上的一致性的完整性约束（integrity constraints）检查功能。后面将对常用数据库、实时数据库、SQL 语句、数据库设计实例等内容展开进一步介绍。

8.2　常用数据库

常见的数据库类型主要是两种，即 SQL 关系型数据库（MySQL、Oracle、达梦等）和 NoSQL 非关系型数据库（Redis、MongoDB 等）。

8.2.1　MySQL

关系型数据库是把复杂的数据结构归结为简单的二元关系（即二维表格形式）。在关系型数据库中，对数据的操作几乎全部建立在一个或多个关系表格上，通过对这些关联的表格分类、合并、连接或选取等运算来实现数据库的管理。网站 DB-Engines 更新的 2023 年 12 月关系数据库流行度排行榜前 8 名变化情况如图 8.2-1 所示，本节主要介绍 MYSQL 数据库。

MySQL 是很受欢迎的开源 SQL 数据库管理系统，是一个快速、多线程、多用户、多平台开源关系型 SQL 数据库服务器。MySQL 服务器支持关键任务、重负载生产系统的使用，也可以将它嵌入到大规模部署（mass-deployed）的软件中去，是目前使用很广泛、流行度很高的开源数据库。

MySQL 的特点如下：

1）支持事务、支持多数 SQL 规范。

2）以二维表方式组织数据。

	Rank		DBMS	Database Model	Score		
Dec 2023	Nov 2023	Dec 2022			Dec 2023	Nov 2023	Dec 2022
1.	1.	1.	Oracle ➕	Relational, Multi-model ⓘ	1257.41	-19.62	+7.10
2.	2.	2.	MySQL ➕	Relational, Multi-model ⓘ	1126.64	+11.40	-72.76
3.	3.	3.	Microsoft SQL Server ➕	Relational, Multi-model ⓘ	903.83	-7.59	-20.52
4.	4.	4.	PostgreSQL ➕	Relational, Multi-model ⓘ	650.90	+14.05	+32.93
5.	5.	5.	IBM Db2	Relational, Multi-model ⓘ	134.60	-1.40	-12.02
6.	↑7.	6.	Microsoft Access	Relational	121.75	-2.74	-12.08
7.	↑8.	↑8.	Snowflake ➕	Relational	119.88	-1.12	+5.11
8.	↓6.	↓7.	SQLite ➕	Relational	117.95	-6.63	-14.49

include secondary database models — 165 systems in ranking, December 2023

图 8.2-1　网站 DB-Engines 更新的 2023 年 12 月关系数据库流行度排行榜前 8 名变化情况

3）有插件式存储引擎，支持多种存储引擎格式。

MySQL 架构可分为 3 层，如图 8.2-2 所示。第一层是客户端层，主要完成对客户端的连接处理、安全认证、授权等，每个客户端连接都会在服务端拥有一个线程，每个连接发起的查询都会在对应的单独线程中执行；第二层是 MySQL 的核心服务功能层，包括查询解析、分析、查询缓存、内置函数、存储过程、触发器、视图等；第三层是数据存储层，负责数据的存储和提取，也称为存储引擎。

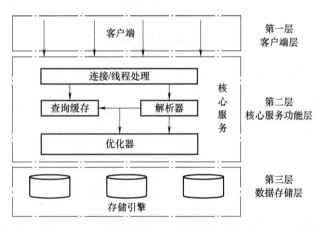

图 8.2-2　MySQL 架构

在第二层中，select 操作会先检查是否命中查询缓存，命中则直接返回缓存数据，否则解析查询并创建对应的解析树。如图 8.2-3 所示，解析器会将命令分类为 select、dml、ddl、rep、status，对应图中的查询优化器、表变更模块等五个模块，不同内容将交给不同的模块去处理。

查询优化器的策略：使用的是"选取—投影—联接"策略进行查询。

示例：

```
select uid,name from user where gender=1;
```

这个 select 查询先根据 where 语句进行选取，而不是先将表全部查询出来以后再进行过滤。这里 select 查询先根据 uid 和 name 进行属性投影，而不是将属性全部取出以后再进行过滤，最后将这两个查询条件联接起来生成最终查询结果。

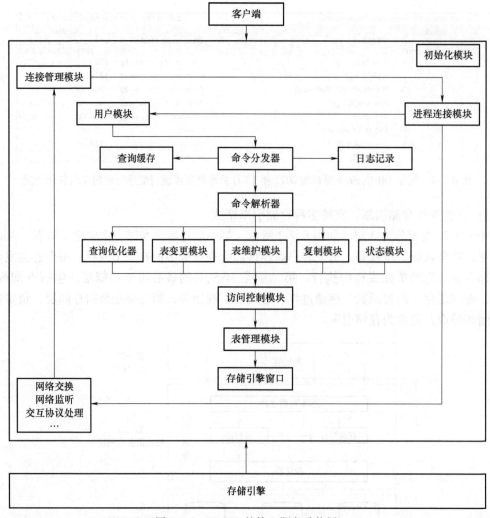

图 8.2-3 MySQL 的核心服务功能层

在第三层中，MySQL 服务器通过 API 与存储引擎通信，屏蔽了各种引擎之间的差异，常见的存储引擎有 InnoDB、MyISAM 等（见表 8.2-1）。MySQL5.5 之后，默认的存储引擎由 MyISAM 变为 InnoDB。

表 8.2-1 InnoDB 和 MyISAM 的区别

存储引擎	InnoDB	MyISAM
存储文件	① .frm 表定义文件 ② .ibd 数据文件	① .frm 表定义文 ② .myd 数据文件 ③ .myi 索引文件
锁	表锁、行锁	表锁
事务	ACID	不支持
CRDU	读、写	读多
count	扫表	专门存储的地方
索引结构	B+ Tree	B+ Tree

8.2.2　达梦

达梦是完全自主开发的数据库软件，其安全级别达到了国内数据库产品中最高的 B1 级。达梦具有开放、可扩展的体系结构，高性能事务处理能力，以及低廉的维护成本。达梦吸收借鉴当前先进新技术思想与主流数据库产品的优点，融合了分布式、弹性计算与云计算的优势，对灵活性、易用性、可靠性、高安全性等方面进行了大规模改进，多样化架构充分满足不同场景需求，支持超大规模并发事务处理和事务-分析混合型业务处理，支持动态分配计算资源，实现更精细化的资源利用、更低成本的投入。

8.2.2.1　达梦功能特性及核心功能模块

达梦其功能特性如下：

1）达梦是以 RDBMS 为核心，以 SQL 为标准的通用数据库管理系统。

2）达梦支持 SMP 系统，可在增加主机 CPU 的情况下实现数据库性能的线性加速提高。

3）达梦数据库提供了多操作系统支持，并能运行在多种软、硬件平台上。

4）达梦提供了丰富的数据库访问接口，包括 ODBC、JDBC、API、OLE DB、PHP、. NET DataProvider 等。

5）达梦提供了完善的日志记录和备份恢复机制，保证了数据库的安全稳定，数据完整正确。

6）达梦采用三权分立的安全体系结构，保证了数据库用户之间的权责明确，确保了数据的高安全性。

7）达梦提供了易于操作且功能强大的客户端管理软件。

达梦核心服务器功能模块示意图如图 8.2-4 所示。

图 8.2-4　达梦核心服务器功能模块示意图

8.2.2.2 达梦逻辑存储结构

达梦逻辑存储结构如图 8.2-5 所示。达梦数据库由一个或多个表空间组成，而表空间由一个或多个数据文件组成。在使用初始化数据库工具创建数据库时，会自动创建 5 个表空间：SYSTEM 表空间、MAIN 表空间、ROLL 表空间、TEMP 表空间和 HMAIN 表空间。用户可以在终端登录数据库后执行相关命令来查看表空间的相关信息。

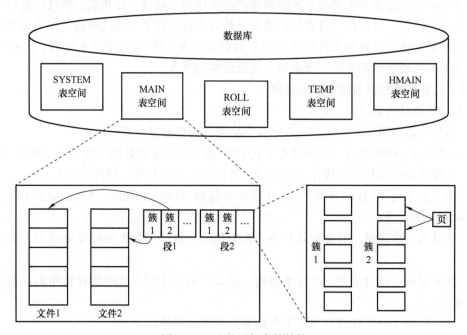

图 8.2-5 达梦逻辑存储结构

数据页（数据块）是达梦数据库中最小的数据存储单元，页大小可以设置为 4KB、8KB、16KB 或者 32KB，需要在创建数据库时指定。数据库创建之后，在该库的整个生命周期内，页大小都不能改变。同时，在达梦数据库中页大小的设置也会对数据库中存储字段的长度产生影响，向数据库表中插入字段的长度不能超过页大小的一半，否则无法插入数据。

达梦数据库中每一个数据文件由一个或多个簇组成。簇是数据页的上级逻辑单元，由同一个数据文件中 16 个或 32 个或 64 个连续的数据页组成。簇的大小也是在创建数据库时指定，创建之后不能修改。

8.2.2.3 达梦物理存储结构

达梦数据库使用了磁盘上大量的物理存储结构来保存和管理用户数据。如图 8.2-6 所示，达梦物理存储结构包括，用于进行功能设置的配置文件；用于记录文件分布的控制文件；用于保存用户实际数据的数据文件、重做日志文件、归档日志文件、备份文件；用来进行问题跟踪的跟踪日志文件等。

（1）配置文件。配置文件是达梦数据库用来设置功能选项的一些文本文件的集合，配置文件以 ini 为扩展名，如 dm.ini、dmarch.ini、dmmal.ini 等。在之后使用中，需要对这些配置文件中的参数值进行修改以启动某些功能，如修改 dm.ini 中的 ARCH_INI 参数可以启用归档等。

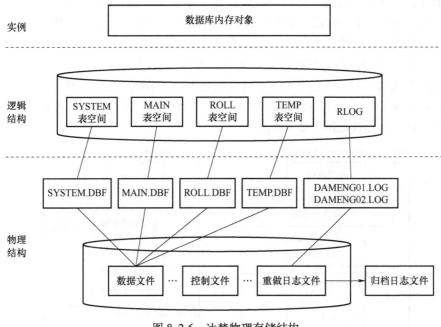

图 8.2-6 达梦物理存储结构

（2）控制文件。每个达梦数据库都有一个名为 dm. ctl 的控制文件。控制文件是一个二进制文件，记录了数据库必要的初始信息。

（3）数据文件。数据文件以 dbf 为扩展名，是数据库中最重要的文件类型。一个达梦数据文件对应磁盘上的一个物理文件。数据文件是真实数据存储的地方，每个数据库至少有一个与之相关的数据文件。在实际应用中，通常有多个数据文件。

（4）重做日志文件。重做日志文件又叫 redo 日志，主要用于数据库的备份和恢复。

（5）归档文件。利用归档日志，系统可被恢复至故障发生的前一刻，也可以还原到指定的时间点，如果没有归档日志文件，则只能利用备份进行恢复。

（6）逻辑日志文件。如果在达梦数据库上配置了复制功能，复制源就会产生逻辑日志文件。

（7）备份文件。备份文件以 bak 为扩展名，用于数据库的备份还原，可以在本机中使用，也可以复制到装有达梦的其他机器上进行使用。

（8）日志文件（跟踪日志，事件日志）。用户在 dm. ini 中配置 SVR_LOG 和 SVR_LOG_ SWITCH_COUNT 参数后就会打开跟踪日志。达梦数据库系统在运行过程中，会在 log 子目录下产生一个"dm_实例名_日期"格式的事件日志文件。事件日志文件对达梦数据库运行时的关键事件进行记录，如系统启动、关闭、内存申请失败、IO 错误等一些致命错误。

8.2.3 SQLite 本地数据库

SQLite 是 D. Richard Hipp 用 C 语言编写的开源嵌入式数据库引擎。它支持大多数的 SQL92 标准，并且可以在所有主流的操作系统上运行，是目前最流行的开源嵌入式数据库。跟其他嵌入式存储引擎相比，如 BerkeleyDB、MemBASE 等，SQLite 可以很好地支持关系型数据库所具备的一些基本特征，如标准 SQL 语法、事务、数据表和索引等。

SQLite 由内核、SQL 编译器、后端以及附件组成。SQLite 通过虚拟机和虚拟数据库引擎（VDBE），使调试、修改和扩展 SQLite 的内核变得更加方便。所有 SQL 语句都被编译成易读的可以在 SQLite 虚拟机中执行的程序集。SQLite 支持大小高达 2TB 的数据库，每个数据库完全存储在单个磁盘文件中。这些磁盘文件可以在不同字节顺序的计算机之间移动。这些数据以 B+树（B+tree）数据结构的形式存储在磁盘上。SQLite 根据该文件系统获得其数据库权限，SQLite 的整体结构如图 8.2-7 所示。

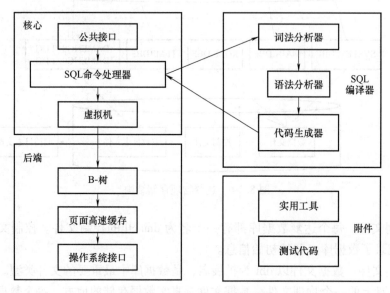

图 8.2-7　SQLite 的整体结构

（1）公共接口（interface）。SQLite 库的大部分公共接口由 main.c、legacy.c 和 vdbeapi.c 源文件中的函数来实现，这些函数依赖分散在其他文件中的一些程序，因为在这些文件中它们可以访问有文件作用域的数据结构。例如下列 n 个函数：

1）sqlite3_get_table() 例程在 table.c 中实现。

2）sqlite3_mprintf() 可在 printf.c 中找到。

3）sqlite3_complete() 位于 tokenize.c 中。

4）Tcl 接口在 tclsqlite.c 中实现。

SQLite 的 C 接口信息可参考 http://sqlite.org/capi3ref.html。

为了避免和其他软件的名字冲突，SQLite 库的所有外部符号都以 sqlite3 为前缀，这些被用来做外部使用的符号是以 sqlite3_开头来命名的。

（2）词法分析器（tokenizer）。执行一个包含 SQL 语句的字符串时，接口程序要把这个字符串传递给 tokenizer。tokenizer 的任务是把原有字符串分割成一个个标识符（token），并把这些标识符传递给解析器。

（3）语法分析器（parser）。语法分析器的工作是在指定的上下文中赋予标识符具体的含义。SQLite 的语法分析器使用 Lemon LALR 分析程序生成器来产生。Lemon 定义了非终析构器的概念，当遇到语法错误时它不会泄漏内存。驱动 Lemon 的源文件可在 parse.y 中找到。

（4）代码生成器（code generator）。语法分析器在把标识符组装成完整的 SQL 语句后，就调用代码生成器产生虚拟机代码，以执行 SQL 语句请求的工作。其中 expr. c 处理 SQL 中表达式的代码生成；where. c 处理 SELECT、UPDATE 和 DELETE 语句中 where 子句的代码生成；attach. c、delete. c、insert. c、select. c、trigger. c、update. c 和 vacuum. c 处理同名 SQL 语句的代码生成；所有其他 SQL 语句的代码由 build. c 生成；文件 auth. c 实现 sqlite3_set_authorizer（）的功能。

（5）虚拟机（virtual machine）。代码生成器生成的代码由虚拟机来执行，总的来说，虚拟机是一个专为操作数据库文件而设计的抽象计算引擎。它有一个存储中间数据的存储栈，每条指令包含一个操作码和不超过 3 个额外的操作数。SQLite 使用回调风格的 C 语言程序来实现 SQL 函数，每个内建的 SQL 函数都用这种方式来实现。大多数内建的 SQL 函数（如 coalesce（）、count（）、substr（）等）可在 func. c 中找到。日期和时间转换函数可在 date. c 中找到。

（6）B-树（B-tree）。一个 SQLite 数据库使用 B-树的形式存储在磁盘上，B-树的实现位于源文件 btree. c 中。数据库中的每个表和索引使用一棵单独的 B-树，所有的 B-树存放在同一个磁盘文件中。文件格式的细节被记录在 btree. c 开头的备注里。B-树子系统的接口在头文件 btree. h 中定义。

（7）页面高速缓存（page cache）。B-树模块以固定大小的数据块形式从磁盘上请求信息，默认的块大小是 1024B，但是可以在 512~65536B 范围变化。页面高速缓存负责读、写和缓存这些数据块。页面高速缓存还提供回滚和原子提交的抽象，并且管理数据文件的锁定。B-tree 驱动模块从页面高速缓存中请求特定的页，当它想修改页面、想提交或回滚当前修改时，它也会通知页面高速缓存。页面高速缓存的代码实现被包含在单一的 C 源文件 pager. c 中。页面高速缓存子系统的接口在头文件 pager. h 中定义。

（8）操作系统接口（OS interface）。为了在 POSIX 和 Win32 操作系统之间提供移植性，SQLite 使用一个抽象层来提供操作系统接口。OS 抽象层的接口在 os. h 中定义，每种支持的操作系统有各自的实现：Unix 使用 os_unix. c，Windows 使用 os_win. c 等。每个特定操作系统的实现通常都有自己的头文件，如 os_unix. h，os_win. h 等。

（9）实用工具（utilities）。内存分配和字符串比较函数位于 util. c 中。语法分析器使用的符号表用 Hash 表来维护，其实现位于 hash. c 中。源文件 utf. c 包含 Unicode 转换子程序。SQLite 有自己的 printf（）实现（带一些扩展功能），在 printf. c 中，还有自己的随机数生成器。

（10）测试代码（test code）。如果计算回归测试脚本，超过一半的 SQLite 代码将被测试。主要代码文件中有许多 assert（）语句。另外，源文件 test1. c 通过 test5. c 和 md5. c 实现只用于测试目的的一些扩展。os_test. c 后端接口用来模拟断电，以验证页面高速缓存的崩溃恢复机制。

SQLite 的主要特征如下：

1）管理简单，甚至可以认为无须管理。

2）操作方便，SQLite 生成的数据库文件可以在各个平台无缝移植。

3）可以非常方便地以多种形式嵌入到其他应用程序中，如静态库、动态库等。

4）易于维护。

综上所述，SQLite 的主要优势在于灵巧、快速和可靠性高。与此同时，也失去了一些对 RDBMS 关键性功能的支持，如高并发、细粒度访问控制（如行级锁）、丰富的内置函数、存储过程和复杂的 SQL 语句等。

8.3 实时数据库

8.3.1 Redis 概述

Redis 是一个开源、Linux 平台、Key-Value 键值型非关系数据库。和 Memcached 类似，它支持存储的 value 类型相对更多，包括字符串（string）、链表（list）、集合（set）、有序集合（sorted set，zset）和哈希（hash）类型。这些数据类型都支持 push/pop、add/remove 及取交集并集和差集及更丰富的操作，而且这些操作都是原子性的。在此基础上，Redis 支持各种不同方式的排序。其数据都是缓存在内存中，但会周期性地把更新的数据写入磁盘或者把修改操作写入追加的记录文件，并且在此基础上实现了主从（master-slave）同步。

Redis 支持主从同步。数据可以从主服务器向任意数量的从服务器上同步，从服务器可以是关联其他从服务器的主服务器。Redis 的单线程主要是指 Redis 的网络 IO 和键值对读写是由一个线程来完成的，这也是 Redis 对外提供键值存储服务的主要流程。但 Redis 的其他功能，如持久化、异步删除、集群数据同步等，其实是由额外的线程执行的。

Redis 利用 epoll 来实现 IO 多路复用，将连接信息和事件放到队列中，依次放到文件事件分派器，事件分派器再将事件分发给事件处理器。Redis 数据库整体结构如图 8.3-1 所示。

Redis 和 MySQL 各自有不同的业务场景，谁都无法取代谁。Redis 特点如下：

1）命令执行速度非常快，读写性能可达 10 万每秒；数据结构是 Key-Value 类似字典的功能，可以实现键过期—缓存、发布订阅—消息系统、简单的事物功能。

2）用编译安装的方式，可以很快完成数据库部署；服务启动 Redis-server，可以用默认配置、运行参数配置、配置文件启动这 3 种方式进行启动。

3）用 Redis-cli 客户端连接，一般用简单的 set、get、del 进行数据管理；在单实例 Redis 的基础上，可以进行数据持久化，主从复制，高可用和分布式等功能。

4）在命令行界面有一些常用的命令显示状态和性能，在图形界面方面，有开源监控工具来监控和记录数据库的状态，如 cachecloud。

5）直接备份成物理问价的 RDB 持久化，基于 AOF 日志的实时 AOF 持久化。

从数据规模角度讲，小数据规模的使用 Redis 比较合适，而大数据规模的使用 Redis 不合适；从数据冷热角度看，热数据的适合放在 Redis 中，而冷数据的不适合放在 Redis 中。

8.3.2 Redis 数据结构与对象

Redis 有五种数据类型，即字符串、链表、哈希、集合、有序集合（string、list、hash、set、zset），实现了简单动态字符串、双端链表、字典、压缩列表（ziplist）、整数集合、跳跃表（skiplist）等数据结构。Redis 底层使用了多种数据结构来实现各种特性。了解 Redis 底层实现原理，可以让 Redis 工作原理更加清晰。图 8.3-2 所示为 Redis

数据结构与内部编码。

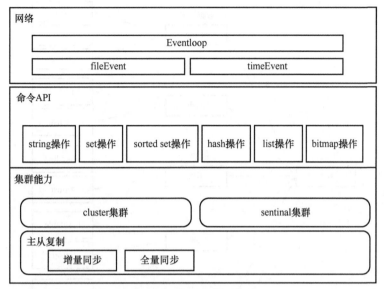

a) 网络/命令/API集群能力部分

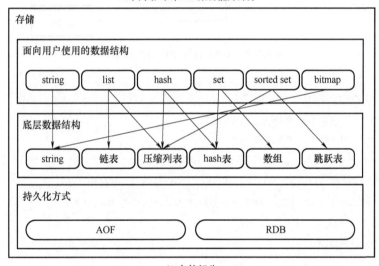

b) 存储部分

图 8.3-1　Redis 数据库整体结构

如图 8.3-2 所示，Redis 每种数据结构可以有多种实现。比如，hash 可以用 hashtable 实现，也可以用 ziplist 实现。这样的好处是当有更好的算法实现的时候，像 quicklist（快速列表）就比 ziplist 和 linkedlist 性能更好，那么这时候想用更好的算法来替代底层，只需要切换具体的实现方式就可以，而不用改动太多的代码，有点类似设计模式里的策略模式，但这对于用户来说是无感知的。

每一个存储的 Redis 数据都与一个 RedisObject 相关联。Redis 存储数据的基本代码结构如下：

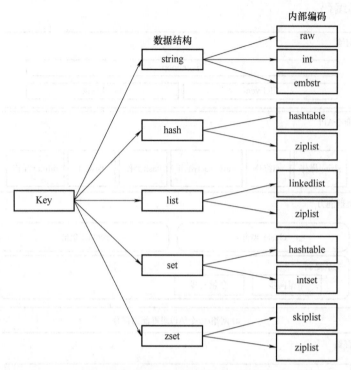

图 8.3-2　Redis 数据结构与内部编码

```
typedef struct redisObject{
     unsigned type:4;
     unsigned encoding:4;
     unsigned lru:LRU_BITS; /* LRU time (relative to global lru_clock)or
  * LFU data (least significant 8 bits frequency
  * and most significant 16 bits access time). */
     int refcount;
     void * ptr;
  } robj;
```

RedisObject 中共有 5 个属性（元数据占用 8B, ptr 指针占用 8B）：

1）type（4bit）。type 记录了对象的类型，即字符串、列表、哈希、集合或有序集合对象；不同的对象会有不同的 type（4bit），同一个类型的 type 会有不同的存储形式 encoding（4bit）。

2）ptr 指针（8B）。指向对象的底层实现数据结构，即上述 6 种基本数据结构中的一种。

3）encoding（4bit）。encoding 表示 ptr 指向的具体数据结构，即这个对象使用了什么数据结构作为底层实现，共有 10 种存储格式。

4）refcount（4B）。refcount 表示引用计数，C 语言垃圾回收需要使用。

5）lru（24bit）。lru 表示对象最后一次被命令程序访问的时间。

8.3.2.1　简单动态字符串

简单动态字符串（simple dynamic string，SDS）主要由以下 4 部分组成：

1）len（4B），表示 buf 的已用长度（额外开销）。

2）alloc（4B），表示 buf 的实际分配长度，一般大于 len（额外开销）。

3）buf（字节数组），保存实际数据。为了表示字节数组的结束，Redis 会自动在数组最后加一个"\0"，这就会额外占用 1B 的开销（保存实际数据）。

4）flags，表示使用的是哪种 header 类型。当字符串长度小于 1MB 时，扩容都是加倍现有的空间；如果超过 1MB，扩容时一次只会多扩 1MB 的空间。字符串最大长度为 512 MB。

SDS 的代码结构体如下：

```
struct__attribute__((__packed__))hisdshdr5{
    unsignedcharflags;/*3lsboftype,and5msbofstringlength*/
    charbuf[];
};
struct__attribute__((__packed__))hisdshdr8{
    uint8_tlen;/*used*/
    uint8_talloc;/*excludingtheheaderandnullterminator*/
    unsignedcharflags;/*3lsboftype,5unusedbits*/
    charbuf[];
};
struct__attribute__((__packed__))hisdshdr16{
    uint16_tlen;/*used*/
    uint16_talloc;/*excludingtheheaderandnullterminator*/
    unsignedcharflags;/*3lsboftype,5unusedbits*/
    charbuf[];
};
struct__attribute__((__packed__))hisdshdr32{
    uint32_tlen;/*used*/
    uint32_talloc;/*excludingtheheaderandnullterminator*/
    unsignedcharflags;/*3lsboftype,5unusedbits*/
    charbuf[];
};
struct__attribute__((__packed__))hisdshdr64{
    uint64_tlen;/*used*/
    uint64_talloc;/*excludingtheheaderandnullterminator*/
    unsignedcharflags;/*3lsboftype,5unusedbits*/
    charbuf[];
};
```

Redis 的字符串共有两种存储方式：在长度特别短时，使用 embstr 形式存储（embedded）；

当长度超过 44B 时，使用 raw 形式存储。

embstr 存储形式是这样一种存储形式，它将 RedisObject 对象头和 SDS 对象连续存在一起，使用 malloc 方法一次分配。而 raw 存储形式不一样，它需要两次 malloc，两个对象头在内存地址上一般是不连续的。Int、embstr、raw 三种编码存储形式区别，如图 8.3-3 所示。

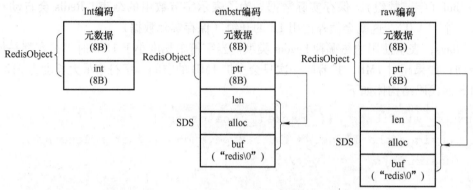

图 8.3-3　Int、embstr、raw 三种编码存储形式区别

如果总体超出了 64B，Redis 认为它是一个大字符串，不再使用 emdstr 形式存储，而该用 raw 形式。64 减去 19 减去结尾的 \ 0，所以 empstr 只能容纳 44B（）后期版本在这方面另有调整（）。

8.3.2.2　链表

链表提供了高效的节点重排能力，以及顺序性的节点访问方式，并且可以通过增删节点来灵活地调整链表的长度。链表在 Redis 中应用非常广泛，如列表键的底层实现之一就是链表。当一个列表键包含了数量较多的元素，又或者列表中包含的元素都是比较长的字符串时，Redis 就会使用链表作为列表键的底层实现。每个链表节点使用一个 listNode 结构表示（adlist. h/listNode），代码如下：

```
typedef struct listNode {
    struct listNode * prev;
    struct listNode * next;
    void * value;
} listNode;
```

直接操作 list 来操作链表会更加方便，代码如下：

```
typedef struct list {
listNode * head;                              //表头节点
  listNode * tail;                            //表尾节点
  void * ( * dup)(void * ptr);                //节点值复制函数
  void ( * free)(void * ptr);                 //节点值释放函数
  int ( * match)(void * ptr,void * key);      //节点值对比函数
  unsigned long len;                          //链表长度
} list;
```

由 list 结构和 listNode 结构组成的链表如图 8.3-4 所示。

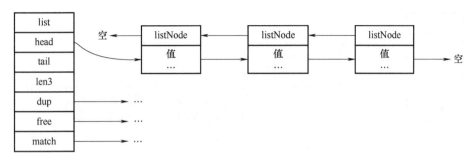

图 8.3-4　由 list 结构和 listNode 结构组成的链表

8.3.2.3　哈希表

哈希表是一种用于保存键值对的抽象数据结构。哈希表中的每一个键（key）都是唯一的，通过键可以对值进行查找或修改。每个哈希表节点使用一个 dictht 结构表示，代码如下：

```
typedef struct dictht {
dictEntry**table;              //哈希表数组
  unsigned long size;          //哈希表大小
  unsigned long sizemask;      //哈希表大小掩码,用于计算索引值总是等于 size-1
  unsigned long used;          //该哈希表已有节点的数量
} dictht;
```

哈希表是由数组 table 组成，table 中每个元素都是指向 dict.h/dictEntry 结构，dictEntry 结构定义如下：

```
typedef struct dictEntry {
  void*key;                    //键
  union {                      //值
    void*val;
    uint64_t u64;
    int64_t s64;
    double d;
  } v;
  struct dictEntry*next;       //指向下一个哈希表节点,形成链表
} dictEntry;
```

其中，key 用来保存键，val 属性用来保存值，值可以是一个指针，也可以是 uint64_t 整数，也可以是 int64_t 整数。next 用来指向下一个具有相同索引值的哈希表节点，形成链表。哈希表最大的问题是存在哈希冲突，要解决哈希冲突可采用开放地址法和链地址法。一般采用链地址法，通过 next 这个指针可以将多个哈希值相同的键值对连接在一起，来解决哈希

冲突。哈希表结构如图8.3-5所示。

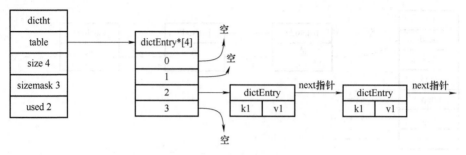

图8.3-5 哈希表结构

8.3.2.4 跳跃表

Redis 使用跳跃表作为有序集合键的底层实现之一，如果一个有序集合包含的元素数量比较多，又或者有序集合中元素的成员是比较长的字符串时，Redis 就会使用跳跃表作为有序集合健的底层实现。Redis 的跳跃表由 zskiplistNode 和 skiplist 两个结构定义。其中，zskiplistNode 结构用于表示跳跃表节点；zskiplist 结构则用于保存跳跃表节点的相关信息，如节点的数量，以及指向表头节点和表尾节点的指针等。skiplist 结构如下：

```
typedef struct zskiplist {
  struct zskiplistNode * header, * tail;
  unsigned long length;
  int level;
} zskiplist;
```

1）header，指向跳跃表的表头节点，通过这个指针程序定位表头节点的时间复杂度就为 O(1)。

2）tail，指向跳跃表的表尾节点，通过这个指针程序定位表尾节点的时间复杂度就为 O(1)。

3）level，记录目前跳跃表内，层数最大的那个节点的层数（表头节点的层数不计算在内），通过这个属性可以在 O(1) 的时间复杂度内获取层高最好的节点的层数。

4）length，记录跳跃表的长度，即跳跃表目前包含节点的数量（表头节点不计算在内），通过这个属性，程序可以在 O(1) 的时间复杂度内返回跳跃表的长度。其结构如下：

```
typedef struct zskiplistNode {
  sds ele;                         //成员对象（robj * obj;）指向一个 sds
  double score;                    //分值 用于实现 zset
  struct zskiplistNode * backward; //后退指针 指向前一个节点
  struct zskiplistLevel {          //用一个结构体数组来表示各层中节点的关系
    struct zskiplistNode * forward; //前进指针
```

```
unsigned long span; //跨度实际上是用来计算元素排名(rank)的,在查找某个节点的
                      过程中,将沿途访过的所有层的跨度累积起来,得到的结果就是
                      目标节点在跳跃表中的排位
    } level[];
} zskiplistNode;
```

Redis 跳跃表示例如图 8.3-6 所示。

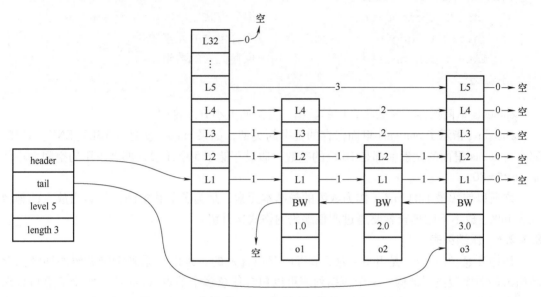

图 8.3-6　Redis 跳跃表示例

成员对象（ele）：各个节点中的 o1、o2 和 o3 是节点所保存的成员对象。在同一个跳跃表中，各个节点保存的成员对象必须是唯一的，但是多个节点保存的分值却可以是相同的，分值相同的节点将按照成员对象在字典序中的大小来进行排序，成员对象较小的节点会排在前面（靠近表头的方向），而成员对象较大的节点则会排在后面（靠近表尾的方向）。

1）分值（score）。各个节点中的 1.0、2.0 和 3.0 是节点所保存的分值。在跳跃表中，节点按各自所保存的分值从小到大排列。

2）后退（backward）指针。节点中用 BW 字样标记节点的后退指针，它指向位于当前节点的前一个节点。后退指针在程序从表尾向表头遍历时使用。与前进指针所不同的是，每个节点只有一个后退指针，因此每次只能后退一个节点。

3）层（level）。节点中用 L1、L2、L3 等字样标记节点的各个层，L1 代表第一层，L2 代表第二层，以此类推。

每个层都带有两个属性：前进指针和跨度。前进指针用于访问位于表尾方向的其他节点，而跨度则记录了前进指针所指向节点和当前节点的距离（跨度越大、距离越远）。图 8.3-6 中，连线上带有数字的箭头就代表前进指针，而那个数字就是跨度。当程序从表头向表尾进行遍历时，访问会沿着层的前进指针进行。每次创建一个新跳跃表节点的时候，程序都根据幂次定律（powerlaw 越大的数出现的概率越小）随机生成一个介于 1~32 的值作为

level 数组的大小，这个大小就是层的"高度"。

8.3.2.5 整数集合

整数集合是 Redis 用于保存整数值的集合抽象数据类型，它可以保存类型为 int16_t、int32_t 或者 int64_t 的整数值，并且保证集合中不会出现重复元素。当一个集合里面的内容全部是整数，且集合的大小不超过 512 的时候，使用整数集合来实现集合。整数集合结构如下：

```
typedef struct intset{
    unit32_t encoding;          //编码方式
    unit32_t length;            //集合包含的元素数量
    int8_t contents[];          //保存元素的数组
}intset
```

contents 里面保存了整数集合内的数据，且按照大小升序排列。

encoding 指示了 contents 里面保存的证书的类型，如果 encoding 是 INTSET_ENC_INT16，那么 contents 里面的元素就都是 16 位的整数，假设存储了 5 个元素，那么占用的空间大小就是 $16 \times 5 = 80$。

之所以使用最小的 int8_t 作为数组的最基本元素，是为了节约空间，但是当放入的整数太大 int8_t 放不下时集合就要通过调整编码的格式来升级。

8.3.2.6 压缩列表

压缩列表（ziplist）是 Redis 为了节省内存而开发的，是由一系列特殊编码的连续内存块组成的顺序型数据结构，一个压缩列表可以包含任意多个节点（entry），每个节点可以保存一个字节数组或者一个整数值。压缩列表（ziplist）数据结构如图 8.3-7 所示。压缩列表各个组成部分说明见表 8.3-1。

| zlbytes | zltail | zllen | entry1 | entry2 | ... | entryN | zlend |

图 8.3-7 压缩列表（ziplist）数据结构

表 8.3-1 压缩列表各个组成部分说明

属性	类型	长度	说明
zlbytes	uint32_t	4B	记录整个压缩列表占用的内存字节数：在对压缩列表进行内存重分配或者计算 zlend 的位置时使用
zltail	uint32_t	4B	记录压缩列表表尾节点距离压缩列表的起始地址有多少字节：通过这个偏移量，程序无须遍历整个压缩列表就可以确定表尾节点的地址
zllen	uint16_t	2B	记录了压缩列表包含的节点数量：当这个属性的值小于 UINT16_MAX（655）时，这个属性的值就是压缩列表包含节点的数量；当这个值等于 UINT16_MAX（655）时，节点的真实数量需要遍历整个压缩列表才能计算得出
entryX	列表节点	不定	压缩列表包含的各个节点，节点的长度由节点保存的内容决定
zlend	uint8_t	1B	特殊值 0xFF（十进制 255），用于标记压缩列表的末端压缩列表各个组成部分说明

压缩列表节点结构如图 8.3-8 所示。

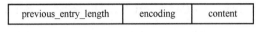

| previous_entry_length | encoding | content |

图 8.3-8　压缩列表节点结构

（1）previous_entry_length。记录压缩列表前 1B 的长度。previous_entry_length 的长度可能是 1B 或 5B。如果上一个节点的长度小于 254，则该节点只需要 1B 就可以表示前一个节点的长度了；如果前一个节点的长度大于等于 254，则 previous length 的第 1B 为 254，后面用 4B 表示当前节点前一个节点的长度。利用此原理，即当前节点位置减去上一个节点的长度，可得到上一个节点的起始位置，压缩列表可以从尾部向头部遍历。

（2）encoding。节点的 encoding 保存的是节点的 content 的内容类型以及长度。encoding 类型一共有两种：一种是字节数组，一种是整数。encoding 区域长度为 1B、2B 或 5B。

（3）content。content 区域用于保存节点的内容，节点内容类型和长度由 encoding 决定。

Redis 数据类型与底层数据结构对应关系如图 8.3-9 所示。

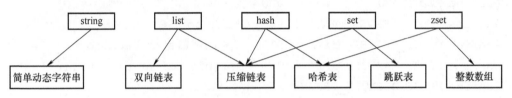

图 8.3-9　Redis 数据类型与底层数据结构对应关系

8.3.3　单机数据库实现

Redis 服务器将数据库保存在 RedisServer 结构的 db 数组中，db 数组的每项都是一个 RedisDb（Redis database）结构，每个 RedisDb 结构代表一个数据库。RedisServer 中有一个 dbnum 属性，它决定服务器初始化时创建多少个数据库，默认值为 16。Redis 客户端默认目标数据库为 0 号数据库，可以通过 select[num]命令切换。RedisClient 结构的 db 属性记录了客户端当前的目标数据库。下列代码所示都是关于 Redis 服务器的运行参数。

```
struct redisServer {
/*General*/
//配置文件的绝对路径
char * configfile;  /*Absolute config file path,or NULL*/
//serverCron()每秒调用的次数
int hz  /*serverCron()calls frequency in hertz*/
//一个数组,保存着服务器中的所有数据库
redisDb * db;
//命令表(受到 rename 配置选项的作用)
dict * commands;  /*Command table*/
```

```
//命合表(无 rename 配道选项的作用)
dict * orig_commands;   / * Command table before command renaming. * /
//事件状态
aeEventLoop * el;
//最近一次使用时钟
unsigned lruclock:REDIS_LRU_BITS;   / * Clock for LRU eviction * /
//关闭服务器的标识
int shutdown asap;   / * SHUTDOMN needed ASAP * /
```

下列代码所示都是用于配置和操作 Redis 数据库的配置参数:

```
/ * 默认的服务器配置值 * /
#define  REDIS_DEFAULT_HZ       10      / * Time interrupt calls/sec. * /
#define REDIS_MIN_HZ            1
#define REDIS_MAX_HZ            500
#define REDIS_SERVERPORT        6379/ * TCP port * /
#define REDIS_TCP_BACKLOG       511     / * TCP listen backlog * /
#define REDIS MAXIDLETIME       0  / * default client timeout:infinite * /
#define REDIS DEFAULT_DBNUM     16
#define REDIS_CONFIGLINE_MAX 1024
#define REDIS DBCRON DBS PER_CALL    16
#define REDIS_MAX MRITE_PER_EVENT(1024 * 64)
#define REDIS_SHARED_SELECT_CMDS    10
#define REDIS SHARED_INTEGERS       10000
#define REDIS_SHARED_BULKHDR_LEN 32
```

下列代码是 Redis 数据库键值对结构, 展示了不同的数据类型和它们的对应关系。

```
typedef struct redisDb . {
    // 数据库键空间,保存着数据库中的所有键值对
    dict * dict;           / * The keyspace for this DB * /
    // 键的过期时间,字典的键为键,字典的值为过期事件 UNIX 时间截
    dict * expires;        / * Timeout of keys with a timeout set * /
    // 正处于阻塞状态的键
    dict * blocking keys;
                           / * Keys with clients waiting for data (BLPOP) *
    // 可以解除阻塞的键
    dict * ready_keys;   / * Blocked keys that received a PUSH * /
    // 正在被 WATCH 命令监视的键
  dict * watched keys;   / * WATCHED keys for MULTI/EXEC CAS * /
```

```
        struct evictionPoolEntry * eviction_pool;   /* Eviction pool of
keys */
        // 数据库号码
        int id;/* Database ID */
        // 数据库的键的平均 TTL,统计信息
        long long avg ttl;   /* Average TTL,just for stats */
    }redisDb;
```

8.3.3.1　数据库键空间

RedisDb 结构的 dict 字典保存了数据库中的所有键值对,这个字典称为键空间。键空间的键就是数据库的键,是一个字符串;键空间的值也就是数据库的值,可以是 redis 任意一种对象;键空间是一个字典,所以针对数据库的操作,实际上都是在操作这个字典。相关操作如下:

1) 添加新键,给字典添加新的键值对。

2) 删除键,删除对应的键值对对象。

3) 更新键,更新键所对应的值。

4) 对键取值,取出键对应的值。

(1) 设置键的生存时间或过期时间。通过 expire 或 pexpire 命令,可以为数据库中的某个键设置生存时间,到期这个键就会被自动删除。ttl 和 pttl 命令可返回这个键的剩余生存时间。Redis 有四个命令设置生存/过期时间,但最终都会转换成 pexpireat 执行,如图 8.3-10 所示。

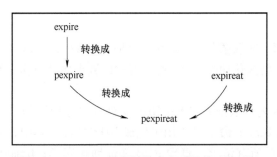

图 8.3-10　Redis 设置键的生存时间或过期时间

RedisDb 结构的 expires 字典保存了数据库中所有键的过期时间。这个过期字典为一个指针,键指向某个键对象,值为一个 long long 整数,保存过期时间。

(2) 检查键是否过期。检查该键是否存在过期字典→存在获取过期时间→和当前时间比较。有以下 3 种过期键删除策略:定时删除、惰性删除、定期删除。

1) 定时删除。设置过期时间的同时,创建一个定时器,到期立即删除。该方式对内存友好,会尽快释放内存;但是对 CPU 时间不友好,在内存不紧张 CPU 时间紧张时,影响服务器相应时间和吞吐量。并且,创建定时器需要用到时间事件,时间事件使用无序链表实现,查找事件的时间复杂度为 O(N),创建大量定时器效率低。

2) 惰性删除。不刻意去管,但每次获取键时都检查是否过期,过期了就删除。该方式

对 CPU 时间友好，但是对内存不友好，过期的键只要不访问就永远不会删除，这样的键多了会造成内存泄漏。

3）定期删除。每隔一段时间，就检查删除一次，删除多少由算法决定。该方式是上边两种策略的折中，但难于确定删除操作执行的时长和频率。

在 Redis 中过期键的惰性删除策略由 expireIfNeeded 函数实现。expireIfNeeded 函数就像一个过滤器，所以读写数据的命令执行之前都会调用它，过期就删除键返回空。过期键的定期删除策略由 activeExpireCycle 实现，每次运行都会随机取出一定数量的键检查，并删除过期的键（见图 8.3-11），然后由全局变量 current_db 记录进度，所有数据库都被检查一遍后 current_db 置 0，重新开始。

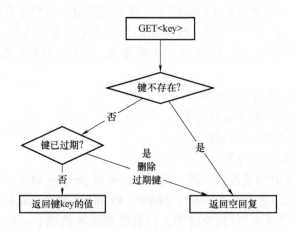

图 8.3-11　检查键是否过期流程

8.3.3.2　RDB 持久化

Redis 是内存数据库，把数据存储在内存，但是不能持久，所以 Redis 提供了 Redis 数据库（Redis database，RDB）持久化功能，可以把内存中的数据库状态保存到磁盘中，避免数据意外丢失。

持久化过程：Redis 内存数据库状态→RDB 文件（经过压缩的二进制文件）落盘→还原为数据库状态。save 和 bgsave 命令可以用于生成 RDB 文件。其中，save 命令会阻塞服务器进程，拒绝客户端发送的所有请求，直到 RDB 文件创建完毕；bgsave 命令则是派生一个子进程负责创建 RDB 文件，服务器进程继续执行客户端的命令请求。在启动 Redis 服务器后会自动载入 RDB 文件（载入期间服务器会处于阻塞状态）。

```
$ redis-server
49917:M 23 Dec 2021 14:03:26.107 # Server initialized
49917:M 23 Dec 2021 14:03:26.108 * Loading RDB produced by version 6.2.4
49917:M 23 Dec 2021 14:03:26.108 * RDB age 81588 seconds
49917:M 23 Dec 2021 14:03:26.108 * RDB memory usage when created 0.98 Mb
49917:M 23 Dec 2021 14:03:26.108 * DB loaded from disk: 0.000 seconds
49917:M 23 Dec 2021 14:03:26.108 * Ready to accept connections
```

8.3.3.3　AOF 持久化

除了 RDB 持久化功能之外，Redis 还提供了只追加文件（append only file，AOF）持久化功能。与 RDB 持久化通过保存数据库中的键值对来记录数据库状态不同，AOF 持久化是通过保存 Redis 服务器所执行的写命令来记录数据库状态的。

AOF 持久化功能的实现可以分为命令追加、文件写入、文件同步三个步骤，如图 8.3-12 所示。

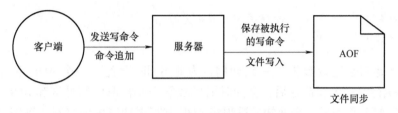

图 8.3-12　AOF 持久化功能实现步骤

（1）命令追加。当 AOF 持久化功能处于打开状态时，服务器在执行完一个写命令之后，会以协议格式将被执行的写命令追加到服务器状态的 aof_ buf 缓冲区的末尾。其代码如下：

```
struct redisServer {
    /* ... */
    sds aof_buf;
    /* ... */
};
```

（2）AOF 文件的写入与同步。因为服务器在处理文件事件时可能会执行写命令，使得一些内容被追加到 aof_ buf 缓冲区里面。所以，在服务器每次结束一个事件循环之前，它都会调用 flushAppendOnlyFile 函数，考虑是否需要将 aof_ buf 缓冲区中的内容写入和保存到 AOF 文件中。flushAppendOnlyFile 函数的行为由服务器配置的 appendfsync 选项的值来决定。各选项如下：

1）always，将 aof_ buf 缓冲区中的所有内容写入并同步到 AOF 文件。

2）everysec，将 aof_ buf 缓冲区中的所有内容写入 AOF 文件，如果上次距离现在超过 1 秒钟，那么再次对 AOF 文件进行同步，并且这个子线程专门负责执行的。

3）no，将 aof_ buf 缓冲区中的所有内容写人到 AOF 文件，但并不对 AOF 文件进行同步，何时同步由操作系统来决定。

（3）AOF 文件重写。为了解决 AOF 文件体积膨胀的问题，Redis 提供了 AOF 文件重写（rewrite）功能。即，通过创建一个新的 AOF 文件来代替现有的 AOF 文件，新旧文件保存的数据库状态相同，但新 AOF 文件没有那么多冗余命令，所以会比旧 AOF 文件小。为了尽量减少冗余命令，AOF 文件重写不需要操作旧 AOF 文件里的命令，而是读取服务器当前数据库状态来实现。例如，旧 AOF 文件需要保存 3 条命令，代码如下：

```
127.0.0.1:6379> sadd key1 a b
(integer)2
```

```
127.0.0.1:6379> sadd key1 c d
(integer)2
127.0.0.1:6379> sadd key1 e f
(integer)2
```

那么，重写的 AOF 文件则只需要保存一条命令，即用 1 条命令代替 3 条命令，

```
127.0.0.1:6379> sadd key1 a b c d e f
(integer)6
```

使用 AOF 重写会造成数据不一致问题，为此 Redis 设置了一个 AOF 重写缓冲区。当 Redis 服务器执行完一个写命令后，会同时把写命令发送给 AOF 缓冲区和 AOF 重写缓冲区。当子进程完成 AOF 重写后，会通知父进程将 AOF 重写缓冲区中内容写入到新 AOF 文件中。此时新 AOF 文件中所保存的数据库状态和服务器当前的数据库状态一致，然后对新的 AOF 文件改名，覆盖旧的 AOF 文件，即解决了数据不一致的问题。

AOF 文件的更新频率通常比 RDB 文件的更新频率高，如果服务器开启了 AOF 持久化功能，那么服务器会优先使用 AOF 文件来还原数据库状态。只有在 AOF 持久化功能处于关闭状态时，服务器才会使用 RDB 文件来还原数据库状态。

8.4 SQL 语句

SQL 按其功能可分为以下 4 部分：

1）数据定义语言（data definition language，DDL），用于定义、撤销和修改数据模式。

2）查询语言（query language，QL），用于查询数据。

3）数据操纵语言（data manipulation language，DML），用于增、删、改数据。

4）数据控制语言（data. control language，DCL），用于数据访问权限的控制。

SQL 数据类型见表 8.4-1。

表 8.4-1 SQL 数据类型

数据类型	说明符	备注
整数	INT	字长 32bit
短整数	SMALLINT	字长 16bit
十进制数	DEC（m, n）	m 为十进制总位数（不包括小数点），n 为小数点后的十进制位数
浮点数	FLOAT	一般指双精度浮点数，即字长 64bit
定长字符串	CHAR（n）	按固定长度 n 存储字符串。如果实际字符串长小于 n，后面填空格符；如果实际字符串长大于 n，则报错
变长字符串	VARCHAR（n）	按实际字符串长度存储，但字符串长不得超过 n，否则报错
位串	BIT（n）	二进制位串，长度为 n。n 的默认值为 1
变长位串	BITVARYING（n）	按实际二进制位串存储，但最长不得超过 n 位，否则报错

（续）

数据类型	说明符	备注
日期	DATE	格式为 "yyyymmdd"，yyyy 表示年份，范围为 1~9999；mm 表示月份，范围为 1~12；dd 表示日，范围为 1~31
时间	TIME	格式为 "hhmmss"，hh 表示时，范围为 0~24；mm 表示分，ss 表示秒，范围都是 0~59
时标	TIMESTAMP	格式为 "yyyymmddhhmmssnnnnnn"，nnnnnn 表示微秒，范围为 0~999999，其他符号的意义同上

8.4.1　增删改查等基本操作

8.4.1.1　建立索引

索引是一种存储结构，是一个排序的列表。它的作用可以理解为图书的目录，可以根据目录中的页码快速找到所需的内容。索引也是一张表，该表保存了主键与索引字段，并指向实体表的记录。在数据量十分庞大时，使用索引可以有效地加快查询（select）的速度，因为使用索引以后不用扫描全表来定位查找某行的数据，而是先通过索引表找到该行数据对应的物理地址然后访问相应的数据。建立索引代码形式如下：

```
CREATE [UNIQUE | BITMAP] INDEX index_name ON table_name (column1,col-
umn2,...,columnN);
```

说明：UNIQUE 表示创建的索引为唯一索引，即不允许有重复的键值。BITMAP 表示创建的索引为位图索引，适用于低基数列，适用于 where 子句中常见的值。

8.4.1.2　增加、插入数据

语句：INSERT INTO 模式名 . 表名（字段名 1，字段名 2，…）VALUES（值 1，值 2，…）；

说明：（值 1，值 2，…，值 n）中的值顺序、数据类型、个数必须与表结构定义的一致；若提供的值是字符型或日期型，则必须放在单引号内。

简化格式：INSERT INTO 表名 VALUES（值 1，值 2，…），（值 1，值 2，…），…；

图 8.4-1 所示为达梦数据库原始查看表页面。

使用 SQL 语句分别向达梦、MySQL、SQLite 内插入数据。

达梦的语句如下：

```
INSERT INTO DEVICE.TABLE_1(专业,装备名称,配套装备名称,型号规格,生产厂商,
出厂日期,出厂编号)values('空调','KT303-K1','3AC14B 控制柜','PS4806','YJJ 公司','
2007.1.1','710');
```

其输出结果如图 8.4-2 所示。

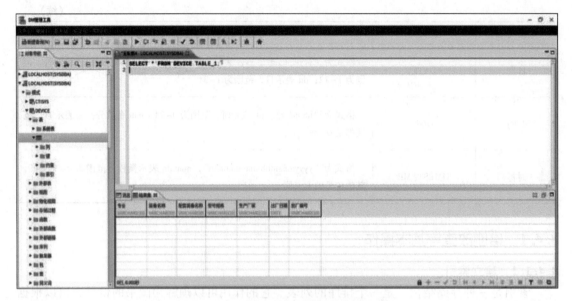

图 8.4-1　达梦数据库原始查看表页面

	专业 VARCHAR2(8)	装备名称 VARCHAR(20)	配套装备名称 VARCHAR(40)	型号规格 VARCHAR(20)	生产厂家 VARCHAR(40)	出厂日期 DATE	出厂编号 VARCHAR2(15)
1	空调	KT303-K1	3AC14B控制柜	PS4806	YJJ公司	2007-01-01	710

图 8.4-2　达梦数据库增加数据后的输出结果

MySQL 的语句如下：

```
INSERT INTO device.device values ('空调','KT303-K1','3AC14B 控制柜','PS4806','YJJ 公司','2007.1.1','710');
```

其输出结果如图 8.4-3 所示：

	专业	装备名称	配套装备名称	型号规格	生产厂家	出厂日期	出厂编号
▶	空调	KT303-K1	3AC14B控制柜	PS4806	YJJ公司	2007-01-01	710

图 8.4-3　MySQL 数据库增加数据后的输出结果

SQLite 的语句如下：

```
INSERT INTO device values ('空调','KT303-K1','3AC14B 控制柜','PS4806','YJJ 公司','2007.1.1','710');
```

其输出结果如图 8.4-4 所示。

```
sqlite> INSERT  INTO device values ('空调','KT303-K1','3AC14B控制柜','PS4806','Y
JJ公司','2007.1.1','710');
sqlite> select * from device;
空调|KT303-K1|3AC14B控制柜|PS4806|YJJ公司|2007.1.1|710
sqlite>
```

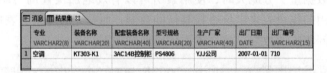

图 8.4-4　SQLite 数据库增加数据后的输出结果

8.4.1.3　删除数据

语句：DELETE from 模式名 . 表名 where 条件表达式；

说明：

1）删除表中的某一条或者某几条记录，需要使用 where 子句来指定删除记录的条件：条件成立，删除；条件不成立，不删除。

2）如果没有使用 where 子句，则会将表中所有记录都删除，因此请谨慎操作。

使用 SQL 语句分别删除达梦、MySQL、SQLite 中 TABLE_1 表内数据。达梦数据库和 MySQL 数据库的原始数据如图 8.4-5 和图 8.4-6 所示。

图 8.4-5　达梦数据库的原始数据

图 8.4-6　MySQL 数据库的原始数据

达梦的语句如下：

DELETE FROM DEVICE. TABLE_1where 专业 ='空调'；

其输出结果如图 8.4-7 所示。

图 8.4-7　达梦数据库删除数据后的输出结果

MySQL 的语句如下：

DELETE FROM DEVICE. DEVICE where 专业 ='空调'；

其输出结果如图 8.4-8 所示。

图 8.4-8　MySQL 数据库删除数据后的输出结果

SQLite 的语句如下：

DELETE FROM DEVICE where 专业 ='空调'；

其输出结果如图 8.4-9 所示。

```
空调 |KT303-K1|3AC14B控制柜 |PS4806| YJJ公司 |2007.1.1|710
sqlite> delete from device where 专业='空调';
sqlite> select * from device;
sqlite>
```

图 8.4-9 SQLite 数据库删除数据后的输出结果

8.4.1.4 修改数据

语句：UPDATE 模式名 . 表名 SET 字段名 1 = 值 1，字段名 2 = 值 2，. …where 条件表达式；

说明：

1）更新表中的某一条或者某几条记录中的数据，需要使用 where 子句来指定更新记录的条件：条件成立，更新；条件不成立，不更新。

2）如果没有使用 where 子句，则会将表中所有记录的指定字段都进行更新，因此请谨慎操作；如果需要修改的就是指定字段的所有记录，可省略 where 子句。

3）修改后记得使用 commit；保存记录。

使用 SQL 语句分别更新达梦、MySQL、SQLite 中表内数据。达梦数据库和 MySQL 数据库原始数据如图 8.4-10 和图 8.4-11 所示。

	专业 VARCHAR2(8)	装备名称 VARCHAR(20)	配套装备名称 VARCHAR(40)	型号规格 VARCHAR(20)	生产厂家 VARCHAR(40)	出厂日期 DATE	出厂编号 VARCHAR2(15)
1	空调	KT303-K1	3AC14B控制柜	PS4806	YJJ公司	2007-01-01	710
2	空调	KT303-K1	3AC14B控制柜	PS4806	YJJ公司	2007-01-01	710

图 8.4-10 达梦数据库原始数据

	专业	装备 名称	配套装备 名称	型号 规格	生产 厂家	出厂日 期	出厂编 号
▶	空调	KT303-K1	3AP12B控制柜	DS	YJJ公司	2012-06-01	120612
	空调	KT303-K1	3AP34B控制柜	DS	YJJ公司	2012-06-01	120613
	空调	KT303-K1	3AP34A控制柜	DS	YJJ公司	2012-06-01	120611
	空调	KT303-K1	3AP12A控制柜	DS	YJJ公司	2012-06-01	120610

图 8.4-11 MySQL 数据库原始数据

达梦的语句如下：

```
UPDATE DEVICE.TABLE  SET 专业 ='机电' where 生产厂商 ='YJJ 公司';
```

其输出结果如图 8.4-12 所示。

	专业 VARCHAR2(8)	装备名称 VARCHAR(20)	配套装备名称 VARCHAR(40)	型号规格 VARCHAR(20)	生产厂家 VARCHAR(40)	出厂日期 DATE	出厂编号 VARCHAR2(15)
1	机电	KT303-K1	3AC14B控制柜	PS4806	YJJ公司	2007-01-01	710
2	机电	KT303-K1	3AC14B控制柜	PS4806	YJJ公司	2007-01-01	710

图 8.4-12 达梦数据库更新数据后的输出结果

MySQL 的语句如下：

UPDATE DEVIC.DEVICESET 专业 ='机电' where 型号规格 ='DS';

其输出结果如图 8.4-13 所示。

	专业	装备名称	配套装备名称	型号规格	生产厂家	出厂日期	出厂编号
▶	机电	KT303-K1	3AP12B控制柜	DS	YJJ公司	2012-06-01	120612
	机电	KT303-K1	3AP34B控制柜	DS	YJJ公司	2012-06-01	120613
	机电	KT303-K1	3AP34A控制柜	DS	YJJ公司	2012-06-01	120611
	机电	KT303-K1	3AP12A控制柜	DS	YJJ公司	2012-06-01	120610

图 8.4-13 MySQL 数据库更新数据后的输出结果

SQLite 的语句如下：

UPDATE DEVICE SET 专业 ='机电' where 生产厂商 ='YJJ 公司';

其输出结果如图 8.4-14 所示。

```
sqlite> select * from device;
空调|KT303-K1|3AC14B控制柜|PS4806|YJJ公司|2007.1.1|710
空调|KT303-K1|3AC14B控制柜|PS4806|YJJ公司|2007.1.1|710
空调|KT303-K1|3AC14控制柜|PS4806|ZJJ公司|2007.1.1|207
sqlite> update device set 专业='机电' where 生产厂家='YJJ公司';
sqlite> select * from device;
机电|KT303-K1|3AC14B控制柜|PS4806|YJJ公司|2007.1.1|710
机电|KT303-K1|3AC14B控制柜|PS4806|YJJ公司|2007.1.1|710
空调|KT303-K1|3AC14控制柜|PS4806|ZJJ公司|2007.1.1|207
sqlite>
```

图 8.4-14 SQLite 数据库更新数据后的输出结果

8.4.1.5 查找数据

语句：SELECT * ｛字段名 1，字段名 2，字段名 3，…｝ from 模式名．表名；

说明：SELECT 后接要查询的字段，如果是该表的全部信息，则用 *；from 后接的是要从哪里查询信息，如是 user 表，则［from user］。

使用 SQL 语句分别查找达梦、MySQL、SQLite 中表内数据。达梦数据库和 MySQL 数据库原始数据如图 8.4-15 和图 8.4-16 所示。

	专业 VARCHAR2(8)	装备名称 VARCHAR(20)	配套装备名称 VARCHAR(40)	型号规格 VARCHAR(20)	生产厂家 VARCHAR(40)	出厂日期 DATE	出厂编号 VARCHAR2(15)
1	空调	KT303-K1	3AC14B控制柜	PS4806	YJJ公司	2007-01-01	710
2	空调	KT303-K1	3AP14控制柜	PS4806	YJJ公司	2007-01-01	207
3	空调	KT303-K1	3AP12B控制柜	DS	YJJ公司	2012-06-01	120612
4	空调	KT303-K1	3AP34B控制柜	DS	YJJ公司	2012-06-01	120613
5	空调	KT303-K1	3AP12控制柜	PS4806	YJJ公司	2007-01-01	702
6	空调	KT303-K1	3AP34A控制柜	DS	YJJ公司	2012-06-01	120611
7	空调	KT303-K1	3AP12A控制柜	DS	YJJ公司	2012-06-01	120610
8	空调	KT303-K1	303K1离心通风机	KHF-800A	YJJ公司	2012-04-01	43323
9	空调	KT303-K1	3AP34控制柜	PS4806	YJJ公司	2007-01-01	703
10	空调	KT303-K1	3AC14B控制柜	PS4806	YJJ公司	2007-01-01	710
11	空调	KT303-K1	3AP14控制柜	PS4806	YJJ公司	2007-01-01	207
12	空调	KT303-K1	3AP12B控制柜	DS	YJJ公司	2012-06-01	120612
13	空调	KT303-K1	3AP34B控制柜	DS	YJJ公司	2012-06-01	120613
14	空调	KT303-K1	3AP12控制柜	PS4806	YJJ公司	2007-01-01	702
15	空调	KT303-K1	3AP34A控制柜	DS	YJJ公司	2012-06-01	120611
16	空调	KT303-K1	3AP12A控制柜	DS	YJJ公司	2012-06-01	120610
17	空调	KT303-K1	303K1离心通风机	KHF-800A	YJJ公司	2012-04-01	43323
18	空调	KT303-K1	3AP34控制柜	PS4806	YJJ公司	2007-01-01	703

图 8.4-15 达梦数据库原始数据

图 8.4-16　MySQL 数据库原始数据

达梦的语句如下：

```
SELECT * from DEVICE.TABLE;
```

查找表内特定字符的内容时，加入条件语句 where，如查找图 8.4-15 所示型号规格为 DS 的数据时，查询语句如下：

```
SELECT * from DEVICE.TABLE where 型号规格='DS';
```

其输出结果如图 8.4-17 所示。

图 8.4-17　达梦数据库查找数据后的输出结果

MySQL 的语句如下：

```
SELECT * from DEVICE.DEVICE;
```

查找型号规格=DS 的装备信息的语句如下：

```
SELECT * from DEVICE.DEVICE where 型号规格='DS';
```

其输出结果如图 8.4-18 所示。

专业	装备名称	配套装备名称	型号规格	生产厂家	出厂日期	出厂编号
空调	KT303-K1	3AP12B控制柜	DS	YJJ公司	2012-06-01	120612
空调	KT303-K1	3AP34B控制柜	DS	YJJ公司	2012-06-01	120613
空调	KT303-K1	3AP34A控制柜	DS	YJJ公司	2012-06-01	120611
空调	KT303-K1	3AP12A控制柜	DS	YJJ公司	2012-06-01	120610

图 8.4-18　MySQL 数据库查找数据后的输出结果

SQLite 的语句如下：

```
SELECT * from DEVICE;
```

其输出结果如图 8.4-19 所示。

图 8.4-19　SQLite 数据库查找数据后的输出结果

8.4.2　max/top 等基本函数

在 SQL 语言中包括了内置函数和自定义函数。内置函数是系统内置的通用函数，而自定义函数是根据自己的需要编写的，下面主要讲解 SQL 的内置函数。

8.4.2.1　常用数学函数

常用数学函数名称及其作用见表 8.4-2。

表 8.4-2　常用数学函数名称及其作用

函数名称	函数作用
ABS(x)	返回 x 的绝对值
BIN(x)	返回 x 的二进制（OCT 返回八进制，HEX 返回十六进制）
CEILING(x)	返回大于 x 的最小整数值
EXP(x)	返回值 e（自然对数的底）的 x 次方
FLOOR(x)	返回小于 x 的最大整数值
GREATEST(x1, x2, ..., xn)	返回集合中最大的值
LEAST(x1, x2, ..., xn)	返回集合中最小的值
LN(x)	返回 x 的自然对数
LOG(x,y)	返回 x 的以 y 为底的对数
MOD(x,y)	返回 x/y 的模（余数）
PI()	返回 pi 的值（圆周率）

（续）

函数名称	函数作用
RAND( )	返回 0 到 1 内的随机值，可以通过提供一个参数（种子）使 RAND( )随机数生成器生成一个指定的值
ROUND(x,y)	返回参数 x 的四舍五入的有 y 位小数的值
SIGN(x)	返回代表数字 x 的符号的值
SQRT(x)	返回一个数的二次方根
TRUNCATE(x,y)	返回数字 x 截短为 y 位小数的结果

8.4.2.2 常用聚合函数

聚合函数常用于 GROUP BY 从句的 SELECT 查询。常用聚合函数名称及其作用见表 8.4-3。

表 8.4-3 常用聚合函数名称及其作用

函数名称	函数作用
AVG(col)	返回指定列的平均值
COUNT(col)	返回指定列中非 NULL 值的个数
MIN(col)	返回指定列的最小值
MAX(col)	返回指定列的最大值
SUM(col)	返回指定列的所有值之和
GROUP_CONCAT(col)	返回由属于一组的列值连接组合而成的结果

8.4.2.3 常用字符串函数

常用字符串函数名称及其作用见表 8.4-4。

表 8.4-4 常用字符串函数名称及其作用

函数名称	函数作用
ASCII(char)	返回字符的 ASCII 码值
BIT_LENGTH(str)	返回字符串的比特长度
CONCAT(s1,s2,…,sn)	将 s1,s2,…,sn 连接成字符串
CONCAT_W(sep,s1,s2…,sn)	将 s1,s2,…,sn 连接成字符串，并用 sep 字符间隔
INSERT(str,x,y,instr)	将字符串 str 从第 x 位置开始，y 个字符长的子串替换为字符串 instr,返回结果
FIND_IN_SET(str,list)	分析逗号分隔的 list 列表，如果发现 str,返回 str 在 list 中的位置
LCASE(str)/LOWER(str)	返回将字符串 str 中所有字符改变为小写后的结果
LEFT(str,x)	返回字符串 str 中最左边的 x 个字符
LENGTH(s)	返回字符串 str 中的字符数
LTRIM(str)	从字符串 str 中切掉开头的空格
POSITION(substr,str)	返回子串 substr 在字符串 str 中第一次出现的位置
QUOTE(str)	用反斜杠转义 str 中的单引号

（续）

函数名称	函数作用
REPEAT(str,srchstr,rplcstr)	返回字符串 str 重复 x 次的结果
REVERSE(str)	返回颠倒字符串 str 的结果
RIGHT(str,x)	返回字符串 str 中最右边的 x 个字符
RTRIM(str)	返回字符串 str 尾部的空格
STRCMP(s1,s2)	比较字符串 s1 和 s2
TRIM(str)	去除字符串首部和尾部的所有空格
UCASE(str)/UPPER(str)	返回将字符串 str 中所有字符转变为大写后的结果

8.4.2.4 常用时间函数

常用时间函数名称及其作用见表 8.4-5。

表 8.4-5 常用时间函数名称及其作用

函数名称	函数作用
CURDATE( )CURRENT_DATE( )	返回当前的日期
CURTIME( ) CURRENT_TIME( )	返回当前的时间
DATE_ADD (date,INTERVAL int keyword)	返回日期 date 加上间隔时间 int 的结果(int 必须按照关键字进行格式化)， 如 SELECTDATE_ADD(CURRENT_DATE,INTERVAL 6 MONTH)
DATE_FORMAT(date,fmt)	依照指定的 fmt 格式格式化日期 date 值
DATE_SUB (date,INTERVAL int keyword)	返回日期 date 加上间隔时间 int 的结果(int 必须按照关键字进行格式化)， 如 SELECTDATE_SUB(CURRENT_DATE,INTERVAL 6 MONTH)
DAYOFWEEK(date)	返回 date 所代表的一星期中的第几天(1~7)
DAYOFMONTH(date)	返回 date 是一个月的第几天(1~31)
DAYOFYEAR(date)	返回 date 是一年的第几天(1~366)
DAYNAME(date)	返回 date 的星期名,如 SELECT DAYNAME(CURRENT_DATE)
from_UNIXTIME(ts,fmt)	根据指定的 fmt 格式,格式化 UNIX 时间戳 ts
HOUR(time)	返回 time 的小时值(0~23)
MINUTE(time)	返回 time 的分钟值(0~59)
MONTH(date)	返回 date 的月份值(1~12)
MONTHNAME(date)	返回 date 的月份名,如 SELECT MONTHNAME(CURRENT_DATE)
NOW( )	返回当前的日期和时间
QUARTER(date)	返回 date 在一年中的季度(1~4),如 SELECT QUARTER(CURRENT_DATE)
WEEK(date)	返回日期 date 为一年中第几周(0~53)
YEAR(date)	返回日期 date 的年份(1000~9999)

【示例】

获取当前系统时间代码:SELECT from_UNIXTIME(UNIX_TIMESTAMP());

```
SELECT EXTRACT(YEAR_MONTH from CURRENT_DATE);
SELECT EXTRACT(DAY_SECOND from CURRENT_DATE);
SELECT EXTRACT(HOUR_MINUTE from CURRENT_DATE);
```

返回两个日期值之间的差值（月数）代码：SELECT PERIOD_ DIFF（200302，199802）；
在 MySQL 中计算年龄代码：

```
SELECT DATE_FORMAT(from_DAYS(TO_DAYS(NOW())-TO_DAYS(birthday)),'%Y')+0 AS age from employee;
```

这样，如果 brithday 是未来的年月日的话，计算结果为 0。
下面的 SQL 语句计算员工的绝对年龄，即当 birthday 是未来的日期时，将得到负值。

```
SELECT DATE_FORMAT(NOW(),'%Y')-DATE_FORMAT(birthday,'%Y')-(DATE_FORMAT(NOW(),'00-%m-%d')<DATE_FORMAT(birthday,'00-%m-%d'))AS age from employee
```

8.4.2.5　常用加密函数

常用加密函数名称及其作用见表 8.4-6。

表 8.4-6　常用加密函数名称及其作用

函数名称	函数作用
AES_ENCRYPT(str,key)	返回用密钥 key 对字符串 str 利用高级加密标准算法加密后的结果，调用 AES_ENCRYPT 的结果是一个二进制字符串，以 BLOB 类型存储
AES_DECRYP(str,key)	返回用密钥 key 对字符串 str 利用高级加密标准算法解密后的结果
DECODE(str,key)	使用 key 作为密钥解密加密字符串 str
ENCRYPT(str,salt)	使用 UNIXcrypt() 函数，用关键词 salt（一个可以唯一确定口令的字符串，就像钥匙一样）加密字符串 str
ENCODE(str,key)	使用 key 作为密钥加密字符串 str，调用 ENCODE() 的结果是一个二进制字符串，它以 BLOB 类型存储
MD5()	计算字符串 str 的 MD5 校验和
PASSWORD(str)	返回字符串 str 的加密版本，这个加密过程是不可逆转的，和 UNIX 密码加密过程使用不同的算法
SHA()	计算字符串 str 的安全散列算法（SHA）校验和

8.4.3　触发器和存储过程

8.4.3.1　触发器

触发器 TRIGGER 定义为当某些与数据库有关的事件发生时，数据库应该采取的操作。这些事件包括全局对象、数据库下某个模式、模式下某个基表上的 INSERT、DELETE 和

UPDATE 操作。触发器是在相关的事件发生时由服务器自动地隐式地激发。需要说明的是，在达梦的数据守护环境下，备库上定义的触发器是不会被触发的。

触发器分为表触发器、事件触发器和时间触发器。表触发器是对表里数据操作引发的数据库的触发；事件触发器是对数据库对象操作引起的数据库的触发；时间触发器是一种特殊的事件触发器。下面主要介绍表触发器。

表触发器的触发动作是 3 种数据操作命令，即 INSERT、DELETE 和 UPDATE 操作。

（1）创建触发器，代码如下：

```
CREATE OR REPLACE TRIGGER TRG_NAME［WITH ENCRYPTION］
BEFORE |AFTER |INSTEAD INSERT OR DELETE OR UPDATE［OF 列名］
ON TABLE_NAME
FOR EACH ROW［WHEN 条件］--行级触发器中,此子句一定不能省略
BEGIN
PRINT 'INSERT OR DELETE OR UPDATE OPERATION ON TABLE_NAME;--要执行的 SQL。
END;
```

以下"［］"内容为可选项：

1）［WITH ENCRYPTION］，对数据进行加密，加密以后，无法看到触发器里的 SQL 语句内容。

2）UPDATE［OF 列名］，如果指定了 UPDATE 命令，还可以进一步指定当表中的哪个列受到 UPDATE 命令的影响时激发该触发器。

3）FOR EACH ROW［WHEN 条件］，对于元组级触发器，可以用一个 WHEN 子句来限制针对当前记录是否执行该触发器。WHEN 子句包含一条布尔表达式，当它的值为 TRUE 时，执行触发器；否则，跳过该触发器。

行级触发器，对触发命令所影响的每一条记录都激发一次，代码如下：

```
CREATE OR REPLACE TRIGGER TRG_NAME
AFTER INSERT OR DELETE OR UPDATE ON TABLE_NAME
FOR EACH STATEMENT--语句级:此子句可省略
BEGIN
PRINT 'INSERT OR DELETE OR UPDATE OPERATION ON TABLE_NAME';--要执行的 SQL
END;
```

语句级触发器，对每个触发命令执行一次。

创建 BEFORE 触发器，该触发器在插入一条记录前，将记录中第一列 READER_ID 的值加 1。如图 8.4-20 所示。

```
1 CREATE OR REPLACE TRIGGER TRG_INS_BEFORE
2 BEFORE INSERT on SYSDBA.TABLE_2
3 FOR EACH ROW
4 BEGIN
5 NEW.ID:=:NEW.ID+1;
6 END;
```

图 8.4-20　创建 BEFORE 触发器

MySQL 数据库原始数据如图 8.4-21 所示。

	ID CHAR(4)	专业 VARCHAR2(8)	装备名称 VARCHAR(20)	配套装备名称 VARCHAR(40)	型号规格 VARCHAR(20)	生产厂家 VARCHAR(40)	出厂日期 DATE	出厂编号 VARCHAR2(15)
1	1	空调	KT303-K1	3AC14B控制柜	PS4806	YJJ公司	2007-01-01	710
2	2	空调	KT303-K1	3AP14控制柜	PS4806	YJJ公司	2007-01-01	207
3	3	空调	KT303-K1	3AP12B控制柜	DS	ZJJ公司	2012-06-01	120612
4	4	空调	KT303-K1	3AP14控制柜	PS4806	YJJ公司	2007-01-01	207
*	<!NULL>	<!NULL>	<!NULL>	<!NULL>	<!NULL>	<!NULL>	<!NULL>	<!NULL>

图 8.4-21　MySQL 数据库原始数据

插入一条记录的语句如下：

```
INSERT INTO SYSDBA.TABLE_2 (ID,专业,装备名称,配套装备名称,型号规格,生产厂
商,出厂日期,出厂编号) values ('5','空调','KT303-K1','3AC14B控制柜','PS4806','ZJJ
公司','2007.1.1','710');
```

其输出结果如图 8.4-22 所示：

	ID CHAR(4)	专业 VARCHAR2(8)	装备名称 VARCHAR(20)	配套装备名称 VARCHAR(40)	型号规格 VARCHAR(20)	生产厂家 VARCHAR(40)	出厂日期 DATE	出厂编号 VARCHAR2(15)
1	1	空调	KT303-K1	3AC14B控制柜	PS4806	YJJ公司	2007-01-01	710
2	2	空调	KT303-K1	3AP14控制柜	PS4806	YJJ公司	2007-01-01	207
3	3	空调	KT303-K1	3AP12B控制柜	DS	ZJJ公司	2012-06-01	120612
4	4	空调	KT303-K1	3AP14控制柜	PS4806	YJJ公司	2007-01-01	207
5	6	空调	KT303-K1	3AC14B控制柜	PS4806	ZJJ公司	2007-01-01	710
*	<!NULL>	<!NULL>	<!NULL>	<!NULL>	<!NULL>	<!NULL>	<!NULL>	<!NULL>

图 8.4-22　MySQL 数据库插入一条记录后的输出结果

插入的 ID 值为 5，插入时触发 NEW.ID：=：NEW.ID+1，提交的 READER_ ID 值为 6。

（2）触发器管理。每个触发器创建成功后都自动处于允许状态（ENABLE）。当不想被触发，但是又不想删除这个触发器。这时，可将其设置关闭触发器（DISABLE）。其输出结果如图 8.4-23 所示。触发器管理的相关语句如下：

```
//关闭触发器
ALTER TRIGGER OTHER.TRG_INS_AFTER DISABLE;
//打开触发器
ALTER TRIGGER OTHER.TRG_INS_AFTER ENABLE;
触发器删除
DROP TRIGGER OTHER.TRG_INS_AFTER;
触发器查看
//查看当前数据库的全部触发器
SELECT * from DBA_TRIGGERS;
//查看当前用户有权限访问的触发器
SELECT * from ALL_TRIGGERS;
//查看示当前用户所拥有的触发器
SELECT * from USER_TRIGGERS;
```

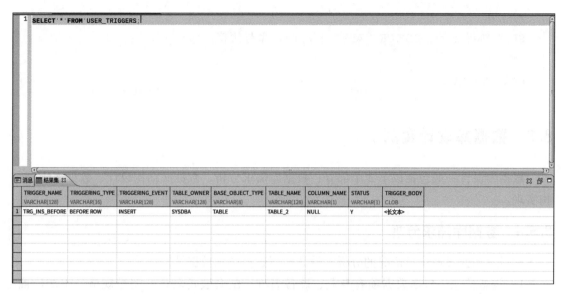

图 8.4-23 关闭触发器后的输出结果

8.4.3.2 存储过程

存储过程（stored procedure）是指，在大型数据库系统中，一组为了完成特定功能的 SQL 语句集。它存储在数据库中，一次编译后永久有效，用户通过指定存储过程的名字并给出参数（如果该存储过程带有参数）来执行它。存储过程是数据库中的一个重要对象。在数据量特别庞大的情况下利用存储过程能达到倍速的效率提升。总体来说，存储过程就是数据区 SQL 语言层面的代码封装和重用。

创建带参数存储过程的代码如下。其输出结果如图 8.4-24 所示。

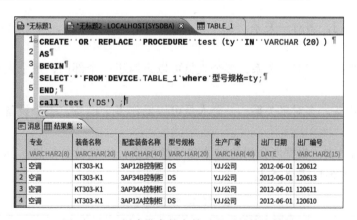

图 8.4-24 创建带参数存储过程后的输出结果

```
//创建存储过程
CREATE OR REPLACE PROCEDURE test(ty IN VARCHAR(20))
AS
```

```
BEGIN
SELECT * from DEVICE.TABLE_1 where 型号规格=ty;
END;
call test('DS');
```

8.5 数据库设计实例

数据库设计一般包括以下 3 个部分：数据库需求分析、数据库结构设计、数据库物理结构实现。

8.5.1 数据库需求分析

通过对场区设备运行情况的分析，设计如下数据项和数据结构：

1）设备信息，包括数据项有专业、装备名称、配套装备名称、型号规格、生产厂商、出厂日期、出厂编号等。

2）部门信息，包括的数据项有部门编号、部门名称。

3）人员信息，包括的数据项有姓名、性别、权限级别、所属部门编号等。

8.5.2 数据库结构设计

数据库结构设计涉及将概念模型转换成适用于特定 DBMS 的数据模型，并对其进行优化以提升性能。根据需求分析，数据库结构设计的具体实现步骤如下：

（1）确定实体、实体间关系。实体总共有设备、部门和人员三类。三类之间的关系如下：

1）设备与部门。多对一关系，多个设备可以属于一个部门，每个设备只能属于一个部门。

2）人员与部门。多对一关系，多个人员可以隶属于一个部门，每个人员只能隶属于一个部门。

3）人员与设备。多对多关系，一个人员可以操作多个设备，一个设备可以被多个人员操作。

（2）生产信息表。根据所分析的实体和属性关系，生成设备信息、部门信息、人员信息数据表，见表 8.5-1~表 8.5-3。

表 8.5-1 设备信息表

字段名	数据类型	长度	描述
专业	Char	8	专业
装备名称	Varchar	20	装备名称
配套装备名称	Varchar	40	配套装备名称
型号规格	Varchar	20	型号规格

（续）

字段名	数据类型	长度	描述
生产厂商	Varchar	40	生产厂商
出厂日期	Date	13	出厂日期
出厂编号	Char	15	出厂编号

表 8.5-2 部门信息表

字段名	数据类型	长度	描述
UnitID	Char	8	部门编号
UnitName	Varchar	20	部门名称

表 8.5-3 人员信息表

字段名	数据类型	长度	描述
Name	Char	8	姓名
Sex	Char	2	性别
Level	Char	8	权限级别
UnitID	Char	8	所属部门编号

8.5.3 数据库物理结构实现

根据以上逻辑分析得到表的关系，使用 SQL 语言即可得到数据库和数据表。图 8.5-1 所示为厂区设备信息数据表。

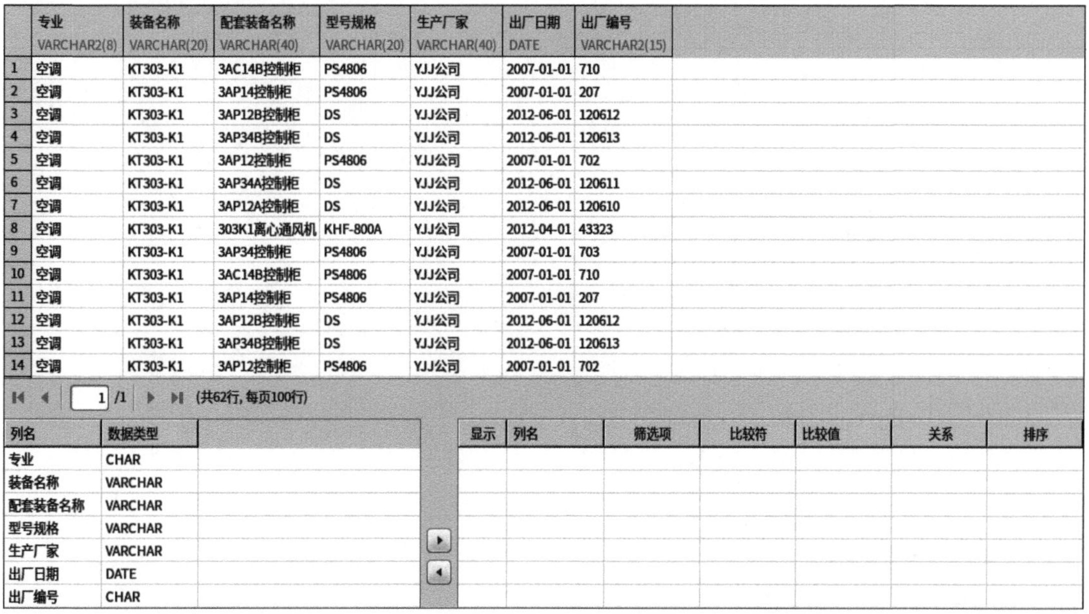

图 8.5-1 厂区设备信息数据表

8.6　小结

本章首先介绍了常用数据库 MySQL、达梦、SQLite，并对其特点、逻辑架构进行详细阐述；接下来对实时数据库 Redis 数据结构与对象、单机数据库实现进行介绍；再对 SQL 语句其基本操作、基本函数、触发器及其存储过程等内容进行详细介绍。

本章介绍的数据库知识只能使读者有一个粗浅的概念，如果要实现大规模数据高效管理，还需要大量的学习。

第 9 章 数据融合与显示技术

9.1 概述

在每一次航天任务的执行过程中，各类型传感器、监控设备等每时每刻都在产生数据，这些数据背后往往蕴含着设备运行的规律和趋势。若把采集到的海量数据直白地、堆积式地进行推送，将使得决策人员迷失在数据汪洋之中，导致判断失误或者决策延误而造成不良后果。因此，需要使用数据融合与显示技术将不同来源、不同环节、不同结构类型的数据进行融合处理，进一步提取有价值的信息和知识，并对处理后的数据进行可视化设计，使得最终结果在有限的屏幕范围和视角逗留时间内，以合理的布局、直观的图表、丰富的动效和便捷的交互进行呈现，从而辅助决策者更加高效、准确且全面地掌握各分系统运行情况，乃至航天发射全流程的综合态势。

本章所论述的数据融合与显示技术包含数据融合和数据可视化两个方面。其中，数据融合部分主要介绍了基本概念、目的、技术架构和具体分类；数据可视化部分主要介绍了相关概念、关键技术和常用工具。此外，还给出了关于数据融合与显示技术的发展趋势。

9.2 数据融合

在大数据时代，数据的来源越来越广泛，数据类型也越来越多样化。但是，由于大数据的"5V"特性（volume、variety、value、veracity、velocity），导致难以充分挖掘大数据的隐含信息。因此，迫切需要有效的手段对多源、异构数据进行融合，并挖掘出有价值的信息加以利用。

数据融合技术作为一种重要的数据处理手段，有广泛的应用，如目标检测、医疗诊断、遥感测绘、故障诊断、智能制造等。通过数据融合技术，可对海量、高维、多源、异构且含噪声的工业数据进行清洗去噪、集成建模与多尺度分类，为之后的关联分析、性能预测和优化决策提供可靠的数据资源支持。

9.2.1 数据融合概念

数据融合是指利用计算机技术将来自多源的观测信息进行分析处理完成所需的决策和评估的信息技术。

数据的多源是指数据来自多个数据源，在产生场所、产生时间、储存和内部逻辑关系方面均存在一定差异，形成了"多源"的特征；并且，不同的数据形成过程存在不同标准，造成了"异构"特征。异构数据可分为结构化、半结构化和非结构化数据。其中，结构化数据指可以用关系型数据库进行表征的数据；半结构化数据不符合关系型数据库或其他形式关联起来的数据模型结构，但存在一定的基本结构的数据，如 HTML 文档和 JSON 等；非结构化数据指没有固定结构的数据，如音视频信息、图片和办公文档等。

传感器采集是获取多源、异构数据的重要途径。传感器自身性能、数据传输过程等其他因素均会造成采集数据与真实数据相比存在错误和不完整，因此直接使用采集数据会对最终的融合产生影响。为了纠正采集数据与真实数据间的误差，在数据融合前，需要对采集数据进行数据预处理，使采集数据尽可能反映真实数据情况，达到下一步可以融合的标准。

数据预处理方法可主要分为数据清理、数据集成、数据变换和数据归约，各方法的定义及处理方式见表 9.2-1。

表 9.2-1 数据预处理方法定义及处理方式

预处理方法	定义	处理方式
数据清理	通过填补缺失值、平滑噪声、消除野值和纠正不一致性实现清理	聚类、回归、直接删除和比对原始数据等
数据集成	将多个数据源数据结合，变为一致数据	实体识别、冗余分析和冲突处理
数据变换	将数据变为适合挖掘使用的形式	规范化和离散化等
数据归约	压缩数据量，便于分析使用	对数据维度操作和压缩数据等

9.2.2 数据融合目的

在应用场景中，使用数据融合技术对多源数据进行处理存在诸多优势，如多源数据具有对目标描述全面、数据互补的特点，对其进行融合操作能很好地提高决策可信度和模型的抗干扰能力。

以航天发射场空调系统为例，通过将温度、湿度、空气质量等环境参数与空调设备的运行数据相融合，可以精确地调整空调的运行模式和参数，实现塔架封闭区或测试厂房内的环境保障要求与节能性的最佳平衡。

在航天发射场配电领域，通过对电力系统的各项运行数据进行实时监测和分析，可以实现对电力设备的智能监控和管理。例如，通过将电流、电压、功率等电气参数与设备的运行状态、故障记录等信息相结合，可以实时评估设备的运行状况，预测设备的故障风险，与重点部位视频监控图像识别出的设备状态特征相融合，从而为运维人员提供决策依据。

随着航天发射频次的增多，设备设施中的多种传感器将会产生大量数据。如何将数据进行关联、交叉和融合实现数据价值最大化成为亟待解决的问题。解决问题的关键在于数据融合。下面介绍发射场数据融合的方式及作用。

9.2.3 数据融合架构

发射场的数据总体上可分为结构化和非结构化的数据。结构化的数据包括多种传感器产生的温度、压力和湿度等物理数据，以及人员信息、车辆数据、位置信息和任务相关数据。非结构化的数据包括重点部位图片和视频监控录像等数据。各类结构化数据和非结构化数据汇总到数据中心，在数据中心的显示终端进行展示，网页及人为干预又会产生一些非结构化数据。各类结构化和非结构化数据相互印证，其中包含各类显示和隐式关系，需通过一定的规则和算法进行分析，最终形成决策。如图 9.2-1 所示。

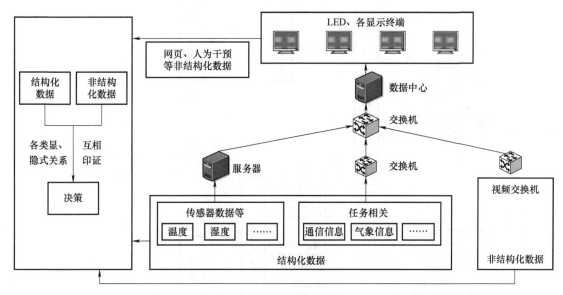

图 9.2-1　数据融合架构

根据图 9.2-1 所示的架构，将场内的架构按 3 层数据融合分为信号级数据融合、特征级数据融合和决策级数据融合。如图 9.2-2 所示，信号级数据融合是指，对设施设备所产生的或与任务相关的结构化数据和非结构化数据直接进行的融合，对融合后的数据进行特征提取，形成决策；特征级数据融合是指，首先对设备产生的数据进行特征提取，对提取得到的特征进行的融合，由融合后的特征形成决策；决策级数据融合是指，对设备产生的数据分别进行特征提取并形成多个决策，对这些决策进行的融合。

9.2.4　数据融合分类

9.2.4.1　信号级数据融合

信号级数据融合处于最底层，直接对各类传感器产生的原始信号进行操作，在 3 个层面的数据融合中保留信息最多，数据真实性较高，但信号级数据融合需要面对多传感器产生的大量实时数据，具有较高的计算复杂度，易受传感器误差和噪声的影响。为了有效提高数据准确性、降低计算复杂度，常用的方法有加权平均法、选举决策法、卡尔曼滤波法、数理统计法等方法。图 9.2-3 所示为基于 SVM 的信号级数据融合架构。

9.2.4.2　特征级数据融合

特征级数据融合处于中间层，从传感器数据中提取多种特征信息进行融合，如从某一移动目标携带的定位传感器中提取出速度特征、从监视摄像头视觉传感器中提取出方向特征；融合后可分析出目标的移动状态，进而得出决策。从特征层面进行融合，有效减少了数据量，提高了计算效率，有助于认清数据的内在结构和关联性。但特征级数据融合经历了特征提取过程，有一定的信息损失，若方法不正确会提取出错误的特征，影响后续融合决策。常用的特征级数据融合方法有卡尔曼滤波法、模糊推理法、神经网络法、产生式规则法等方法。图 9.2-4 所示为基于聚类的特征级数据融合架构。

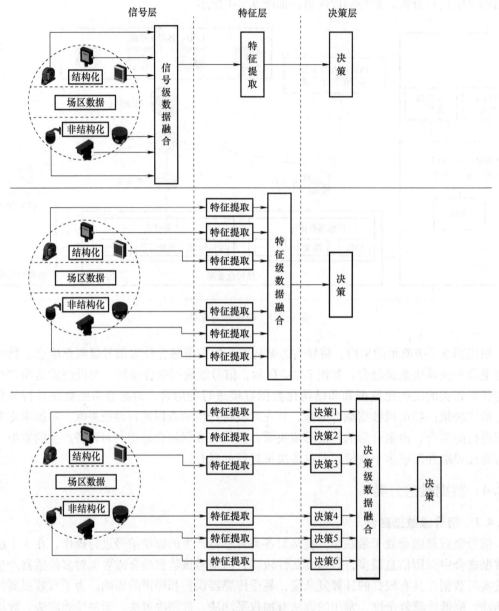

图 9.2-2　数据融合分类

9.2.4.3　决策级数据融合

决策级数据融合处于最高层级，由不同传感器观测同一目标经特征提取后得出初步的决策，最后通过一定的关联方法融合各初步决策得出最终决策，具有较高的灵活性和适应性，但要解决在各初步决策出现冲突时如何取舍的问题。常见的方法有贝叶斯推理法、D-S 证据理论等方法。图 9.2-5 所示为基于朴素贝叶斯的决策级数据融合架构。

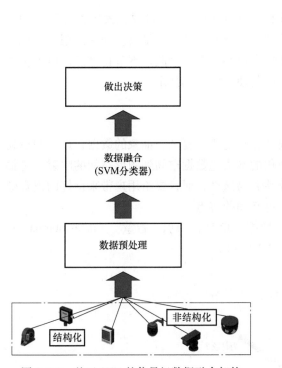

图 9.2-3　基于 SVM 的信号级数据融合架构

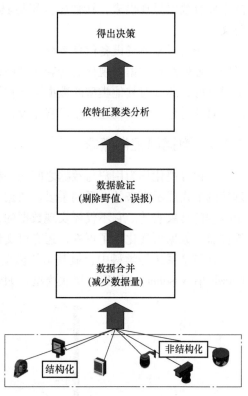

图 9.2-4　基于聚类的特征级数据融合架构

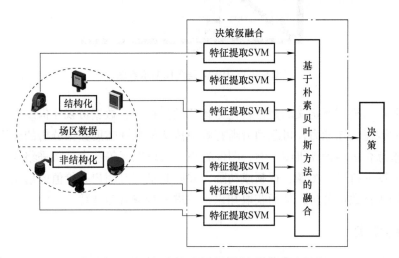

图 9.2-5　基于朴素贝叶斯的决策级数据融合架构

9.3　数据可视化

数据可视化，能够把大数据背后的结构、关系、规律、趋势等，借助表格图形等可视化的手段直观地呈现出来，让数据变得更具可读性，降低用户的理解难度，凸显数据背后的意义。

对于航天发射场设备信息系统，在网页设计、软件 UI 设计和可视化大屏设计等应用场景中，处处都有数据可视化的身影。其中，可视化大屏的设计要求最高。如果能把可视化大屏设计好，那么对其他类型的数据可视化设计也会得心应手。因此，本节将重点以可视化大屏为具体对象，详细阐述数据可视化设计过程中所使用的关键技术。

9.3.1 数据可视化概念

数据可视化作为用户与数据之间的一种媒介，是把相对复杂、抽象的数据，以人们更易理解的形式展示出来的一系列手段。数据可视化的本质是数据空间到图形空间的映射，是抽象数据的具象表达。它不仅要实现数据的易读性和易懂性，而且要给用户带来良好的视觉效果体验。数据可视化除了可视，还有可交流、可互动的特点。

在信息系统等学科中，最基本的模型是"数据、信息、知识、智慧"（data-information-knowledge-wisdom，DIKW）层次模型，如图 9.3-1 所示。

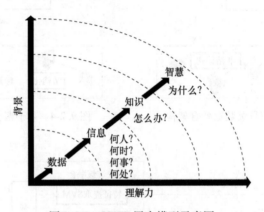

图 9.3-1　DIKW 层次模型示意图

在 DIKW 层次模型所定义的数据转化为智慧的流程中，数据可视化借助人眼快速的视觉感知和人脑的智能认知能力，可起到清晰有效地传达信息并辅助数据分析的作用。现代的数据可视化技术综合运用计算机图形学、图像处理、人机交互等技术，将采集或模拟的数据变换为可识别的图形符号、图像、视频或动画，并以此呈现对用户有价值的信息。用户通过对可视化的感知进行数据分析，从而获取知识，并进一步提升为智慧。

9.3.2 关键技术

进行数据可视化设计时，需根据期望目标和所处的设计开发阶段选择适当的原型类型，并在设计全过程中融入人因工程和人机交互等理念，提供良好的用户体验。原型设计稿的尺寸需结合实际场景进行解析。设计稿尺寸定下后，接下来是确立数据的分析维度，选取合适的图形展现数据；然后，进行布局和视觉设计，即把各组数据模块化，并且把同类别的数据放在同一个区域；之后，选定与业务场景相符的风格，把各个小模块通过色彩、文字等进行设计，同时强化重点信息并弱化辅助元素。在视觉表现上要遵循相应的设计原则以及平台的设计规范等。此外，在设计上要善于利用动效传递数据信息，这有助于数据的生动表现。

9.3.2.1　原型设计

（1）原型设计概念。原型设计指的是设计师根据需求文档，用线条和图形绘制出产品框架图，用来表现产品交互逻辑和动态交互体验的简单交互方式，是产品解决方案的一种简单实验模型。

归纳起来，原型设计的作用主要包括以下 3 个方面：

1）明确问题和方案。原型设计有助于明确现有问题，发现其他隐藏问题，找出更多解决问题的方法。在设计的早期阶段，用探索性的研究和原型设计去发现问题很有帮助，问题发现得越早，付出的代价越低；在设计的后期阶段，帮助掌握整个业务流程以及每个节点所要做的设计，明确用户界面、交互元素和内容。

2）高效沟通。原型设计有助于展示设计方案，将模糊、概括的设计想法转化为具体的对象。不运用原型，其他人就会用自己的心智模型来揣测表达者的想法，这样众人的期望和想法很难达成一致。正所谓一图胜千言，原型能够让大家在短时间内保持聚焦，把注意力集中在实质性的沟通上，提高沟通效率。

3）验证和改进。原型的验证有助于设计出更好的产品。通过原型与用户互动，洞察用户实际需要，根据用户的反馈进行针对性改进。

原型设计通常在产品设计阶段的早期启动，从基础的草图到线框图再到可交互的高保真原型，每个环节都在对原型进行持续测试和验证，直到认为已规避大部分问题，才正式启动产品的研发和上线。即便是已经发布的产品版本，用户依然会提出反馈，必定在未来的版本中不断进行调整，新一轮原型测试和验证也就开始了。所以，原型设计贯穿于产品的全生命周期之中。

（2）原型分类。原型类型一般按保真度分为草图、低保真原型、中保真原型和高保真原型。保真度表示原型的外观和行为与最终产品相似程度。一般基于原型想要达到的目的，选择合适的原型类型。原型的制作通常是从低保真开始，并逐渐提高到高保真的水平。

1）草图。草图是设计最初的想法或假设，基于业务流程的梳理，将核心的用户操作界面绘制出来，可以是白板草图、纸质草图等。通过绘制大量不同的版本，考虑解决界面交互的不同方法。草图示例如图 9.3-2 所示。

图 9.3-2　草图示例

2）低保真原型。低保真原型也叫线框图，是将高级设计概念转换为有形的可测试物的简便快捷方法。低保真原型仅呈现产品的一部分视觉属性、产品内容的关键元素和产品中重要功能所涉及的页面关系，核心作用是检查和测试产品功能。该类原型制作和更换的成本最低，可在短期内快速完成设计，并且便于设计团队复用原型组件，避免频繁返工。

在着手设计低保真原型前，通常需要先绘制信息流程图，这样有利于准确拆分页面和梳理每个页面的功能模块及展示信息，确定每个页面元素的界面布局，基于此可以快速地演化出实际所需的线框图。线框图是静态的页面布局，考虑的是如何在屏幕上放置不同元素，更好地将信息架构可视化。线框图没有视觉设计，交互方面有也只是简单的跳转事件，大多数都使用灰色色阶和占位符来指示内容。线框图示例如图9.3-3所示。

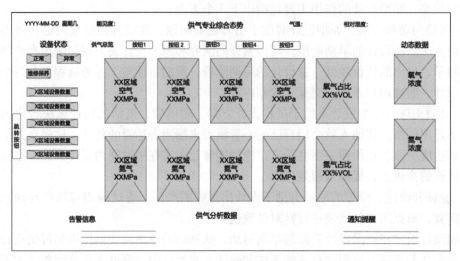

图 9.3-3　线框图示例

3）中保真原型。中保真原型更多的是指使用原型计工具制作的产品图形界面设计。它虽然有一定的界面展示，但不需要过多的细节修饰。中保真原型可以看作是把纸质的草图数字化，以便通过软件在计算机上不断改进和补充，可以更灵活地选择界面布局和导航方式，设置控件和界面元素以及进行可用性测试。中保真原型示例如图9.3-4所示。

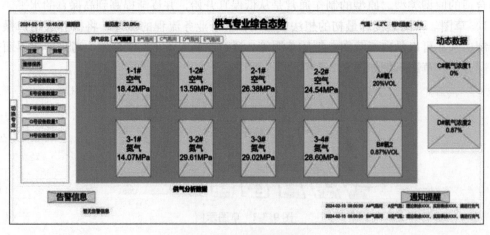

图 9.3-4　中保真原型示例

中保真原型在某些方面看起来像最终产品，包括可单击的原型、编码原型等。用户基于中保真原型能够完成一个任务的闭环，也就是通过与原型界面的交互完成工作任务。

4）高保真原型。高保真原型需要在中保真的基础上进行配色，插入真实的图片及图标

（icon）。充分利用 Axure 等工具为原型增加保真度，为相关的组件及页面添加交互事件、配置交互动作。这样，从视觉显示及交互设计来看，它具有逼真的界面设计和完善的交互效果，可让用户体会到真实的产品使用感受。高保真原型示例如图 9.3-5 所示。制作高保真原型需要耗费较大的时间和精力，因此高保真原型不是必需的。

图 9.3-5　高保真原型示例

根据不同的项目需求，原型图的细节和重点也不尽相同，有些侧重概念表达，有些注重交互设计，因而产品原型的呈现形式其实是多种多样的。需根据目标和产品所处的阶段来选择适当的保真度原型，在制作原型所花费的时间和验证原型带来的价值之间取得平衡。

（3）原型设计工具。目前，最高效的原型设计方式，是通过原型设计工具创建原型图。在市面上众多原型设计工具中最流行的是 Axure、Figma 和蓝湖等几款工具。

1）Axure，是一款快速原型设计工具，能够快速创建原型图、流程图和规格说明文档，具备强大的交互设计、逻辑设计功能和版本控制功能，支持表单输入、数据模拟、添加交互动画和过渡效果等。实际使用时，需下载安装包适配本地环境运行。

2）Figma，是一款基于浏览器的协作式跨平台 UI 设计工具，所有的设计文件都是在线的，支持多人设计团队在任何设备上实时查看、编辑和评论同一个文件；能自动保存每一个版本的设计文件，可随时查看和恢复到任何一个历史版本；拥有丰富的插件生态，可根据需要安装各种插件来扩展功能。实际使用时，建议到其官网下载对应操作系统的 "Desktop APP" 桌面端应用。

3）蓝湖，是一款国产的基于浏览器的产品设计研发在线协作平台，能自动分享设计图、产品文档等文件，支持在线显示 Axure、Figma 和 Word 等类型内容；上传设计稿后，系统会自动识别页面中的交互元素，并根据预设的规则和格式生成对应的前端代码，支持 HT-ML、CSS、JavaScript 等多种编程语言；能实现自动标注及自动切图。

9.3.2.2　基于人因工程设计

（1）人因工程内涵。人因工程（human factors engineering，HFE）是一门综合性交叉学科，它运用多学科理论和方法，研究人、机器及其工作环境之间相互关系，使系统的设计满足人的生理和心理特性，并实现安全高效的目标。其核心理念是从 "人适应装备" 转向 "装备适应人"。

人因即人的因素，一般可归纳为以下 5 个方面内容：

1）人体能承受的作业负荷。指机器及环境对人体造成的体力和精神上的负担。如驾驶人在连续驾车几个小时之后，体力和精神上都会呈现疲劳状态，如不休息调整，则对其安全驾驶方面会产生不利影响。

2）人体测量参数。人体测量参数包括人体的几何尺寸、功能尺寸及生理、心理性能等测量参数。例如，关于人体尺寸测量参数的应用，设计大厅工作台高度时，应考虑人的平均坐姿肘高；设计大屏的安装位置时，应考虑人的视角范围。

3）人体的生物力学特性。人体的生物力学特性指人的操纵力、操纵速率、位移、节拍等力学参数。例如，设计轿车变速杆的行程时，应考虑人的手臂动作特点，包括操纵力、速率、频率等反映动作灵活性的参数，尽量做到只用手臂而不移动身体即可完成操作。

4）人的感知响应特性。它是指"人"与"机"和"环境"之间的信息交互过程，包括视觉、听觉、触觉等感知通道的相应特性。例如，不同颜色对人眼的刺激程度不同，给人的语义理解及反应时间也不同。大屏告警信息就运用了这一特点，将超出阈值范围的信息设置为红色或黄色，起到警示、引起值班人员注意的作用。

5）人的适宜作业姿势。人在操作过程中具有一定的作业姿势，能使人保持舒适、自然、方便。根据作业特点设计作业姿势，如坐姿、立姿、坐立姿结合等，通常要提供稳定的座椅。在这方面的设计工作中，需要运用人体模型，来校核相关尺寸和操作姿势的配合是否合理、是否处于最佳状态。

（2）价值与意义。人因工程关注所有涉及人的系统、产品或过程，其中人是核心。在可视化设计中，这意味着设计者需要充分考虑用户的生理、心理特点、能力与局限，以确保设计的产品与用户之间有一个最佳的匹配。

人因工程强调人的交互和反馈。事实上，超过 2/3 的问题都可以追溯到设计源头，而设计的缺陷是缺乏有效的交互和反馈导致。因此，在可视化设计中，不仅要注重产品的外观和功能，还要确保用户在使用产品过程中能够轻松地与之交互，并获得及时和准确的反馈。

随着 VR、AR、MR 等新型交互方式的出现，人因工程在可视化设计中的作用变得更加重要。例如，通过引入人因工程学，可以从用户体验的角度出发定义场景、优化内容设计，从而为用户带来更好的交互体验。

（3）研究内容。人因工程的研究对象是人—机—环境系统，简称人机系统。人机系统的构成可分为人、机、环境 3 个子系统，这 3 个子系统各自独立又两两交叉，统一为"人—机—环境系统"。

人因工程既要研究人、机、环境各因素的属性，更要着重研究人—机—环境系统的总体属性，以及人、机、环境之间相互关系的规律。由此也决定了人因工程学的基本研究内容，具体见表 9.3-1。

表 9.3-1 人因工程学的研究内容

序号	研究方向	研究内容列举
1	人的因素	人体形态参数、人体模型、力学性能、人的劳动生理特征及心理过程、感知特征、可靠性
2	机的因素	信息传达显示方法、操纵控制技术，安全保障技术、仿真技术、有关人体舒适性的技术

（续）

序号	研究方向	研究内容列举
3	环境的因素	作业空间、物理化学环境、生物环境、人工环境、人文环境、社会环境
4	人—机关系	人—机系统功能分配、人—机相互作用及人—机界面研究、人—机系统安全性、可靠性
5	人—环境关系	环境对人的影响、环境质量标准、环境控制、人体防护技术
6	机—环境关系	环境对机器性能的影响、机器对环境的影响、环境保护技术
7	人—机—环境系统	系统总体性能的分析、评价、仿真、优化、改进等

此外，以可视化大屏为例，"人"为观看大屏的用户，"机"为以大屏屏幕为主的可视化大屏系统，"环境"指用户与大屏同处场所的空间大小、光照强度以及人与大屏间距离等因素。图 9.3-6 所示的可视化大屏设计考虑了人机系统的组成及其与周围环境之间的相互关系，意味着可视化大屏产品在进行设计时，应置于人因工程理念框架下，全方位考虑大屏设计尺寸、图形选取、交互设计、布局设计、风格设计、字号选用、配色设计和动效设计等设计元素。

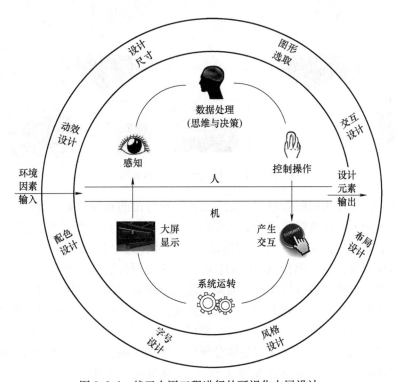

图 9.3-6　基于人因工程进行的可视化大屏设计

9.3.2.3　设计稿尺寸解析

如何解析可视化大屏的设计稿尺寸，一直是刚接触大屏的设计人员最为苦恼的一件事。很多时候大屏出现诸如内容展示不全、界面整体拉伸或压缩等问题，都是由于对设计稿尺寸没有正确的认识导致的。

（1）大屏类别及分辨率。要计算大屏设计稿尺寸，首先要对大屏类别及其对应的分辨率有所了解。可视化大屏通常分为投影、拼接屏和小间距发光二极管（LED）屏 3 类，分辨率计算方式如下。

1）投影。在大型场合，需要较大的投影区域，应定制投影幕布尺寸，并采取多台投影仪与融合器、矩阵搭配使用的解决方案，其连接关系示意图如图 9.3-7 所示。

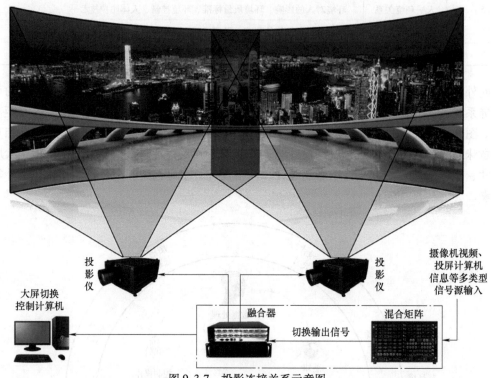

图 9.3-7　投影连接关系示意图

其中，融合器使用边缘融合技术，把多台投影仪打出的画面重叠部分进行融合，并将重叠部分亮度逐渐调低，使整幅画面的亮度保持一致。为了使融合后的画面更加自然、流畅，需要对每台投影仪投射的画面进行一定的裁剪和拉伸，这个裁剪和拉伸的比例称为融合比例。它可以由投影仪数量、单台投影画面长度以及总画面长度三者决定。

对于投影方式计算大屏分辨率时，需要确定投影像素和融合比例，投影仪可投的像素值根据不同的设备会有所不同，融合比例可由实际使用场景求得。如果是单台投影仪，大屏分辨率即为对应的投影像素大小；如果是多投影仪融合，可采用每台投影仪像素值累加之后减去融合带部分像素值的方式求得大屏整体分辨率。举例来说，有 4 台投影仪，单台投影仪的投影像素是 800×600，单台画面长度为 2.8m，总画面长度为 9.1m，那么融合比例为 ［4-9.1/2.8］/3，即 25%。那么，大屏的整体分辨率为 2600×600。

2）拼接屏。拼接屏有拼接缝隙，设计时要建立缝隙参考线，避免显示偏差。最常见的是液晶显示器（LCD）拼接屏，一般由 46~65in[⊖] 的液晶显示器拼接而成，连接关系示意图

——————————

㊀　in：英寸，1in≈2.54cm

如图 9.3-8 所示。

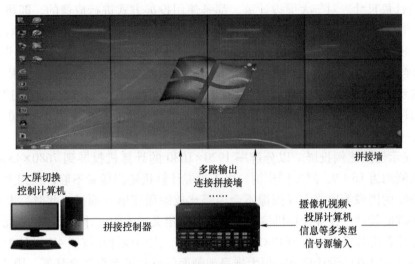

拼接墙

图 9.3-8　拼接屏连接关系示意图

其中，拼接控制器能将拼接墙中的多个普通视频单元拼接构成一个超高分辨率、超高亮度、超大显示尺寸的逻辑显示屏。计算拼接屏对应的大屏分辨率时，按照所有子屏的分辨率横竖累加之后的总和作为整体分辨率。

3）小间距 LED 屏。小间距 LED 屏由成千上万个 LED 灯珠构成像素点，发光像素点之间的距离称为像素点间距，用 P 值表示，单位为 mm，P 值越小成像越细腻。小间距 LED 屏是特指像素点间距在 P2.5 以下的产品，其连接关系示意图如图 9.3-9 所示。

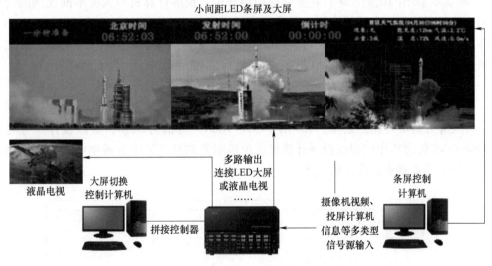

图 9.3-9　小间距 LED 屏连接关系示意图

下面举例说明，对于小间距 LED 屏方式，如何计算大屏分辨率。假设 P1.25 的 LED 屏单体模组尺寸为 500mm×500mm，那么一块长 6m、高 2m 的屏幕横向有 12 块模组，纵向有 4 块模组，每个模组的横向和纵向像素点个数均为 500mm/1.25mm=400，大屏横向分辨率为

400×12＝4800，纵向分辨率为400×4＝1600，整体分辨率为4800×1600。

（2）设计稿尺寸。对于大屏设计稿，都是使用投屏方式进行成像的，即将投屏计算机显示器（1个或多个）通过有线信号投放到大屏上，投屏计算机上呈现什么内容，大屏上就会相应地呈现什么内容，但呈现的内容不一定是等比放大的。比如，当大屏的分辨率比例为10∶9，投屏计算机屏幕比例为16∶9，大屏实际显示的内容在横向上呈现为压缩状态，在计算机上显示为圆形的饼图投到大屏后会挤压变成椭圆形，所以设计时应避免这类情况。

设计稿尺寸要综合大屏与投屏计算机两者之间的比例关系，并进一步考虑屏幕分辨率因素来决定，不能简单以大屏的分辨率直接定义。

1）单显示器同比例投屏。以分辨率1920×1080的计算机投屏到7680×4320的大屏为例，两者比例均为16∶9，属于同比例。由于投屏计算机输出像素不够，投到大屏上也只是将1920×1080的图像等比放大（图像不会因等比放缩而变形）而已。此时，大屏设计稿应按照1920×1080设计，投屏计算机输出像素不足时定义再大的设计稿尺寸也是无意义的。

当投屏计算机分辨率达到3840×2160（4K）时，大屏设计稿按照4K设计为最优。虽然仍能使用1920×1080的设计尺寸，但大屏呈现画面的清晰度有可能会降低。因为适配4K的分辨率会把设计稿中元素同比例放大，这样有些元素的画质会出现损失。这一问题可通过按4K比例切图来解决，就是将原来10×10的元素切成20×20，并保证元素切图后仍是清晰的。如果可能的话，尽量将图标切为可缩放矢量图形（scalable vetor graphics，SVG），这样就可以在不失真的情况下任意缩放，适用于各种尺寸的设备。

总体来说，应选择合适的显示器，使得投屏计算机在输出的分辨率与大屏保持同比例的前提下，尽可能达到峰值，并以此最高分辨率作为大屏设计稿尺寸。这样既能保证设计稿在投屏计算机上显示清晰，也能保证输出到大屏上是尽可能清晰的。

2）单显示器不同比例投屏。在实际应用场景中，投屏计算机与大屏不同比例的情形十分普遍，此时要优先按大屏的比例定义设计稿尺寸，保证让大屏内容显示正常，让变形呈现在投屏的计算机上，避免发生之前列举的饼图在大屏上显示为椭圆的情况。那么，在实际中该如何进行设计尺寸计算呢？下面以一个案例进行讲解。

一个7×4的大屏，每一块区域分辨率为1920×1080，整体分辨率为13440×4320，比例为28∶9，如图9.3-10所示。设计尺寸时假设把上下高度预定义为1080，然后以此高度为基准，将大屏分辨率等比放缩，13440/（4320/1080）的值为3360，所以设计尺寸可定为3360×1080。实际过程中应根据投屏计算机选配显示器的最高输出分辨率中的高度值作为预定义值，按上述步骤求得设计稿尺寸。

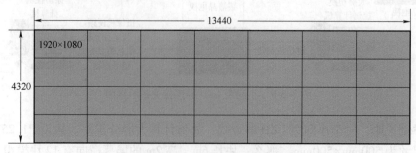

图9.3-10　7×4大屏示意图

当给这种特殊的大屏比例配置投屏计算机显示器时，如果能找到同比例的显示器是最理想的，但根本没有厂商生产，而定制显示器则要花费高昂的费用，因此最佳方案是选择市面上现有显示器进行适配。目前，常见的显示器比例及分辨率对应关系表见表 9.3-2。在实际选配显示器时，一般要找与大屏比例最接近的，并且分辨率更高的显示器。

表 9.3-2　常见的显示器比例及分辨率对应关系表

序号	显示器比例	对应常见分辨率
1	4：3	640×480、800×600、1024×768、1280×960、1400×1050、1600×1200、2048×1536
2	16：9	1280×720、1366×768、1920×1080、2560×1440、3840×2160
3	21：9	1792×768、2560×1080、3440×1440
4	5：4	800×640、1280×1024
5	16：10	1280×800、1440×900、1680×1050、1920×1200
6	32：9	5120×1440

案例中的大屏是 28：9 的，如果选择 16：9 的显示器，在保证大屏显示正常的情况下，就会把 16：9 的计算机显示器内容压缩得非常严重，这样的压缩程度在交互操作上会存在一些问题。比如，较小的按钮会被压缩得更小，从而导致单击的精准度下降。所以，选择最为接近大屏比例的 32：9 显示器最为合适。由表 9.3-2 所示可知显示器最高输出分辨率为 5120×1440，可将 1440 作为高度预定义值，可得设计稿尺寸最终为 4480×1440。

3）多显示器分屏投屏。大屏尺寸巨长并且内容可分割的情况下，由于投影计算机单路输出信号无法达到超高的尺寸，那么会使用单台计算机多路输出或者多台计算机单路（多路）输出的策略，这种形式类似屏幕拼接。

若使用单台计算机两个显示器进行投屏，根据原则选用两台 16：10 的显示器最为接近大屏比例，但这个比例的显示器分辨率较低，达不到 4K。综合考虑，将两台 16：9 的 4K 显示器组合为 32：9 是最合适的，能够使得大屏显示效果更细腻。虽然显示器上会呈现更明显的拉伸效果，但在能容忍的范围之内。两路 4K 分辨率组合成 7680×2160，可得最终设计稿尺寸为 6720×2160。

再举一个多台计算机单路输出的例子。1 个 6×2 的大屏，每一块区域分辨率为 1920×1080，整体分辨率为 11520×2160，比例为 16：3。选用 3 台计算机，每台计算机使用一个显示器投屏的方式。若选配 4K 显示器可以输出 2×2 的区域像素总和，通过 3 个显示器同时投屏，形成完整的一个大屏可视化，如图 9.3-11 所示。此时，设计稿尺寸对应为 11520×2160。

9.3.2.4　图形选取

做完数据可视化设计，发现可视化图形没能向用户传达出应有的信息，可视化图形让人困惑。出现这种情况很可能是因为数据分析的维度没找准。数据分析常用的 4 个维度，如图 9.3-12 所示。其中，"联系"表示数据之间的相关性；"比较"表示数据之间存在何种差异，差异主要体现在哪些方面；"分布"表示数据主要集中在什么范围，表现出怎样的规律；"构成"表示数据都由哪几部分组成，每部分占比如何。

在对数据充分了解后，就要为不同类别的数据选用合适的图形，如对比数据使用柱形图、条形图、折线图和雷达图等；构成数据使用饼图、漏斗图等；关联数据使用散点图、气泡图等；分布数据使用直方图、散点图等。下面具体列举几种图形。

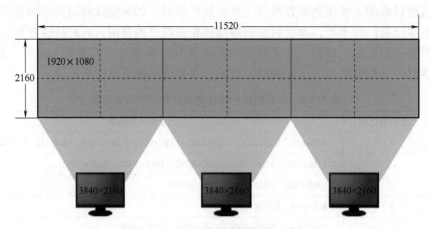

图 9.3-11 6×2 大屏分屏投屏示意图

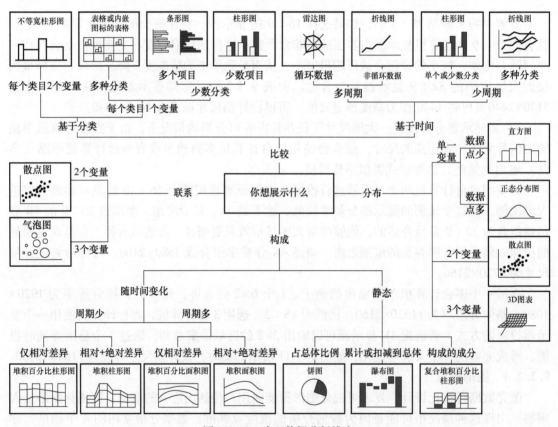

图 9.3-12 确立数据分析维度

1）柱形图，是由宽度相等、长短不一的矩形组成的，利用矩形长度表征数值大小。

2）条形图，是横置的柱形图，由宽度相等长短不一的矩形组成。当维度分类较多，而且维度字段名称又较长时，应选择条形图，因为条形图能够横向布局，方便展示较长的维度项名称。

3）折线图，是通过将数据点以线段连接起来的，用于表征数据随着某个变量（通常是时间）的变化而变化的趋势。

4）雷达图，将多个维度的数据量映射到坐标轴上，每一个维度的数据都分别对应一个坐标轴，这些坐标轴以相同的间距沿着径向排列，连接各个坐标轴的网格线通常只作为辅助元素，将各个坐标轴上的数据点用线连接起来就形成了一个多边形。坐标轴、点、线、多边形共同组成了雷达图。

5）饼图，通常用于表示某项数据占整体的百分比关系。

6）堆积图，可分为堆积面积图、堆积柱形图和堆积条形图，分别在基本图表的基础上，用面积表征整体与部分的关系。

7）散点图，是由若干的数据点组成的，主要用于挖掘数据内部的趋势和关联。

8）气泡图，是散点图的变形，将点变成了大小不一的气泡的样式，通过气泡的颜色和大小展现不同的变量情况，通常是用颜色区分数据的种类，常用于比较和展示不同类别之间的关系。

9.3.2.5　布局设计

布局设计的目的是优化信息展示结构，让用户能更简单地理解页面内容，并且能第一眼找到重点。在思考布局时，需要将用户的注意力集中到可视化结果中最重要的区域，从而将重要的数据信息突显出来。

（1）按业务指标布局。通常意义下，对显示区域的划分，主要根据抽取的业务指标进行。核心业务指标安排在中间位置，占较大面积；主要业务指标放在第一视觉的上方位置；其余的次要业务指标，按优先级依次在界面周围展开。同时，每个业务板块中也会有数据主次的层级，这在设计形式上也需要有所表现。若指标过多，可以设计成多页选项卡样式，方便用户读取。各指标按关联性进行分类，一般让有关联的指标相邻或靠近，把图表类型相近的指标放一起，这样便于用户理解，能减少观者认知上的负担并提高信息传递的效率。按业务指标的布局如图 9.3-13 所示。

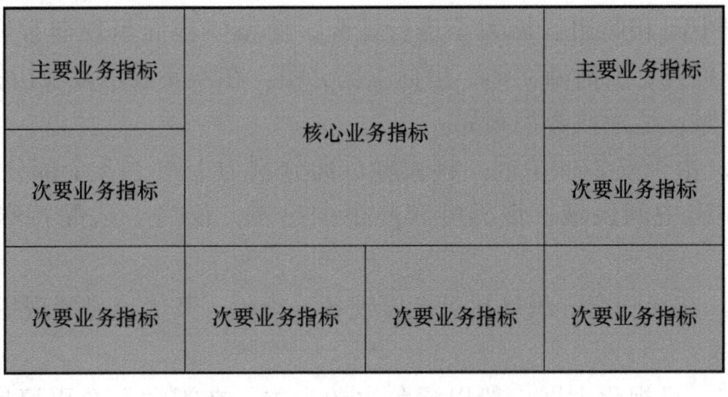

图 9.3-13　按业务指标的布局

（2）按屏幕尺寸布局。按尺寸可将大屏归结为 3 大类：标准大屏、超大屏、异形屏，如图 9.3-14 所示。下面针对不同的大屏给出针对性的布局设计方案。

1）半包布局。中间为主要指标，占据页面主要且中心的位置；左右及下方为次要指标，面积较小、较集中。其优点是能清晰地展现较多数量的指标，主次分明。

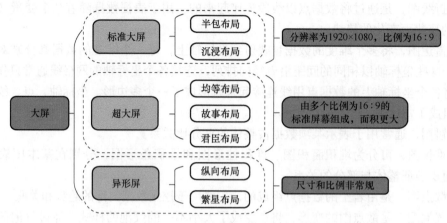

图9.3-14　大屏按屏幕尺寸布局分类

2）沉浸布局。中心重点区域扩大，左或右放置少量指标，可以让用户有更好的沉浸式观感。该类型布局常用于将重点区域扩大的地图展示、三维模型展示，如智慧园区、智慧工厂、智慧城市等。

3）均等布局。按照相同尺寸平均分配每一块展示区域。其优点是无明显主次指标需要展现时，均等划分区域，在视觉上不会有过多地干扰，所有指标都可找到。该类型布局常用于展示平级指标，适用于超大屏的运营和监控场景。

4）故事布局。没有明显的分割区域，数据与数据之间按照一定的业务逻辑去排列布局；故事线作为一条隐形的线，可在当前场景下把各个指标串起来，这与按业务指标布局中的"让有关联的指标相邻或靠近"是一个思想。其优点是数据连贯性强，当指标间有关联关系时，可以有逻辑地递进展现。该类型布局利用时间、生命周期或管理模型等讲述一个完整的故事线。

5）君臣布局。中间大两边小，中间通版放置三维模型等大图，左右两边为次要指标，可运用黄金比例对中间和两边区域大小进行适配，使整体界面呈现非常好的和谐性和比例性。其优点是图像更大、更清晰立体，指标主次分明。在需要展示多项指标，并突出某些关键指标或三维图像时，适用该类型布局。

6）纵向布局。由于安装的原因，将大屏页面分割为上中下3个部分，中间区域较大，上下较小，重点突出中间区域。该类型布局很少出现，仅为了适配特殊场景下的屏幕而使用。

7）繁星布局。布局随意，满屏尽可能展现各种指标。其优点是展现指标多而全面。

9.3.2.6　视觉设计

（1）主题风格。可视化大屏一般以深色主题为主，在视觉上会更聚焦内容，浅色系长时间观看会造成视觉疲劳，并且浅色背景不太适合渲染动感光线等特效的展示。

在暗色调设计的基础上，还要结合行业属性来定义大屏整体的色调风格。例如，航天、政务、交通类等行业，追求的是稳定和高效，在颜色的选取上通常是以蓝色为主色调，同时蓝色调也是大屏设计最为惯用的色调。

1）调动情感。真正能让用户触景生情的一定是情感上的调动。美国著名认知心理学家、计算机工程师、工业设计家 Don Norman 在《情感化设计》一书中曾提出了情感化设计的 3 个层次：本能、行为和反思。大屏设计风格也可以依据情感化设计的 3 个层次来定义。

富有美感的设计能让用户即刻产生观赏情绪，这就是"本能"层。观赏情绪的延续还得体现在产品的功能性、易懂性、故事性的传递上，这些会与用户产生交互，即"行为"层。最终，用户的情感认同会产生较高的满意度与依赖感，即"反思"层。3 个层次相辅相成，简而言之就是抓眼球（本能）、满足需求（行为）、认同依赖（反思）。图 9.3-15 所示的情绪化设计的设计依据揭示了大屏设计 3 个层次相对应的设计依据。

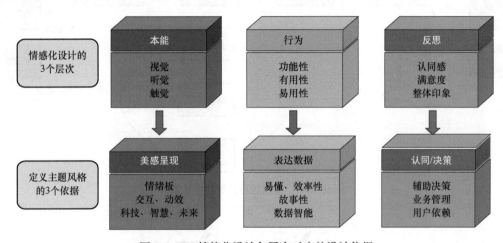

图 9.3-15　情绪化设计各层次对应的设计依据

2）情绪板设计方法。情绪板是一种以用户情感为核心的设计方法。它强调在设计过程中关注和理解用户的情感需求，并通过设计来满足这些需求。

具体而言，情绪板通过一系列图像、文字和样品的拼贴营造出对应产品的调性，并通过对产品的设计、加工使用户一个主题设计产生情绪共鸣。情绪板也可以理解为设计灵感的收集，是设计思维的一种视觉展示工具。

在产品的视觉设计中，情绪板是一种非常科学有效的设计方法，可以帮助设计师客观、理性地定义产品视觉设计的风格，从而使产品的设计更加贴近用户心智。图 9.3-16 所示为情绪板设计方法的流程。

（2）文字解析。文字是界面中核心的元素，是产品传达给用户的主要内容。它的承载体是字体、字重、字号等，应熟悉文字的这些特征在界面中的作用。但是要注意版权使用问题。

1）字体。

① 衬线体。衬线又被称为"字脚"，其特点是在字母笔画的末端或转角处有额外的装饰线条，这些装饰线条可以增加字体的视觉重量和稳定性。衬线体就是有边角装饰的字体。西文字体常用的为 Times New Roman 等，中文比较常见的为宋体等。

② 无衬线体。无衬线体则与衬线体相反，通常是机械和统一粗细的线条，没有边角的装饰。最具代表性的西文字体是 Arial，中文比较常见的是黑体、微软雅黑等。衬线体与无衬线体的对比示意如图 9.3-17 所示。衬线字体优雅与复古，常用于艺术性文字，时尚品牌

等；无衬线字体具备技术感和理性气质，更受科技型企业或品牌青睐。

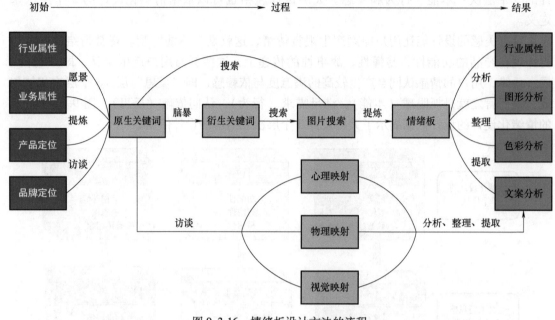

图 9.3-16　情绪板设计方法的流程

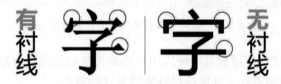

图 9.3-17　衬线体与无衬线体对比示意图

2）字重。字重是指字体的粗细程度，通常分为常规、粗体和特粗等不同等级。在设计中，选择合适的字重可以帮助传达不同的信息和情感。例如，常规字重通常用于正文和主要信息，因为它们看起来比较轻松和易读。粗体字重则可以用来强调重要的信息或标题，因为它们看起来更强烈和突出。特粗字重则通常用于大标题或标志，因为它们看起来非常醒目和引人注目。

3）字号。调整字号会导致几乎所有相关元素都得调整。因此，如何选定合理的字号在大屏设计中极其重要。

对于不同比例的大屏，字号的选择也会有一定的差异。由于大屏越大，用户就需要站在越远的地方才能看清全貌，因此字号也应该相应加大。常用的做法是，到现场进行字号选用测试。首先按大屏的比例做出字号测试图，然后分别站在大屏使用环境中的重点浏览位置和大屏边缘位置做字号大小的感官测试，从而最终决定使用的字号大小。

（3）配色探寻。

1）认识色彩。在可视化大屏设计中，色彩的运用至关重要。舒适的色彩能让数据更好地可视化呈现。色彩有色相、明度、饱和度3个要素，是影响设计的重要因素。

① 色相。色相是颜色测量术语，是色彩的首要特征，代表了颜色的基本种类。所谓红

色、黄色、绿色、蓝色等称呼就是色彩的色相。合理地使用色相可以突出内容。比如，读书做笔记时用带颜色的笔进行标记，当再次翻阅时就能快速定位所标记的内容，这就是用色彩左右了视觉焦点。在视觉设计中，常用这样的方法突出重点数据。

② 明度。明度是指色彩的明暗程度，明度最高的为白色，最低的为黑色。在数据图表的配色中，通过色彩的明度可以表达同一类数据中不同程度的情况。例如在热力图中，利用色彩的明度直观地表现了数据的大小，这样比用不同色相的表达方式更容易理解。色彩明度的使用一般不要超过 6 个等级，同时要尽可能把色彩明度的跨度拉大，增强对比性。

③ 饱和度。饱和度也被称为色彩的纯度或鲜艳程度，饱和度最高的被称为纯色，最低的被称为灰色，即无彩色。大屏背景一般会采用暗色调，在配色上暗色背景的色彩明度和饱和度不宜过低，否则对比性较弱，视觉上会略显沉闷。对于暗色背景中重要的元素，需要使用饱和度和明度较高的颜色，这样在视觉上更为突出聚焦。

2）配色注意事项。

① 同类色配色。明度变化的同类色可以营造出和谐统一的视觉效果，但缺点是对比性不足。同类色使用不当就会降低识别性，如同类色的环形图，在视觉上就不易分辨类别。环形图为占比类图形，每个占比都是一个分类，目的是强调分类间的对比性，所以不宜使用同类色。然而，在同色系不同明度变化的热力图中，只表示数值的差异，没有分类维度，故较为适用。在界面设计中，使用主色调延伸出来的同类色对元素进行配色最为合理，如边框设计、细节元素设计、标题设计等，这样会使界面的呈现和谐统一。

② 认知配色。人对色彩的认知具有共性。比如，红色、黄色为暖色系，在视觉表现上较为突出，可用来表示警告类的信息；蓝色、紫色为冷色系，在视觉表现上有收缩感。明度高的颜色具有轻快感，明度低的颜色具有厚重感等。人对色彩的这种感知是产品设计配色的重要依据。

③ 慎用渐变色。不同品牌的大屏色差变现不一，存在偏色的情况下使用大面积的渐变色要格外慎重，可在设计稿定稿后及时进行视觉的可行性测试，根据反馈确定是否调整。

④ 选择合适的背景。物体的感知颜色不仅取决于物体本身的颜色，还取决于其背景。按相同颜色分组的不同物件也应具有相同的背景，这代表背景颜色的变化必须最小化。

⑤ 减少颜色需求。如果某一类图表类型中需要 8 种以上颜色，可以合并某些类别的元素或选用其他图表型别。

9.3.2.7 动效设计

合理的动效可以建立视觉焦点、引导用户操作、增强产品认知、提高产品易用性等，可视化大屏动效不仅可以增强数据表现的灵动感，还可以渲染可视化大屏的科技感，是必备的视觉表现手法。

动效设计的价值主要就是提升产品的视觉和交互体验。在视觉体验上，动效可以增强页面设计感、渲染产品氛围、突显主题风格等；在交互体验上，动效可以提升产品的可读性和易用性，如视觉引导、信息层级展现、增强操纵感、创新体验等。

（1）动效设计分类。动效主要可以分为两大类，即视觉动效和交互动效。两者都是提升产品用户体验的重要表现方式。

1）视觉动效，即视觉元素的动态展示，通过改变元素的空间关系和功能，以视觉的方式传达信息和效果，常用来营造炫酷特效，能有效抓住用户眼球，可视化大屏偏爱动态展示也正是基于此。

视觉动效总体可分为展示类和引导类。其中，展示类动效主要具有展示作用，一般会一直呈现在界面中；引导类动效更多的是对用户的一种提醒和引导。

① 展示类动效。在设计展示类动效时，设计师需要思考动态元素与场景的关系，不能单纯地为了酷炫而做动效，反而忽略了数据表达本身。比如，若数据大屏中每个组件的装饰框一直闪动，会导致用户无法聚焦组件中的数据信息。展示类动效的主流软件是 AE 和 C4D，将两款软件结合使用能表现出更好的设计效果。

② 引导类动效。引导类动效是通过界面中某些元素的变化，拉开与不同的元素的视差，引导用户进行下一步操作。引导类动效一般以两种形式出现：一种是静态转变为动态；另一种是从无到有。比如，即时性的预警信息提醒，预警时出现弹窗并以动态形式传递信息。这类动效可以添加醒目的视觉元素，其目的就是为了提醒和聚焦用户视线。

2）交互动效。交互动效是具有交互属性的动效设计，是随着操作行为而触发产生的，适用于交互转场、反馈、引导等场景，可提升产品的易用性。

人容易被移动的物体所吸引，因此动效设计可以抓住用户眼球。在交互界面中，要将出现的元素通过合理的动效告知用户它来自哪、往哪去，从而帮助用户建立视觉关系，给予用户引导性和操纵感。交互动效主要分为两类，即转场类和反馈类。两者的设计目标都是提高产品的易用性，但解决的问题却不一样。

① 转场类动效。转场类动效适用于产品层级和场景的切换，可以帮助用户理解界面之间的逻辑关系和层级变化，如场景切换时能避免用户出现视觉盲区的情况。转场类动效通常以缩放、透明度、旋转等方式呈现。

② 反馈类动效。反馈类动效是当用户有操作行为后，以动效的形式给予用户反馈，并告诉用户交互后呈现的结果。

（2）动效设计原则。动效设计需要依照真实世界的运动规律，需要符合物理运动法则。在生活中，在人的感知中任何物体都有质量，运动物体的表现形态有加速、减速、反弹等规律。动效设计应该遵循这样的规律，只有这样才能符合人对动态物体的感知，才会让人感到舒适，因此有必要学习掌握动效的设计原则。

1）合理使用动效。过度的动效设计会让大屏看起来眼花缭乱，如大面积的动态效果、喧宾夺主的动态元素，都会影响数据的表现。

2）动效表现区分主次。动效主次说的是在一个大屏中不推荐有两个或两个以上的主视觉动效，否则就会像视觉设计中出现两个主体一样，用户不知道往哪里看，会产生拉扯感。

3）动效展示呈现故事性。可以通过动效变化体现出数据的结构。例如，对于实时数据传输的大屏展示，在数据动态变化时，最好先有各个小模块的数据变化，然后再有总数据的改变，这样就形成了数据结构的变化节奏。类似这样的动效展示可以用光线、粒子设计出一种数据传输的效果，给观者一种数据流转变化的感觉。

4）动效复杂度视使用场景而定。比如，较长时间的加载、存储、下载等待都适合用简单动效。复杂动效常出现在产品的改版迭代介绍页中，这样的动效往往能让人眼前一亮，给用户想继续探索产品的感觉，并且能够加深用户对品牌和产品的记忆。复杂动效只适合出现一次，若每次都出现，用户很快会产生反感。

5）动效遵循物理运动规律。线性的速度会使得物体的运动看起来机械呆板，实际的物理运动遵循客观世界中的物理规律，这些规律能创建出更加自然、流畅和真实的运动曲线。在动效设计中，最常用的曲线有 4 种，分别是缓入、缓出、缓入缓出和匀速曲线。物体的缓动效果可以增强动效体验的自然感。

6）持续和响应时长合理。任何交互动效的持续时间都要控制在 1s 以内，最佳持续时长是 200～500ms。影响动效时长的因素有设备特征、动态元素大小、功能设定等。一般而言，屏幕的尺寸越大，元素移动的跨度距离也就越长，所以持续时间也就越长。动效响应的最佳时间应该控制在 100ms 以内。响应时长指的是从用户交互操作到反馈出现的间隔时间。对于加载的时长反馈，如果达到 2s，而页面内没有任何反馈，用户就会开始产生焦虑，因此加载反馈时间在 2～9s 时应该加载动画。当加载时间更长时，有必要考虑使用进度条指示。

（3）动效设计工具。

1）AE（Adobe After Effects）是一款行业标准的动画和视觉效果软件，以功能强大而著称。它基于层类型的编辑方式，能创建复杂的合成效果，提供了丰富的动画工具和特效，支持 3D 动画，并且能够与其他 Adobe 产品（如 Photoshop 和 Illustrator）无缝协作。此外，AE 还可以导出动画数据。

如果说 AE 的功能强大是优点，那么操作过于复杂就是其弱点。对于新人来说，想利用 AE 进行设计会受一定操作能力的制约。

2）Lottie 是一个开源跨平台动画库，提供了一套完整的跨平台的动画实现工作流，能对 AE 导出的 JSON 格式动画进行渲染和播放，生成的动画文件体积小。

虽然 Lottie 提供了与 AE 的良好兼容性，但在支持某些特效方面，尤其是复杂动画效果的实现上，可能不如其他一些动画框架那样强大和灵活。此外，Lottie 不支持图层效果，如阴影、颜色叠加或触屏效果。

（4）动效输出格式。在实际工作中，通常对动效输出格式的了解有所欠缺，表 9.3-3 所示为常用的动效格式对比表，以供选用参考。

表 9.3-3　常用的动效格式对比表

动效格式	简要说明	优点	缺点	导出方式
GIF	一种有损的动图格式。大多用于网络传输，速度要比传输其他格式的图像文件快，但不能用于存储真彩的图像文件	兼容性好，对各种智能设备和 Web 浏览器都完美兼容，预览性实用便捷，便于传播	仅支持 8 位 256 色，在色彩和画质上有一定的损失，输出透明元素时效果极差，文件占用空间大	AE 导出序列帧或视频，再通过 PS 导出；或使用 AE 插件 GifGun 导出
APNG	基于 PNG 衍生出的一种动图格式	相对于 GIF，支持 1600 万种颜色，对于渐变透明元素成像完美	APNG 动图需要拖拽到浏览器中才可以查看，传播性没有 GIF 强	先用 AE 导出动画序列帧，再使用 iSparta 导出；或直接用 AE 插件导出
WEBP	美国谷歌公司开发的一种图片格式，能替代众多图片格式，包括有损 JPEG、无损 PNG 和 GIF，特别适合网页使用	压缩率上高于传统图片格式，支持有损压缩和无损压缩两种方式，网页加载速度快	在 Web 端，WEBP 格式的兼容性相对 APNG 要差	导出方式与 APNG 一样

（续）

动效格式	简要说明	优点	缺点	导出方式
PNG 序列帧	把一张一张的 PNG 图片按顺序播放，与 GIF 相比不会产生边缘锯齿的效果，也比 GIF 支持的色彩范围大	制作方便简单，颜色偏差损失基本没有（图片压缩可能会有颜色偏差），动效效果还原度高，可调节播放速度	需要加载全部图片，文件占用内存大，内存一大就容易造成打开页面的时候卡顿，大的文件用户体验感很差	使用 PS 或 AE
Lottie	既是一套能够为原生应用添加动画效果的开源解决方案，也是一种动画格式。可解析由 AE 导出的 JSON 文件，并在移动设备和 Web 端本地渲染这些动画。以关键帧、矢量路径和样式等结合的形式记录动画	跨平台，Qt 5.13 以上版本支持；能与 AE 组合搭配，性能高，易于集成和使用	不支持 AE 中的表达式和图层效果。将其他格式文件导入 AE 后需转换为 AE 中的图层，否则无法在 Lottie 中使用	在 AE 中用 Bodymovin 插件导出 JSON 格式，再利用 Lottie 输出
SVGA	一种动画格式，记录的是图层每一帧的信息，原理类似序列帧动画，导出的动画省去计算过程。SVGA 的转换器和播放器都开源，提供了便捷的 SDK，使得集成步骤简单，提高了工作效率并保证了动画质量	跨平台，可将 Animate CC 或 AE 中制作的大部分动画效果导出成 SVGA 格式，动画文件体积小，播放资源占用优，动画还原效果好，使用方法简便。内存占用和稳定性优于 Lottie	有损压缩，不支持图层渐变和插件特效，支持 AE 的功能少于 Lottie	在 AE 中将动画设计完成，再利用 SVGA 插件输出
MP4	一种广泛使用的视频格式，它能够存储视频、音频以及字幕轨道	编码标准，封装性和兼容性好	处理高质量视频内容和支持最新编码标准方面欠缺	使用 AE

9.3.2.8 交互设计

（1）交互设计概念。可视化大屏这类数据可视化产品除了视觉呈现外，另一个核心部分是用户交互。交互是用户通过与产品之间的互动来操纵与理解数据的过程。交互设计在如下两个方面让数据可视化更有效：

1）交互设计能够缓解有限的可视化空间和数据过载之间的矛盾。这个矛盾表现在两个方面。首先，有限的屏幕空间不足以显示海量的数据；其次，常用的二维显示平面难以对复杂数据进行可视化显示，如高维度数据。交互可以帮助拓展可视化中信息表达的空间，从而解决有限的空间与数据量和复杂度之间的矛盾。"先概览，缩放筛选，再按需查看细节"的信息视觉检索方法是一种探索大量数据的有效交互方法。

2）交互设计能让用户更好地参与对数据的理解和分析。可视分析系统的目的不仅是向用户传递定制好的知识，还提供工具和平台来帮助用户探索数据，得到结论。在这样的系统中，交互是必不可少的。

（2）交互思维。交互思维，是以用户为中心、以提升产品价值为目标的一种思维模式，强调从用户的角度出发，而不是以产品为中心。立足点在于明确目标用户，充分了解用户需求。若以可视化大屏产品设计来说，就是明确大屏使用者的需求、行为、目的，产品服务的用户及需求等。对于不同的用户，在产品的设计形式上也有所差异。

1）用户思维。做好用户体验需要具备用户思维，用户思维就是站在用户的角度去思考问题，前提是需要定位用户，得到真实的用户画像，然后再根据用户画像指导产品设计。

2）交互设计五要素。交互设计过程中的5个要素分别是人、场景、媒介、目标和行为。这5个要素是交互设计的核心，贯穿了交互设计的始终。

① 人，指需要确定目标用户，并研究该类人的心智模型，找寻其习惯认知特征，如文化背景、爱好、日常行为等。这些都是产品设计的重要属性。通过对用户的研究，能够更加准确地把控产品设计的方向。

② 场景，指用户在使用产品时，自身所处的环境。对于不同的场景，用户的感受和使用产品的行为也不一样。

③ 媒介，指用户与产品进行交互所需要的载体，不同的媒介都有其独有的特征和使用场景，选择合适的交互媒介可以提高用户体验。

④ 目标和行为，指目标和行为是因果关系，用户的目标直接影响其行为，在产品设计之初先要考虑不同用户的目的，再通过界面交互设计提供相应的行为引导，最终将最直接、最有效的形式落实到产品中。

3）六何分析法。它六何分析法也称为5W1H分析法，在各行业中被广泛应用。针对用户需求的挖掘及产品设计，都可以从原因（why）、对象（what）、地点（where）、时间（when）、人员（who）、方法（how）6个方面提出问题进行深入的思考和分析。

（3）交互技术。数据可视化中采用的交互技术通常针对的是特定的可视化设计场景。下面依次介绍9种交互技术的基本思路、特性、适用的范围与研究方向。

1）选择。当呈现在用户眼前的是复杂多变的数据时，必须有一种方式能使用户标记其感兴趣的部分以便跟踪变化情况，通过鼠标或其他交互硬件对对象进行选择就是这样一种方式，同时也是最常见的交互手法之一。

根据交互目的和交互延时的不同，选择方式大致能分为鼠标悬浮选择、鼠标单击选择和框选等。鼠标悬浮选择往往适用于交互延迟较短、需要重新渲染的元素较少的情况。在鼠标悬浮选择时，弹出标签用来显示元素的信息。鼠标单击选择则针对需要重新渲染大量的可视元素、需要查询或计算大量数据、交互延迟相对较长的情况。在已有的可视化视图上框选，能够比用户输入选择条件更加直观、方便地对多个数据元素或感兴趣的区域进行选择。框选往往伴随着对元素的过滤和数据的计算。

在实际应用中，选择设计上会遇到各种问题。比如，对于大量的数据在视图上叠加以致视觉混乱情况下如何进行选择，或者选择之后要展示的提示性信息如何在视图上陈列。对于前者，一般可以将堆叠的区域和对象放大，以便选择；对于后者，则可归结为字符串在有限空间排列的问题。理想的标签应该具有易解读、明确的指引性，以及互相不遮挡的特性。

2）导航。由于人眼能观察到的区域以及屏幕空间有限，当可视化的数据空间更大时，通常只能显示从选定视点出发可见的局部数据，因此需要告知用户当前视点在哪，能转向什么地方以及如何到达那里。最简单直接的导航方法，是通过导航栏加超链接的方式进行导航。导航栏中的元素通过简单的总结文字描述数据的基本特征，允许用户通过单击进一步对该部分数据进行探索。导航栏通常会放置在页面的顶部，有时是常驻存在，有时随着页面需要进行隐藏，当使用时再被唤起。使用这种导航方法虽然方便，但用户的交互却不够连续，往往容易丢失数据探索的上下文信息。

放缩、平移和旋转是导航中 3 个基本操作，使用这 3 种操作可以实现调整视点位置、控制视图内容，从而在空间中对任意位置进行观察，但是这种传统的导航方式具有一定的局限性。当空间中显示的对象过多过密时，无法仅通过缩放、平移、旋转就能快速搜寻到目标，且视点移动和场景变换时用户可能不能时刻掌握自己在整个数据空间中所处的位置，无法将观察到的若干场景在大脑中综合为对整个数据的感知。

由此，一些新颖的导航技术结合了更多的约束条件，智能地实现高效的导航。一种做法是在场景转换中使用渐变动画实现场景的切换感知。另外一种做法是在总体视图中采用高亮技术实现对感兴趣信息的展示。例如，将不同数据集中的元素同时展示在同一个二维空间内，用户通过平移视点并使用鼠标选择某一个元素来指定想要探索的信息，系统通过高亮显示与之相关的元素来实现元素关系探索的导航。

3）重配。重配旨在通过改变数据元素在空间中的排列，为用户提供观察数据的不同视角。常见的方式有重排列、调整基线和更改布局方式等。

在图表型的可视化应用中，重排列相当常见。例如，可通过图表的透视技术实现电子表格的两列互换，拉近关注属性，增强用户分析效率。其根本意义在于克服由于空间位置距离过大导致的两个对象在视觉上关联性被降低的问题。

在折线图、直方图等二维统计图表中，调整基线是比较常用的重配方式。通过调整折线图中数据线的基线，可以得到能更直观地观察整体变化趋势的堆叠图或主题河流图，而通过对基线排列方式的调整，则可以得到旭日（sunburst）图、雷达图等更加紧凑的数据布局，方便进一步进行可视化设计。

4）编码。视觉编码是可视化的核心要素之一，交互式地改变数据元素的可视化编码，如改变颜色编码、更改大小、改变方向、更改字体、改变形状等，或者使用不同的表达方式以改变视觉外观，可以直接影响用户对数据的认知。

可视化编码元素归纳有 11 种，包括位置、大小、颜色、深浅、饱和度、纹理方向、纹理密度、纹理排列方法、形状、边缘模糊程度和透明度。用户应根据数据分析情况选择合适的编码方式对数据进行编码。在实际可视化应用中，可通过交互进行简单的颜色或形状编码。例如，在交互之后改变数据元素的颜色和形状，或者允许用户交互式地指定数据每一个属性的编码方式并生成用户需要的表格。

5）抽象/具象。抽象/具象交互技术可以为用户提供不同细节等级的信息，用户可以通过交互控制显示更多或更少的数据细节。

在可视化系统中，抽象往往能展示更多的数据对象，方便用户对数据整体的理解；而具象往往能展示对象更多的属性和细节，使得用户可以直观地探索数据。在实际应用中，抽象/具象技术往往体现为概览+细节这样的交互模式。

6）过滤。过滤指通过设置约束条件实现信息查询。在传统的过滤操作中，用户输入的过滤条件和系统返回的检索结果都是文字列表的形式。当用户对数据的整体特性完全未知或知之甚少时，往往难于找到合适的过滤条件。因此，这种过滤方式并不适合对数据进行探索。同时，当返回大量过滤结果时，也难以对结果进行快速的判断。可视化通过视觉编码将数据以视图呈现给用户，使之对数据的整体特性有所了解并能进行过滤操作。在信息过滤的过程中，将视觉编码和交互紧密迭代进行，动态实时地更新过滤结果，以达到过滤结果对条件的实时响应、用户对结果快速评价的目的，从而加速信息获取效率。

动态查询是最重要的过滤交互技术之一。这方面的研究和发展主要在于用户对数据进行过滤的时候，如何为其提供更多的相关信息，如数据的统计分布等，从而使其更有效地完成信息检索任务。因此，如何使这些信息融合于可视化系统是十分重要的研究方向，如何实时地更新相关海量信息也是新的挑战。

交互式的可视检索变得越来越热门。它不仅能使得检索结果更加直观，而且还能通过多次简单的查询，简化复杂的查询过程，同时方便用户根据中间结果调整查询条件。

7）关联。关联技术往往被用于高亮显示数据对象间的联系，或者显示与特定数据对象有关的隐藏对象，这在单视图和多视图应用中都有所体现。多视图可以对同一个数据在不同视图中采用不同的可视化表达，也可以对不同但相关联的数据采用相同的可视化表达。这样的好处是用户可以同时观察数据的不同属性，也可以在不同的角度和不同的显示方式下观察数据。然而，用户首先必须清楚数据在各个视图中具体的位置，这就需要一种标识不同视图中有关联对象的技术。链接和画笔（linking and brushing）应运而生，通过将不同的数据视图连接在一起，并通过画笔（brushing）来突出显示相应的关联结果，以帮助用户发现数据中的联系和模式。

8）概览+细节。概览+细节的基本思想是在资源有限的条件下同时显示概览和细节。概览指不需要任何平移或滚动，在一个视图上集中显示所有的对象。概览+细节的用户交互模式指显示全局概览，并将细节部分在相邻视图或本视图上进行展示。其好处在于非常符合用户探索数据的行为模式。概览为用户提供了一个整体印象，使得其对数据的结构等全局信息有大体的判断。这个过程往往出现在数据探索的开始阶段，可以引导用户深挖的方向，随后用户可以深入获取更多细节。在很多情况下，数据在不同尺度下呈现不同的结构，因此可采用多尺度可视化表达提供多个概览层次，而不仅是一个单独的层次。

9）焦点+上下文。在以导航方式浏览数据时，由于屏幕空间限制，用户只能看到数据的一部分，容易造成导向缺失，即用户不知道往何处继续浏览。概览+细节的方式为用户提供了全局的指导性信息。然而，一个视图中任何时刻只能显示一个细节尺度的可视化，用户必须依靠场景的转换或者多个视图查看不同尺度下的可视化。因此，另一种方式是在同一视图上提供选中的数据子集的上下文信息。焦点+上下文致力于显示用户兴趣焦点部分的细节信息，同时体现焦点和周边的关系关联，即整合了当前聚焦点的细节信息与概览部分的上下文信息。以地图的浏览为例，焦点指用户交互选择进一步浏览的某一块感兴趣区域，上下文则是该区域周边的信息。通过视觉编码以及变形等技术将两者整合，最终为用户提供一种随着交互动态变化的视觉表达方式。

9.3.3　数据可视化工具

9.3.3.1　可视化组件库工具

（1）Antv。Antv 是蚂蚁金服旗下的全新一代数据可视化解决方案，覆盖了统计图表、

2D 绘图、地理空间可视化和智能可视化等多个领域。

Antv 产品包括 G2、G6、F2 和 L7 等。其中，G2 是最常用的图表组件；G6 专注于关系数据，比如树图、流程图、桑基图等；F2 致力于移动端可视化解决方案，能完美支持 HTML5、Node、小程序等多种环境；L7 是地理空间数据可视化，基于 WebGL 的地理空间数据可视化开发框架，支持 3D 渲染，底图能与 Mapbox 网站的全球地图兼容。

（2）Echarts。Echarts 是由百度公司开发的一款开源可视化库，基于 JavaScript 实现，底层依赖轻量级的矢量图形库 ZRender，提供直观、交互丰富、可高度个性化定制的数据可视化图表。其优点是图表多样化，包含各种常用 2D 和 3D 的图表组件，是开发数据类产品的一大利器。对于可视化大屏的设计，多样化的图表能让页面的数据信息表现得更多元化，尤其是 3D 可视化组件能很好地提升视觉效果，如 3D 地球组件、3D 地图可视化、3D 图表等。

（3）Highcharts。Highcharts 基于 JavaScript 实现，支持移动端，具有丰富的 HTML5 交互性图表库。Highcharts 图表库中有很多优秀的 3D 图表，如 3D 柱状图、3D 饼图、3D 散点图等；提供 PDF、PNG、JPG 和 SVG 等格式的图表下载，极大提升工作效率。使用 Highcharts 产品中的图表需注意版权。

（4）Mapv。Mapv 是由百度公司基于 Canvas 开发的一款地理信息可视化开源库，可用来以点、线、面的形式展示地理信息数据，每种数据都有多展示类型，如网格、热力图、聚合等方式。

（5）D3.js。D3.js 是一套面向 Web 的数据可视化 JavaScript 函数库，基于 HTML、SVG 和 CSS 构建。D3.js 可以将任意数据绑定到一个 DOM，并对 DOM 实施基于数据的交换。适用于各种可视化图表、交互和动画的动态行为，运行速度快，且支持大型数据集。

9.3.3.2　可视化大屏工具

（1）DataV。DataV 是阿里云推出的一款大数据可视化服务产品，主要用于构建可视化大屏。DataV 提供了多种类型的组件，如图表、地图、装饰、边框等。这些组件支持 Vue 和 React 框架，使得开发者可以方便地集成到自己的项目中。

此外，DataV 基于云计算与可视化技术，提供了丰富的数据可视化经验、灵活的扩展集成能力、强大的智能辅助功能，支持多种应用场景和行业案例。

（2）Suger。Suger 也称为 Sugar BI，是百度云推出的一款敏捷商业智能（business intelligence，BI）和数据可视化平台。旨在简化数据分析和报表制作的过程，使得即使没有编程技能的用户也能够快速搭建出可视化页面和报表。它的操作方式与 DataV 类似，使用拖曳编辑的方式。

9.3.3.3　可视化地图工具

（1）高德自定义地图开发平台。高德自定义地图开发平台是面向开发者的一套完整的地图服务解决方案，是开发地理空间可视化常用的工具。它允许用户定制天空、地面、建筑、道路、标注等 40 多种地图元素，可以根据自定义元素创建、编辑和发布个性化的地图样式，同时支持发布到 Web、iOS、Android 平台。

高德的 3D 城市模型。通过在自定义功能界面开启显示建筑物高度可以呈现出 3D 城市模型的效果，并且还可以对建筑物的颜色做更改。

（2）Mapbox。Mapbox 是一个提供地图服务和位置数据的在线平台，为各种应用提供了强大的地图和地理信息服务，目前已有数百个产品的源代码开源在 GitHub 上。它的地图设计工具是创建地理空间数据可视化不可多得的地图创建工具。

（3）DataV. GeoAtlas。DataV. GeoAtlas 是一个可以下载全国、省、市、区县地图的网站，目前网站支持两种格式的文件下载，即 GEOJSON（一种对地理数据结构进行编码的格式）和 SVG。

（4）Cesium。Cesium 作为一款知名的 WebGIS 引擎，具有跨平台、跨浏览器、轻量、开源的特性，其图形渲染采用 WebGL 技术，性能上能满足不同层次的需求，已应用于地图服务、城市规划、空间科学和数字孪生等领域。Cesium 的基础知识、创建流程和常用功能可参考本书第 6 章。

9.3.3.4 3D 可视化工具

（1）3D 效果设计工具。C4D 是一款集 3D 动画、建模、模拟、渲染于一体的综合应用软件。通过 C4D 创建三维模型，可以进行细腻的材质设计、逼真的光照模拟和有效的碰撞检测。C4D 的强大功能还体现在它的高度灵活性上，支持多种脚本语言和插件，可以与 AE 进行无缝集成，这使得用户可以根据自己的需求进行定制和扩展。

（2）城市模型工具。Arc GIS 是地理信息系统方面非常具有专业性的软件，可以基于.shp 文件快速生成 3D 城市模型。.shp 文件可以理解为数据包，包含建筑的地理位置、高度等数据。通过 Arc GIS 软件的解析，可以得到城市的 3D 高度模型。这种城市建筑模型是基于真实的数据生成的，其中建筑模型的地理位置也具有真实性。

如果只是为了得到 3D 城市模型，不需要花费太多时间学习，只需在软件中完成以下 3 步：第一步把.shp 文件直接拖入软件；第二步通过图形属性生成建筑高度；第三步结合 3D 软件导出模型。

（3）3D 实时交互工具。Ventuz 是一款 3D 实时交互设计软件，能够与各类数据库对接并且可以实现 3D 场景设计及实时互动交互展示。Ventuz 在交互上也有极大的优势，可以使用激光传感器实现人与大屏的互动。不仅如此，Ventuz 还支持多种分辨率的输出，这对于可视化大屏设计是非常有利的，国内很多公司的数据可视化设计都是基于这款软件设计的。

Ventuz 软件具有基于节点结构的工作流程，不需要写任何代码就可以实现交互展示，而且还可以与 C4D，3ds Max 等软件无缝衔接，即在 C4D 软件中做好的动画可以导入 Ventuz 中。

9.3.4 可视化大屏设计实例

某数据中心有一长 6m、高 2.025m 的小间距 LED 大屏，点间距为 P1.4，整体分辨率为 4120×1392，需在大屏上显示发射场各个工位的设备信息。

为便于阐述和理解，先给出该项目的部分高保真原型，如图 9.3-18~图 9.3-21 和图 9.3-5 所示。

其中，"发射场地面设备综合态势"页面为一级页面，也是整个可视化大屏的初始页面，能够概览整个发射场设备信息综合态势，通过交互可导航至二级页面，如图 9.3-18 所示。

"E 号地面设备数据态势"页面为二级页面，主要展示某工位所涉及设备的数据态势，通过交互可导航至各级页面，如图 9.3-19 所示。

"空调专业综合态势"页面（见图 9.3-20）、"供配电专业综合态势"页面（见图 9.3-21）和"供气专业综合态势"页面（见图 9.3-5）均为三级页面，主要对具体工位具体设备进行详情展示，其信息颗粒度最为细致，通过交互可导航至其他三级页面或返回至一级页面。

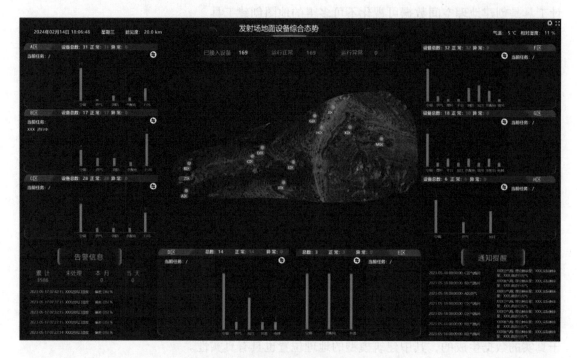

图 9.3-18 "发射场地面设备综合态势"页面

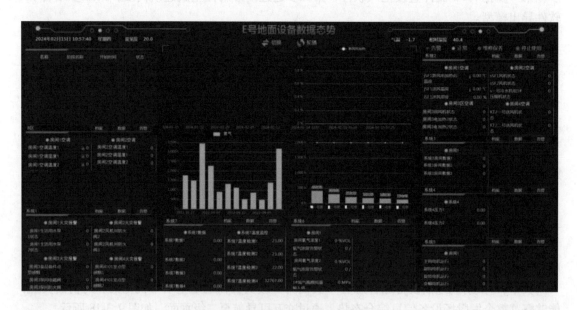

图 9.3-19 "E 号地面设备数据态势"页面

参考本节内容，按照如下步骤进行可视化大屏设计。

第一步，进行需求调研。调研该可视化大屏具体的业务需求、用户需求和技术方案，见表 9.3-4。

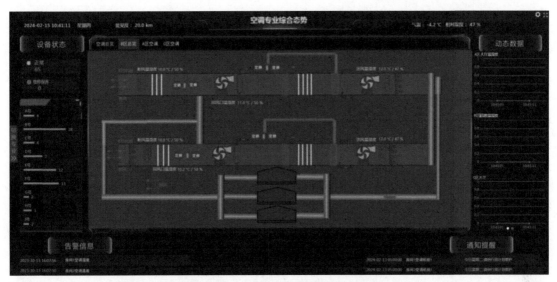

图 9.3-20　"空调专业综合态势"页面

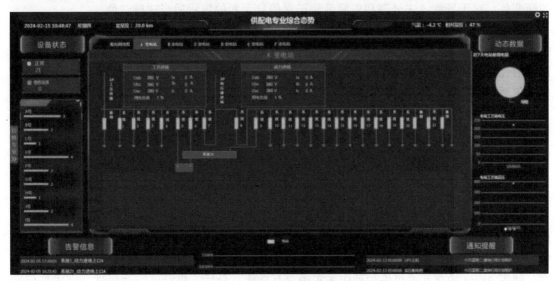

图 9.3-21　"供配电专业综合态势"页面

表 9.3-4　需求调研具体内容

需求调研类别	具体内容
业务需求调研	1. 明确产品定位：应用于发射场各个工位设备信息态势的集中监视 2. 明确服务人群：供发射场专业岗位人员使用
用户需求调研	1. 对接空调、供配电和供气等专业岗位人员的具体需求，掌握每个专业的功能架构、信息流程、用户交互等 2. 进行页面划分，按照先总览后细节的设计原则，将页面划分为"发射场地面设备综合态势"—"某工位地面设备数据态势"—"某专业综合态势"的三级视图。明确各页面的显示元素 3. 与用户多轮次沟通，绘制并迭代页面对应线框图
技术方案调研	涉及地理信息的标注和二维图形的绘制，无复杂的动效和3D效果，与前端开发人员沟通能够实现

第二步,进行产品设计。在以下的产品设计过程中,都贯彻了基于人因工程设计的理念,便于产品更好地展示和用户进行操作。

1) 确定设计稿尺寸。按照大屏分辨率,选用单显示器不同比例投屏的方式,应选择分辨率为5120×1440且比例为32∶9的显示器,大屏设计稿尺寸选定4262×1440为最佳。

2) 图形选取。对各页面中需进行展示的数据进行维度分析,为不同类别的数据选用合适的图形。例如,在"供配电专业综合态势"页面中,需对各工位供配电设备数量进行统计的情况,可选用条形图;需实时显示电站工艺端电压随时间变化而变化的趋势的情况,可选用折线图。

3) 布局设计。先对划分好的页面所显示元素进行业务指标抽取,并拟定展示的优先级。例如,在"发射场地面设备综合态势"页面中,应把地理信息视图作为核心指标居中显示,把其余的信息要素作为主要或次要指标置于屏幕两侧或底部显示。

4) 视觉设计。结合业务背景,选择以深蓝色和黑色为主色调的科技风主题风格;字体统一选用无衬线体,字号和字重在场景分析时现场选择合适的即可;文字和数据等文本信息配色选择与背景色对比度高的白色为主,对于图表等可视化元素的背景色选择以绿色为基调的渐变色,对于异常、未处理和告警等非正常信息元素的展示适当选择红色。

5) 动效设计。产品定位为长时间的数据信息监视,只需设计简单的反馈动效即可。例如,在"发射场地面设备综合态势"页面中,对于地理信息视图中标注的各工位图标,当鼠标滑过时会自动以放大形式进行反馈;在"供配电专业综合态势"页面中,当鼠标滑过各工位对应的变电站按钮时,按钮会以高亮形式进行反馈。

6) 交互设计。为了使用户能够更好地操作可视化大屏,添加一些交互功能。例如,在"供配电专业综合态势"页面中,当鼠标悬停于"切换专业"按钮时,会自动弹出下拉菜单供用户选择想要切换显示的其他专业;在"某工位地面设备数据态势"页面中,提供了手动切换和自动轮播两种方式用于各工位地面设备数据态势页面的跳转;当用户鼠标悬停在折线图上时,会出现对应的数据提示信息。

7) 制作高保真原型。下面根据实际情况,使用Axure软件进行高保真设计。首先,使用Axure的元件和样式进行页面的尺寸、布局和视觉设计;其次,提前预制各工位各类别设备的实时数据和历史数据,使用Axure的中继器和数据表格工具来处理和展示这些数据;再次,使用Axure的交互式组件和动作来实现交互功能;最后,进行可行性测试。完成高保真原型的初步设计后,还需要进行调试和优化。使用Axure软件的预览工具可以查看设计效果进行逐步调优。

9.4 发展趋势

进入21世纪,可视化领域探索的重点是面向通用数据类型的视觉表达方法。这些方法在后续的各类可视分析研究领域中得到充分实践,开始应用于工业、医疗、城市交通等与大众生活息息相关的行业。同时,在物联网提供大量数据、云计算提供大数据处理能力、文字视频等生成模型提供丰富内容的背景下,数据融合与显示领域内部的方法革命正在进行,这使得数据融合和视觉设计的自动化成为可能,从而进一步降低其使用门槛。

未来,数据融合与显示有2个根本性的问题需要解决。其一,数据融合与数据可视化都是交叉学科，研究内容涉及计算机、数据科学、人工智能、认知科学等多个方向；同时，设计和应用又需要与目标具体场景和领域专家紧密结合，那么在数据融合与显示相关理论、方法研究中，该如何做到学科的交叉融合，从容应对在复杂数据处理上的新挑战？其二，如何使用视觉手段高效真实地表达信息、反映数据内涵，构建与数据规律一致的图形表达？

9.5　小结

　　本章主要从数据融合和数据可视化两个层面剖析了数据融合与显示技术：数据融合部分主要在航天发射场数据融合架构的基础上分析了信号级、特征级和决策级数据融合；数据可视化部分主要介绍了设计过程中涉及的一系列关键技术和工具，并以可视化大屏为研究对象，结合原型设计实例，对于实际设计流程中的每一个环节进行了阐述。

　　本章未涉及各类型数据融合中常用的方法，对于原型设计工具、动效设计工具和数据可视化工具仅提供了概念性的描述，感兴趣的读者请查阅相关技术资料。

第 **10** 章　软件工程与软件质量管理

10.1　概述

软件工程是采用工程的概念、原理、技术和方法来开发与维护软件，把经过时间检验证明正确的管理方法和当前最好的软件技术结合起来，用较少的时间、较小的成本获得质量高、可维护性好的软件产品。

随着软件工程的不断发展，对软件工程的研究逐渐划分为两个方面：

1）软件工程技术，包括对工程化的开发方法，软件开发工具与环境的研究。其主要面对的技术包括，适应需求分析的不确定性、软件的可靠性、软件度量、软件复用性等。

2）软件工程管理，包括质量管理、费用管理、配置管理、项目管理等。其主要面对的问题有，软件开发成本的控制、软件开发中的资源控制、软件质量的控制、开发进度的控制等。人们最初认为软件工程的发展主要由软件工程技术决定，而长期忽视了对软件工程管理和软件质量保证的重视，从而导致了对软件工程管理的研究长期滞后。

软件质量的管理主要来自于对软件开发过程的管理。美国卡内基梅隆大学的软件工程研究所（SEI）提出的著名的评估一个企业软件工程技术与管理水平的"能力成熟度模型"（CMMI 集成），将软件开发企业的综合能力分为五级：初始级、已管理级、已定义级、已定量管理级与优化级。

本章主要从软件生命周期与开发模型、软件工程技术、面向对象的软件分析设计与技术和软件工程管理方面进行详细论述。

10.2　软件生命周期与开发模型

如同任何事物的生命过程一样，软件也有一个定义、开发、运行、维护直至被淘汰的过程，软件开发的过程称为软件的生命周期。为了使软件生命周期中的各项任务能够有序地按照流程进行，需要一定的工作模型对各项任务给以规程约束，这样的工作模型被称为软件生命周期模型。它是一个有关项目任务的结构框架，规定了软件生命周期内各项任务的执行步骤与目标。本节将介绍瀑布模型、增量模型、原型模型、螺旋模型和敏捷开发模型等过程模型。需要注意的是，这些模型并不是有关软件开发进程的固定格式，而只是一种参考标准。实际上，不同的软件项目需要不同的过程模型提供支持，并且还需要根据项目的具体情况，对一些标准模型进行适当的调整与补充，以适应项目应用的需要。

10.2.1　软件生命周期

软件工程采用的生命周期方法，就是从时间角度对软件的开发和维护进行分解，将软件生命周期分为若干阶段，每个阶段都有其相对独立的任务，然后逐步完成各个阶段的任务。

软件生命周期可以分为 3 个大的阶段：计划阶段、开发阶段和维护阶段。

（1）计划阶段。计划阶段可分为两步：软件计划和需求分析。第一步，从确定的软件子系统出发，确定工作域，即确定软件总的目标、功能等；确定开发这样的软件系统需要的资源（人力和设备），做出成本估算以及可行性分析（即在现有资源与技术的条件下能否实现这样的目标）；最后要提出进度安排，并写出软件计划文档。上述问题要进行管理评审。第二步，在管理评审通过以后，要确定系统定义和有效性标准（软件验收标准），写出软件需求说明书。另外，还要开发一个初步用户手册，并要进行技术评审。技术评审通过以后，再进行一次对软件计划的评审，因为这时对问题有了进一步的了解。然而，在计划制定时，由于数据较少且经验不足，所以需要对制定的计划进行多次修改，以尽量满足各种要求，然后再进入到开发阶段。

（2）开发阶段。开发阶段要经过 3 个步骤：设计、编码和测试。首先，对软件进行结构设计，定义接口，建立数据结构，归档标记；然后，对每个模块进行过程设计、编码和单元测试；最后，进行组合测试和有效性测试，对每一个测试用例和结果都要进行评审。

（3）维护阶段。首先，要做的工作就是配置检查，检查软件文档和代码是否齐全、一致、可维护，确定维护组织和职责，并定义表明系统错误和修改报告的格式等。维护可分为改正性维护、完善性维护和适应性维护等。维护内容广泛，有人把维护看成是第二次开发。要适应环境的变化就要扩充与改进，但不是建立新系统，维护的内容应该通知用户，要得到用户的认可，然后则可进入修改。修改不只是代码修改，必须要有齐全的修改计划、详细过程以及测试等文档。

10.2.2　软件开发模型

软件开发模型是软件工程思想的具体化，是实施于过程模型中的软件开发方法和工具，是在软件开发实践中总结出来的软件开发方法和步骤。总体来说，软件开发模型是整个软件生命周期的系统开发、运作、维护所实施的全部工作和任务的结构框架。航天发射场在软件开发中主要采用以下 5 类模型。

10.2.2.1　瀑布模型

（1）瀑布模型的内涵。瀑布模型由 B. M. Boehm 提出，是软件工程的基础模型。其核心思想是按工序将问题化解，将功能与设计分开，以便分工协作。采用结构化的分析与设计方法，将逻辑实现与物理实现分开。瀑布模型规定了各项软件工程活动，包括制定开发计划、进行需求分析和说明、软件设计、编码调试、软件测试及软件维护。软件各个阶段的工作如同瀑布流水，逐级下落、自上而下、相互衔接，如图 10.2-1 所示。

（2）瀑布模型的适用性。瀑布模型为软件开发和软件维护提供了一种有效的管理模式。根据这一模式制定开发计划、进行成本预算、组织开发力量，以项目的阶段评审和文档控制为手段有效地对整个开发过程进行指导，从而保证了软件产品及时交付，并达到预期的质量要求。与此同时，瀑布模型在大量的软件开发实践中暴露出缺乏灵活性，特别是无法解决软件需求不明确或者不准确的问题。以下情况比较适合使用瀑布模型：

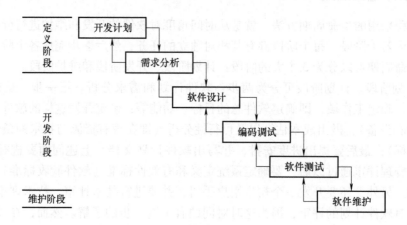

图 10.2-1 瀑布模型标准过程

1）软件需求非常明确。
2）所有的系统能一次交付。
3）技术成熟，项目风险小。

10.2.2.2 增量模型

（1）增量模型的内涵。增量模型也称渐增模型。使用增量模型开发软件时，把软件产品作为一系列的增量构件来设计、编码、集成和测试，如图 10.2-2 所示。每个构件由多个相互作用的模块构成，并且能够完成特定的功能。增量模型融合了瀑布模型的基本成分（重复应用）和原型实现的迭代特征，采用随着日程时间的进展而交错的线性序列，每一个线性序列产生软件的一个可发布的"增量"。当使用增量模型时，第 1 个增量往往是核心的产品，即第 1 个增量实现了基本的需求，但很多补充的特征还没有发布。客户对每一个增量的使用和评估都作为下一个增量发布的新特征和功能，这个过程在每一个增量发布后不断重复，直到产生了最终的完善产品。增量模型强调每一个增量均发布一个可操作的产品。

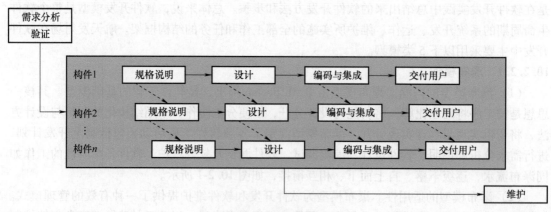

图 10.2-2 增量模型标准过程

（2）增量模型的适用性。增量模型适用于具有以下特征的软件开发项目：

1）软件产品可以分批次地进行交付。

2）待开发的软件系统能够被模块化。

3）软件开发人员对应用领域不熟悉，难以一次性地进行系统开发。

4）项目管理人员把握全局的水平较高。

5）具有较大的灵活性，适合软件需求不明确，设计方案有一定风险的软件项目。

10.2.2.3　原型模型

（1）原型模型的内涵。原型模型，通过迅速建造一个可以运行的软件原型，使开发人员与用户达成共识，最终在确定的需求基础上实施软件开发，如图 10.2-3 所示。原型模型允许在需求分析阶段对软件的需求进行初步而非完全的分析和定义，快速设计开发出软件系统的原型。该原型向用户展示待开发软件的全部或部分功能和性能；用户对该原型进行测试评定，给出具体改进意见以丰富细化软件需求；开发人员据此对软件进行修改完善，直至用户满意认可之后，进行软件的完整实现及测试、维护。

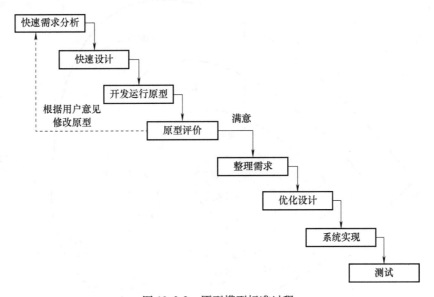

图 10.2-3　原型模型标准过程

原型模型在得到良好的需求定义上比传统的生存周期方法要好得多，不仅可以处理模糊需求，而且开发者和用户可以充分沟通，能给用户机会更改心中原先设想得不尽合理的系统，可以降低风险，开发柔性较大的计算机系统，使总的开发费用降低，缩短时间。但是它也有缺点，开发者在不熟悉的领域容易把次要的东西当作主要框架，做出不切实际的原型，以至于原型迭代不收敛于开发者预先的目标。

（2）原型模型的适用性。以下情况比较适合使用原型模型：

1）用户只定义了软件的一组一般性目标，不能标识出详细的输入、处理及输出需求。

2）开发者不能确定算法的有效性、操作系统的适应性或人机交互的形式。

10.2.2.4　螺旋模型

（1）螺旋模型的内涵。螺旋模型（spiral model）是一种演化软件开发过程模型，兼顾了快速原型的迭代的特征以及瀑布模型的系统化与严格监控。螺旋模型最大的特点在于引入了其他模型不具备的风险分析，使软件在无法排除重大风险时有机会停止，以减小损失。同时，在每个迭代阶段构建原型，是螺旋模型用以减小风险的途径。

螺旋模型标准过程如图 10.2-4 所示，沿螺线自内向外每旋转一圈，便开发出更为完善的一个新的软件版本。例如，在第一圈，确定了初步的目标、方案和限制条件后，转入右上象限，对风险进行识别和分析。如果风险分析表明，需求有不确定性，那么在右下的工程象限内，所建的原型会帮助开发人员和用户考虑其他开发模型，并对需求做进一步修正。用户对工程成果做出评价后给出修正建议。在此基础上需再次计划，并进行风险分析。在每一圈螺线上，都要做出风险分析的终点是否继续下去的判断。假如风险过大，开发者和用户无法承受，项目有可能终止。多数情况下沿螺线的活动会继续下去，自内向外，逐步延伸，最终得到所期望的系统。

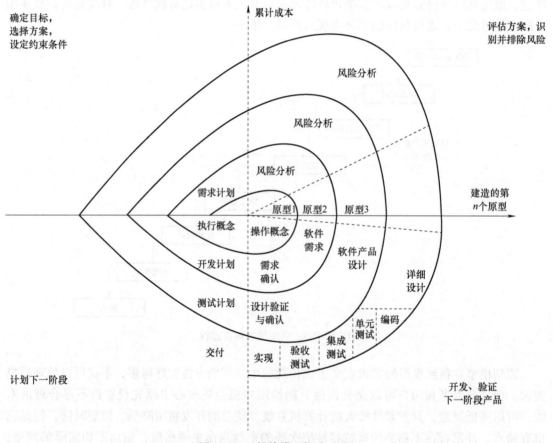

图 10.2-4　螺旋模型标准过程

如果软件开发人员对所开发项目的需求已有了较好的理解或较大的把握，则可采取普通的瀑布模型，这在螺旋模型中可认为是单圈模型。与此相反，如果对所开发项目需求理解较差，则需要开发原型，甚至需要不止一个原型的帮助，那就需要经历多圈螺线。在后一种情况下，外圈的开发包含了更多的活动。

（2）螺旋模型的适用性。螺旋模型适合于开发大型软件，应该说它是最为实际的开发方法。它吸收了软件工程"演化"的概念，使得开发人员和用户对每个演化层出现的风险有所了解，继而做出应有的反应。与其他模型相比，螺旋模型的优越性是明显的，但并不是绝对的。要求许多客户接受这种方法并不容易。这个模型的使用需要具有相当丰富的风险评估经验和专门知识，如果项目风险较大，又未能及时发现，势必造成重大损失。此外，螺旋模型是出现较晚的模型，远不如瀑布模型普及，要得到广大软件开发人员和用户的充分肯定，还要更大的实践。

10.2.2.5　敏捷开发模型

（1）敏捷模型的内涵。敏捷开发模型法也叫适应型生命周期或者变更驱动方法，是一种以人为核心，迭代、循序渐进的开发方法，适用于一开始并没有或不能完整地确定出需求和范围的项目，或者需要应对快速变化的环境，或者需求和范围难以事先确定，或者能够以有利于关系人的方式定义较小的增量改进。

（2）敏捷模型的适用性。

1）项目团队的人数不能太多，适合于规模较小的项目。

2）项目经常发生变更。敏捷方法适用于需求懵懂并且快速改变的情况，如果系统有比较高的关键性、可靠性、安全性方面的要求，则可能不完全适合。

3）高风险项目的实施。

4）从组织结构的角度看，组织结构的文化、人员、沟通性决定了敏捷方法是否适用。与这些相关联的关键成功因素有，组织文化必须支持谈判、人员彼此信任、人少并精干、开发人员所做的决定得到认可、环境设施满足团队成员之间快速沟通的需要。

10.2.3　软件的分类

在工程实践中，通常根据软件关键等级和软件规模对软件进行分类。

软件的关键与否与软件使用对象及使用单位的业务紧密相关，需要根据实际使用场景进行确定。根据软件规模对软件进行分类，通常以软件配置项数量、代码规模等为标准进行分类。

常用的软件规模等级定义见表 10.2-1。

表 10.2-1　常用的软件规模等级定义

软件规模	嵌入式软件：源码行数或指令条数 n	非嵌入式软件：源码行数 n
巨	$100000 \leqslant n$	$500000 \leqslant n$
大	$10000 \leqslant n < 100000$	$50000 \leqslant n < 500000$
中	$3000 \leqslant n < 10000$	$5000 \leqslant n < 50000$
小	$300 \leqslant n < 3000$	$500 \leqslant n < 5000$
微	$n < 300$	$n < 500$

10.3　软件开发过程

在开发过程中一般遵循以下流程：系统分析与设计、需求分析、概要设计、详细设计、软件编码与调试、软件测试与验证及软件验收等。

如果软件系统较小，可以合并概要设计与详细设计阶段，概要设计文档和详细设计文档合并为设计文档。

10.3.1 软件系统分析与设计

软件系统分析和设计是在对任务要求进行分析和细化的基础上，以软件配置项为单位进行软件系统的体系结构设计，明确对各软件配置项的要求，确定各软件配置项的运行环境，软件配置项之间、软件配置项和硬件配置项〔即硬件和计算机接口（HWCI）〕之间的接口关系和时序关系。还应进行软件系统的危险性分析，识别与软件系统具体设计方案有关的危险，在此基础上确定软件系统中各软件配置项的软件关键等级。

软件系统分析与设计可分层次进行。若软件系统由多个分系统组成，应进行分系统设计，描述各个分系统的功能、性能、分系统间接口关系、安全性需求，并进行分系统危险分析。在软件系统设计说明的基础上提出软件研制任务书，其内容包括软件功能要求、性能要求、接口要求、运行环境、支持环境、设计约束、可靠性要求、安全性要求、测试要求、文档要求、进度要求、质量保证要求、验收与交付要求、维护要求内容。它是软件开发和验收等的重要依据之一。

软件系统分析与设计活动如图 10.3-1 所示。

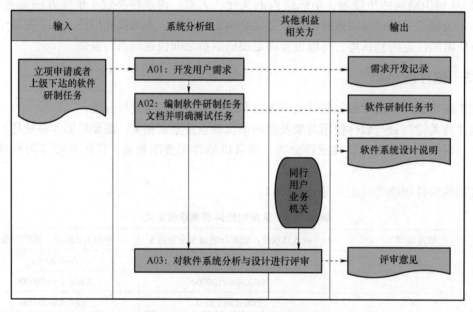

图 10.3-1　软件系统分析与设计活动

10.3.2 软件需求分析

根据软件研制任务要求，以软件配置项为单位，细化、确定被开发软件的功能、性能、接口、可靠性、安全性、运行环境以及其他要求等，编写软件需求分析文档，对需求分析文档进行评审。

需求分析阶段是对产品定义阶段的细化补充，产品定义阶段明确了产品的基本轮廓，在此基础上，通过不同渠道（可能是用户、领导、领域专家）获取产品需求，尽可能明确到每一个细节。但是这基本是不可能的，因为大部分情况下，需求往往是不断变化的，甚至这种变化会贯穿整个软件生命周期。所以此过程需出具《需求规格说明》，在外部需求变化的情况下，如客户需求变更，需客户单独出具《需求变更申请》，并签字确认后添加到《需求规格说明》。

需求规格说明极其重要：一方面它为设计提供输入；另一方面，它是与客户沟通的一种方式，可以直接体现工作量，任何细节的需求变更都应被记录在案，有据可查，如有必须可要求客户进行签字确认。软件需求分析活动如图 10.3-2 所示。

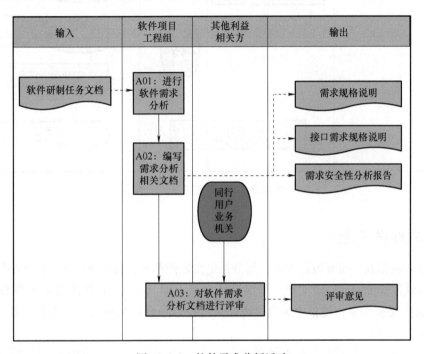

图 10.3-2　软件需求分析活动

10.3.3　软件概要设计

在软件概要设计阶段，要根据软件需求规格说明，结合产品的实际应用场景以及需要实现的功能特点，选择软件产品的设计方案，进行软件体系结构设计、接口设计、重用分析和设计、全局数据库和数据结构设计，确保当前架构可满足产品的基本功能、性能、安全性等前提下，在可维护性、扩展性、可重用性等方面具备良好的延展能力，形成软件概要设计阶段文档。

概要设计文档，即《××××软件配置项概要设计说明》，需对当前软件存在的痛点，或者即将实现的软件难点进行说明，明确设计目的；同时，对软件的整体框架、层次划分、接口设计、数据结构、任务划分、设计思路等方面进行说明。为方便理解，可根据需要添加不同模块，如数据走向图、功能模块划分、模块交互机制说明等，目的是对整体框架进行清晰说明。

另外，概要设计的主要目的之一，是立足当下、超前设计，但是超前设计并不意味着过度设计，需结合需求、人员资源的配备情况，在满足基本要求的前提下，做一定程度的超前设计。软件概要设计活动如图 10.3-3 所示。

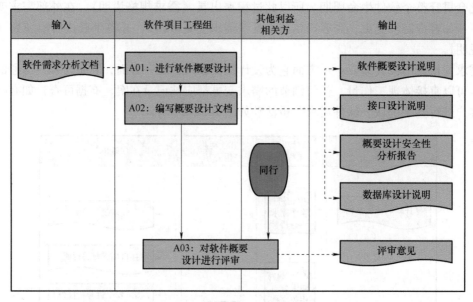

图 10.3-3　软件概要设计活动

10.3.4　软件详细设计

详细设计根据软件概要设计说明，划分并定义软件单元，对软件单元进行详细设计和接口设计，编写软件详细设计阶段文档。详细设计文档，即《××××软件配置项详细设计说明》，其编写目的主要有 3 个：使整个编码过程完全可控；降低对编码人员的要求；多人协作项目中，加快项目进度。

概要设计文档主要对软件的整体框架进行了规定说明，其内部的各个模块的实现细节及接口定义，并没有做详细规定，无法做到完全意义上的编码可控。详细设计阶段，要细化到各个模块内部的各个接口函数，精确到参数、返回值，如有必要，可在详细设计文档中提供伪代码。详细设计可保证整个编码过程完全可控。

在没有详细设计的情况下，编码人员需了解整体的业务逻辑以及功能规划才可进行编码，在详细设计存在的情况下，除架构设计人员以外的编码人员并不需要了解全部的业务逻辑，只需按照文档规定的接口实现指定内容，从而降低对编码人员的要求。详细设计之所以能达到这个目的，是因为详细设计对整体的业务逻辑进行了任务分解，把一个整体的任务拆解成一个个彼此独立的子功能模块，编码人员只需关心自己要实现的那一部分功能即可。这里要保证各个功能模块彼此独立是一个难点，在概要设计阶段就要考虑清楚。

详细设计精确到各个函数的参数和返回值，且各个模块间接口清晰，只要接口定义清楚，在多人协作项目中是可以并行处理的，可有效加快项目进度。详细设计文档可在概要设计文档的基础上进行编写，根据功能模块的划分，尽可能地规定好每一个函数接口，以及全部的数据结构。为方便理解，可根据需要添加不同章节，其目的是使整个编码过程完全可控。软件详细设计活动如图 10.3-4 所示。

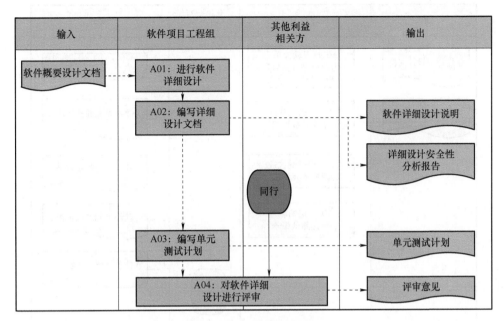

图 10.3-4 软件详细设计活动

10.3.5 软件编码与调试

根据详细设计说明，对各软件单元进行编码、调试、代码审查。依据详细设计说明，用指定的编程语言对每个软件单元进行编程，特别是要将每个关键的计算机软件单元需实现的软件安全性需求通过编程加以实现。对完成编码的源程序进行静态分析的重点是，软件源程序质量度量、编程准则和编程风格检查。对完成静态分析的源程序进行代码审查，对发现的语义和逻辑等方面的问题进行更改，并形成软件源程序清单。

在项目的开发过程中，项目负责人要及时跟进项目进度，做好人员调配，每周开始前做好《周项目进度计划》，并及时更新执行情况，每周结束更新《周项目进度汇总》，统计项目的完成、延期情况，确定项目关键路径节点，方便制定下周的进度计划，确保项目高质高效完成。

编码过程，需阶段性地输出源代码，各个版本的源码维护可使用版本管理工具 SVN，每一次提交必须添加《改动说明》。需求变更是贯穿产品的整个生命周期的，编码阶段也不例外，任何需求改动都需更新到《需求规格说明》中。软件编码与单元测试活动如图 10.3-5 所示。

10.3.6 软件测试与验证

软件测试与验证阶段主要包括部件测试、配置项测试和系统测试等内容。

部件测试阶段需要完成两方面工作：一方面是软件集成工作，即按照软件概要设计说明和详细设计说明中规定的软件结构，将软件单元逐步集成为软件部件直至软件配置项；另一方面是软件部件测试工作，重点检查软件单元之间和软件部件之间的接口和工作的协调性。这两方面工作应结合在一起完成，在完成软件部件集成工作的同时，完成软件部件测试工作。部件集成与测试活动如图 10.3-6 所示。

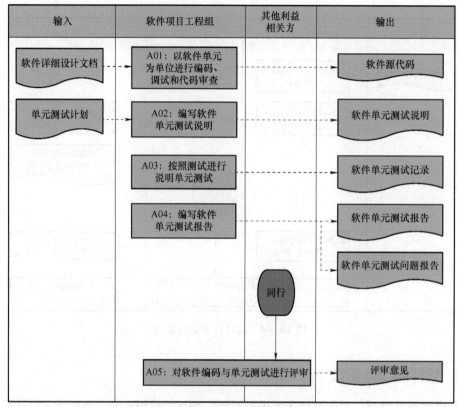

图 10.3-5　软件编码与单元测试活动

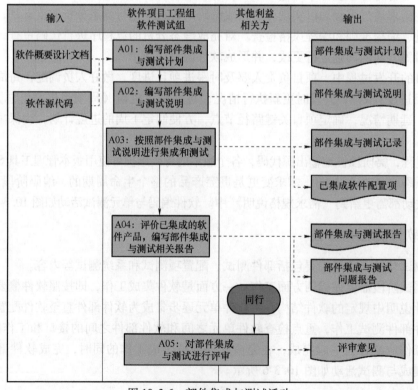

图 10.3-6　部件集成与测试活动

软件配置项测试，主要确认该软件配置项是否达到了软件需求规格说明所规定的各项要求，是否可以进行软件配置项验收交付和参加后续的软件系统测试。软件承制方应根据软件需求规格说明中定义的全部需求及软件配置项测试计划，开展软件配置项测试工作。A、B 级软件还应由具备资质的第三方评测单位完成独立的软件配置项测试。配置项测试活动如图 10.3-7所示。

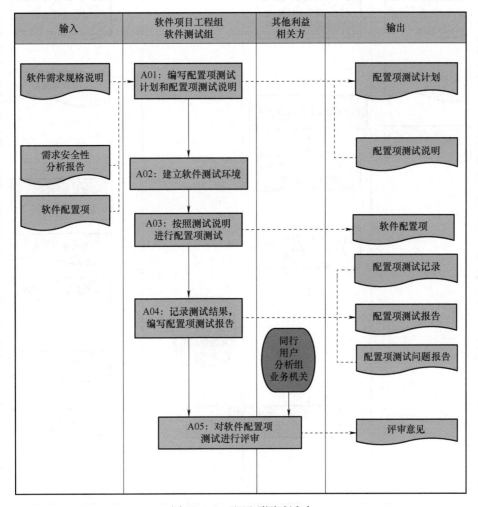

图 10.3-7　配置项测试活动

软件系统测试，是在运行环境下，测试软件系统各软件配置项之间是否能协调工作，是否符合软件系统设计说明的要求。软件系统测试阶段应完成两方面工作：一方面是软件配置项集成工作，即按照软件系统设计说明中规定的软件系统结构，将各软件配置项集成为相应级别上的软件系统；另一方面是软件系统测试工作，重点考核各软件配置项是否能够协调正确工作，检查各软件配置项之间的接口，包括数据流、控制流、时序关系和接口信息协议等。在完成软件配置项集成工作的同时，完成软件系统测试工作。根据系统的规模和复杂程度不同，系统可能会进行层次分解。因此，软件系统测试工作应根据系统层次分解的情况相应地开展不同层次的系统测试工作，如分系统级和系统级两个级别的软件系统测试。软件系统集成与测试活动如图 10.3-8 所示。

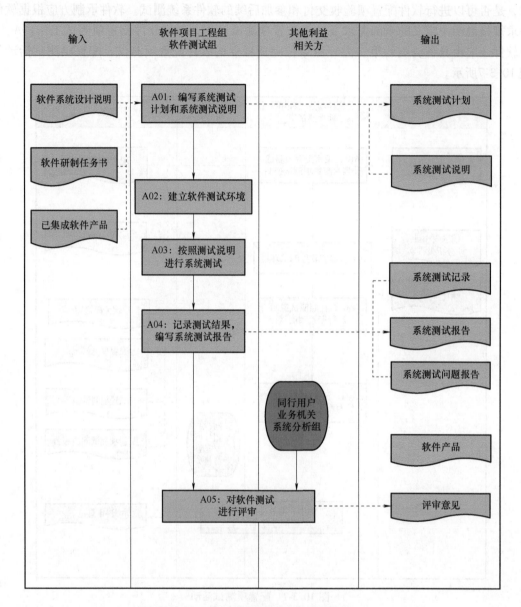

图 10.3-8　软件系统集成与测试活动

10.3.7　软件验收与移交

　　按照软件研制任务要求，在确保所有影响软件产品验收与交付的问题已经归零之后，参加交办方组织的验收活动，对软件产品进行包装并交付用户。产品验收需提供《用户手册》，该文档应明确注意事项、操作指南和安装步骤。产品验收与交付活动如图 10.3-9 所示。

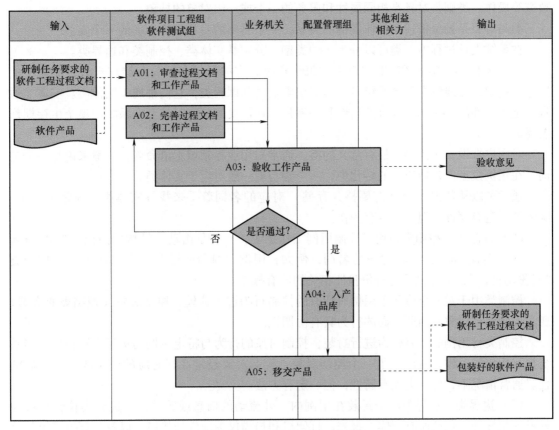

图 10.3-9　产品验收与交付活动

10.4　面向对象分析设计方法与技术

面向对象方法，以客观世界中的对象为中心，其分析和设计的思想符合人们的思维方式，其分析和设计的结构与客观世界的实际比较接近，容易被人们接受。在面向对象方法中，分析和设计的界面并不明显，它们采用相同的符号表示，能够方便地从分析阶段平滑地过渡到设计阶段。此外，在现实生活中，用户的需求经常会发生变化，但客观世界的对象及对象间的关系比较稳定，因此用面向对象方法分析和设计的结构也相对比较稳定。

10.4.1　面向对象的内涵

对象是系统中用来描述客观事物的一个实体，由对象标识（名称）、属性（状态、数据、成员变量）和服务（操作、行为、方法）3 个要素组成。它们被封装为一个整体，以接口的形式对外提供服务。

10.4.1.1　对象和类

在现实世界中，每个实体都是对象，如学生、书籍、收音机等；每个对象都有它的属性，如书籍的页数、收音机的频道和按钮等属性；每个对象也有它的服务，如收音机的切换频道等操作。类则是对具有相同属性和服务的一个或一组对象的抽象。

类与对象是抽象描述和具体实例的关系，一个具体的对象被称为类的一个实例。

在系统设计过程中，类可以分为 3 种类型，分别是实体类、控制类和边界类。

（1）实体类。实体类映射需求中的每个实体，实体类保存需要存储在永久存储体中的信息。例如，在线教育平台系统可以提取出学员类和课程类，它们都属于实体类。实体类通常都是永久性的，它们所具有的属性和关系是长期需要的，有时甚至在系统的整个生存期都需要。

对用户来说，实体类是最有意义的类，通常采用业务领域术语命名，一般来说是一个名词，在用例模型向领域模型的转化中，一个参与者一般对应于实体类。

通常可以从数据库表（需要持久存储）对应的名词着手来找寻实体类。通常情况下，实体类一定有属性，但不一定有操作。

（2）控制类。控制类是用于控制用例工作的类，一般是由动宾结构的短语（"动词+名词"或"名词+动词"）转化来的名词，例如，用例"身份验证"可以对应于一个控制类"身份验证器"，它提供了与身份验证相关的所有操作。

控制类用于对一个或几个用例所特有的控制行为进行建模，控制对象（控制类的实例）通常控制其他对象，因此它们的行为具有协调性。

控制类将用例的特有行为进行封装，控制对象的行为与特定用例的实现密切相关，当系统执行用例的时候，就产生了一个控制对象，控制对象经常在其对应的用例执行完毕后消亡。通常情况下，控制类没有属性，但一定有方法。

（3）边界类。边界类用于封装在用例内、外流动的信息或数据流。边界类位于系统与外界的交接处，包括所有窗体、报表、打印机和扫描仪等硬件的接口，以及与其他系统的接口。要寻找和定义边界类，可以检查用例模型，每个参与者和用例交互至少要有一个边界类，边界类使参与者能与系统交互。

边界类是一种用于对系统外部环境与其内部运作之间的交互进行建模的类。常见的边界类有窗口、通信协议、打印机接口、传感器和终端等。实际上，在系统设计时，产生的报表都可以作为边界类来处理。边界类用于系统接口与系统外部进行交互，边界对象将系统与其外部环境的变更（如与其他系统的接口的变更、用户需求的变更等）分隔开，使这些变更不会对系统的其他部分造成影响。通常情况下，边界类可以既有属性，也有方法。

10.4.1.2 继承与泛化

继承是面向对象方法中重要的概念，用来说明特殊类（子类）与一般类（父类）的关系，而通常用泛化来说明一般类与特殊类的关系。也就是说，它们是一对多关系。如图 10.4-1 所示，"交通工具"是"自行车"和"小汽车"的泛化；"自行车"和"小汽车"从"交通工具"中继承。

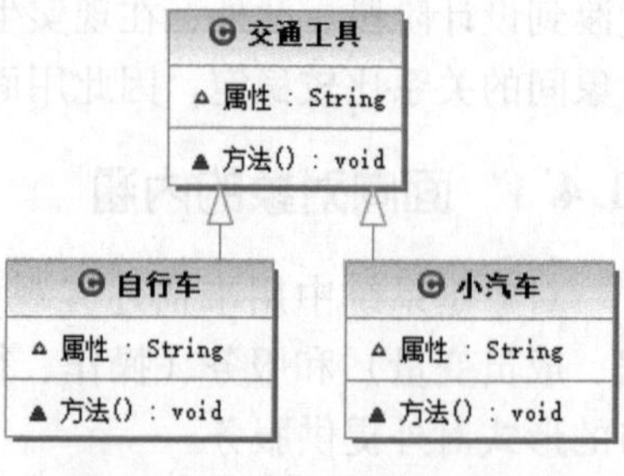

图 10.4-1 继承与泛化示意图

10.4.1.3 多态与重载

多态（即多种形式）性是指一般类中定义的服务被特殊类继承后，可以具有不同的行为，通常是使用重载和改写两项技术来实现的，一般有 4 种不同形式的多态。

（1）重载（专用多态）。重载，也称为过载、重置，指的是同一个函数名称有多种实现方式，一般在编译时基于类型签名来区分。其代码如下：

```
class xxx{
  public void a(int x);
  public void a(int x,int y);
}
```

（2）改写（包含多态）。改写是重载的特殊情况，发生在父子类关系中。方法签名相同，但子类改写了父类的方法实现。其代码如下：

```
class Parent{
  public void a(int x){
    System. out. print ("parent implement. ")
  }
}
class Child extends Parent{
  public void a(int x){
  System. out. print ("child implement. ")
  }
}
```

（3）多态变量（强制多态）。多态变量是指，声明是一种类型，但变量实际上却包含另一种类型。其代码如下：

```
Parent p=new Child();
```

（4）泛型（参数多态）。泛型也叫模板或者参数多态。这是一种可用于创建通用工具的方法，可在特定场合将其特化。其代码如下：

```
public class XXX<T> {
private T val;
}
```

参数多态和包含多态称为通用多态，重载多态和强制多态称为特定多态。

虽然，重载和改写都是在多种潜在的函数体中，选择和调用某一个函数或方法并对其进行执行，但它们的本质区别在于，重载是编译时执行的（静态绑定），而改写则是运行时选择的（动态绑定）。

10. 4. 1. 4　模板类

模板类也称为类属类，用来实现参数多态机制。一个类属类是关于一组类的一个特性抽象，它强调的是这些类的成员特征中与具体类型无关的那些部分，而用变元来表示与具体类型有关的那些部分。

10.4.1.5 消息和消息通信

消息，就是向对象发出的服务请求，通常包括提供服务的对象标识、消息名、输入信息和回答信息。消息通信，则是面向对象方法学中的一个重要原则。它与对象的封装原则密不可分，为对象间提供了唯一合法的动态联系的途径。

10.4.2 面向对象分析

面向对象分析（object-oriented analysis，OOA），是从确定需求和业务的角度，按照面向对象的思想来分析业务的。常见的面向对象分析方法包括 OMT、OOA、OOSE、Booch 等，而 OMT、OOSE、Booch 最后则统一成为 UML。

10.4.2.1 OOA/OOD 方法

该方法是由 Peter Coad 和 Edward Yourdon 提出的。OOA 模型中包括主题、对象类、结构、属性和服务 5 个层次，需经过标识对象类、标识结构与关联（包括继承、聚合、组合、实例化等）、划分主题、定义属性、定义服务 5 个步骤来完成整个分析工作。面向对象的设计（object-oriented design，OOD）继续了贯穿 OOA 中的 5 个层次和 5 个活动。它由人机交互部件、问题域部件、任务管理部件、数据管理部件 4 部分组成。其主要的活动就是这 4 个部件的设计工作。

1）设计人机交互部件。加入人机交互的设计和交互的细节，包括窗口和输出报告的设计。可以用原型来帮助交互机制的开发和选择。

2）设计问题域部分。OOA 的结果恰好是 OOD 的问题域部件，分析的结果在 OOD 中可以被改动或增补，但基于问题域的总体组织框架是长时间稳定的。

3）设计任务管理部分。这部分主要是识别事件驱动任务，识别时钟驱动任务，识别优先任务和关键任务，识别协调者，以及审查每个任务并定义每个任务。

4）设计数据管理部分。数据管理部分提供了在数据管理系统中存储和检索对象的基本结构，其目的是隔离数据管理方法对其他部分的影响。

10.4.2.2 Booch 方法

Booch 方法认为软件开发是一个螺旋上升的过程，每个周期中包括标识类和对象、确定类和对象的含义、标识关系、说明每个类的接口和实现 4 个步骤。它的模型中主要包括表 10.4-1所示的几种模型。

表 10.4-1 Booch 方法模型

模型	静态模型	动态模型
逻辑模型	类图、对象图	状态转换图、时序图
物理模型	模块图、进程图	

Booch 方法的开发过程是一个迭代的渐进式的系统开发过程，可以分为宏过程和微过程两类。

宏过程用于控制微过程，是覆盖几个月或几周所进行的活动。它包括负责建立核心需求的概念化，为所期望的行为建立模型的分析，建立架构的设计，形成实现的进化，以及管理软件交付使用的维护 5 个主要活动。

微过程则基本上代表了开发人员的日常活动，由 4 个重要、没有顺序关系的步骤组成：

在给定的抽象层次上识别出类和对象，识别出这些类和对象的语义，识别出类间和对象间的关系，实现类和对象。

10.4.2.3　OMT 方法

对象建模技术（object modeling technique，OMT）方法，是由 Jam Rambaugh 及其同事合作开发的，主要用于分析、系统设计和对象设计。它包括对象模型（静态、结构化的系统"数据"性质，通常采用类图）、动态模型（瞬时、行为化的系统"控制"性质，通常使用状态图）和功能模型（表示变化的系统"功能"性质，通常使用数据流图）。表 10.4-2 所示的 OMT 方法模型包括 3 大模型。

表 10.4-2　OMT 方法模型

模型	说明	特征	图形
对象模型	描述系统中对象的静态结构、对象间的关系、属性及操作	静态、结构化、系统数据	对象图
动态模型	描述系统中与时间和操作顺序有关的系统特征，如触发事件、事件序列以及确定事件先后关系的状态等	瞬时、行为化、系统控制	状态图
功能模型	描述与值变换有关的系统特征	功能、映射、约束以及函数依赖	数据流图

10.4.2.4　OOSE 方法

面向对象的软件工程（object-oriented software engineering，OOSE）方法，是由 Ivar Jacobson 提出的。它在 OMT 方法的基础上，对功能模型进行了补充，提出了"用例"的概念，最终取代数据流图进行需求分析和建立功能模型。

它又称为统一建模语言，是一个支持模型化和软件系统开发的图形化语言，为软件开发的所有阶段提供模型化和可视化支持，能够覆盖软件的所有生命周期。

10.4.3　统一建模语言

统一建模语言（unified modeling language，UML），是用于系统的可视化建模语言，将 OMT、OOSE 和 Booch 方法中的建模语言和方法有机地融合在一起，是国际统一的软件建模标准。虽然它源于 OO 软件系统建模领域，但由于内建了大量扩展机制，也可以应用于更多的领域中，如工作流程、业务领域等。

10.4.3.1　UML 的内涵

1）UML 是一种语言。UML 在软件领域中的地位与价值就像"1、2、3"等符号在数学领域中的地位一样。它为软件开发人员之间提供了一种用于交流的词汇表和一种用于软件蓝图的标准语言。

2）UML 是一种可视化语言。UML 只是一组图形符号，每个符号都有明确语义，是一种直观、可视化的语言。

3）UML 是一种可用于详细描述的语言。UML 所建的模型是精确、无歧义和完整的，因此适合于对所有重要的分析、设计和实现决策进行详细描述。

4）UML 是一种构造语言。UML 虽然不是一种可视化的编程语言，但其与各种编程语言直接相连，而且有较好的映射关系，这种映射允许进行正向工程、逆向工程。

5）UML 是一种文档化语言。它适合于建立系统架构及其所有的细节文档。

10.4.3.2 UML 的结构

UML 由构造块、公共机制和架构 3 个部分组成。

（1）构造块。构造块也就是基本的 UML 建模元素（事物）、关系和图。

1）建模元素，包括结构事物（类、接口、协作、用例、活动类、组件和节点等）、行为事物（交互、状态机）、分组事物（包）和注释事物。

2）关系，包括关联关系、依赖关系、泛化关系、实现关系。

3）图，UML2.0 包括 14 种不同的图，分为表示系统静态结构的静态模型（包括类图、对象图、包图、构件图、部署图、制品图），以及表示系统动态结构的动态模型（包括对象图、用例图、顺序图、通信图、定时图、状态图、活动图、交互概览图）。

（2）公共机制。公共机制是指达到特定目标的公共 UML 方法，主要包括规格说明、修饰、公共分类和扩展机制 4 种。

1）规格说明，是元素语义的文本描述，是模型的重要组成部分。

2）修饰是指，UML 为每一个模型元素设置了一个简单的记号，还可以通过修饰来表达更多的信息。

3）公共分类，包括类元与实体（类元表示概念，而实体表示具体的实体）、接口和实现（接口用来定义契约，而实现就是具体的内容）两组公共分类。

4）扩展机制，包括约束（添加新规则来扩展元素的语义）、构造型（用于定义新的 UML 建模元素）、标记值（添加新的特殊信息来扩展模型元素的规格说明）。

（3）架构。UML 系统架构，是指系统的组织结构，包括系统分解的组成部分、它们的关联性、交互、机制和指导原则这些提供系统设计的信息。具体来说，就是指 5 个系统视图，如图 10.4-2 所示。

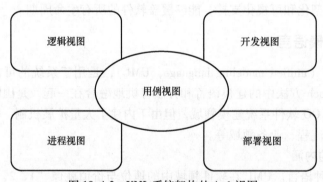

图 10.4-2　UML 系统架构的 4+1 视图

在软件开发中，UML 可以用来对软件系统进行分析、设计、实现和文档化等多种用途。在使用 UML 进行建模时，有多种视图可以用来呈现系统的不同方面。4+1 视图是一种较为常见的视图框架，包括了 4 个视图和 1 个场景视图。

设计一个大型的软件系统是一个非常复杂的工作。这个软件系统需要能够满足业务需求，达成软件的可靠性、可用性、安全性、性能、容量等质量属性要求，要能够在相应的物理环境上执行。这需要硬件、驱动、操作系统、基础平台、开发框架等大量周边服务或组件，还需要开发几十万甚至数百万行的代码，才能够实现。

　　设计这样一个复杂的系统，必然需要一个或数个设计团队协作配合才能够完成。而要让这些设计人员能够良好的沟通交流，必须对系统有一个统一的认识才能够完成；同时，要将设计落地实现，需要更多产品、开发、测试人员协同工作。

　　因此，必须有一种方法，能够让设计人员将一个系统进行自顶向下的设计分解，并形成合理的抽象描述。4+1 视图就是这样一种复杂系统的架构设计方法。

　　1）用例视图，是最基本的需求分析模型，或称为场景视图，即 4 + 1 中的 1。如图 10.4-2所示，可以看到，4+1 中的 4 个视图都是以用例视图为核心的。

　　用例视图属于一种需求分析技术，通常采用 UML 的用例图进行设计。通过用例视图的设计过程，可以正确识别系统的用户和其他系统（actor）、系统边界（boundary）和用例（use case），并对系统的功能场景进行充分分析，以确定系统提供的功能可以满足用户需求。

　　用例视图之所以是 4+1 视图的核心，是因为它确定了以下信息，而其他 4 个视图都是需要围绕着这些信息进行设计：

　　① 系统边界，用来确定系统的设计范围；同时，通过边界能够识别出系统需要与用户或其他系统进行交互。

　　② 系统用户，明确的用户定义是系统需求分析的先决条件。

　　③ 功能和场景，通过识别出系统与用户或其他系统的交互，可以分析出系统需要提供哪些功能，以及这些功能存在哪些应用场景。

　　因此，用例视图并不限于使用 UML 的用例图进行设计，也可以使用其他方法，如使用图表进行描述。只要能够清晰的定义出以上几点，就达到了目的。图 10.4-3 所示为某光缆自动监测系统用例图。

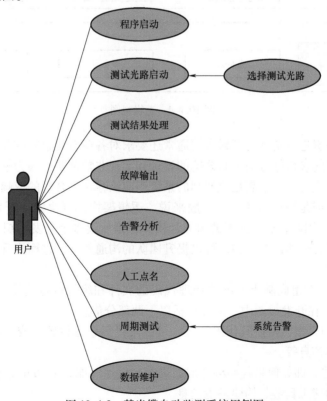

图 10.4-3　某光缆自动监测系统用例图

2）逻辑视图，以问题域的语汇组成的类和对象集合。逻辑视图，是所有这些视图中最不可或缺的视图。在很多系统设计中，如果系统的功能、场景等比较清晰（如有明确协议定义的系统），可能会对用例视图进行简化，但却不可以没有逻辑视图。逻辑视图是对系统职责的逐级划分，如图10.4-4所示。

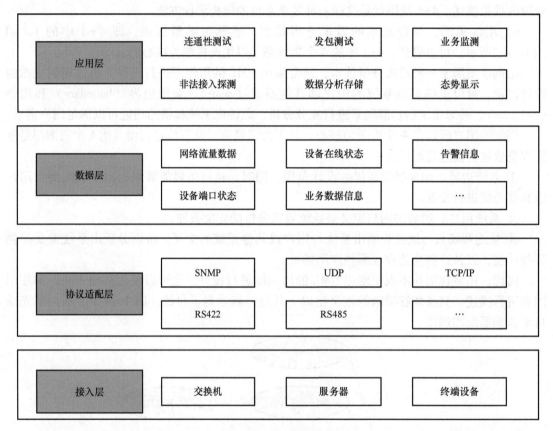

图 10.4-4　逻辑视图

除了对系统职责进行划分，逻辑视图通常还要求对各逻辑元素间的关系，即接口，进行描述。对逻辑元素的接口进行描述对系统的设计和实现非常重要。因为软件设计最重要的原则就是高内聚、低耦合。一个满足此原则的系统不应该存在不合理的依赖关系，比如下层与上层间的反向依赖或是循环依赖等。一般来说，逻辑架构元素决定了开发组织（根据康威定律，反之亦然）。因此，逻辑元素的边界和接口也是后续多个开发组织之间进行接口控制的关系依据。设计合理的逻辑架构，可以提升团队的沟通效率，进而提升整个系统的交付效率和质量。

3）开发视图，对组成基于系统的物理代码的文件和组件进行建模，又称为实现视图，如图10.4-5所示。在开发视图中，主要包括以下两部分信息：

① 对逻辑架构元素，描述其代码位置，可以是代码仓库位置，或者是代码目录，或者是开源软件的版本信息等。

② 系统的构建，即如何将代码编译成二进制交付件（如 .so/.bin）。这个构建信息需要包括构建依赖、构建工具链、构建环境信息。

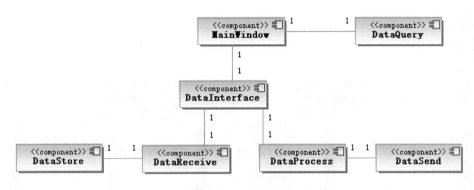

图 10.4-5　开发视图

一个设计良好的开发视图，应该能够满足以下要求：

① 通过逻辑架构元素，能够找到它所有代码和所有的二进制交付件。

② 每一个代码源文件，都能够找到它所属的逻辑架构元素。

③ 每一个二进制交付件，都能够找到它集成了哪些逻辑架构元素。

4）进程视图，可执行线程和以进程为活动类的建模，是逻辑视图的一次执行实例，又称为过程视图、运行视图或处理视图。

逻辑视图、开发视图和部署视图，描述的都是系统的静态信息，还缺少对系统动态行为的描述，而进程视图就是用来描述系统中的动态信息的。进程视图最常见的设计工具就是UML 的序列图和时序图。

进程视图的设计，最常见的是设计逻辑架构元素之间的交互关系，如消息交互、服务调用或 API 调用，如图 10.4-6 所示。

5）部署视图，是指把组件物理部署到一组物理、可计算的节点上，也称为物理视图，如图 10.4-7 所示。

开发出的软件系统，最终是要运行在物理或软件环境上。物理环境可能是服务器、PC、移动终端等物理设备；软件环境可以是虚拟机、容器、进程或线程。部署视图就是对这个部署信息进行描述，包括以下内容：

① 二进制交付件，与软件环境的部署关系。

② 软件环境与物理环境的部署关系。

通过逻辑视图、开发视图加部署视图，可以知道系统中每一个逻辑架构元素、每一份代码，最终会运行在什么位置上。反向也可以通过运行环境上，找到所有其上运行的逻辑架构元素和代码。

10.4.3.3　UML 图例基础

（1）用例图。用例就是在系统中执行的一系列动作，这些动作将生成特定参与者可见的价值结果。一个用例定义一组用例实例。首先，从定义中得知用例是由一组用例实例组成的，用例实例就是常说的"使用场景"，就是用户使用系统的一个实际、特定的场景。其次，可以知道，用例应该给参与者带来可见的价值，这点很关键。最后，用例是在系统中的。用例模型描述的是外部参与者所理解的系统功能。用例模型用于需求分析阶段，它的建立是系统开发者和用户反复讨论的结果，表明了开发者和用户对需求规格达成的共识。

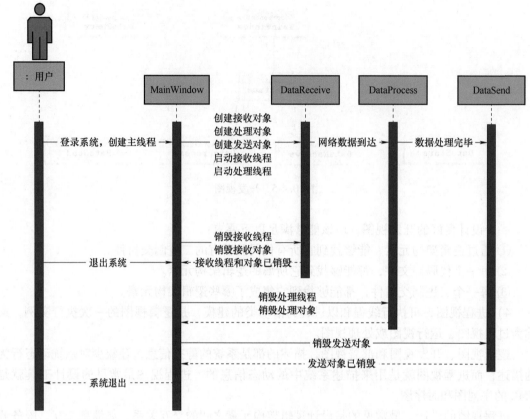

图 10.4-6　进程视图

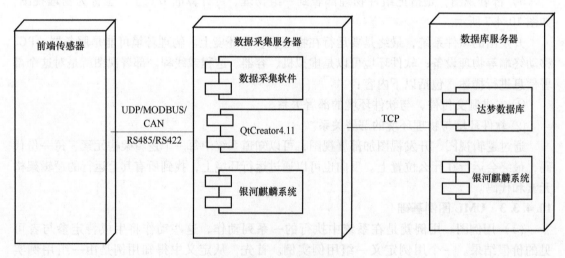

图 10.4-7　部署视图

图 10.4-8 所示为用例图示例。

用例图主要有参与者、用例和用例关系表示。

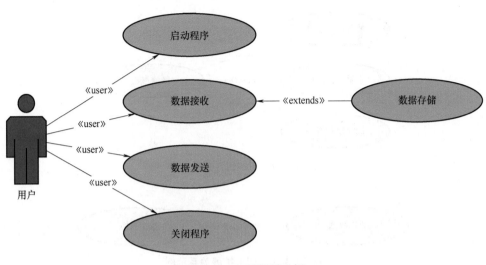

图 10.4-8　用例图示例

1）参与者。参与者代表与系统接口的任何事物或人，它是指代表某一种特定功能的角色，因此，参与者都是虚拟的概念。在 UML 中，用一个小人表示参与者。

图 10.4-8 所示的"用户"就是参与者。对于该系统来说，可能充当用户角色的有多个人，由于他们对系统均起着相同的作用，扮演相同的角色，因此只用一个参与者来表示。切忌不要为每一个可能与系统交互的真人画出一个参与者。

2）用例。用例是对系统行为的动态描述，它可以促进设计人员、开发人员与用户的沟通，理解正确的需求，还可以划分系统与外部实体的界限，是系统设计的起点。在识别出参与者之后，可以使用下列问题帮助识别用例。

① 每个参与者的任务是什么？

② 有参与者将要创建、存储、修改、删除或读取系统中的信息吗？

③ 什么用例会创建、存储、修改、删除或读取这个信息？

④ 参与者需要通知系统外部的突然变化吗？

⑤ 需要通知参与者系统中正在发生的事情吗？

⑥ 什么用例将支持和维护系统？

⑦ 所有的功能需求都对应到用例中了吗？

⑧ 系统需要何种输入/输出？输入从何处来？输出到何处？

⑨ 当前运行系统的主要问题是什么？

3）用例关系，即包含和扩展。两个用例之间的关系可以概括为包含和扩展两种情况。

① 包含关系。当可以从两个或两个以上的原始用例中提取公共行为，或者发现能够使用一个组件来实现某一个用例的部分功能是很重要的事时，应该使用包含关系来表示。所提取出来的公共行为称为抽象用例。用例包含关系示例如图 10.4-9 所示。

② 扩展关系。如果一个用例明显地混合了两种或两种以上的不同场景，即根据情况可能发生多种事情，可以将这个用例分为一个主用例和一个或多个辅用例，这样描述可能更加清晰。用例扩展关系示例如图 10.4-10 所示。

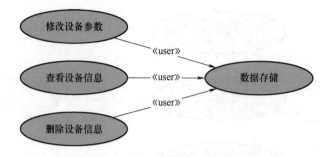

图 10.4-9　用例包含关系示例

图 10.4-10　用例扩展关系示例

（2）类图和对象图。在面向对象建模技术中，将客观世界的实体映射为对象，并归纳成一个个类。类、对象和它们之间的关联是面向对象技术中最基本的元素。对于一个想要描述的系统，其类模型和对象模型揭示了系统的结构。在 UML 中，类和对象模型分别由类图和对象图表示。类图技术是面向对象方法的核心。图 10.4-11 所示为类图示例。

在 UML 中，类的可视化表示为一个划分成 3 个格子的长方形（下面两个格子可省略）。图 10.4-11 中，"设备列表"是一个类。

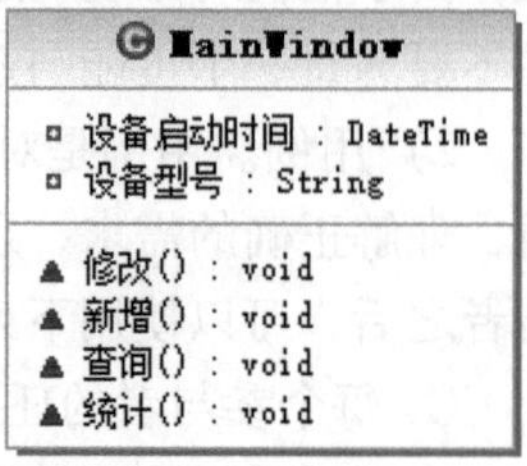

1）类的获取和命名。最顶部的格子包含类的名字。类的命名应尽量用应用领域中的术语，应明确无歧义，以利于开发人员与用户之间的相互理解和交流。

2）类的属性。中间的格子包含类的属性，用以描述该类对象的共同特点。该项可省略。如图 10.4-11 所示，"设备列表"类有"设备型号""设备启用时间"等属性。UML 规定类的属性的语法为"可见性属性名：类型＝默认值 ｛约束特性｝"。可见性包括 Public、Private 和 Protected，分别用+、-、#号表示。类型表示该属性的种类：它可以是基本数据类型，如整数、实数、布尔型等，也可以是用户自定义的类型。一般它由所涉及的程序设计语言确定。约束特性则是用户对该属性性质的一个约束说明。例如，"｛只读｝"说明该属性是只读属性。

3）类的操作（operation）。该项可省略。操作用于修改、检索类的属性或执行某些动作。操作通常也被称为功能，但是它们被约束在类的内部，只能作用到该类的对象上。操作名、返回类型和参数表组成操作界面。UML 规定操作的语法："可见性：操作名（参数表）：返回类型 ｛约束特性｝"。类图描述了类和类之间的静态关系。

在建立抽象模型时，会发现很少有类会单独存在，大多数都将会以某种方式互相协作，因此还需要描述这些类之间的关系。关系是事物间的连接，在面向对象建模中，有以下 5 个很重要的关系。

1）依赖关系。有两个元素 X、Y，如果修改元素 X 的定义可能会引起对另一个元素 Y

图 10.4-11　类图示例

的定义的修改，则称元素 Y 依赖元素 X。在 UML 中，使用带箭头的虚线表示依赖关系。带箭头的虚线，指向依赖者。在类中，依赖由多种原因引起，如一个类向另一个类发消息，一个类是另一个类的数据成员，一个类是另一个类的某个操作参数。如果一个类的界面改变，它发出的任何消息可能不再合法。

2）泛化关系。泛化关系描述了一般事物与该事物中的特殊种类之间的关系，即父类与子类之间的关系。继承关系是泛化关系的反关系，也就是说子类是从父类继承的，而父类则是子类的泛化。在 UML 中，使用带空心箭头的实线表示，箭头指向父类。

3）关联关系。关联表示两个类之间存在某种语义上的联系。例如，一个人为一家公司工作，一家公司有许多办公室，就认为人和公司、公司和办公室之间存在某种语义上的联系。关联关系提供了通信的路径，它是所有关系中最通用、语义最弱的。在 UML 中，用一条实线来表示关联关系。

4）聚合关系。聚合关系是一种特殊形式的关联。聚合表示类之间的关系是整体与部分的关系。例如，一辆轿车包含四个车轮、一个方向盘、一个发动机和一个底盘，就是聚合的一个例子。在 UML 中，用一个带空心菱形的实线表示，空心菱形指向的是代表"整体"的类。如果聚合关系中的表示"部分"的类的存在，那么与表示"整体"的类有着紧密的关系，如"公司"与"部门"之间的关系，那么就应该使用"组合"关系来表示。

5）实现关系。实现关系是用来规定接口和实现接口的类或组件之间的关系的。接口是操作的集合，这些操作用于规定类或组件的服务。在 UML 中，用带空心箭头的虚线来表示。

在 UML 中，对象图与类图具有相同的表示形式。对象图可以看作是类图的一个实例。对象是类的实例，对象之间的链是类之间的关联的实例。对象与类的图形表示相似，均为划分成两个格子的长方形（下面的格子可省略）。上面的格子是对象名，对象名下有下划线；下面的格子记录属性值。对象图常用于表示复杂类图的一个实例。

（3）交互图。交互图是表示各组对象如何依某种行为进行协作的模型。通常可以使用一个交互图来表示和说明一个用例的行为。在 UML 中，包括 3 种不同形式的交互图：强调对象交互行为顺序的顺序图，强调对象协作的通信图（UML1.X 版本中称为"协作图"），强调消息的具体时间的定时图。它们之间没有什么本质不同，只是排版不尽相同而已。

1）顺序图。顺序图用来描述对象之间动态的交互关系，着重体现对象间消息传递的时间顺序。顺序图示例如图 10.4-12 所示。顺序图允许直观地表示对象的生存期；在生存期内，对象可以对输入消息做出响应，并且可以发送信息。

对象间的通信通过对象的生命线间消息来表示。消息的箭头指明消息的类型。

顺序图中的消息可以是信号、操作调用或类似 C++中的远程程序呼叫（remote procedure call，RPC）和 Java 中的远程方法调用（remote method invocation，RMI）。当收到消息时，接收对象立即开始执行活动，即对象被激活了。通过在对象生命线上显示一个细长矩形框来表示激活。消息可以用消息名及参数来标识，消息也可带有顺序号。消息还可带有条件表达式，表示分支或决定是否发送消息。如果用于表示分支，则每个分支是相互排斥的，即在某一时刻仅可发送分支中的一个消息。

2）通信。通信图用于描述相互合作的对象间的交互关系和链接关系，如图 10.4-13 所示。虽然，顺序图和通信图都用来描述对象间的交互关系，但是侧重点不一样。顺序图着重体现交互的时间顺序，通信图则着重体现交互对象间的静态链接关系。

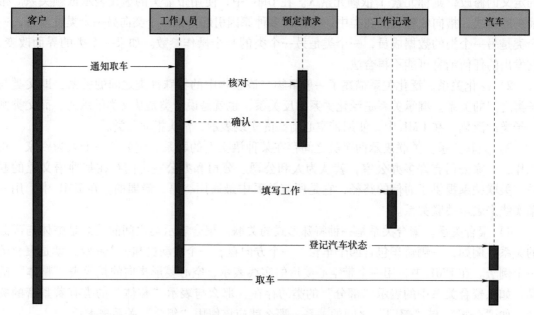

图 10.4-12　顺序图示例

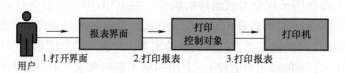

图 10.4-13　通信图示例

（4）活动图。活动图的应用非常广泛，既可用来描述操作（类的方法）的行为，也可以描述用例和对象内部的工作过程。活动图是由状态图变化而来的，它们各自用于不同的目的。活动图依据对象状态的变化来捕获动作（将要执行的工作或活动）与动作的结果。活动图中一个活动结束后将立即进入下一个活动（在状态图中状态的变迁可能需要事件的触发）。

1）基础活动图。活动图与状态图类似，包括了初始状态、终止状态以及中间的活动状态，每个活动之间是一种状态的变迁，如图 10.4-14 所示。在活动图中，判定说明基于某些表达式的选择性路径，在 UML 中使用菱形表示。

2）带泳道的活动图。前面介绍的基础活动图，虽然能够描述系统发生了什么，但没有说明该项活动由谁来完成。而针对 OOP 而言，这就意味着活动图没有描述出各个活动由哪个类来完成。可以通过泳道来解决这一问题，它将活动图的逻辑描述与顺序图、协作图的责任描述结合起来。

3）对象流。在活动图中可以出现对象。对象可以作为活动的输入或输出，对象与活动间的输入或输出关系由虚线箭头来表示。如果仅表示对象受到某一活动的影响，则可用不带箭头的虚线来连接对象与活动。

4）信号。在活动图中，表示信号的发送与接收，分别用发送和接收标识来表示。发送和接收标识也可与对象相连，用于表示消息的发送者和接收者。

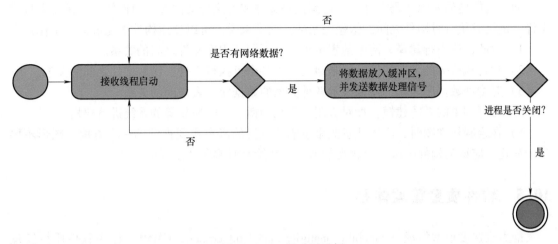

图 10.4-14　活动图示例

（5）状态图。状态图用来描述一个特定对象的所有可能状态及其引起状态转移的事件，如图 10.4-15 所示。大多数面向对象技术都用状态图表示单个对象在其生命周期中的行为。

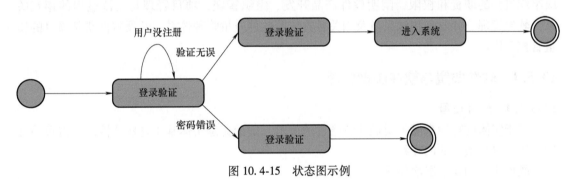

图 10.4-15　状态图示例

一个状态图包括一系列的状态及状态之间的转移。状态图包括以下部分：

1）状态，又称为中间状态，用圆角矩形框表示。

2）初始状态，又称为初态，用一个实心圆圈表示，在一张状态图中只能够有一个初始状态。

3）结束状态，又称为终态，在实心圆圈外面套上一个空心圆，在一张状态图中可能有多个结束状态。

4）状态转移，用箭头说明状态的转移情况，并用文字说明引发这个状态变化的相应事件是什么。

一个状态也可能被细分为多个子状态，那么如果将这些子状态都描绘出来的话，这个状态就是复合状态。状态图适合用于表述在不同用例之间的对象行为，但并不适用于表述包括若干用例协作的对象行为。通常不会需要对系统中的每一个类绘制相应的状态图，而通常会在业务流程、控制对象、用户界面的设计方面使用状态图。

（6）构件图。构件图是在面向对象系统的物理方面进行建模时要用的两种图之一。它可以有效地显示一组构件，以及它们之间的关系。构件图中通常包括构件、接口及各种关系。

通常构件指的是源代码文件、二进制代码文件和可执行文件等。而构件图就是用来显示编译、链接或执行时构件之间的依赖关系的。通常来说，可以使用构件图完成以下工作：

1）对源代码进行建模，清晰地表示出各个不同源程序文件之间的关系。

2）对可执行体的发布建模，清晰地表示出各个可执行文件、DLL 文件之间的关系。

3）对物理数据库建模，用来表示各种类型的数据库、表之间的关系。

4）对可调整的系统建模，如对应用了负载均衡、故障恢复等的系统进行建模。

5）在绘制构件图时，应该注意侧重于描述系统的静态实现视图的一个方面，图形不要过于简化，应该为构件图取一个直观的名称，在绘制时避免产生线的交叉。

10.5 软件质量管理体系

能力成熟度模型集成（capability maturity model integration，CMMI）作为软件质量管理和过程改进的有力工具，在开发进度和成本控制、开发过程规范、管理水平提高等方面得到了业界公认，能够有效提升复杂软件系统的质量和开发效率。

在工程实践中，软件企业一般会参照 CMMI 标准建立自己的软件质量管理体系，明确各级组织机构的职责和权限，阐明软件产品开发、组织管理、项目管理与支持过程的相互关系。软件管理、开发和测试人员及相关各方依照软件质量管理体系，开展软件研制项目的质量管控工作。

10.5.1 软件质量与软件质量管理

10.5.1.1 软件质量

基于实体的特性来满足明显或者隐含的需求，质量就是实体基于这些特性满足需求的程度，质量也是实体的内在特征。

软件质量的 3 个层次如下：

1）从用户角度出发，质量既符合需求，又能满足需求。

2）从软件产品角度出发，质量是软件的内在特征。

3）从软件的开发过程出发，质量是对过程规范的符合。

软件质量的提高，需要从每个方面进行改进，同时还需要兼顾成本和进度。衡量软件质量的标准就是需求，其中需求包括两个层次的含义：一是显性需求；二是隐性需求。

1）显性需求。符合用户所有明确的目标。通常是指软件的基本需求，既开发者明确定义的目标，而且这些目标必须是可以度量的。

2）隐性需求。用户不能明确描述的目标。隐性需求通常是显性需求的延续，与显性需求存在一定的依赖关系。

10.5.1.2 软件质量特性

在 ISO 9126 中，定义了衡量软件质量由 6 大特性、27 个子特性组成，如图 10.5-1 所示。

以上特性是软件质量的核心。在软件开发活动中，软件项目组需要关注所有的质量特性以及子特性，确保开发出的软件产品符合用户需求。

（1）功能性。功能性（functionality）是指软件在指定的条件下，满足用户明确的与隐

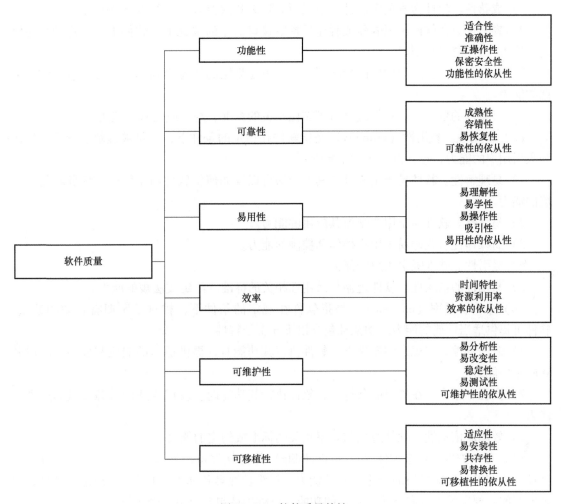

图 10.5-1　软件质量特性

含的需求功能的能力。功能性包含以下 5 个子特性。

1）适合性。软件为指定的任务和用户目标提供一组合适的功能的能力（有没有）。

2）准确性。软件提供具有精确度的正确或符合要求的结果或效果的能力（对不对）。

3）互操作性。软件与一个或更多的规定系统进行交互的能力。

4）保密安全性。软件保护信息与数据的能力。

5）功能性的依从性。软件遵循与功能性相关的标准、约定或法规及类似规定的能力（行业标准）。

（2）可靠性。可靠性（reliability）是指软件在指定的条件下，维持规定的性能级别的能力。可靠性有"三规"：规定的环境、规定的时间、规定的性能。

可靠性指标包括平均无故障时间（mean time to failure，MTTF）、平均修复时间（mean time to restoration，mean time to repair，MTTR）、平均失效间隔时间（mean time between failures，MTBF）。简单说 MTTR 值越小，说明故障修复时间越短，故障处理响应速度越快。MTBF 值越大，说明故障率低，系统可靠性高。可靠性包含以下 4 个子特性。

1）成熟性。软件为避免由软件中错误而导致失效的能力（内部接口规范）。

2）容错性。在软件出现故障或者违反指定接口命令的情况下，软件维护规定的性能级别的能力（外部接口规范）。

3）易恢复性。在失效发生的情况下，软件重建规定的性能级别并恢复受直接影响的数据的能力。

4）可靠性的依从性。软件遵循与可靠性相关的标准、约定或法规的能力。

（3）易用性。易用性（usability）是指软件在指定的条件下，满足被理解、学习、使用和吸引用户的能力，包含以下5个子特性：

1）易理解性。软件易于用户理解其是否适合以及如何将软件用于特定的任务和使用环境的能力。

2）易学性。软件易于用户学习其应用的能力。

3）易操作性。软件易于用户操作和控制的能力。

4）吸引性。软件吸引用户的能力。

5）易用性的依从性。软件遵循与易用性相关的标准、约定或法规的能力。

（4）效率。效率（efficiency）是指软件在规定的条件下，相对于所拥有资源的数量，软件可提供适当性能的能力。功能性包含以下3个子特性。

1）时间特性。在规定的条件下，软件执行其功能时，提供适当的响应和处理时间以及吞吐率的能力。

2）资源利用率。在规定的条件下，软件执行其功能时，使用合适的资源数量和类别的能力。

3）效率的依从性。软件遵循与效率相关的标准或约定的能力。

（5）可维护性。可维护性（maintainability）是指软件可被修改（包含修正、改进或软件环境、需求和功能规格的变化等）的能力。可维护性具备如下"四规"：规定的条件、规定的时间、规定的工具和方法、规定的功能。可维护性包含以下5个子特性：

1）易分析性。诊断软件中的缺陷或失效原因或识别待修改部分的能力。

2）易改变性。软件中指定的修改可以被实现的能力。

3）稳定性。软件中避免由于软件修改而造成意外结果的能力。

4）易测试性。软件产品使已修改的软件能被测试的能力。

5）可维护的依从性。软件遵循与维护性相关的标准或约定的能力。

（6）可移植性。可移植性（portability）是指软件从一种环境迁移到另外一种环境的能力，包括以下5个子特性：

1）适应性。软件无须采用有别于为考虑该软件的目的而准备的活动或手段，就可以适应不同的指定环境的能力。

2）易安装性。软件在指定环境下被安装的能力。

3）共存性。软件在公共环境中同与其分享公共资源的其他独立软件共存的能力。

4）易替换性。软件在同样的环境下，替代另一个相同功能用途的指定软件产品的能力。

5）可移植性的依从性。软件遵循与可移植性相关的标准或约定的能力。

从上面可知，同其他产品相比，软件产品的质量有其明显的特殊性。

10.5.1.3　软件质量管理特性

（1）软件质量管理贯穿软件开发全过程。衡量一个软件质量的好坏，不仅看软件本身的功能是否完备、软件性能指标是否合格，还要看软件开发的全过程是否符合软件质量管理体系。在航天发射场软件开发实践中，软件质量控制主要是靠过程管理、文档评审、验证与确认等方法，严格遵循软件工程规范，通过以下手段，确保软件质量、范围、进度和成本。

1）通过从任务书、需求规格说明、软件概要设计到软件详细设计的需求双向追踪，确保软件的"功能性"。

2）通过单元测试、部件测试、配置项测试、系统测试、回归测试的过程定义、执行和反复改进，确保软件的可靠性和可用性。

3）通过测试组的性能测试，确保软件的效率。

4）通过软件架构的设计过程及开发中代码、文档的实现过程与文档规范的遵循和编码规范的遵循，确保软件的可维护性。

5）通过采用面向对象开发语言、跨平台的开发工具和设计方法，确保软件的可移植性。

（2）软件文档的开发和评审是软件产品质量控制的重要手段。由于软件是在计算机上执行的代码，离开软件的安装、使用说明文档等则寸步难行。所以开发过程中的很多文档也是软件的重要组成部分，需要像对产品一样进行检验，而对文档资料的评审就构成了产品检验的重要方式。

（3）通过技术手段确保软件质量。利用先进的工具是进行软件质量保证提高工作效率的重要方法，航天发射场通常用 SVN 软件进行配置管理和文档管理，用 MR 软件进行变更控制，用楚凡 UML 进行软件开发，采用先进的系统分析方法和软件设计方法（OOA、OOD、软件复用等）来促进软件质量的提高。

（4）贯彻软件质量管理的指导思想。

1）缺陷预防。针对航天发射场地面设备在以往的工作中碰到的痛点、难点和地面设备控制软件中出现的缺陷，通过细致梳理和认真分析，采用先进的技术和合理的措施避免类似的缺陷再次出现。这些问题或缺陷可能在当前项目的早期阶段被确定，也可能在以前的项目中被确定。缺陷预防活动也是项目间吸取教训和经验的一种机制；规划缺陷预防活动；找出并确定引起缺陷的原因；对引起缺陷的通常原因划分优先级并系统地消除。

2）紧贴用户需求。采用快速原型法，尽快向用户提供软件原型，并及时获得用户的反馈，根据用户的反馈持续迭代修改完善，而不是全部完工后再提交给用户。否则，不但会增加成本，还会影响项目的进度，更会降低软件产品的质量。

3）充分设计后再编码，防止因考虑不周而返工。

4）牢牢控制缺陷的修改。通过成熟的软件质量管理系统，记录、跟踪软件缺陷的修复。

5）充分进行软件的系统测试。软件编码、单元测试、部件集成测试、配置项测试后，还必须进行充分的系统测试与试运行，待软件运行稳定、不再出现新的缺陷后，再考虑软件的移交和正式上线。

6）恰当掌握软件的运行标准。并不是零缺陷的软件才是高质量的软件，何况根本不存在零缺陷的软件。针对遗留的软件缺陷，须进行合理的取舍，只要能满足要求，软件的缺陷可以通过以后的升级改造解决，从而确保软件的成本、进度和质量。

10.5.2 常用的软件质量管理体系

目前，常用的软件质量管理体系如下：

1）ISO，不针对某个行业的质量标准，是普遍使用的质量管理体系。通用的质量管理体系，如 ISO 9126 质量模型就规定了从不同角度评审软件的质量。

2）CMMI，为软件行业制定的一套软件质量管理体系。它是对于软件组织在定义、实施、度量、控制和改善其软件过程的实践中各个发展阶段的描述。CMMI 的核心是把软件开发视为一个过程，并根据这一原则对软件开发和维护进行过程监控和研究，使其更加科学化、标准化，使软件开发组织更好地实现目标。

10.5.2.1 ISO 9000

ISO 9000 质量管理体系是国际标准化组织（ISO）制定的国际标准之一。该标准可帮助组织实施并有效运行质量管理体系，是质量管理体系通用的要求和指南。我国在 20 世纪 90 年代将 ISO 9000 系列标准转化为国家标准，随后各行业也将 ISO 9000 系列标准转化为行业标准。它是由一族标准组成的。

ISO 9000 族标准主要由 ISO 9000、ISO 9001 和 ISO 9004 三个核心标准组成。ISO 9000 阐明了制定的管理理念和原则，确定了指导思想和理论基础，规范和确定了使用的概念和术语；ISO 9001 标准对组织质量管理体系必须履行的要求做了明确的规定，是对产品要求的进一步补充；ISO 9004 是组织进行持续改进的标准指南。

ISO 9000 质量管理体系基于八大质量原则，这些原则提供了组织在实施和维护质量管理体系时的指导和方向，见表 10.5-1。

1）客户导向。组织应该关注并满足客户的需求和期望，确保提供符合客户要求的产品和服务。

2）领导力。领导者在塑造组织目标和方向、建立内部环境、提供资源和激励员工方面发挥关键作用。

3）员工参与。组织应该鼓励员工参与质量管理体系的建立、实施和改进，并提供相关的培训和发展机会。

4）过程方法。组织应该采用过程方法来管理活动和资源，通过明确的流程和相互关联的活动来实现预期的结果。

5）改进。组织应不断追求质量管理体系的改进，包括通过纠正和预防措施来消除问题和提高绩效。

6）证据驱动的决策。组织应该基于数据和证据做出决策，并确保有效地收集、分析和使用相关信息。

7）关系管理。组织应该与其他相关方建立稳固的关系，包括合作伙伴和客户，以实现共同的利益和增强组织的能力。

8）供应商参与。组织应该与供应商合作，建立相互信任和互利的关系，并共同努力提供符合要求的产品和服务。

这些质量管理原则旨在帮助组织建立和维护高效的质量管理体系，以提供持续的改进和保证用户满意度。

表 10.5-1　ISO 9001 管理原则与内容

序号	原则	内容
1	以顾客为中心	关注并满足客户的需求和期望，确保提供符合客户要求的产品和服务
2	导工作用	领导者在塑造组织目标和方向、建立内部环境、提供资源和激励员工方面发挥关键作用
3	全员参与	鼓励员工参与质量管理体系的建立、实施和改进，并提供相关的培训和发展机会
4	过程方法	采用过程方法来管理活动和资源，通过明确的流程和相互关联的活动过来实现预期的结果
5	管理的系统方法	针对设定的目标，识别、理解并管理一个由相互关联的过程所组成的体系，从而提高组织的有效性和效率
6	持续改进	追求质量管理体系的改进，包括通过纠正和预防措施来消除问题和提高绩效
7	基于事实的决策方法	对数据和信息的逻辑分析或者直觉判断是有效决策的基础
8	互利的供方关系	通过互利的关系，增强组织及其供方创造价值的能力

10.5.2.2　CMMI

20 世纪 60 年代，美国军方在对联邦项目的一项统计中发现软件行业较为混乱，开发出的软件质量不高。为提高软件的可靠性，美国国防部委托软件工程研究所（SEI）立项，要求建立一个模型用以评估软件研制方的能力，协助软件组织改进过程，提高过程能力。从 1991 年开始推出 CMMI 1.0 到目前发布的 CMMI 3.0，极大地促进了软件生产率的提高和软件质量的提升。

CMMI 作为一个软件能力成熟度开发模型，主要从软件流程能力、软件流程性能和软件流程成熟度 3 个方面进行了定义。

1）软件流程能力。遵循标准的软件流程，预计达到的结果。软件流程能力提供一种有效的手段，可以预计组织承担某个项目最有可能结果是什么样子。

2）软件流程性能。遵循标准的软件流程，真正达到的结果是怎么样的。换而言之，软件流程能力表示期望的结果，而软件流程性能表述的是软件表达的实际效果。

3）软件流程成熟度。它是指一个特定的流程，在多大程度上被明白无误地定义、管理、衡量和控制，以及软件表达的效果是怎样的。软件组织的软件流程成熟度，预示着软件流程能力有多大的潜力，不仅指软件流程的丰富性、完备性，并且代表软件流程要做到一致。

CMMI 成熟度等级共分为 5 级，每个级别都高度概括了该级别的特点，见表 10.5-2。

表 10.5-2　CMMI 成熟度等级

过程能力等级	特点
初始级	软件过程是无序的，有时甚至是混乱的；对过程几乎没有定义；是否成功取决于个人努力；管理是反应式的
可重复级	建立了基本的项目管理过程来跟踪成本、进度和功能特性；制定了必要的过程纪律，能重复早先类似应用项目取得的成功

（续）

过程能力等级	特点
已定义级	已将软件管理和工程两方面的过程文档化、标准化并综合成组织的标准软件过程；所有项目均使用经批准、裁剪的标准软件过程来开发和维护软件
已管理级	收集对软件过程和产品质量的详细度量，对软件过程产品都有定量的理解和控制
优化级	过程的量化反馈和先进的新思想、新技术促使过程不断改进

10.5.3 航天发射场的软件质量管理体系

航天发射场依据 CMMI 中 ML3（已定义级）要求，结合自己实际情况，制定了涵盖管理手册、过程说明、操作规程文件和产品模板表单的体系文件，对软件开发的主要过程规定了操作规范，并在工作中严格执行。

10.5.3.1 软件质量管理体系

航天发射场软件质量管理体系覆盖 ML3（已定义级）和 ML2（已管理级）的 18 个过程域，并将这 18 个过程域的过程文件合并为 11 个过程文件，分别如下：

配置管理（CM）、测量与分析（MA）、过程和产品质量保证（PPQA）、需求管理（ReqM）、供方协议管理（SAM）、决策分析和决定（DAR）、项目管理（PM）［其中含项目监控（PMC）、项目策划（PP）、集成项目管理（IPM）和风险管理（RskM）］、组织过程改进（OPI）［其中含组织过程定义（OPD）和组织过程焦点（OPF）］、组织培训（OT）、软件开发（SD）［其中包含产品集成（PI）、需求开发（RD）和技术解决方案（TS）］、验证与确认（V&V）［其中包含验证（Ver）和确认（Val）］。

（1）配置管理。配置管理的目的是，利用配置标识、配置控制、配置状态纪实和配置审核，建立和维护工作产品的完整性（包括完备性、正确性、一致性和可追踪性）。软件配置管理活动贯穿于软件项目的生存周期全过程。配置管理包括配置管理策划、建立并管理配置管理系统、生成和发布基线、变更控制、记录和报告配置状态以及配置审核 6 个活动。

（2）测量与分析。测量与分析的目的是，开发和保持测量能力，以支持管理信息的需要。测量分析过程贯穿整个软件项目生存周期，为项目的实际绩效提供客观、量化的信息结果，为做出有效决策提供数据支持，包括测量分析策划、采集测量数据、分析存储测量数据和报告交流结果等活动。

（3）过程和产品质量保证。过程和产品质量保证（PPQA）活动贯穿软件项目的整个生存周期。其主要目的是，使项目人员和管理者对过程和相关的工作产品有客观深入的了解。它包含两个专用目标：一是客观地评价过程和工作产品；二是提供客观深入的了解。

它的主要活动包括质量保证策划、过程活动审查、工作产品审核、记录反馈并跟踪不符合项、交流与总结、质量保证组审核 6 个活动。

（4）需求管理。需求管理的目的是，管理项目的产品和产品部件的需求，并标识这些需求与项目的计划和工作产品之间的不一致性。

需求管理过程主要包括需求管理策划、需求理解和承诺、需求跟踪和需求变更管理 4 个活动。

（5）供方协议管理。供方协议管理的目的是，管理供方产品与服务的获取工作。供方协议管理过程主要用于获取交付给项目的产品和产品部件。供方可以是同一个组织内的但在该项目外部的内部供方、制造与研发的供方以及商业化的供方。本过程域不适用于项目顾客同时作为供方的情况，也不适用于没有修改情况的现货产品（COST）。供方协议管理过程主要分为选择供方、建立供方协议、制订供方协议管理计划、执行供方协议、监督所选择的供方过程、评价所选择的供方工作产品、接收所获取的产品和移交产品 8 项活动。

（6）决策分析和决定。决策分析和决定的目的是，使用正式的评价过程，依据已建立的准则和评价方法，评价所标识的备选方案，以分析可能的决策，并从中选出解决方案。正式的评价过程是按已建立的评价准则评价备选方案的一种结构化方法，以便在几种推荐的解决方案中选择一个合适的方案去解决遇到的问题。

（7）项目管理。项目管理过程包括项目策划、项目监控、集成项目管理和风险管理 4 个过程域的活动，目的是完成制定和维护项目计划以及执行和监督项目计划。其主要内容如下：

1）根据项目特点，选择和剪裁组织标准过程，建立项目已定义过程。

2）制定和维护软件项目计划。从组织定义的软件生存周期模型中选择和剪裁适合的生存周期模型，制定软件开发计划，并随着项目进展及时维护该计划。

3）按照软件项目计划要求监督和执行该计划。

4）识别、分析和管理风险。

其主要目的是建立项目的已定义过程，根据项目已定义过程和项目的具体要求制定软件项目计划，并执行和监督软件项目计划。具体活动有前期策划、建立项目的已定义过程、项目初始估计及策划、集成及评审计划、阶段详细估计及策划、重新策划、执行和监督计划、阶段和里程碑评审和管理纠正措施。

（8）组织过程改进。组织过程改进的主要内容包括建立和维护组织过程资产，标识组织过程的强、弱项和待改进项，策划并实施组织过程改进，部署组织过程资产和纳入经验教训。其目的是建立和维护一个可用的组织过程资产集和工作环境标准，组织通过收集各个项目的信息，使过程资产不断累积，并根据对当前组织的过程和过程资产的强项和弱项的理解，策划、实施和部署组织的过程改进。本过程主要包括 8 个活动：建立和维护组织的过程需要和目标；建立和维护过程体系文件；建立和维护组织测量库与过程资产库；建立和维护组织工作环境标准；策划并实施过程改进；实施内部质量评估及整改；实施年度监督检查及整改；部署组织的过程资产并纳入经验教训。

（9）组织培训。组织培训的目的是为了满足组织级的培训需求，为长期保持高水平软件过程改进能力进行的人才整体、系统培训，确保培训活动能够满足在软件领域的战略发展需要及过程改进目标，推动软件工程化水平持续提升。培训过程应使各类软件组织和各软件项目提出的共性培训需求得到落实，有力推动软件水平持续提升和人才培养。组织培训包括培训策划、培训执行、培训结果验证与分析 3 个活动。

（10）软件开发。软件开发过程包括以下几个阶段：

1）软件系统分析与设计。

2）软件需求分析。

3）软件概要设计。

4）软件详细设计。

5）软件实现。

6）软件集成与测试。

7）产品验收与交付。

软件实现阶段指软件编码与单元测试、软件集成与测试包括部件集成与测试、配置项测试、系统集成与测试等内容，可以细分为部件集成与测试、配置项测试、系统集成与测试三个阶段。

（11）验证与确认。软件验证与确认过程的目的是确保所选择的工作产品满足指定的需求，并证实产品或产品部件被置于其预定的环境中时可以满足预期的使用需求。本过程适用于软件开发项目的验证与确认活动。验证与确认过程包括验证与确认策划、同行评审、软件测试等活动。

10.5.3.2 软件开发的组织架构与职责

由于软件质量管理的专业性和复杂性，航天发射场建立了软件质量管理机构、过程改进机构和软件研发机构分离的组织架构（见图 10.5-2）。在软件质量管理领导组统一领导下，设立软件工程过程组（EPG）、组织配置控制委员会（CCB）、组织配置管理组（CMG）、质量保证组（QAG）、项目主管领导、软件主管部门、软件专家组、系统分析组、软件承研单位。软件项目组包括项目负责人、项目工程组、软件系统测试组、项目质量保证组、项目配置管理组、供方协议管理人员（如果存在供方协议管理）。

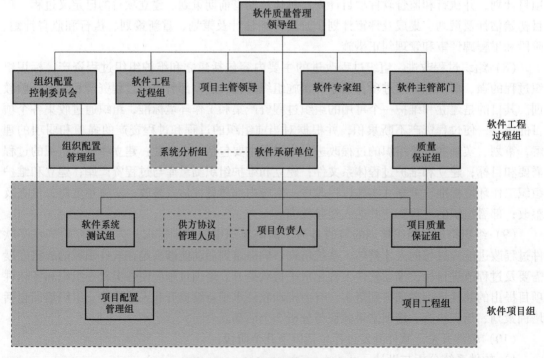

图 10.5-2 软件质量管理组织架构

（1）软件质量管理领导组。软件质量管理领导组的主要职责如下：

1）负责软件质量方针、目标、政策的制定。

2）领导、决策、推动软件过程改进工作。

3）评审软件过程改进的状态，批准改进计划，颁布体系文件。

4）负责对外部评价的承诺。

5）验证审查软件项目的严重问题和不符合项。

6）决策解决过程改进和软件项目的重大资源和其他管理问题。

（2）软件工程过程组（EPG）。EPG 的主要职责如下：

1）策划、跟踪、协调、组织、指导软件过程改进活动。

2）建立、维护软件质量管理体系，编制和维护软件质量管理体系文件。

3）软件质量管理体系的培训、诊断和咨询。

4）选择、评价新的过程、规程、方法和工具。

5）收集、分析软件项目的各类质量数据。

6）审核项目对过程活动所做的剪裁和修改。

7）审核软件资产库和测量库的入库项，提出资产库更新、维护意见。

（3）软件项目组。软件项目组包括项目负责人、项目工程组、软件系统测试组、项目质量保证组、项目配置管理组、供方协议管理人员（如果存在供方协议管理）。软件项目组的职责分解于项目负责人、项目工程组、软件系统测试组、项目质量保证组、项目配置管理组、供方协议管理人员职责中。软件项目组主要职责如下：

1）软件项目负责软件项目策划活动，制定并维护软件开发计划，组织项目组按照计划开展软件研制工作。

2）负责软件项目监控和项目数据的测量与分析，组织召开周/双周例会，每周/双周向上级呈送项目进展报告并电话或口头提醒上级审阅。

3）分配软件项目的各种资源。

4）组织技术评审活动。

5）协助项目主管部门、承研单位进行评审及软件产品的验收与移交工作。

6）根据软件系统分析与设计、软件研制任务书开展软件需求分析工作。

7）根据需求分析开展软件设计、代码编写、单元测试、维护工作。

8）负责工程任务技术文档的编写。

9）编写软件系统（配置项）测试计划。

10）编写软件系统（配置项）测试说明。

11）执行软件系统（配置项）测试用例。

12）编写软件系统（配置项）测试结果报告和其他文档。

10.6 编码规范

为提高程序的可读性、可修改性和维护效率，编码时必须遵循一定的规则，帮助团队避免不必要的语法和语义错误，对出现的错误能够迅速定位。

规范从代码排版、命名、注释、表达式与基本语句、错误处理、性能、兼容性等做了一定的约束,本节以 C++语言为例进行说明。通常在排版、注释、命名等方面具有强制性要求,其余不做强制要求。

10.6.1 排版方面

1)头文件方面,先系统头文件,后用户头文件;系统头文件用#include <xxx. h>;自定义头文件用#include " xxx. h";只引用需要的头文件。

2)程序块要采用缩进风格编写,缩进的空格数为 4 个。

3)相对独立的程序块之间、变量说明之后必须加空行。

4)较长的语句(大于 80 字符)要分成多行书写,长表达式要在低优先级操作符处划分新行,操作符放在新行之首,划分出的新行要进行适当的缩进,使排版整齐,语句可读。

5)不允许把多个短语句写在一行中,即一行只写一条语句。

6)if、for、while、case、switch、default 等语句自占一行,且 if、for、while、case、switch、default 等语句的执行语句部分无论多少都要加括号 {}。

7)程序块的分界符(如 C/C++语言的大括号 {和})应各独占一行并且位于同一列,同时与引用它们的语句左对齐。在函数体的开始、类的定义、结构的定义、枚举的定义以及 if、for、while、case、switch、default 等语句中的程序都要采用缩进方式。

8)对指针和引用,在类型和符号 * 、& 之间加一个空格,但在符号 * 、& 与变量之间不加空格。

9)二元操作符前后加空白。

10)文件中可执行格式化代码行不超过 2000 行。

11)一个过程(函数)格式化代码行不超过 200 行。

12)内联函数不多于 10 行。

10.6.2 注释方面

1)注释要求使用中文,软件注释率大于 20%。

2)文件开始注释内容包括文件名、版权、负责人、功能描述等。

3)函数注释包括函数名、输入、输出、函数描述、全局变量、调用模块、负责人和时间、版本等。

4)程序中注释包括方便理解的注释、修改作者和时间等。

10.6.2.1 文件开头的注释模板

```
/ ************************************************************
** 文件名:
** 描述:**
** 负责人:**
** Copyright(c)2023-2024 **********
************************************************************/
```

10.6.2.2 函数开头的注释模板

```
/*****************************************************
** 函数名:
** 功能描述:
**  输入:a,b,c
**  a---
**  b---
**  c---
** 输出:x---
**  x 为 1,表示...
**  x 为 0,表示...
** 返回值:
** 负责人:
*****************************************************/
```

10.6.2.3 程序中的注释模板

```
/* --------------------------------------------- */
/* 注释内容 */
/* --------------------------------------------- */
```

10.6.3 命名方面

10.6.3.1 常量定义

1）禁止使用宏来定义数字常量,应使用 const 关键字来定义数字常量。

2）常量名称统一使用大写,标识符必须指示常量具体含义,示例如下:

```
const int MAX_PATH=256;
```

10.6.3.2 全局常量

全局常量名字中的字母都应该大写,且首字母用 Q_,如 Q_BIG_ENDIAN。

10.6.3.3 变量定义

1）变量名由一个或数个能表达该变量的意思的英文单词组成,使用大小写混合的方式,第一个词是小写,后面的词第一个字母大写,其他小写。

2）禁止变量名称只有大小写不同。

3）成员变量前不要加“m_”或其他什么东西。

4）如果参数名和成员变量名发生冲突,使用“this->”解决。

5）变量名称禁止取单个字符（如 i、j、k……）,标识符必须指示常量具体含义,但是 i、j、k 作局部循环变量是允许的。

10.6.3.4 函数参数定义

1）命名规范参照变量定义。

2）函数参数超过 15 个时，应考虑用结构代替。

3）过程（函数）名禁止被重用。

10.6.3.5 类名定义

类的名字必须由一个或数个能表达该类的意思的大写字母开头而其他字母都小写的单词或缩写组成。这样能使这个类的名称更容易被理解。

10.6.3.6 函数名

成员函数的名称应该是一个动词，使用大小写混合的方式，第一个词是小写，后面的词第一个字母大写，其他小写。

10.6.4 表达式和基本语句

1）避免在表达式中用赋值语句。

2）禁止对浮点类型做等于或不等于判断。

3）指针使用前要进行检测。

4）禁止使用 goto 语句。

5）注意运算符的优先级，并用括号明确表达式的操作顺序，避免使用默认优先级。

6）防止对有符号类型进行移位操作。

7）switch 最后必须有 default 分支。即使程序真的不需要 default 处理，也应该保留语句 default：break。

10.6.5 函数

10.6.5.1 引用

引用类型作为参数：调用者必须传递一个存在的对象。

10.6.5.2 常量成员函数

表示该函数只读取对象的内容，不会对对象进行修改。

10.6.5.3 返回值

1）除开 void 函数、构造函数、析构函数，其他函数必须在所有的路径上都有返回值。

2）return 语句不可返回指向"栈内存"的"指针"或者"引用"，因为该内存在函数体结束时被自动销毁。

10.6.5.4 函数参数

1）对于只读取该参数的内容而不对其内容做修改的，用常量引用。

2）对于修改参数内容或需要通过参数返回的，用非常量引用。

3）对于简单数据类型，用传值方式。

4）对于复杂数据类型，用引用或指针方式。

5）定义函数时，在参数顺序上，首先是输入参数，然后是输出参数。

10.6.6 类

10.6.6.1 构造函数

1）构造函数的初始化列表，应和类的顺序一致。

2）避免出现用一个成员初始化另一个成员。

3）构造函数应初始化所有成员，尤其是指针。

4）不要在构造函数和析构函数中抛出异常。

10.6.6.2　纯虚函数

接口类的虚函数应设计为纯虚函数。

10.6.6.3　构造和析构函数

1）如果类可以继承，则应将类析构函数设计为虚函数。

2）如果类不允许继承，则应将类析构函数设计为非虚函数。

3）如果类不能被复制，则应将复制构造函数和赋值运算符设计为私有的。

4）如果为类设计了构造函数，则应有析构函数。

10.6.6.4　成员变量

尽量避免使用公有成员变量。

10.6.6.5　成员函数

1）努力使类的接口少而完备。

2）尽量使用常成员函数代替非常成员函数、const 函数。

3）除非特别理由，绝不要重新定义（继承来的）非虚函数。因为这样是覆盖操作，基类的某些属性无初始化。

10.6.6.6　继承

1）继承必须满足 IS-A 的关系，HAS-A 应采用包含。

2）虚函数不要采用默认参数。

3）除非特别需要，应避免设计大而全的虚函数，虚函数功能要单一。

4）除非特别需要，避免将基类强制转换成派生类。

10.6.6.7　友元

尽量避免使用友元函数和友元类。

10.6.7　错误处理

1）申请内存用 new 操作符。

2）释放内存用 delete 操作符。

3）成对使用 new 和 delete，new[] 和 delete[]。

4）避免存在声明后不使用的变量。

5）变量使用前要赋初值。

6）避免指针超过两级；当指针超过两级时，使用和控制存在风险。

7）文件指针在退出时必须关闭，退出时必须检查文件指针的关闭情况。

8）尽可能用 sizeof(varname) 代替 sizeof(type)。

9）申请内存完成之后，要检测指针是否申请成功，处理申请失败的情况。

10）谁申请谁释放。优先级顺序：函数层面，类层面，模块层面。

11）释放内存完成后将指针赋空，避免出现野指针。

12）使用指针前进行判断合法性，应考虑为空的情况的处理。

13）使用数组时，应先判断索引的有效性，处理无效的索引的情况。

10.6.8　性能

1）尽量在 for 循环之前，先写计算估值表达式。

2）尽量避免在循环体内部定义对象。

3）避免对象复制，尤其是代价很高的对象复制。

4）避免生成临时对象，尤其是大的临时对象。

10.6.9　兼容性

1）编码格式统一采用 UTF-8 格式。

2）注意运算溢出问题。

3）将所有#include 的文件名视为大小写敏感。

4）避免使用全局变量、静态变量、函数静态变量、类静态变量。在使用静态库、动态库、多线程环境时，会导致兼容性问题。

5）不要重新实现标准库函数，如 STL 中已经存在的。

10.7　小结

　　本章对软件工程化、质量管理等方面的内容进行了详细介绍，并对涉及的编码规范等进行了介绍。需要说明的是，由于软件需求、功能定位、使用场景及开发使用团队的能力素养各不相同，所以有些内容需要根据工作实际进行调整。另外，软件工程化技术是随着信息技术的发展在一直发展，需要随时关注该领域方向的最新进展。

第 **11** 章　信息系统开发与实践

11.1　概述

本章介绍一个综合的信息系统开发实例，目的是通过完整的开发过程，让读者对软件工程化方法开发应用有直观的认识。

在发射场，液体推进剂的加注主要由发射场加注系统完成，加注系统主要由贮存推进剂的库房、将推进剂输送至火箭的管路、阀门、泵以及各种测量装置、电控设备等组成。这些设备协同运行，确保推进剂按照要求的速度、质量、体积、温度等进入火箭贮箱。在这个过程中，通过 PLC 实时测量推进剂储罐与加注管路的温度、压力、液位，加注泵的电压、电流以及加注流量计的流速等信息，并通过 PLC 控制变频器和管路阀门开闭组合来实现流速的调节和推进剂的按需、定量流动。在工程实践中，通常使用 PLC 采集数据，并以 Modbus、EtherCat、DP 等总线控制变频器运行。通过 PLC 采集数据、控制设备运行属于设备控制方面的内容，具体可参见《航天发射场设备控制技术基础》等书籍内容；本书的重点在于对采集到的数据进行存储、处理、显示和挖掘利用等方面。

PLC 采集到的数据通过网络发送至上位机（通常使用组态软件或 C++等高级语言开发），上位机进行数据存储、显示和转发（MQTT 或 WebSocket），态势显示大屏则使用这些数据进行画面、流程、状态的显示和重构。整个系统涉及数千个采样数据，软件系统包括 PLC、上位机系统、数据接口以及加注流程与态势显示等多个软件配置项。

限于篇幅，本章只对其中涉及的数据采集、信息流程显示等内容进行演示，即上位机通过 Modbus 采集推进剂 3 个储罐的温度、压力和液位信息等实时数据，然后将数据以网页形式进行展示。至于在工作实践中经常用到的语音和图像技术（如数据超差语音报警提示、通过图像识别特征对象等），本书第 7 章已经进行了详细讲解和展示，相关内容本章不再涉及。

本章基本按照第 10 章的开发过程来介绍具体开发过程。受限于篇幅，软件系统分析与设计合并为一节，原型设计放在需求分析部分，概要设计和详细设计则分别为单独的一节。

11.2　软件系统分析与设计

一般来说，软件设计包括系统设计、原型设计、各配置项的概要设计与详细设计，具体实践中可以根据实际情况进行调整。其中，软件系统分析与设计，是开发大型软件系统在完成需求调研或者接收到任务后首先做的事情。其原因在于按照软件工程过程的要求，对于复杂软件，需要划分为多个配置项来实现。那么在得到基本的开发输入以后，首要的工作是进行系统分析，设计好系统的架构图。系统的架构图描述了系统由几部分组成，系统多个配置项之间的接口关系，并详细说明接口间数据传递的要求，包括通信协议和通信数据元素的定义（名称、单位、类型、格式、数据范围等）。

在明确了系统架构后，就可以将工作分解到多人并行开发；开发人员以系统架构为依据进行下一步的需求分析、设计和编码工作。

11.2.1　项目描述

项目来源于某地面设备监控中心的信息系统建设部分，该项目开发流程按照发射场的软件工程过程和质量管理体系开发，功能齐全，代码规模庞大。项目主要应用 Qt、Java、Vue、MQTT、MySQL 数据库、Redis 实时数据库等编程语言及开发工具。

为了在有限的篇幅内让读者朋友们对发射场的信息系统开发有一个较为全面的了解，本实例在软件功能的示范上，抽取了部分典型功能来实现，简化了项目功能；在开发过程的示范上，保留了关键环节的关键设计，简化了设计的复杂性，并删除了质量管理相关的内容。

保留的功能包括，上位机软件通过 Modbus 协议从 PLC 获取推进剂 3 个储罐的温度、压力和液位信息等加注数据，并以约定的协议格式发送给地面设备数据接收存储软件，地面设备数据接收存储软件将接收的加注数据保存到历史数据库和实时数据库。前端显示软件完成实时数据和历史数据的显示，以表格形式显示实时信息汇总，以图形方式显示 3 个储罐的示意图，以曲线方式显示信息的历史数据。

对于开发过程简化示范，则只是对系统设计、需求分析、各个配置项的设计和编码实现的核心内容进行说明，大量关于计划制定、编写用户手册和研制总结报告等质量管理相关内容未进行描述。

11.2.2　系统架构设计

根据上述需求，设计的实例应用系统架构如图 11.2-1 所示。

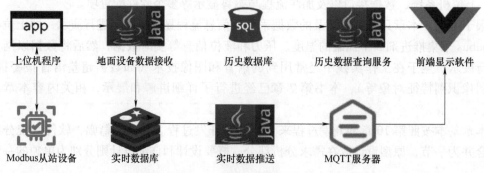

图 11.2-1　实例应用系统架构

整个系统划分为以下 5 个配置项：

（1）Modbus 数据采集配置项。数据来源于地面设备网。在地面设备网中，有大量传感器与 PLC 相连接，上位机软件通过 Modbus 协议从 PLC 中获取火箭加注数据，并以约定的协议格式（UDP、DDP）发送给地面设备数据接收存储软件。

（2）设备数据接收存储配置项。该配置项与上位机软件约定实时数据共享方案，将加注数据保存到历史数据库和实时数据库。

（3）实时数据推送配置项。该配置项从实时数据库中获取实时数据后转成 MQTT 消息写入到 MQTT 服务器。

（4）历史数据查询服务配置项。在获得前端显示软件的历史数据请求后，从历史数据库中读取历史数据发送给前端显示软件。

（5）前端显示配置项。前端显示软件负责实时数据和历史数据的显示，要求以表格形式显示实时信息汇总，以图形方式显示 3 个储罐的示意图，以曲线方式显示信息的历史数据。

本系统架构设计不合理的部分在于，地面设备数据接收存储软件本可以将数据直接转换成 MQTT 消息写入 MQTT 服务器，但由于实时数据库本身在发射场的应用非常广泛，为了示范本书第 6 章中实时数据库的用法，而特意加入了实时数据库的环节。

11.2.3 系统接口约定

系统划分的 5 个配置项在进行分工开发和协同工作时，需要首先约定好配置项之间的接口关系，见表 11.2-1。

表 11.2-1 不同配置项之间的接口关系

接口名称	通信协议	通信数据元素的定义内容
Modbus 数据采集软件与地面设备间接口	与地面设备之间采用 Modbus 协议，与地面设备数据接收存储软件为 DDP	Modbus 协议参考相应国际标准
地面设备数据接收存储软件与 Modbus 数据采集软件接口	地面设备数据接收存储软件通过 DDP 组播接收 Modbus 数据采集软件采集的数据，不向 Modbus 数据采集软件发送数据	DDP 具体格式见表 11.2-2。组播地址、端口号、组播频率参见实际配置文件
地面设备数据接收存储软件与历史数据查询服务软件接口	地面设备数据接收存储软件将数据写入关系型数据库，历史数据查询服务软件从关系数据库中读取历史数据	关系型数据库采用 MySQL，具体的格式参见数据库设计部分
地面设备数据接收存储软件与实时数据推送软件接口	地面设备数据接收存储软件将数据写入实时数据库，实时数据推送软件从实时数据库中读取实时数据	实时数据库采用 Redis，具体的格式参见数据库设计部分
历史数据查询服务软件与前端显示软件接口	通过 HTTP Webservice 通信	包括 3 个储罐的温度、压力、液位历史信息
实时数据推送软件接与前端显示软件接口	通过 MQTT 消息通信	包括 3 个储罐的温度、压力、液位实时信息，3 个储罐、管路、阀门、泵的图片编号和火箭液位高度

DDP 是本项目约定的数据采集与后续数据存储显示之间的协议，具体格式见表 11.2-2。不同架构的 CPU 有不同的字节序类型，字节序是指多个字节的序列在内存中保存的顺序。

例如，ARM 和 X86 系列 CPU 都采用 little-endian 字节序，即将低序字节存储在起始地址（低位编址）；龙芯 CPU 采用 big-endian 字节序，即将高序字节存储在起始地址（高位编址）。这里约定采用 little-endian 字节序进行网络传输，即低字节在前、高字节在后的字节顺序。

表 11.2-2　DDP 具体格式

应用包头			
数据类型标志（DT）	包序号（No.）	数据帧长（length）	数据域（data）

应用包头内各字段的具体含义如下：

1）数据类型标志（DT），唯一标识应用数据包内数据域的内容，为 1B，0 表示 4B 数值类型，1 表示 1B 状态类型。

2）包序号（No.），为某一端到端通信双方发送同一数据标识的数据包累计计数，为 4B。

3）数据帧长（length），表示数据域数据帧的长度，为 2B。

4）数据域（data），承载需要传输的各类有效数据。

11.2.4　系统部署

系统部署的硬件：上位机为一台基于银河麒麟桌面版（V10）操作系统的计算机，分别使用 RS-485 和 RJ-45 接口与 PLC 连接。数据服务器和 Web 服务器为基于银河麒麟服务器版（4.0.2）操作系统的计算机。信息浏览终端为任意带有浏览器的计算机设备。

配置项和相应的基础软件运行部署视图如图 11.2-2 所示。

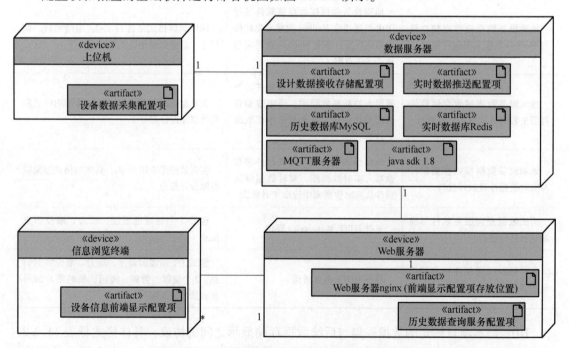

图 11.2-2　配置项和相应的基础软件运行部署视图

11.3 软件需求分析

11.3.1 总体需求

数据采集端主要功能是实时从 PLC 采集火箭加注数据，并以 DDP 格式发送给地面设备数据接收存储软件，另外具有 PLC 远程控制、采集数据曲线显示两个功能。前端显示的功能是以网页形式提供实时和历史数据查询功能。要求网页左侧显示 3 个储罐，右侧显示一个火箭，中间以四分屏方式显示实时信息汇总——储罐的温度、压力和液位历史曲线。

用例图是用来描述系统需求的技术，表示一个系统中用例与参与者及其关系的图，主要用于需求分析阶段。图 11.3-1 所示为系统用例图。

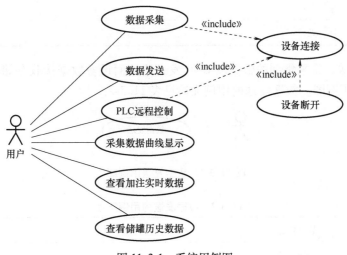

图 11.3-1 系统用例图

11.3.2 需求描述

（1）数据采集。通过 Modbus 串行或 TCP 通信的方式，自动周期性地读取 PLC 的数据，支持以单个或连续方式读取线圈、寄存器，以及能够设定以多长的周期自动循环读取。图 11.3-2 所示为数据采集用例图。数据采集的用例描述见表 11.3-1。

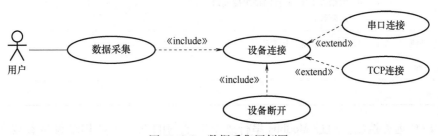

图 11.3-2 数据采集用例图

表 11.3-1　数据采集的用例描述

用例名称	数据采集
参与者	普通用户
简要说明	周期性地读取 PLC 的数据
前置条件	1. Modbus 客户端设备已经启动 2. 网络连接正常
基本事件流	1. 用户打开软件 2. 通过 Modbus 串行或 TCP 通信的方式与 Modbus 客户端建立连接 3. 以单个或连续方式读取线圈、寄存器数据 4. 数据以文本形式显示在软件界面上 5. 用例终止
异常事件流	提示错误信息，用户确认
后置条件	无
注释	无

（2）数据发送。将采集到的数据以 DDP 发送给地面设备数据接收存储软件。图 11.3-3 所示为数据发送用例图。数据发送的用例描述见表 11.3-2。

图 11.3-3　数据发送用例图

表 11.3-2　数据发送的用例描述

用例名称	数据发送
参与者	普通用户
简要说明	采集数据以 DDP 进行网络组播发送
前置条件	1. Modbus 客户端设备已经启动 2. 网络连接正常
基本事件流	1. 用户打开软件 2. 通过 Modbus 串行和 TCP 通信的方式与 Modbus 客户端建立连接 3. 以单个或连续方式读取线圈、寄存器数据 4. 数据以 DDP 进行网络组播发送 5. 用例终止
异常事件流	提示错误信息，用户确认
后置条件	无
注释	无

（3）PLC 远程控制。通过 Modbus 串行或 TCP 通信的方式，对 PLC 设备参数进行设置。图 11.3-4 所示为 PLC 远程控制用例图。PLC 远程控制的用例描述见表 11.3-3。

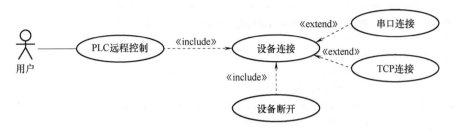

图 11.3-4　PLC 远程控制用例图

表 11.3-3　PLC 远程控制的用例描述

用例名称	PLC 远程控制
参与者	普通用户
简要说明	对 PLC 设备的参数进行设置
前置条件	1. Modbus 客户端设备已经启动 2. 网络连接正常
基本事件流	1. 用户打开软件 2. 通过 Modbus 串行或 TCP 通信的方式与 Modbus 客户端建立连接 3. 在软件界面上设置需要修改的参数 4. 对 PLC 设备参数进行设置 5. 用例终止
异常事件流	提示错误信息，用户确认
后置条件	无
注释	无

（4）采集数据曲线显示。把采集到的火箭加注数据以曲线形式实时显示在软件主界面上，不同的数据用不同的颜色进行区分。图 11.3-5 所示为采集数据曲线显示用例图。采集数据曲线显示的用例描述见表 11.3-4。

图 11.3-5　采集数据曲线显示用例图

表 11.3-4　采集数据曲线显示的用例描述

用例名称	采集数据曲线显示
参与者	普通用户

（续）

简要说明	把采集到火箭加注数据以曲线形式实时显示在软件主界面上
前置条件	数据采集正常
基本事件流	1. 用户打开软件 2. 把采集到火箭加注数据以曲线形式实时显示在软件主界面上 3. 用例终止
异常事件流	提示错误信息，用户确认
后置条件	无
注释	无

（5）查看加注实时数据。通过表格和动画的方式实时显示 3 个储罐的温度、压力和液位信息。图 11.3-6 所示为查看加注实时数据用例图。查看加注实时数据的用例描述见表 11.3-5。

图 11.3-6　查看加注实时数据用例图

表 11.3-5　查看加注实时数据的用例描述

用例名称	查看加注实时数据
参与者	普通用户
简要说明	用户实时观察储罐的温度、压力、液位
前置条件	1. MQTT 服务器已经启动 2. 网络连接正常
基本事件流	1. 用户打开火箭推进剂加注演示页面 2. 系统显示火箭推进剂加注的动画演示画面 3. 如果有实时数据更新，演示画面的图元按照数据更新进行显示 4. 实时数据以文本形式显示在储罐和贮箱的相应位置 5. 用例终止
异常事件流	提示错误信息，用户确认
后置条件	无
注释	无

（6）查看加注历史数据。通过折线图的方式显示 3 个储罐的温度、压力和液位信息。图 11.3-7 所示为查看加注历史数据用例图。查看加注历史数据的用例描述见表 11.3-6。

图 11.3-7　查看加注历史数据用例图

表 11.3-6　查看加注历史数据的用例描述

用例名称	查看加注历史数据
参与者	普通用户
简要说明	查看储罐温度、压力、液位曲线
前置条件	1. 历史数据服务已经启动 2. 网络连接正常
基本事件流	1. 用户打开火箭推进剂加注演示页面 2. 系统显示火箭推进剂加注的动画演示画面 3. 用户选择某一个储罐 4. 系统显示该储罐的温度、压力、液位数据 5. 用例终止
异常事件流	提示错误信息，用户确认
后置条件	无
注释	无

11.3.3　系统原型设计

在大型的软件设计中，原型设计常作为软件需求分析的一个结果。通过软件原型，使得在产品开发初期就模拟出真实的使用体验并提供给用户，使得用户尽快发现需求分析中存在的问题。

原型设计的主要工具是 Axure。通过 Axure 生成一个可交互的网页程序，既可以展示 B/S 架构的应用，也可以用于演示普通的桌面应用。Axure 是一款专业的用户界面设计工具，能够帮助设计师快速搭建出产品的界面原型。在本实例中，用户界面软件原型设计结果如图 11.3-8 所示。

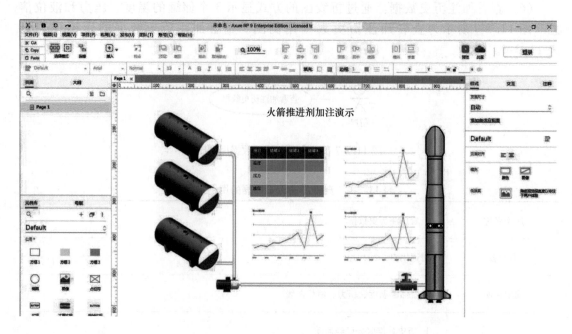

图 11.3-8　用户界面软件原型设计结果

11.4　软件概要设计

概要设计主要包括 4 个视图的设计，即逻辑视图；进程视图、实现视图和部署视图；另外，还包括数据项的设计，主要是数据库的设计。用例视图加上这 4 个视图，在发射场简称为 1+4 视图。在其他出版物或者电子文献中，用例视图也被称为场景视图；逻辑视图又被称为设计视图；进程视图称为交互视图、处理视图；实现视图称为开发视图；部署视图称为物理视图。读者朋友们在阅读时，需要注意不同的称谓可能代表相同的视图。

11.4.1　设备数据采集配置项

该配置项要实现一个设备数据采集软件，能够通过 Modbus 串行和 TCP 两种通信方式实时从 PLC 采集火箭加注数据，并以 DDP 发送给地面设备数据接收存储软件，另外具有 PLC 远程控制、采集数据曲线显示两个功能。

11.4.1.1　逻辑视图

（1）层次分解。基于前面的需求分析，本配置项设计的类包括主窗口类 MainWindow、发送 Modbus 请求接口类 QModbusClient、Modbus 数据容器类 QModbusDataUnit、绘图类 QCustomPlot 等，类关系如图 11.4-1 所示。其中，MainWindow 类为自定义的类，QCustomPlot 为第三方绘图类，其他为 Qt 自带库支持的 QUdpSocket、Modbus 串口通信和 Modbus TCP 通信类。

（2）模块说明。主框架类 MainWindow 模块（见表 11.4-1~表 11.4-3 和图 11.4-2）。

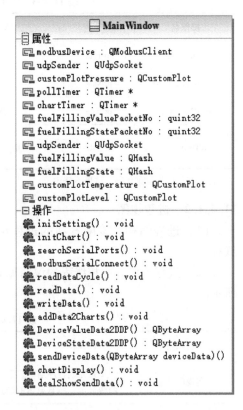

图 11.4-1　配置项类关系　　　　　图 11.4-2　主框架类 MainWindow 模块

表 11.4-1　主框架类 MainWindow 模块说明

模块名称	主框架类 MainWindow
类图	见图 11.4-2
内容描述	属性描述见表 11.4-2，操作描述见表 11.4-3

表 11.4-2　主框架类 MainWindow 属性描述

字段名	可见性	类型	默认值	静态	描述
modbusDevice	private	QModbusClient	无	false	设备 Modbus 客户端类对象
customPlotPressure	private	QCustomPlot	无	false	显示储罐压力
pollTimer	private	QTimer	无	false	定时采集数据
udpsender	private	QUdpSocket	无	false	用于 UDP 组播发送数据

注：其他字段类型及功能详见代码及其注释，这里不赘述。

表 11.4-3　主框架类 MainWindow 操作描述

操作名	可见性	参数	返回类型	静态	描述
initSetting	private	无	无	false	初始化控件
searchSerialPorts	private	无	无	false	初始化折线图等图
readDataCycle	private	无	无	false	周期采集设备数据
sendDeviceData	private	QByteArray	无	false	UDP 组播发送采集的设备数据

注：其他操作详见代码，这里不赘述。

11.4.1.2　进程视图

（1）进程结构。该配置项的进程结构为单进程单线程，系统只有一个线程，为主控线程。

（2）进程说明。主控线程的说明见表 11.4-4。设备数据采集主控线程顺序图如图 11.4-3 所示。

表 11.4-4　主控线程的说明

线程名称	主控线程
实现的功能	负责完成程序启动、系统初始化、程序退出、系统设置、数据采集、数据发送、采集数据曲线显示、所有窗体的消息循环等
生命周期	从应用程序启动开始，到用户退出程序结束
相关线程	无
图形说明	主控线程顺序图如图 11.4-3 所示

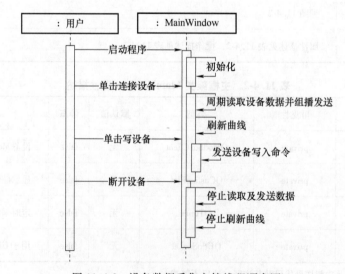

图 11.4-3　设备数据采集主控线程顺序图

11.4.1.3　实现视图

（1）组件关系。本配置项的实施组件包含一个可执行程序和 Qt 的基础库（包括界面库、Modbus 库、图表库）。由可执行程序调用其他组件完成软件功能。工作产品组件包含 MainWindow 等一系列类和 ModbusServer.pro 配置文件以及 UI 和资源文件，该配置项实现视图如图 11.4-4 所示。

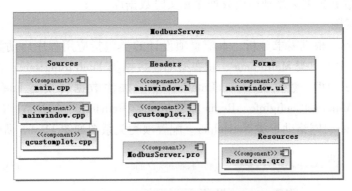

图 11.4-4　设备数据采集配置项实现视图

（2）组件说明。实现视图中 main.cpp 为应用程序的入口函数 main（）所在的文件，ModbusServer.pro 为配置项工程文件，mainwindow.ui 为配置项的界面文件，Resources.qrc 为资源文件，其他文件为与文件名相同的类实现和类定义文件。Qt 的基础库包含的组件读者可以参考相关的书籍去了解。这里只对可执行程序这一个组件进行示范性说明，见表 11.4-5。

表 11.4-5　可执行程序组件说明

构件名称	ModbusServer
输入依赖关系	无
设计元素	主框架、曲线表格、参数设置区域、菜单、读取 Modbus 从站数据、发送 DDP 数据

11.4.1.4　部署视图

Modbus 数据采集软件运行的计算机硬件系统为 1 台宝德 PT612Q 计算机，其硬件配置表见表 11.4-6。

表 11.4-6　Modbus 数据采集软件运行计算机硬件配置表

序号	设备	配置
1	CPU	飞腾 2000，4 核
2	内存	16GB
3	硬盘	512GB 固态
4	网卡	千兆，1 块
5	显卡	显存 2GB，显示器 1K 分辨率

软件运行环境要求：操作系统银河麒麟桌面版 V10，需安装 Qt5.9.9。

其部署视图如图 11.2-2 所示。

11.4.2　设备数据接收存储配置项

该配置项实现的功能有两个：一是接收上位机程序通过定义的 DDP 发送的设备数据；二是将接收到的数据分别保存到历史数据库和实时数据库。

11.4.2.1　逻辑视图

（1）层次分解。根据需求分析，本配置项设计的类包括应用程序启动类 DeviceDataReceiveApplication、主窗口类 MainFrame、状态型加注数据类 FuelFillingState、数值型加注数据类 FuelFillingValue、DDP 数据类 DeviceDataPackage、加注数据转换类 FuelFillingConverter、组播配置信息类 MulticastConfigInfo、Redis 配置信息类 RedisInfo、加注数据写入历史数据库类 FuelFillingMapper、网络助手类 NetHelper。配置项类关系图如图 11.4-5 所示。

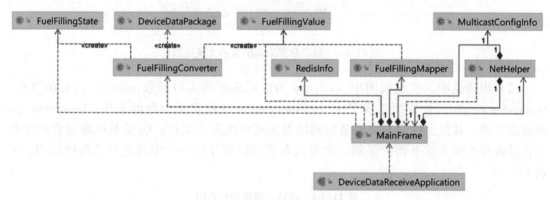

图 11.4-5　配置项类关系图

（2）模块说明。

1）应用程序启动类 DeviceDataReceiveApplication。该类没有属性，只有一个 main 操作。其操作描述见表 11.4-7。

表 11.4-7　DeviceDataReceiveApplication 类操作描述

操作名	可见性	参数	返回类型	静态	描述
main	public	String［］args，应用程序从命令行启动时的启动参数	无	true	应用程序入口函数

2）主框架类 MainFrame 模块（见表 11.4-8~表 11.4-10 和图 11.4-6）。

表 11.4-8　主框架类 MainFrame 模块说明

模块名称	主框架类 MainFrame
类图	见图 11.4-6
内容描述	属性描述见表 11.4-9，操作描述见表 11.4-10

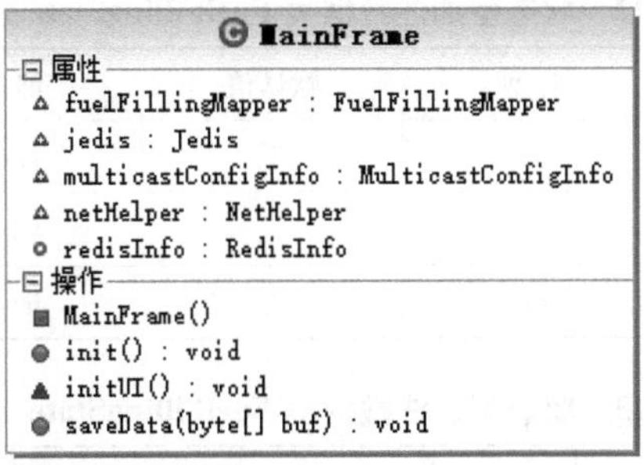

图 11.4-6　主架框类 MainFrame 模块

表 11.4-9　主架框类 MainFrame 属性描述

字段名	可见性	类型	默认值	静态	描述
fuelFillingMapper	private	FuelFillingMapper	无	false	用于读写历史数据库
multicastConfigInfo	private	MulticastConfigInfo	无	false	用于获取组播配置信息
netHelper	private	NetHelper	无	false	用于网络访问
redisInfo	private	RedisInfo	无	false	用于获取 Redis 数据库配置信息
jedis	private	Jedis	无	false	用于读写 Redis 数据库

表 11.4-10　主架框类 MainFrame 操作描述

操作名	可见性	参数	返回类型	静态	描述
MainFrame	private	无	无	false	构造函数
init	private	无	无	false	初始化各种信息
initUI	private	无	无	false	初始化用户界面
saveData	private	byte［］，需要保存的数据	无	false	保存数据到 Redis 和 MySQL

3）状态型加注数据类 FuelFillingState 模块（见表 11.4-11~表 11.4-13 和图 11.4-7）。

表 11.4-11　状态型加注数据类 FuelFillingState 模块说明

模块名称	状态型加注数据类 FuelFillingState
类图	见图 11.4-7
内容描述	属性描述见表 11.4-12，操作描述见表 11.4-13

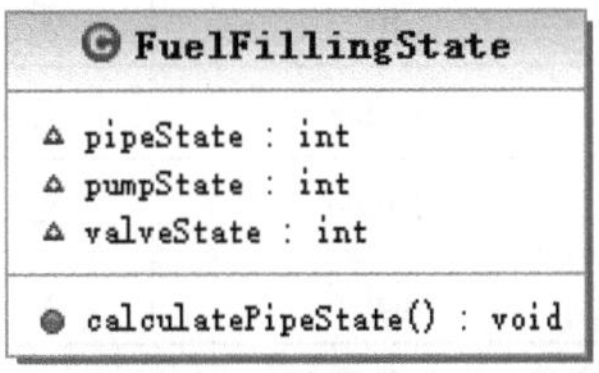

图 11.4-7　状态型加注数据类 FuelFillingState 模块

表 11. 4-12　状态型加注数据类 FuelFillingState 属性描述

字段名	可见性	类型	默认值	静态	描述
pumpState	Private	int	无	false	表示泵的状态
valveState	Private	int	无	false	表示阀门的状态
pipeState	Private	int	无	false	表示管路的状态

表 11. 4-13　状态型加注数据类 FuelFillingState 操作描述

操作名	可见性	参数	返回类型	静态	描述
calculatePipeState	private	无	无	false	通过阀门和泵的状态计算管路状态

4）数值型加注数据类 FuelFillingValue 模块（见表 11. 4-14~表 11. 4-16 和图 11. 4-8）。

表 11. 4-14　数值型加注数据类 FuelFillingValue 模块说明

模块名称	数值型加注数据类 FuelFillingValue
类图	见图 11. 4-8
内容描述	属性描述见表 11. 4-15，操作描述见表 11. 4-16

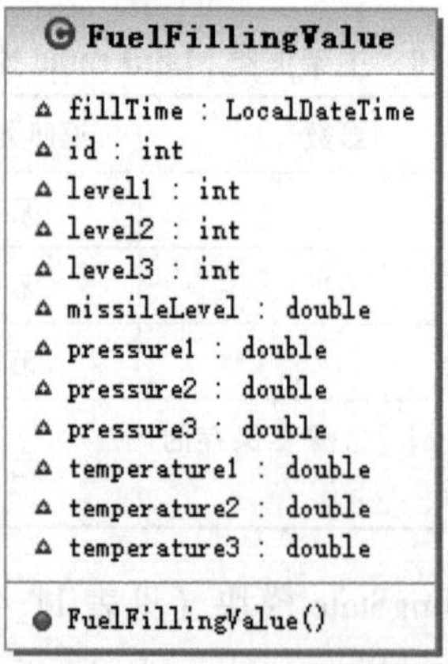

图 11. 4-8　数值型加注数据类 FuelFillingValue 模块

表 11. 4-15　数值型加注数据类 FuelFillingValue 属性描述

字段名	可见性	类型	默认值	静态	描述
fillTime	private	java. time. LocalDateTime	无	false	表示数据记录的时间
level1	private	int	无	false	表示 1 号罐液位
pressure1	private	double	无	false	表示 1 号罐压力
temperature1	private	double	无	false	表示 1 号罐温度
missileLevel	private	double	无	false	表示火箭贮箱液位

注：其他字段类型及功能详见代码及其注释，这里不赘述。

表 11.4-16 数值型加注数据类 FuelFillingValue 操作描述

操作名	可见性	参数	返回类型	静态	描述
FuelFillingValue	public	无	无	false	构造函数
makeTableData	public	无	无	false	生成实时显示表格数据

5）DDP 数据类 DeviceDataPackage 模块（见表 11.4-17~表 11.4-19 和图 11.4-9）。该类对应于 11.2.2 节约定的 ModbusServer 配置项与本配置项之间的接口约定，是对接口数据格式的抽象。

表 11.4-17 DDP 数据类 DeviceDataPackage 模块说明

模块名称	DDP 数据类 DeviceDataPackage
类图	见图 11.4-9
内容描述	属性描述见表 11.4-18，操作描述见表 11.4-19

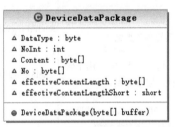

图 11.4-9 DDP 数据类 DeviceDataPackage 模块

表 11.4-18 DDP 数据类 DeviceDataPackage 属性描述

字段名	可见性	类型	默认值	静态	描述
DataType	private	byte	无	false	数据包类型
NoInt	private	int	无	false	包序号
effectiveContentLength	private	byte[]	无	false	表示数据域数据帧的长度
effectiveContentLengthShort	private	short	无	false	是 effectiveContentLength 字节转换后得到的短整数

注：其他字段类型及功能详见代码及其注释，这里不赘述。

表 11.4-19 DDP 数据类 DeviceDataPackage 操作描述

操作名	可见性	参数	返回类型	静态	描述
DeviceDataPackage	public	byte[] buffer，用于构造 DDP 帧的数据	无	false	构造函数

6）加注数据转换类 FuelFillingConverter 模块（见表 11.4-20、表 11.4-21 和图 11.4-10）。该类为静态类，包含了一系列静态方法用于实现将接收到的字节数组转换为加注状态或加注数值。

365

表 11.4-20 加注数据转换类 FuelFillingConverter 模块说明

模块名称	加注数据转换类 FuelFillingConverter
类图	见图 11.4-10
内容描述	属性无，操作描述见表 11.4-21

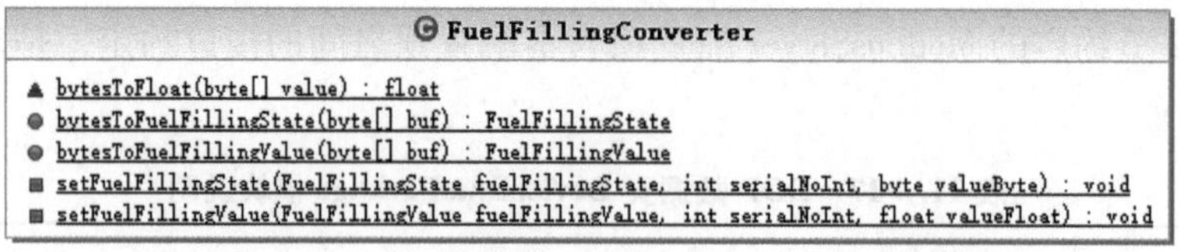

图 11.4-10 加注数据转换类 FuelFillingConverter 模块

表 11.4-21 加注数据转换类 FuelFillingConverter 操作描述

操作名	可见性	参数	返回类型	静态	描述
bytesToFuelFillingValue	public	byte[] buffer，用于转换的字节数组	FuelFillingValue	true	把字节数组转换成加注数值
bytesToFuelFillingState	public	byte[] buffer，用于转换的字节数组	FuelFillingState	true	把字节数组转换成加注状态
setFuelFillingState	private	fuelFillingState，被设置的加注状态类对象；serialNoInt，为 0 表示泵，为 1 表示阀门；valueByte，0 表示关，1 表示开	void	true	设置加注状态：设置为泵的状态还是阀门的状态

注：其他操作及功能说明详见代码及其注释，这里不赘述。

7）组播配置信息类 MulticastConfigInfo 模块（见表 11.4-22、表 11.4-23 和图 11.4-11）。该类用于读取并保存组播的配置信息。

表 11.4-22 组播配置信息类 MulticastConfigInfo 模块说明

模块名称	组播配置信息类 MulticastConfigInfo
类图	见图 11.4-11
内容描述	属性描述见表 11.4-23，操作无

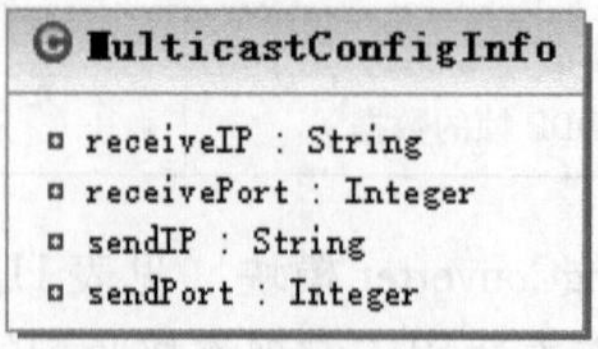

图 11.4-11 组播配置信息类 MulticastConfigInfo 模块

表 11.4-23　组播配置信息类 MulticastConfigInfo 属性描述

字段名	可见性	类型	默认值	静态	描述
receiveIP	private	String	无	false	组播接收地址
receivePort	private	Integer	无	false	组播接收端口号

注：其他字段类型及功能详见代码及其注释，这里不赘述。

8）Redis 配置信息类 RedisInfo 模块（见表 11.4-24、表 11.4-25 和图 11.4-12）。该类用于读取并保存 Redis 的配置信息。

表 11.4-24　Redis 配置信息类 RedisInfo 模块说明

模块名称	Redis 配置信息类 RedisInfo
类图	见图 11.4-12
内容描述	属性描述见表 11.4-25，操作无

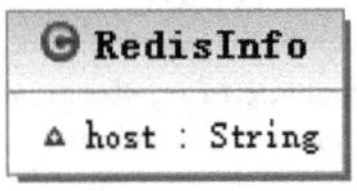

图 11.4-12　Redis 配置信息类 RedisInfo 模块

表 11.4-25　Redis 配置信息类 RedisInfo 属性描述

字段名	可见性	类型	默认值	静态	描述
host	private	String	无	false	redis 主机信息

9）加注数据写入历史数据库类 FuelFillingMapper 模块（见表 11.4-26、表 11.4-27 和图 11.4-13）。该类是 mybatis 框架通过注解方式写入数据库的类。在编码时，只需要写一个接口，由 mybatis 框架转换为实际的数据读写类。

表 11.4-26　加注数据写入历史数据库类 FuelFillingMapper 模块说明

模块名称	加注数据写入历史数据库类 FuelFillingMapper
类图	见图 11.4-13
内容描述	操作描述见表 11.4-27

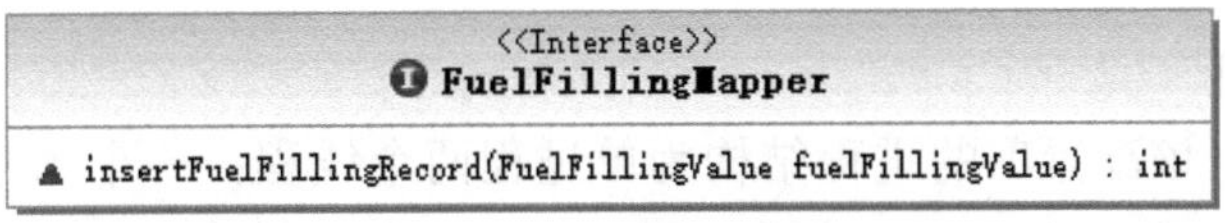

图 11.4-13　加注数据写入历史数据库类 FuelFillingMapper 模块

表 11.4-27　加注数据写入历史数据库类 FuelFillingMapper 操作描述

操作名	可见性	参数	返回类型	静态	描述
insertFuelFillingRecord	public	FuelFillingValue，被插入的数据值	int，表示影响的行数	false	构造函数

10）网络助手类 NetHelper 模块（见表 11.4-28～表 11.4-30 和图 11.4-14）。该类实现组播数据的接收功能。

表 11.4-28　网络助手类 NetHelper 模块说明

模块名称	网络助手类 NetHelper
类图	见图 11.4-14
内容描述	属性描述见表 11.4-29，操作描述见表 11.4-30

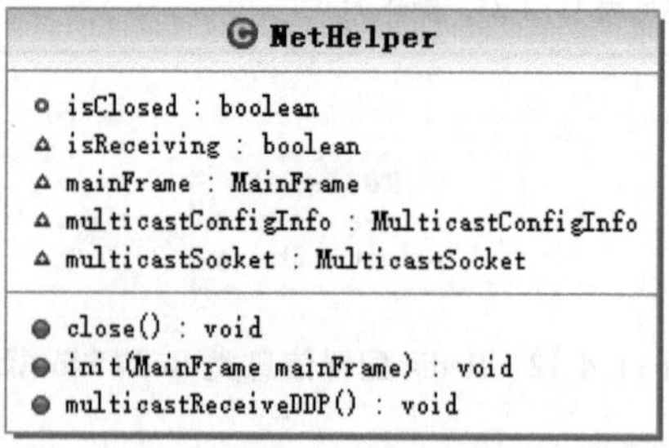

```
         🔵 NetHelper

  ○ isClosed : boolean
  △ isReceiving : boolean
  △ mainFrame : MainFrame
  △ multicastConfigInfo : MulticastConfigInfo
  △ multicastSocket : MulticastSocket

  ● close() : void
  ● init(MainFrame mainFrame) : void
  ● multicastReceiveDDP() : void
```

图 11.4-14　网络助手类 NetHelper 模块

表 11.4-29　网络助手类 NetHelper 属性描述

字段名	可见性	类型	默认值	静态	描述
mainFrame	private	MainFrame	无	false	包含了一个主控类的引用
multicastSocket	private	MulticastSocket	无	false	组播接收套接字
multicastConfigInfo	private	MulticastConfigInfo	无	false	组播配置信息

注：其他字段类型及功能详见代码及其注释，这里不赘述。

表 11.4-30　网络助手类 NetHelper 操作描述

操作名	可见性	参数	返回类型	静态	描述
multicastReceiveDDP	public	无	无	false	组播接收 DDP 数据，这是一个线程函数，会在一个独立的线程中运行

注：其他操作及功能说明详见代码及其注释，这里不赘述。

11.4.2.2　进程视图

（1）进程结构。该配置项的进程结构为单进程两个线程：一个为主控线程；另一个为数据接收线程。

（2）进程说明（见表 11.4-31、表 11.4-32 和图 11.4-15、图 11.4-16）。

表 11.4-31　主控线程的说明

线程名称	主控线程
实现的功能	负责完成程序启动、系统初始化、程序退出、系统设置、数据读取、所有窗体的消息循环等
生命周期	从应用程序启动开始，到用户退出程序结束
相关线程	无
图形说明	主控线程顺序图见图 11.4-15

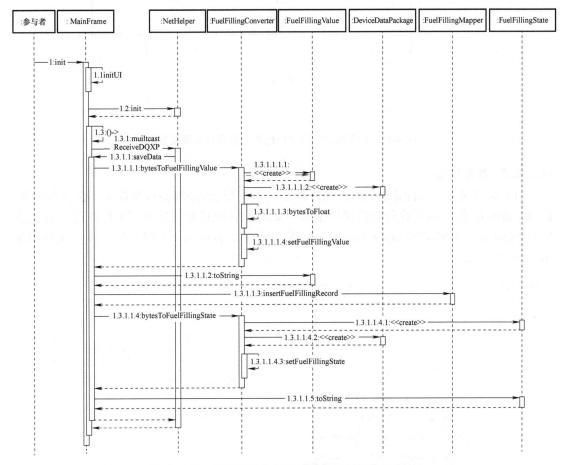

图 11.4-15　设备数据接收存储配置项主控线程顺序图

表 11.4-32　数据接收线程的说明

线程名称	数据接收线程
实现的功能	负责循环接收组播数据，在接收到组播数据后调用 MainFrame 类实现数据保存等
生命周期	从应用程序启动开始，到用户退出程序结束
相关线程	无
图形说明	数据接收线程顺序图见图 11.4-16

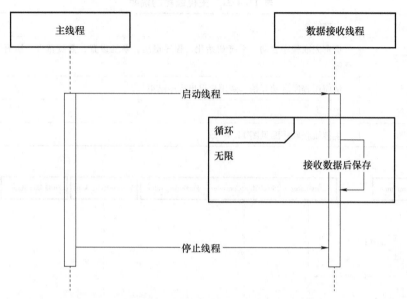

图 11.4-16　设备数据接收存储配置项数据接收线程顺序图

11. 4. 2. 3　实现视图

（1）构件关系。本配置项的实施组件包含一个可执行程序和 Java 基础库（包括界面库、数据库访问库等）。由可执行程序调用 Java 基础库组件完成软件功能。工作产品组件包含 MainFrame 等一系列类和 application. yml 配置文件以及 pom. xml 工程文件，其实现视图如图 11.4-17 所示。

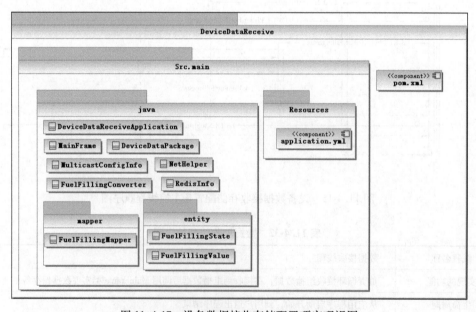

图 11.4-17　设备数据接收存储配置项实现视图

（2）组件说明。Java 基础库包含的组件读者可参考相关书籍了解，这里只对可执行程序这一个组件进行说明（见表 11.4-33），其他组件见逻辑视图中的相关说明。

表 11.4-33 可执行程序组件说明

组件名称	DeviceDataReceive. jar
输入依赖关系	依赖输入的配置文件作为输入
设计元素	主框架、显示组播地址、Redis 地址、MySQL 数据库连接信息的文本框

11.4.2.4 部署视图

设备数据接收存储配置项软件运行的计算机硬件系统为 1 台长城擎天 7259 服务器，其硬件配置见表 11.4-34。

表 11.4-34 设备数据接收存储配置项软件运行计算机硬件配置表

序号	设备	配置
1	CPU	飞腾 1500A，64 核，主频 2.1GHz
2	内存	256GB
3	硬盘	2TB 固态
4	网卡	千兆，4 块

软件运行环境要求：操作系统银河麒麟服务器版 4.0.2，需安装 java sdk 1.8。

其部署视图如图 11.2-2 所示。

11.4.3 实时数据推送配置项

该配置项实现从 Redis 实时数据库读取加注数据，然后转换成 MQTT 消息并发送到 MQTT 服务器的功能。

11.4.3.1 逻辑视图

（1）层次分解。根据需求分析，本配置项设计的类包括应用程序启动类 RealTimeSendApplication、主窗口类 MainFrame、Redis 配置信息类 RedisInfo、消息队列客户端类 MyMQTTClient、消息队列代理器信息类 MqttBrokerInfo，类关系如图 11.4-18 所示。

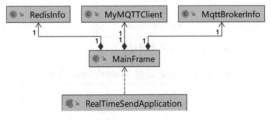

图 11.4-18 实时数据推送配置项类关系图

（2）模块说明。

1）应用程序启动类 RealTimeSendApplication 模块（见表 11.4-35）。该类没有属性，只有一个 main 操作。

表 11. 4-35 应用程序启动类 RealTimeSendApplication 操作描述

操作名	可见性	参数	返回类型	静态	描述
main	public	String[ ] args，应用程序从命令行启动时的启动参数	无	true	应用程序入口函数

2）主窗口类 MainFrame 模块（见表 11. 4-36~表 11. 4-38 和图 11. 4-19）。

表 11. 4-36 主窗口类 MainFrame 模块说明

模块名称	主窗口类 MainFrame
类图	见图 11. 4-19
内容描述	属性描述见表 11. 4-37，操作描述见表 11. 4-38

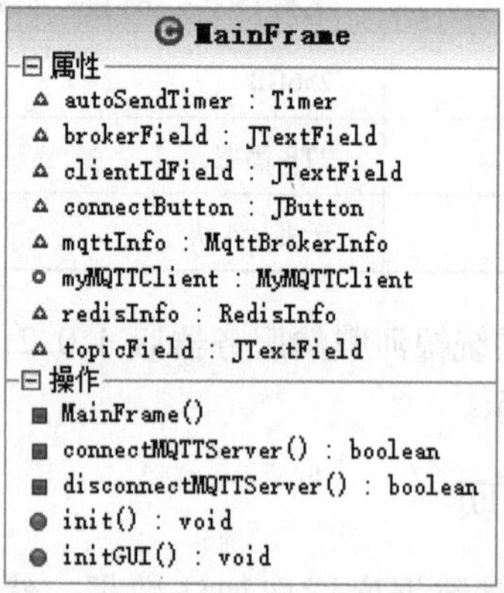

图 11. 4-19 主窗口类 MainFrame 模块

表 11. 4-37 主窗口类 MainFrame 属性描述

字段名	可见性	类型	默认值	静态	描述
autoSendTimer	private	Timer	无	false	用于执行周期性的动作
brokerField	private	JTextField	无	false	显示 MQTT 服务器地址的文本框
myMQTTClient	private	MyMQTTClient	无	false	MQTT 客户端

注：其他字段类型及功能详见代码及其注释，这里不赘述。

表 11. 4-38 主窗口类 MainFrame 操作描述

操作名	可见性	参数	返回类型	静态	描述
MainFrame	private	无	无	false	构造函数
init	private	无	无	false	初始化各种信息
initGUI	private	无	无	false	初始化用户界面
connectMQTTServer	private	无	无	false	连接 MQTT 服务器

3）Redis 配置信息类 RedisInfo 模块（见表 11.4-39、表 11.4-40 和图 11.4-20）。该类用于读取并保存 Redis 的配置信息。

表 11.4-39　Redis 配置信息类 RedisInfo 模块说明

模块名称	Redis 配置信息类 RedisInfo
类图	见图 11.4-20
内容描述	属性描述见表 11.4-40，操作无

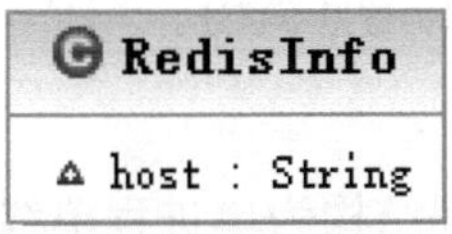

图 11.4-20　Redis 配置信息类 RedisInfo 模块

表 11.4-40　Redis 配置信息类 RedisInfo 属性描述

字段名	可见性	类型	默认值	静态	描述
host	private	String	无	false	Redis 主机信息

4）消息队列客户端类 MyMQTTClient 模块（见表 11.4-41～表 11.4-43 和图 11.4-21）。该类用于向 MQTT 服务器写入消息。

表 11.4-41　消息队列客户端类 MyMQTTClient 模块说明

模块名称	消息队列客户端类 MyMQTTClient
类图	见图 11.4-21
内容描述	属性描述见表 11.4-42，操作描述见表 11.4-43

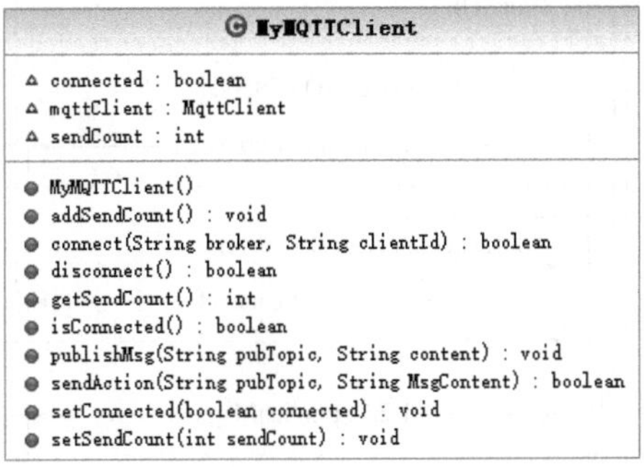

图 11.4-21　消息队列客户端类 MyMQTTClient 模块

表 11.4-42　消息队列客户端类 MyMQTTClient 属性描述

字段名	可见性	类型	默认值	静态	描述
mqttClient	private	MqttClient	无	false	Mqtt 客户端

注：其他字段类型及功能详见代码及其注释，这里不赘述。

表 11.4-43　消息队列客户端类 MyMQTTClient 操作描述

操作名	可见性	参数	返回类型	静态	描述
connect	public	String broker 为服务器地址，String clientId 为客户端编号	无	false	连接 MQTT 服务器
publishMsg	public	String pubTopic 为消息主题，String content 为消息内容	无	false	向 MQTT 服务器发送消息

注：其他操作及功能说明详见代码及其注释，这里不赘述。

11.4.3.2　进程视图

（1）进程结构。该配置项的进程结构为单进程单线程，唯一线程为主控线程。

（2）进程说明（见表 11.4-44 和图 11.4-22）。

表 11.4-44　主控线程的说明

线程名称	主控线程
实现的功能	负责完成程序启动、系统初始化、程序退出、系统设置、从 Redis 中读取数据、向 MQTT 服务器发送消息、所有窗体的消息循环等
生命周期	从应用程序启动开始，到用户退出程序结束
相关线程	无
图形说明	主控线程顺序图见图 11.4-22

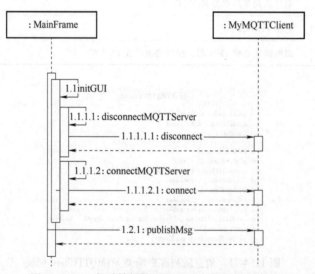

图 11.4-22　实时数据推送配置项主控线程顺序图

11.4.3.3　实现视图

（1）组件关系。本配置项的实施组件包含一个可执行程序和 Java 基础库（包括界面库、数据库访问库等）。由可执行程序调用其他组件完成软件功能。工作产品组件包含 MainFrame 等一系列类和 application. yml 配置文件以及 pom. xml 工程文件，其实现视图如图 11.4-23 所示。

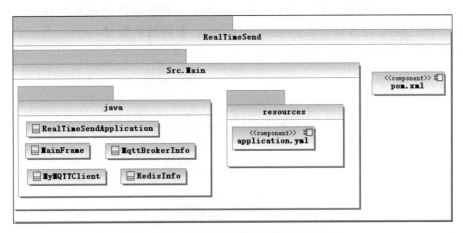

图 11.4-23 实时数据推送配置项实现视图

（2）组件说明。Java 基础库包含的组件读者可参考相关的书籍去了解，这里只对可执行程序这一个组件进行说明（见表 11.4-45），其他组件见逻辑视图的相关说明。

表 11.4-45 可执行程序组件说明

组名称	DeviceDataSend. jar
输入依赖关系	依赖输入的配置文件作为输入
设计元素	主框架、显示 MQTT 服务器地址的文本框

11.4.3.4 部署视图

实时数据推送配置项软件运行的计算机硬件系统为 1 台长城擎天 7259 服务器，其硬件配置见表 11.4-46。

表 11.4-46 实时数据推送配置项软件运行计算机硬件配置表

序号	设备	配置
1	CPU	飞腾 1500A，64 核，主频 2.1GHz
2	内存	256GB
3	硬盘	2TB 固态
4	网卡	千兆，4 块

软件运行环境要求：操作系统银河麒麟服务器 4.0.2 版，需安装 EMQX4.4.2。
其部署视图如图 11.2-2 所示。

11.4.4 历史数据查询服务配置项

该配置项为前端网页提供历史数据查询的功能。

11.4.4.1 逻辑视图

（1）层次分解。根据需求分析，本配置项设计的类包括应用程序启动类 HistoryDataServerApplication、控制器层的控制器类 BasicController、业务逻辑层的服务类 BasicService、数据访问层/持久层的数据库访问类 FuelFillingMapper、查询结果类 HistoryResult、加注数据类 FuelFilling。其类关系图如图 11.4-24 所示。

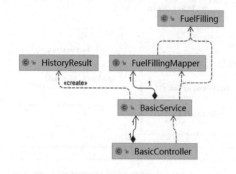

图 11.4-24　历史数据查询服务配置项类关系图

（2）模块说明。

1）应用程序启动类 HistoryDataServerApplication 模块（见表 11.4-47）。该类没有属性，只有一个 main 操作。

表 11.4-47　应用程序启动类 HistoryDataServerApplication 操作描述

操作名	可见性	参数	返回类型	静态	描述
main	public	String［］ args，应用程序从命令行启动时的启动参数	无	true	应用程序入口函数

2）控制器类 BasicController 模块（见表 11.4-48~表 11.4-50 和图 11.4-25）。

表 11.4-48　控制器类 BasicController 模块说明

模块名称	控制器类 BasicController
类图	见图 11.4-25
内容描述	属性描述见表 11.4-49，操作描述见表 11.4-50

```
ⓒ BasicController

△ basicService : BasicService

● getHistoryData(String tankID) : String
```

图 11.4-25　控制器类 BasicController 模块

表 11.4-49　控制器类 BasicController 属性描述

字段名	可见性	类型	默认值	静态	描述
basicService	private	BasicService	无	false	用于完成逻辑处理

表 11.4-50 控制器类 BasicController 操作描述

操作名	可见性	参数	返回类型	静态	描述
getHistoryData	private	@ RequestParam("tankid") String tankID	String	false	控制器函数，接收页面 请求后返回数据

3）服务类 BasicService 模块（见表 11.4-51~表 11.4-53 和图 11.4-26）。

表 11.4-51 服务类 BasicService 模块说明

模块名称	服务类 BasicService
类图	见图 11.4-26
内容描述	属性描述见表 11.4-52，操作描述见表 11.4-53

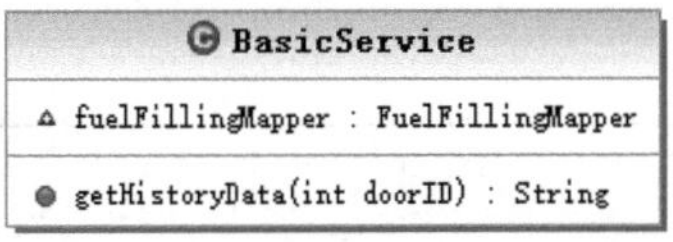

图 11.4-26 服务类 BasicService 模块

表 11.4-52 服务类 BasicService 属性描述

字段名	可见性	类型	默认值	静态	描述
fuelFillingMapper	private	FuelFillingMapper	无	false	用于访问数据库

表 11.4-53 服务类 BasicService 操作描述

操作名	可见性	参数	返回类型	静态	描述
getHistoryData	public	int doorID	String	false	完成对数据的逻辑处理

4）数据库访问类 FuelFillingMapper 模块（见表 11.4-54、表 11.4-55 和图 11.4-27）。

表 11.4-54 数据库访问类 FuelFillingMapper 模块说明

模块名称	数据库访问类 FuelFillingMapper
类图	见图 11.4-27
内容描述	属性无，操作描述见表 11.4-55

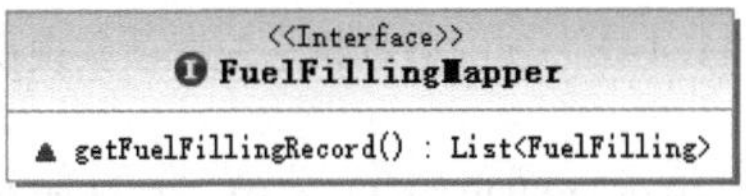

图 11.4-27 数据库访问类 FuelFillingMapper 模块

表 11.4-55 数据库访问类 FuelFillingMapper 操作描述

操作名	可见性	参数	返回类型	静态	描述
getFuelFillingRecord	public	无	List<FuelFilling>	false	完成对数据的逻辑处理

5）加注数据类 FuelFilling 模块。该模块同 11.4.2.1 节的 FuelFillingValue 模块，属性操作等均完全相同。

11.4.4.2 进程视图

（1）进程结构。该配置项的进程为单进程多线程，每一次 Web 页面请求都会创建一个 Web 请求服务线程。但这个线程不需要开发人员维护。

（2）进程说明（见表 11.4-56）。

表 11.4-56 Web 请求服务线程的说明

线程名称	Web 请求服务线程
实现的功能	负责完成对 Web 请求的响应
生命周期	从 Web 请求到达开始，到返回响应结束
相关线程	无
图形说明	无

11.4.4.3 实现视图

（1）组件关系。本配置项的实施组件包含一个可执行程序（jar 包），这个可执行程序打包了各种依赖库。工作产品组件包含 MainFrame 等一系列类和 application.yml 配置文件以及 pom.xml 工程文件。其实现视图如图 11.4-28 所示。

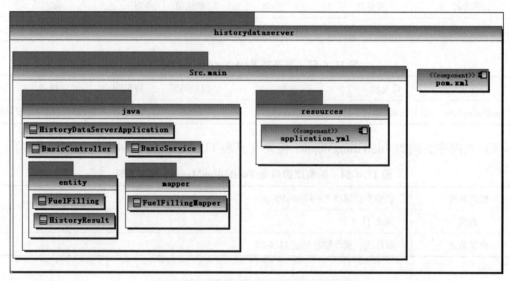

图 11.4-28 实时数据推送配置项实现视图

（2）组件说明。可执行程序组件说明见表 11.4-57，其他组件见逻辑视图中的相关说明。

表 11.4-57 可执行程序组件说明

组件名称	HistoryDataServer.jar
输入依赖关系	依赖输入的配置文件作为输入
设计元素	控制台程序，没有用户图形化接口

11. 4. 4. 4   部署视图

该配置项部署服务器与地面设备数据接收存储软件硬件配置，称为 Web 服务器，部署视图如图 11. 2-2 所示。

11. 4. 5   前端显示配置项

详见本书第 5 章相关内容。

11. 4. 6   数据库设计

本系统采用 MySQL 作为后台的历史数据数据库，历史加注数据设置为一个表，是保存数值型数据的，状态型数据不保存；采用 Redis 作为实时数据库，保存数值型加注数据和状态型加注数据。

（1）历史加注数据表设计结构见表 11. 4-58。

表 11. 4-58   历史加注数据表设计结构

序号	名称	类型	空	注释
1	id	int（11）	否	主键，自增
2	fillTime	datetime	否	数据记录的时间
3	level1	int（11）	否	1 号罐液位
4	level2	int（11）	否	2 号罐液位
5	level3	int（11）	否	3 号罐液位
6	pressure1	double	否	1 号罐压力
7	pressure2	double	否	2 号罐压力
8	pressure3	double	否	3 号罐压力
9	temperature1	double	否	1 号罐温度
10	temperature2	double	否	2 号罐温度
11	temperature3	double	否	3 号罐温度
12	missileLevel	double	否	火箭贮箱液位

（2）本系统采用 Redis 作为实时数据库，设计结构见表 11. 4-59。

表 11. 4-59   实时数据库设计结构

key 值	value 数据内容	value 数据格式
fuelfillingValue	数值型加注数据	字符串格式
fuelfillingState	状态型加注数据	字符串格式

11.5 软件详细设计

详细设计主要内容是类中各个关键函数或操作的流程图。

11.5.1 设备数据采集配置项

MainWindow 类

（1）简述。MainWindow 类的简要情况见表 11.5-1。

表 11.5-1 MainWindow 类的简要情况

类的类型	普通类
类的设计目的和作用	主窗口类 MainWindow，调用其他类实现数据的采集和显示
类的纵向关系	继承自系统的 QMainWindow 类
类的横向关系	系统启动后，通过入口函数 main（）创建 MainWindow 类对象，在其构造函数中以此实现 Modbus 相关类、界面显示相关类的创建

（2）类的属性和操作。类的属性和操作的基本情况已经在逻辑视图中予以说明，这里只对类的关键操作（函数）流程进行说明。

1）initSetting（）函数流程图，如图 11.5-1 所示。

2）modbusSerialConnect（）函数流程图，如图 11.5-2 所示。

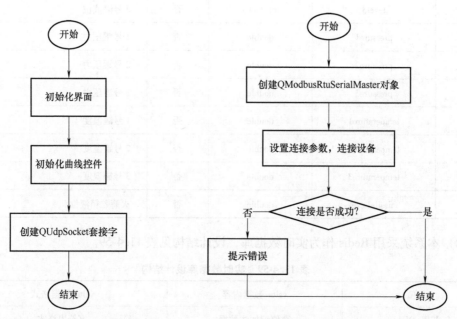

图 11.5-1 initSetting（）函数流程图　　　　图 11.5-2 modbusSerialConnect（）函数流程图

3）readDataCycle（）函数流程图，如图 11.5-3 所示。

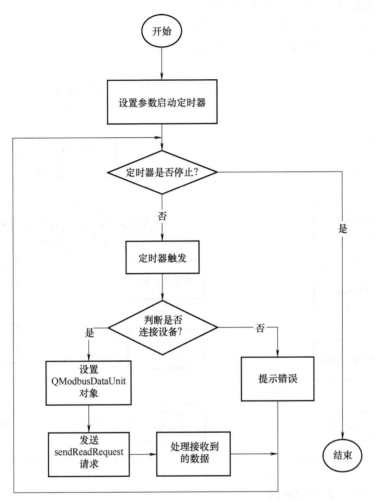

图 11.5-3　readDataCycle( )　函数流程图

11.5.2　设备数据接收存储配置项

11.5.2.1　MainFrame 类

（1）简述。MainFrame 类的简要情况见表 11.5-2。

表 11.5-2　MainFrame 类的简要情况

类的类型	普通类
类的设计目的和作用	主窗口类 MainFrame，调用其他类实现数据的接收和存储
类的纵向关系	继承自 jdk 的 JFrame 类
类的横向关系	系统启动后，通过入口函数 main( ) 创建 MainFrame 类对象，在其初始化函数中实现界面显示、相关类的创建、数据接收线程的启动等功能

（2）类的属性和操作。类的属性和操作的基本情况已经在逻辑视图中予以说明，这里

只对类的关键操作（函数）流程进行说明。

    1）init( ) 函数流程图，如图 11.5-4 所示。

    2）saveData( ) 函数流程图，如图 11.5-5 所示。

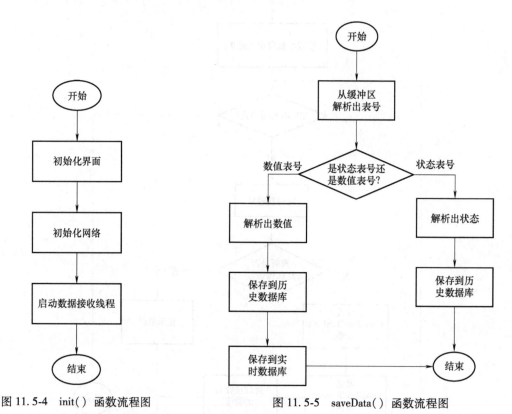

图 11.5-4　init( ) 函数流程图　　　　　图 11.5-5　saveData( ) 函数流程图

11.5.2.2　网络助手类 NetHelper

（1）简述。NetHelper 类的简要情况见表 11.5-3。

表 11.5-3　NetHelper 类的简要情况

类的类型	普通类
类的设计目的和作用	网络助手类 NetHelper，调用其他类实现数据的接收和保存
类的纵向关系	无
类的横向关系	创建 MulticastConfigInfo 类对象、MulticastSocket 类对象实现数据接收，引用 MainFrame 实现数据保存

（2）类的属性和操作。类的属性和操作的基本情况已经在逻辑视图中予以说明，这里只对类的关键操作（函数）流程进行说明。

multicastReceiveDDP( ) 函数流程图，如图 11.5-6 所示。

11.5.2.3　DDP 数据类 DeviceDataPackage

（1）简述。DeviceDataPackage 类的简要情况见表 11.5-4。

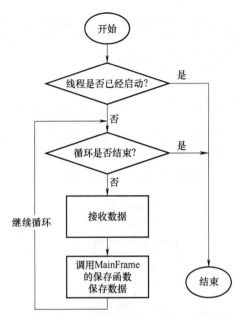

图 11.5-6　multicastReceiveDDP( ) 函数流程图

表 11.5-4　DeviceDataPackage 类的简要情况

类的类型	普通类
类的设计目的和作用	DDP 协议数据包类，代表了 modbusServer 发送的设备数据包
类的纵向关系	无
类的横向关系	被 FuelFillingConverter 使用

（2）类的属性和操作。类的属性和操作的基本情况已经在逻辑视图中予以说明，这里只对类的关键操作（函数）流程进行说明。

DeviceDataPackage( ) 函数流程图，如图 11.5-7 所示。

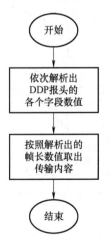

图 11.5-7　DeviceDataPackage( ) 函数流程图

11.5.2.4　加注数据转换类 FuelFillingConverter

（1）简述。FuelFillingConverter 类的简要情况见表 11.5-5。

航天发射场设备信息系统开发应用技术

表 11.5-5　FuelFillingConverter 类的简要情况

类的类型	普通类
类的设计目的和作用	实现从数据接收到加注类对象的转换
类的纵向关系	无
类的横向关系	被 MainFrame 类调用

（2）类的属性和操作。类的属性和操作的基本情况已经在逻辑视图中予以说明，这里只对类的关键操作（函数）流程进行说明。

bytesToFuelFillingValue( ) 函数流程图，如图 11.5-8 所示。

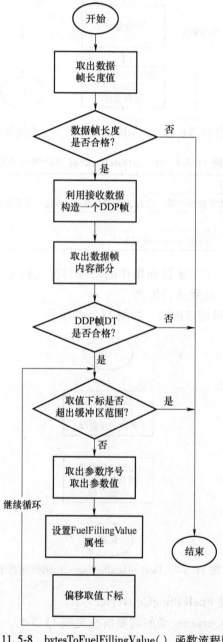

图 11.5-8　bytesToFuelFillingValue( ) 函数流程图

384

11.5.2.5　其他类

数值型加注数据类 FuelFillingValue、状态型加注数据类 FuelFillingState、组播配置信息类 MulticastConfigInfo、Redis 配置信息类 RedisInfo、加注数据写入历史数据库类 FuelFilling-Mapper 等几个类的设计都很简单，不在这里赘述。读者可以参考本书提供的相关源代码学习。

11.5.3　实时数据推送配置项

11.5.3.1　MainFrame 类

（1）简述。MainFrame 类的简要情况见表 11.5-6。

表 11.5-6　MainFrame 类的简要情况

类的类型	界面类
类的设计目的和作用	主窗口类 MainFrame，调用其他类实现数据的实时读取并向 MQTT 服务器发送消息
类的纵向关系	继承自系统的 JFrame 类
类的横向关系	系统启动后，通过入口函数 main（）创建 MainFrame 类对象，在其初始化函数中实现界面显示、相关类的创建、定时器创建和 MQTT 服务器发送消息等功能

（2）类的属性和操作。类的属性和操作的基本情况已经在逻辑视图中予以说明，这里只对类的关键操作（函数）流程进行说明。

1）connectMQTTServer（）函数流程图，如图 11.5-9 所示。

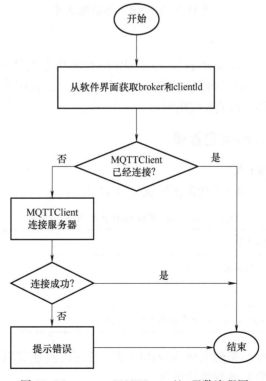

图 11.5-9　connectMQTTServer（）函数流程图

2) init( ) 函数流程图，如图 11.5-10 所示。

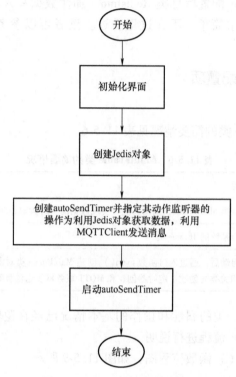

图 11.5-10 init( ) 函数流程图

11.5.3.2 其他类

应用程序启动类 RealTimeSendApplication、Redis 配置信息类 RedisInfo、消息队列客户端类 MyMQTTClient、消息队列代理器信息类等几个类的设计都很简单，这里不再赘述。读者朋友们可以参考本书提供的相关源代码学习。

11.5.4 历史数据查询服务配置项

11.5.4.1 BasicController 类

（1）简述。BasicController 类的简要情况见表 11.5-7。

表 11.5-7 BasicController 类的简要情况

类的类型	控制器类
类的设计目的和作用	BasicController
类的纵向关系	无
类的横向关系	调用 BasicService 类获取需要返回的数据

（2）类的属性和操作。类的属性和操作的基本情况已经在逻辑视图中予以说明，这里只对类的关键操作（函数）流程进行说明。

getHistoryData( ) 函数流程。该函数直接调用 BasicService 的同名函数完成。

11.5.4.2　BasicService 类

（1）简述。BasicService 类的简要情况见表 11.5-8。

表 11.5-8　BasicService 类的简要情况

类的类型	服务类
类的设计目的和作用	用于和数据库联动，放置业务逻辑代码，处理数据库的增删改查
类的纵向关系	无
类的横向关系	调用数据访问层的数据库访问类 FuelFillingMapper 获取需要返回的数据

（2）类的属性和操作。类的属性和操作的基本情况已经在逻辑视图中予以说明，这里只对类的关键操作（函数）流程进行说明。

getHistoryData( ) 函数流程图，如图 11.5-11 所示。

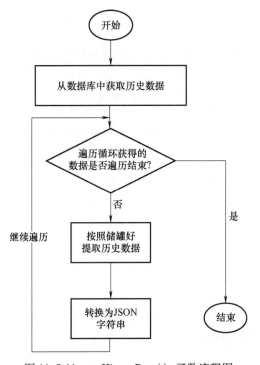

图 11.5-11　getHistoryData( ) 函数流程图

11.5.4.3　其他类

应用程序启动类 HistoryDataServerApplication、数据库访问类 FuelFillingMapper、加注数据类 FuelFilling 等几个类的设计都很简单，不在这里赘述。读者可以参考本书提供的相关源代码学习。

11.5.5　前端显示配置项

该配置项的设计已经在本书第 5 章进行了比较详细的说明，本实例的前端显示只是在本书第 5 章设计的基础上增加了一些显示元素，没有本质的差别，这里不再赘述。

11.6 软件编码

11.6.1 设备数据采集配置项

设备数据采集软件使用 Qt 实现相应的功能模块，包括主界面模块、初始化模块、数据采集模块、数据发送模块、PLC 远程控制模块、采集数据曲线显示模块。Modbus 数据采集软件运行界面如图 11.6-1 所示。

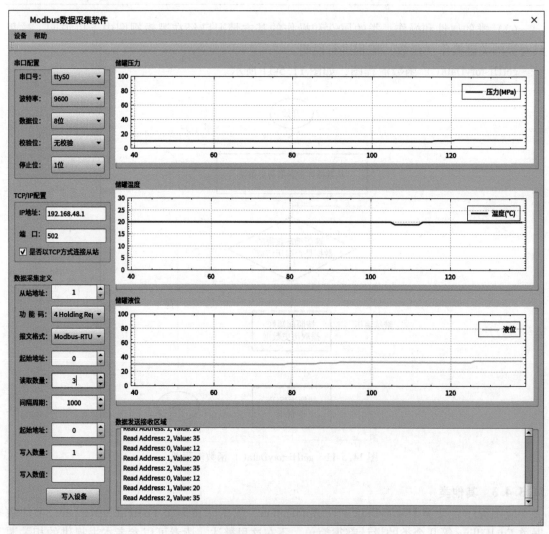

图 11.6-1　Modbus 数据采集软件运行界面

11.6.1.1　初始化模块

在 MainWindow 类中，initSetting() 函数实现主界面、QLabel 标签、QLineEdit 文本框、QCustomPlot 曲线、QUdpSocket 等类对象初始化赋值，initChart() 函数在采集数据曲线显示

模块进行说明。初始化模块关键代码如下：

```cpp
void MainWindow::initSetting()
{
    //查找可用的串口列表
    searchSerialPorts();
//此处省略 QLineEdit 文本框等类对象赋值代码
    fuelFillingValuePacketNo=0;
    fuelFillingStatePacketNo=0;
    udpSender=new QUdpSocket(this);
    pollTimer=new QTimer;
    chartTimer=new QTimer;
    initChart(ui->customPlotPressure,Qt::magenta,"压力(MPa)",100);
    initChart(ui->customPlotTemperature,Qt::blue,"温度(℃)",30);
    initChart(ui->customPlotLevel,Qt::cyan,"液位",100);
}
```

11.6.1.2　数据采集模块

连接菜单项对应的槽函数 on_actionConnect_triggered() 实现以串口或 TCP 方式连接设备，如果连接设备成功，就调用 readDataCycle() 函数，开始周期采集数据，相关代码如下：

```cpp
//连接设备并周期采集数据
void MainWindow::on_actionConnect_triggered()
{
    if(ui->checkBox_tcp->isChecked()){
        modbusTcpConnect();
    }
    else
        modbusSerialConnect();
    if(modbusDevice->connectDevice())
    {
        readDataCycle();                    //周期采集数据
    }
    else                                    //打开失败提示
    {
        QMessageBox::information(this,tr("错误"),tr("连接设备失败!"),
QMessageBox::Ok);
    }
}
```

通过设置两个计时器，分别关联 readData( ) 和 chartDisplay( ) 槽函数，readDataCycle( ) 函数实现周期读取设备数据，并进行曲线显示刷新，chartDisplay( ) 函数在采集数据曲线显示模块进行说明，相关代码如下：

```cpp
void MainWindow::readDataCycle()
{
    connect(pollTimer,&QTimer::timeout, this, &MainWindow::readData);
    pollTimer->setInterval(ui->spinBoxInterval->value());
    pollTimer->start();
    //启动曲线刷新定时器
    connect(chartTimer,&QTimer::timeout, this, &MainWindow::chartDisplay);
    chartTimer->start(1000);
    //设置控件可否使用
    ui->actionConnect->setEnabled(false);
    ui->actionDisconnect->setEnabled(true);
    ui->actionRefresh->setEnabled(false);
}
```

readData( ) 函数实现向 Modbus 设备发送读取命令请求，设备响应后，通过信号槽机制调用 dealShowSendData( ) 函数处理接收的设备数据，相关代码如下：

```cpp
void MainWindow::readData()
{
    if(!modbusDevice)
    {
        QMessageBox::information(NULL,"Title","尚未连接设备");
        return;
    }
    QModbusDataUnit::RegisterType type;
    switch(ui->comboBoxDataType->currentIndex())
    {
        case 0:type=QModbusDataUnit::Coils;break;
        case 1:type=QModbusDataUnit::DiscreteInputs;break;
        case 2:type=QModbusDataUnit::InputRegisters;break;
        case 3:type=QModbusDataUnit::HoldingRegisters;break;
        default:type=QModbusDataUnit::Invalid;
    }
    int startAddress=ui->spinBoxStartRead->value();
    quint16 numberOfEntries=quint16(ui->spinBoxNumberRead->value());
```

```
        QModbusDataUnit readUnit = QModbusDataUnit (type, startAddress,
numberOfEntries);
        if (auto * reply = modbusDevice-> sendReadRequest (readUnit, ui->
spinBoxStation->value ()))
        {
            if (!reply->isFinished ())
                connect (reply, &QModbusReply::finished, this, &MainWindow::
dealShowSendData);
            else
                delete reply; //broadcast replies return immediately
        }
    //此处省略异常处理代码
    }
```

dealShowSendData( ) 实现设备响应报文的解析，并把要在曲线显示的参数数值添加到对应的曲线中，以及实现以 DDP 格式数据包发送采集到的数据，相关代码如下：

```
void MainWindow::dealShowSendData ()
{
    auto reply=qobject_cast<QModbusReply * >(sender ());
    if (!reply)
        return;
    if (reply->error () == QModbusDevice::NoError)
    {
        const QModbusDataUnit unit=reply->result ();
        QHash<quint16, float> fuelFillingValueTemp;
        for (int i=0, total=int (unit. valueCount ()); i < total; ++i)
        {
            const QString entry=tr ("Read Address:% 1, Value:% 2"). arg
(unit. startAddress () + i)
                . arg (QString::number (unit. value (i),10));
            ui->textBrowser->append (entry);
            int value=unit. value (i);
            fuelFillingValueTemp. insert (i,value);
        //此处省略添加数据到对应的曲线代码
        }
        //把采集到的数据以 DDP 协议格式数据包进行发送
        QByteArray deviceData = DeviceValueData2DDP (1,1000, fuelFill-
ingValueTemp);
```

```
        sendDeviceData(deviceData);
    }
    //此处省略异常处理代码
    reply->deleteLater();
}
```

11.6.1.3 数据发送模块

sendDeviceData() 通过 UDP 组播将采集到的数据发送给地面设备数据接收存储软件，相关代码如下：

```
void MainWindow::sendDeviceData(QByteArray &deviceData)
{
    udpSender->writeDatagram(deviceData,QHostAddress("232.1.1.1"),
11111);
}
```

DeviceValueData2DDP() 和 DeviceStateData2DDP() 函数分别实现把采集到的数值型和状态型数据转换成 DDP 格式数据包，两个函数返回类型均为 QByteArray，相关代码如下：

```
QByteArray MainWindow::DeviceValueData2DDP(byte dataType,quint16 ta-
bleNo,QHash<quint16,float> fuelFillingValue)
{
        QByteArray buf;
        fuelFillingValuePacketNo++;
        quint16 dataLength=fuelFillingValue.size()*6+2;
        QByteArray dataTypeByteArr((char *)&dataType,1);
        QByteArray packetNoByteArr((char *)&fuelFillingValuePacketNo,4);
        QByteArray dataLengthByteArr((char *)&dataLength,2);
        QByteArray tableNoByteArr((char *)&tableNo,2);
        buf.append(dataTypeByteArr).append(packetNoByteArr);
        buf.append(dataLengthByteArr).append(tableNoByteArr);
        QHash<quint16,float>::const_iterator it = fuelFillingVal-
ue.constBegin();
        while(it !=fuelFillingValue.constEnd()){
            QByteArray keyByteArr((char *)&it.key(),2);
            QByteArray valueByteArr((char *)&it.value(),4);
            buf.append(keyByteArr).append(valueByteArr);
            ++it;
        }
```

```
        return buf;
    }
    QByteArray MainWindow::DeviceStateData2DDP(byte dataType,quint16
tableNo,QHash<quint16,byte> fuelFillingState)
    {
    QByteArray buf;
    fuelFillingStatePacketNo++;
    quint16 dataLength=fuelFillingState.size()*3+2;
  QByteArray dataTypeByteArr((char *)&dataType,1);
    QByteArray packetNoByteArr((char *)&fuelFillingStatePacketNo,4);
    QByteArray dataLengthByteArr((char *)&dataLength,2);
    QByteArray tableNoByteArr((char *)&tableNo,2);
    buf.append(dataTypeByteArr).append(packetNoByteArr);
    buf.append(dataLengthByteArr).append(tableNoByteArr);
    QHash<quint16,byte>::const_iterator it=fuelFillingState.con-
stBegin();
    while(it !=fuelFillingState.constEnd()){
        QByteArray keyByteArr((char *)&it.key(),2);
        QByteArray valueByteArr((char *)&it.value(),1);
        buf.append(keyByteArr).append(valueByteArr);
        ++it;
    }
    return buf;
}
```

11.6.1.4　PLC 远程控制模块

WriteData() 实现对 Modbus 设备进行写寄存器操作，通过设置寄存器类型、寄存器起始地址、写入值个数以及每个值大小来构造 QModbusDataUnit 类对象，再调用 QModbusDevice 类的 sendWriteRequest() 发送给 Modbus 设备，相关代码如下：

```
    void MainWindow::WriteData(QList<quint16> values){//
        int startAddress=ui->spinBoxStartWrite->value();
        QModbusDataUnit writeUnit = QModbusDataUnit(QModbusDataUnit::
HoldingRegisters,startAddress, values.size());
        for(int i=0; i<values.size(); i++){  //构造写入 Modbus 设备寄存器值
            writeUnit.setValue(i, values.at(i));
        }
        if (auto * reply=modbusDevice->sendWriteRequest(writeUnit, ui->
spinBoxStation->value())){  //发送写请求
```

```
    if(!reply->isFinished())
    {
        connect(reply, &QModbusReply::finished, this,[this, reply](){
            if(reply->error()==QModbusDevice::ProtocolError){
                qDebug()<< QString("Write response error:%1(Mobus ex-
ception:0x%2)")
                    .arg(reply->errorString()).arg(reply->rawResult()
.exceptionCode(),-1, 16);
                } else if(reply->error()!=QModbusDevice::NoError){
                    qDebug()<< QString("Write response error:%1(code:0x%2)").
                        arg(reply->errorString()).arg(reply->error(),-1, 16);
                }
                reply->deleteLater();
        });
    }
    else
    {
        reply->deleteLater();
    }
    } else {
    statusBar()->showMessage(tr("Write error:") + modbusDevice->er-
rorString(), 5000);
    }
```

11.6.1.5 采集数据曲线模块

initChart() 函数实现 QCustomPlot 类曲线添加、颜色设置、图例设置、坐标轴范围设置等初始化操作。QCustomPlot 是一个用于科学绘图的 Qt 第三方库，可以用于常见的二维图像绘制，如函数曲线、参数方程曲线、热力图、柱状图等。采集数据曲线模块关键代码如下：

```
void MainWindow::initChart(QCustomPlot * customPlot, QColor color,
QString chartName,int yAxisRange)
{
    QPen pen;
    pen.setWidth(2);
    customPlot->addGraph();
    pen.setColor(color);
    customPlot->graph(0)->setPen(pen);//
    customPlot->graph(0)->setName(chartName);
    customPlot->legend->setVisible(true);
```

```
    customPlot->axisRect()->insetLayout()->setInsetAlignment(0,Qt::
AlignTop|Qt::AlignRight);
    customPlot->legend->setBrush(QColor(255,255,255,0));//设置图例
背景
    //设置 y 轴范围
    customPlot->yAxis->setRange(0, yAxisRange);
    //设置 x 轴范围
    int size=100;
    customPlot->xAxis->setRange(0, size, Qt::AlignRight);
    //四边安上坐标轴
    customPlot->axisRect()->setupFullAxesBox();
    //使上下轴、左右轴范围同步
    connect(customPlot->xAxis, SIGNAL(rangeChanged(QCPRange)), cus-
tomPlot->xAxis2, SLOT(setRange(QCPRange)));
    connect(customPlot->yAxis, SIGNAL(rangeChanged(QCPRange)), cus-
tomPlot->yAxis2, SLOT(setRange(QCPRange)));
    customPlot->setInteractions(QCP::iRangeDrag | QCP::iRangeZoom |
QCP::iSelectPlottables);
}
```

chartDisplay() 函数实现压力曲线 customPlotPressure、温度曲线 customPlotTemperature、液位曲线 customPlotLevel 数据动态刷新, 相关代码如下:

```
void MainWindow::chartDisplay()
{
    int size=100;
    //压力曲线刷新
    QCustomPlot * customPlotPressure=ui->customPlotPressure;
    if(customPlotPressure->graph(0)->dataCount()<1)
        return;
    customPlotPressure-> xAxis-> setRange (customPlotPressure-> graph
(0)->dataCount(), size, Qt::AlignRight);
    customPlotPressure->replot(QCustomPlot::rpQueuedReplot); //重绘
    //此处省略温度曲线和液位曲线刷新代码
}
```

11.6.2　设备数据接收存储配置项

在 MainFrame 类中, init() 函数实现数据接收线程的创建, 相关代码如下:

```
public void init(){
    this.setSize(800, 600);
    this.setLocationRelativeTo(null);
    this.setDefaultCloseOperation(JFrame.EXIT_ON_CLOSE);
    initUI();
    jedis=new Jedis(redisInfo.getHost(),6379);
    System.out.println("jedis 连接成功");
    netHelper.init(this);
    new Thread(()->{
        netHelper.multicastReceiveDDP();
    }).start();
}
```

在 MainFrame 类中，saveData() 函数实现数据的保存，对于数值型数据，同时保存到历史数据库和实时数据库中，对于状态行数据，只保存到实时数据库中，相关代码如下：

```
public void saveData(byte[]buf){//这个需要改写成写入 mysql 和 redis
    //取得表号
    byte[]tableNo=new byte[2];
    tableNo[0]=buf[32];
    tableNo[1]=buf[33];
    int tableNoInt=(tableNo[0]& 0xff)|((tableNo[1]& 0xff)<<8);
    if(tableNoInt==1000){//如果是加注数值数据
        FuelFillingValue  fuelFillingValue = FuelFillingConverter.
bytesToFuelFillingValue(buf);//解析出所有的数据转换成加注数据对象
        if(fuelFillingValue==null)//如果解析出来的加注数据对象为空,直
接返回
            return;
        //将加注数据保存到 redis
        fuelFillingValue.makeTableData();//构造储罐的表格信息
        jedis.set("fuelfillingValue",  JSON.toJSONString ( fuelFill-
ingValue));
        //将加注数据保存到 mysql
        fuelFillingMapper. insertFuelFillingValueRecord ( fuelFill-
ingValue);
    }
    else if(tableNoInt==1001){//如果是加注状态数据
        FuelFillingState  fuelFillingState  =  FuelFillingConvert-
er.bytesToFuelFillingState(buf);//解析出所有的数据转换成加注状态对象
```

```
        fuelFillingState.calculatePipeState();//计算管路状态
        if(fuelFillingState==null)//如果解析出来的加注状态对象为空,直
接返回
    return;
        //将加注状态保存到 redis,不保存到 mysql
        jedis.set("fuelfillingState", JSON.toJSONString(fuelFilling-
State));
        }
    }
```

NetHelper 类 multicastReceiveDDP( ) 函数实现组播数据的接收,并调用 MainFrame 的 saveData( ) 函数实现数据保存,相关代码如下:

```
public void multicastReceiveDDP(){
    if(isReceiving){//如果已经启动,则不重复启动
        return;
    }
    isReceiving=true;
    while(isClosed==false){
        byte[]buf=new byte[1024];
        try {
            DatagramPacket datagramPacket = new DatagramPacket (buf,
buf.length);
            multicastSocket.receive(datagramPacket);
            mainFrame.saveData(buf);
            System.out.println("接收到组播消息长度:" + datagramPack-
et.getLength());
        } catch(IOException e){
            e.printStackTrace();
        }
    }
}
```

DeviceDataPackage 类 DeviceDataPackage( ) 函数为构造函数,通过构造函数将接收到的字节数组解析为 DDP 的各个字段,以便于后期的数据处理和保存,相关代码如下:

```
//通过接收到的数据缓冲区数组构造一个 DeviceDataPackage 对象,并将接收到的数
据缓冲区数组的数据赋值给 DeviceDataPackage 对象的各个属性
//因为发送和接收两边字节序是一样的,所以不需要转换
public DeviceDataPackage(byte[]buffer){
```

```
        //将接收到的数据缓冲区数组的第 0 字节赋值给 DataType
        DataType=buffer[0];
        //将接收到的数据缓冲区数组的第 1~4 字节赋值给 No
        No[0]=buffer[1];
        No[1]=buffer[2];
        No[2]=buffer[3];
        No[3]=buffer[4];
        NoInt=(No[0]& 0xff)|((No[1]<< 8)& 0xff00)|((No[2]<< 24)>>>
8)|(No[3]<< 24);
        //将接收到的数据缓冲区数组的第 5、6 字节赋值给 DataLength
        effectiveContentLength[0]=buffer[5];
        effectiveContentLength[1]=buffer[6];
        //将接收到的网络字节序的数据缓冲区数组转换为主机字节序的数据
        effectiveContentLengthShort = (short)((effectiveContentLength
[0]& 0xff)
            |((effectiveContentLength[1]<< 8)& 0xff00));
    //将接收到的数据缓冲区数组的第 7~最后字节赋值给 Data
    for(int i=0; i < effectiveContentLengthShort; i++){
        Content[i]=buffer[7 + i];
    }
    }
```

FuelFillingConverter 类 bytesToFuelFillingValue( ) 函数调用 DeviceDataPackage 的构造函数将接收到的字节数组转换为 DDP 帧，并按照协议帧的内容构造数值型加注数据类 FuelFillingValue 的对象，相关代码如下：

```
public static FuelFillingValue bytesToFuelFillingValue(byte[]buf){
    //取得数据长度
    byte[]dataLength=new byte[2];
    dataLength[0]=buf[5];
    dataLength[1]=buf[6];
    int dataLengthInt=(dataLength[0]& 0xff)|((dataLength[1]& 0xff)<< 8);
    //取得数据
    if(buf.length >=7+ dataLengthInt){
        FuelFillingValue fuelFillingValue=new FuelFillingValue();
        byte[]data=new byte[dataLengthInt];
        //从第 32 个字节开始,通过复制取得数据
        System.arraycopy(buf, 7, data, 0, dataLengthInt);
        DeviceDataPackage ddPackage=new DeviceDataPackage(buf);
```

```
        if(ddPackage.BIDInt==0x25000001){//4 个字节值的数值量
            for(int i=2; i < dataLengthInt;){
                //取得序号
                byte[]serialNo=new byte[2];
                serialNo[0]=data[i];
                serialNo[1]=data[i+1];
                int serialNoInt=(serialNo[0]& 0xff)|((serialNo[1]&
0xff)<< 8);
                //取得值
                byte[]value=new byte[4];
                value[0]=data[i+2];
                value[1]=data[i+3];
                value[2]=data[i+4];
                value[3]=data[i+5];
                //把 value 转换成 float
                float valueFloat=bytesToFloat(value);
                //将值转换成 fuelFilling 对象
                  setFuelFillingValue(fuelFillingValue, serialNoInt,
valueFloat);
                i=i+2+4;//2 个字节的表号,4 个字节值的数值量
            }
        }
        return fuelFillingValue;
    }
    else
    return null;
}
```

11.6.3　实时数据推送配置项

该配置项的核心为 MainFrame 类，连接 MQTT 服务器的 connectMQTTServer() 函数，相关代码如下：

```
private boolean connectMQTTServer(){
    String broker=brokerField.getText();
    String clientId=clientIdField.getText();
    if(myMQTTClient.isConnected())
        return true;//如果已经连接,直接返回真
    else if(myMQTTClient.connect(broker, clientId)){
```

```
        connectButton. setText("断开 MQTT 服务器");
        System. out. println("MQTT 服务器连接成功");
        return true;
    }
    else
        JOptionPane. showMessageDialog(null,"连接 MQTT 服务器失败",
    "错误", JOptionPane. ERROR_MESSAGE);
        return false;
    }
```

init( ) 函数中创建定时器,周期性地从数据库中读取数据,依据读取的数据构造 MQTT 消息并发送到 MQTT 服务器,相关代码如下:

```
public void init(){
    initGUI();
    Jedis jedis=new Jedis(redisInfo. getHost(),6379);
    System. out. println("jedis 连接成功");
    //查看服务是否运行
    System. out. println("jedis 服务正在运行:"+jedis. ping());
    //增加 1 个时间片,每 1 秒发一次数
    autoSendTimer=new Timer(1000, e-> {
        if(myMQTTClient. isConnected()){
            //从 redis 中读取数据
            String valueData=jedis. get("fuelfillingValue");
            String stateData=jedis. get("fuelfillingState");
            //把数据和状态合并起来,合并方法是把 valueData 的右边花括号去掉
换成逗号,把 stateData 的左边花括号去掉
            String mqttContent = valueData. substring ( 0, valueDa-
ta. length()-1)
                +","+stateData. substring(1,stateData. length());
            myMQTTClient. publishMsg("fuelFilling", mqttContent);//发
布到主题为 fuelFilling 的消息队列
        }
    });
    autoSendTimer. start();
}
```

11.6.4　历史数据查询服务配置项

该配置项的核心为 BasicService 类。该类只有一个函数,用于从数据库中读取数据,并

按照储罐编号提取相应历史数据转换成 Json 字符串，相关代码如下：

```
public String getHistoryData(int tankID)
{
    List<Double> temperatureList=new ArrayList();
    List<Double> pressureList=new ArrayList();
    List<Integer> levelList=new ArrayList();
    List<FuelFilling> result=fuelFillingMapper.getFuelFillingRecord();
    for(FuelFilling item:
            result){
        switch(tankID){
            case 1:
                temperatureList.add(item.getTemperature1());
                pressureList.add(item.getPressure1());
                levelList.add(item.getLevel1());
            case 2:
                temperatureList.add(item.getTemperature2());
                pressureList.add(item.getPressure2());
                levelList.add(item.getLevel2());
            case 3:
                temperatureList.add(item.getTemperature3());
                pressureList.add(item.getPressure3());
                levelList.add(item.getLevel3());
            default:
                break;
        }
    }
    HistoryResult historyResult=new HistoryResult(temperatureList,
pressureList,levelList);
    String resultString=JSON.toJSONString(historyResult);
    return resultString;
}
```

11.6.5 设备信息前端显示配置项

该配置项页面显示结构与数据更新逻辑与本书第 5 章的例子是一致的。

（1）页面结构。网页为单页面结构，通过在 Canvas 上绘制各种图片，通过 El-table 表格来显示实时数据，通过 Echarts 库的折线图显示历史数据。相应的 HTML 代码如下：

```
<template>
<div class="container">
<div class="canvas">
<canvas ref="mainCanvas" width="1000px" height="1000px" style="position:absolute;"></canvas>
</div>
<div class="parentCharts">
<div class="chart1">
<el-table :data="tableData" border style="width:100% "
    :header-cell-style="{background:'#0064C0',color:'#ffffff'}" @row-click="fetchHistoryData(tankIndex)">
<el-table-column prop="tankName" label="项目" width="80">
</el-table-column>
<el-table-column prop="temperature" label="温度" width="80">
</el-table-column>
<el-table-column prop="pressure" label="压力" width="80">
</el-table-column>
<el-table-column prop="liquidLevel" label="液位">
</el-table-column>
</el-table>
</div>
<div ref="chart2" class="chart2"></div>
<div ref="chart3" class="chart3"></div>
<div ref="chart4" class="chart4"></div>
</div>
</div>
</template>
```

在上述的 HTML 代码中，并没有实现折线图的显示，只需要预留显示折线图块即可，后续通过 js 代码中的 initChart( ) 函数将折线图绑定到预留的 div 块。initChart( ) 函数相关代码如下：

```
initChart(){
    //绑定 dom 元素
    this.chart2=echarts.init(this.$refs.chart2);
    this.chart3=echarts.init(this.$refs.chart3);
    this.chart4=echarts.init(this.$refs.chart4);
    let optionzhexian2={
        title:{
```

```
            text:'温度',                              //主标题
            textAlign:'left',                        //居左
            textStyle:{                              //样式
                fontSize:20
            },
            left:"center"
            },
///此处省略设置 option 其他属性的代码
            series:[{
                data:this.chart2Data,
                type:'line',
                smooth:false,//
            }]
        };
///此处省略设置 optionzhexian3、optionzhexian4 的代码
        this.chart2.setOption(optionzhexian2);
        this.chart3.setOption(optionzhexian3);
        this.chart4.setOption(optionzhexian4);
}
```

（2）实时数据刷新。实时数据通过 MQTT 消息驱动进行刷新，总体逻辑代码在 js 代码的 handleFuelFillMessage（message）函数中，相关代码如下：

```
handleFuelFillMessage(message){
    var jsonObj = JSON.parse(message);                //字符串转为 json
                                                        对象

    this.pipImageIndex = jsonObj.pipImageIndex;       //更新储罐管路图片
    this.pumpImageIndex = jsonObj.pumpImageIndex;     //更新储罐泵图片
    this.valveImageIndex = jsonObj.valveImageIndex;   //更新储罐阀门图片
    this.tank1ImageIndex = jsonObj.tank1ImageIndex;   //更新储罐图片
    this.tank2ImageIndex = jsonObj.tank2ImageIndex;
    this.tank3ImageIndex = jsonObj.tank3ImageIndex;
    this.tank1Temperature = jsonObj.temperature1;     //更新储罐温度数据
    this.tank2Temperature = jsonObj.temperature2;
    this.tank3Temperature = jsonObj.temperature3;
    this.tank1Level = jsonObj.level1;                 //更新储罐液位数据
    this.tank2Level = jsonObj.level2;
    this.tank3Level = jsonObj.level3;
    this.tank1Pressure = jsonObj.pressure1;           //更新储罐压力数据
```

```
    this.tank2Pressure=jsonObj.pressure2; //
    this.tank3Pressure=jsonObj.pressure3; //
    this.missileLevel=jsonObj.missileLevel;        //更新火箭液位数据
    this.tableData=jsonObj.tableData;              //更新表格数据
    this.drawImage();                              //重画画布上的各种
                                                     图片

    }
```

handleFuelFillMessage( ) 是 MQTT 消息到达的回调函数，函数首先将数据解析为 Java 对象，并将对象属性赋值为组件 data 选项中定义的各个变量。因为这些变量是 Vue 框架中 MVVM 中的模型，在这些变量更新后，绑定变量的插值表达式的视图会更新，也就是显示会被更新。对于不是通过 MVVM 架构实现的图片刷新，则会通过 drawImage( ) 函数更新。drawImage( ) 函数相关代码如下：

```
drawImage(){//每次收到新的加注数据,都会调用该方法
    const mainCanvas=this.$refs.mainCanvas;
    const ctx=mainCanvas.getContext('2d');
    ctx.font="15px Arial";
    const tankImage_1st=new Image();
    tankImage_1st.src=require(`@/assets/image/tank_${this.
tank1ImageIndex}.png`);
    tankImage_1st.onload=() => {
    this.showImage(tankImage_1st, ctx, 0, 200, 200, 150);
    //在 Cavas 上以文本形式显示温度,液位,压力等信息
    ctx.fillText("温度:"+this.tank1Temperature+"℃压力:"+this.
tank1Pressure+"MPa液位:"+this.tank1Level, 0, 180);
    };
    //此处省略绘制管路、阀门、泵和其他储罐图片和数据的代码
    }
```

（3）历史数据刷新。示例的历史数据以折线图显示，并由更新代码来实现刷新。刷新动作由用户单击数据显示表格是触发，用户单击第几行的表格，就会刷新该表格。相关代码如下：

```
<el-table:data="tableData" border style="width:100% "
:header-cell-style="{background:'#0064C0',color:'#ffffff'}"
@row-click=" fetchHistoryData">
```

在上面的代码中，表格首先通过插值表达式方式绑定了 tableData 数据，当用户单击后，会调用 fetchHistoryData（row）更新 tableData 的数据并实现折线图中历史数据的显示。fetchHistoryData（row）函数的相关代码如下：

```
fetchHistoryData(row){

    axios.get('http://192.168.1.10/getHistoryData? tankid='+row.tankindex)
    .then(response=>{
        const chartData=response.data;
        this.drawChart(chartData);
    })
    .catch(error=>{
        console.error('Error fetching chart data:', error);
    });
}
```

在 fetchHistoryData( ) 函数获取历史数据以后，会调用 drawChart( ) 函数将历史数据绘制在折线图中。绘制的具体机制由 Vue 框架实现，代码编写只需要更新组件的数据选项。drawChart(chartData) 函数的相关代码如下：

```
drawChart(chartData){
    this.chart2Data=chartData["temperature"];
    this.chart3Data=chartData["pressure"];
    this.chart3Data=chartData["level"];
}
```

（4）前端最终实现效果。前端最终实现效果如图 11.6-2 所示，基本与前期需求分析阶段设计的软件用户界面原型一致，只是为了美观调整了表格和折线图的位置。

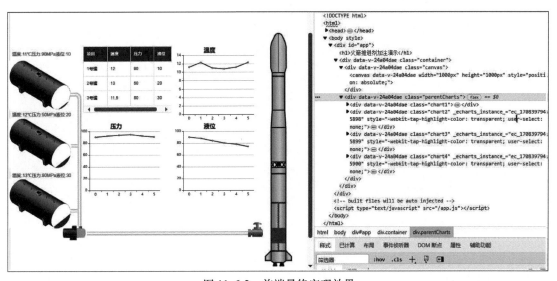

图 11.6-2　前端最终实现效果

11.7 小结

本章通过一个综合实例，从信息采集、存储、处理及显示等环节全面展示了设备信息系统开发的过程与方法，目的是让读者朋友们对软件工程化的开发方法有全面、直观的认识。需要说明的是，本章的实例是一个极度简化的应用，只对核心技术及工程化方法进行充分讲解，对本书介绍的语音、图像等技术没有涉及；另外，本章内容实践性较强，建议读者朋友们利用本书资料进行充分实践。

随着国产软硬件系统的普及应用，需要读者结合本书内容，提早进行国产化平台的应用实践。

第 **12** 章　信息系统安全防护技术

按照安全防护措施应与信息系统同步规划、同步建设、同步投入使用的原则，本章对航天发射场设备信息系统安全防护技术进行介绍。本章主要介绍信息系统面临的安全威胁、信息系统安全防护技术基础、信息系统安全防护体系等内容。

12.1　概述

随着信息技术的飞速发展，信息系统面临的威胁日益严重，信息安全事件日益增多。近年来，相继发生了多起安全事件，给信息安全带来了巨大挑战。

2010 年 6 月，伊朗核设施信息系统感染"震网"（Stuxnet）蠕虫病毒，铀浓缩离心机发生故障。网络安全专家对"震网"病毒进行分析后发现，该病毒主要针对西门子工业控制软件，专门设计用于破坏核设施的铀浓缩离心机。受影响的离心机会突然改变转速，导致运转能力遭到破坏且无法修复。

2012 年 5 月，俄罗斯计算机病毒防控权威机构卡巴斯基实验室公布了一项重要发现：一种名为"火焰"（Flame）的新型计算机蠕虫病毒正在中东地区肆虐传播。与"震网"病毒相比，"火焰"病毒不仅在结构上更加复杂，其潜在的破坏力也更为惊人。卡巴斯基实验室估计，这种病毒在中东各国已经悄无声息地传播了至少五年。

2014 年 4 月，一个名为"心脏出血"（HeartBleed）的安全漏洞被公之于众。这个漏洞源自广泛应用于实现互联网传输层安全协议（transport layer security，TLS）的加密程序库OpenSSL，在处理 TLS 的心跳扩展功能时，未能对输入数据进行充分验证，从而允许攻击者通过读取网络服务器的内存窃取敏感信息。据估计，约有 17% 的互联网安全网络服务器容易受到此类攻击的影响。

2017 年 5 月，世界范围内爆发了一场名为"想哭"（WannaCry）的勒索病毒攻击，据统计，至少有 150 个国家的 30 万名用户受到了影响，涉及金融、能源、医疗等多个关键行业，引发了严重的危机管理问题。我国部分使用 Windows 操作系统的用户也未能幸免，其中校园网用户更是首当其冲受到巨大损失，一些实验室数据和毕业设计文件被该病毒锁定并加密。

航天发射场设备运行直接保障航天测试和发射活动，设备信息系统安全防护的重要性不言而喻。如果发射场设备信息系统出现安全问题，就会对发射场设备的正常运行带来严重的负面影响，甚至影响航天发射活动的成败。因此，安全防护是保障发射场信息设备正常运行，确保航天发射任务顺利进行的重要基础。

为做好发射场设备信息系统的安全防护工作，需要不断加强信息系统的安全建设、管理和维护，建立多层次的安全防护体系，不断更新和完善安全策略及安全措施，有效防止对发射场设备信息系统未经授权的访问、使用、泄露、破坏、修改等非法行为，全面提升航天发射场设备信息系统的安全性，为航天任务提供坚实的安全保障。

12.2　信息系统面临的安全威胁

虽然发射场设备信息系统与其他网络处于物理隔离状态，但随着信息技术的发展，发射场设备信息系统面临的安全威胁也日益增多。作为保障航天发射场设备信息系统稳定可靠运行的重要基础，安全防护仍应引起高度重视。本节主要从物理安全威胁、外部攻击威胁、系统漏洞威胁、数据安全威胁和人员操作威胁5个方面介绍信息系统面临的安全威胁。

（1）物理安全威胁。物理安全威胁主要指自然灾害、物理破坏、设备故障等对发射场设备信息系统的物理设施造成破坏或影响。首先，地震、洪水、暴雪和雷击等自然灾害都有可能导致信息系统硬件设备的损坏或数据的丢失。其次，机房火灾、漏雨漏水、返潮、电压波动、接地不良、电磁干扰等，也会对信息系统的物理环境产生不良甚至严重影响。例如，高温和潮湿等条件可能导致设备故障和数据损坏，供电问题引起设备运行异常，电磁干扰会影响电子设备运行等。同时，人为的物理破坏，如发生设备盗窃、人员操作不当或人为蓄意破坏，同样会对信息系统的安全构成威胁。这些威胁一旦发生，可能会带来系统运行中断、数据丢失或设备损坏等严重后果。为有效应对这些物理安全威胁，必须严格按照机房运行的标准规范进行系统建设，充分考虑设备用电负荷、机房温度控制、电磁屏蔽防护等重要因素，并定期进行机房环境和设施设备的维护和检修工作，以确保设备信息系统运行的物理环境稳定可靠。

（2）外部攻击威胁。外部恶意攻击是发射场设备信息系统面临的主要安全威胁之一。随着网络技术的普及，黑客攻击、病毒传播、恶意软件等网络安全问题越来越突出。航天发射场因其特殊的重要地位，发射场设备信息系统常成为黑客和其他恶意行为者潜在的攻击目标。攻击者可能会利用系统漏洞或弱密码等，进行非法访问和攻击，进而可能引发数据泄露和系统瘫痪等严重后果。这些攻击可能源自外部网络，也可能来自内部网络，其来源的多样性使得防范工作变得异常困难。攻击者的目的可能是窃取敏感信息、破坏系统运行，或者是通过控制系统实施进一步的恶意行为。

针对发射场设备信息系统的主要网络攻击手段如下：

1）植入木马病毒。攻击者会修改软件代码，将恶意代码潜藏到目标程序中。一旦这些恶意代码在目标程序中运行，攻击者便能达到获取信息、破坏信息或窃取数据的目的。

2）拒绝服务（denial of service，DoS）攻击，也叫洪水攻击，攻击者通过短时间内大量的通信或服务请求，使目标网络的带宽或资源耗尽，导致系统服务中断，正常用户无法访问。

3）进行远程控制。通过远程终端设备，攻击者可以对目标计算机实施控制或操作，从而达到远程控制的目的。

4）篡改信息。攻击者可以通过对网络传输过程中的信息进行篡改，导致系统发生错误，从而影响信息系统的正常运行。

5）窃取和破坏通信数据。攻击者通过监听联网设备，窃取或破坏通信数据，从而获取或篡改信息系统中存储的重要或敏感数据。

6）利用漏洞发起攻击。攻击者会利用信息系统的漏洞，对信息系统进行攻击，从而实现远程控制或造成其他形式的危害，以达到其非法目的。

这些行为都可能对系统造成重大破坏，并可能引发数据泄露、系统瘫痪等严重后果。为了有效应对这些外部攻击威胁，必须采取一系列有效的网络安全措施，全面提升系统的网络安全防护能力。

（3）系统漏洞威胁。航天发射场设备信息系统依赖复杂的硬件和软件设备。然而，这些设备可能在软件、硬件等多个层面存在未知的漏洞，使得系统容易受到攻击，变得异常脆弱。硬件漏洞可能出现在服务器、存储设备以及其他网络设备等关键组件中。一旦攻击者成功利用这些漏洞，便能获得对设备的控制权，使攻击者能够轻易入侵并传播恶意代码，进而窃取敏感数据或破坏系统的正常运作。更为严重的是，硬件设备的失效还可能对整个系统的安全性造成不可逆的损害。软件层面同样存在着诸多漏洞，这些漏洞可能源于操作系统、应用程序或数据库等关键组件。攻击者通过利用这些漏洞，能够非法访问并攻击系统，窃取敏感信息或破坏系统的稳定运行。这些漏洞还可能成为攻击者的突破口，导致系统崩溃、数据泄露等一系列严重的安全问题。

发射场设备信息系统中存在的主要安全漏洞如下：

1）内核漏洞。在操作系统中，内核漏洞可能允许恶意代码在系统内核中执行，从而破坏操作系统和应用程序的安全性。攻击者可能会利用这些漏洞来窃取机密信息、破坏应用程序和数据，甚至完全控制整个系统。

2）缓冲区溢出。这是一种常见的安全漏洞，当程序尝试将过多的数据放入固定大小的缓冲区时，就会发生缓冲区溢出。这可能导致程序崩溃，甚至允许攻击者执行恶意代码。

3）SQL 注入。这种漏洞通常出现在 Web 应用程序中，当应用程序未对用户输入的数据进行充分验证或过滤时，攻击者可以输入恶意 SQL 代码，从而绕过身份验证，来读取、修改或删除数据库中的数据。

4）跨站脚本（cross site scripting，XSS）攻击。攻击者将恶意脚本（script）代码插入到 Web 页面中，当用户浏览该页面时，Web 页面里的脚本代码会被执行，窃取用户的敏感数据，或者进行其他恶意行为，从而达到恶意攻击用户的目的。

5）文件包含漏洞。在开发过程中，当使用函数去包含文件时，如果包含的文件来源过滤不严，可能会出现包含恶意文件的情况，从而引起安全问题。

6）权限提升漏洞。某些应用程序可能存在权限管理问题，攻击者可能会利用这些漏洞提升自己在系统中的权限，从而执行更高级别的操作。

因此，对于航天发射场设备信息系统而言，及时发现并修补系统漏洞至关重要。不仅要加强对硬件和软件设备的监控和维护，还要不断提升系统的安全防御能力，定期进行安全漏洞扫描，及时发现并修复安全漏洞，以应对日益复杂的安全威胁。

（4）数据安全威胁。数据安全威胁主要指数据的泄露、篡改或损坏等风险。发射场设备信息系统中存储着大量的敏感数据，一旦泄露或被篡改，将对航天发射任务造成重大影响。因此，必须采取有效的数据加密、访问控制等措施，保证数据的机密性和完整性。同时，需要建立完善的数据备份和恢复机制，以应对数据损坏或丢失的风险。

目前，发射场设备信息系统中主要存在的数据安全威胁如下：

1）数据泄露。由于系统漏洞、配置错误或其他原因，敏感数据可能被泄露给未经授权的人员。这可能是由于错误的数据处理、不安全的数据传输或未经授权的数据共享等造成的。

2）数据篡改。攻击者可能修改数据，导致信息不准确或误导性，或者插入虚假数据、删除关键信息，从而破坏数据的完整性和可信度。

3）数据丢失。由于硬件故障、自然灾害、误操作等原因，可能导致数据丢失。数据丢失会对数据查询、趋势预测等任务造成严重影响。

（5）人员操作威胁。人员操作威胁是发射场设备信息系统安全防护面临的另一种威胁，主要指技术水平不足、人员操作失误、违规操作等原因可能导致系统的错误操作、错误配置等问题，从而引发系统运行异常、信息数据错误等后果，对发射场设备信息系统造成的安全威胁。部分内部人员可能出于个人利益或其他原因，利用职务之便进行非法访问和攻击。由于内部人员对系统结构和运作方式了解深入，这些人员可能利用系统漏洞或弱密码等手段获取敏感数据或破坏系统正常运行。为了降低人员操作威胁，需要加强人员安全培训和管理，建立完善的安全管理制度和操作规程，确保人员操作的规范性和准确性。

综上所述，发射场设备信息系统面临的安全威胁多种多样，需要采取综合性的安全措施来保障系统的安全稳定运行。在未来的发展中，需要不断加强技术研发和应用，提高系统的安全性和可靠性，为航天事业的持续发展提供有力保障。

12.3 信息系统安全防护技术基础

12.3.1 环境安全防护技术

为了保护发射场设备信息系统的硬件资产免遭自然灾害、人为因素及各种计算机犯罪行为导致的破坏，通常需要从环境安全防护方面对发射场硬件资产进行防护。环境安全防护技术主要指依照国家标准对场地和机房的要求，保障信息网络所处环境安全的相关技术。安全要素包括机房屏蔽、防火、防水、防雷、防鼠、防盗、防毁，供配电系统、空调系统、综合布线、区域防护等方面。此外，由于硬件设备是信息系统的物理基础，还需从物理层面对发射场的信息系统设备进行防护。防护内容主要包括对计算机系统的设备和部件进行明显标记以防更换且方便查找、防止电磁信息泄露、抗电磁干扰、电源保护、重点设备的容灾备份、内外网隔离，以及设备振动、碰撞、冲击适应性等方面。

12.3.2 主机安全防护技术

12.3.2.1 操作系统的安全

操作系统的安全涉及多个方面的安全，包括硬件、软件、网络、数据、访问控制、身份认证、安全审计等。

1. 访问控制

操作系统的功能是对硬、软件资源进行监视、管理、调度，控制其他程序运行，为实现这些功能，操作系统需对用户的访问权限进行限制，防止用户对数据、信息等进行非授权的篡改、滥用。

访问控制分为自主访问控制和强制访问控制两种。其中，自主访问控制是操作系统对用户进行身份识别，判定其是否具有读取信息的权限，管理员可赋予其他用户读取权限；强制访问控制是操作系统确认用户属性，识别用户是否具有可读取数据的安全属性，对用户进行权限限制，该方式较自主访问控制安全性更高。两种访问控制方式的优缺点见表 12.3-1。

表 12.3-1　两种访问控制方式的优缺点

访问控制方式	优点	缺点
自主访问控制	① 根据主体的身份和访问权限进行决策 ② 具有访问权限的主体能够自主地将访问权限的某个子集授予其他主体 ③ 灵活性高，被大量采用	① 安全性不高 ② 信息在传递过程中其访问权限关系会被改变
强制访问控制	有效地防止非法篡改、破坏	灵活性不高

2. 系统补丁

操作系统是一个非常复杂的软件系统，或多或少存在系统漏洞，在找到这些漏洞之后，需要对漏洞进行修复，防止黑客通过漏洞对系统进行攻击，这一过程称为打补丁。系统补丁实际上是一个针对漏洞的修补程序，需要安装下载到操作系统上，才能执行修补。

3. 安全审计

安全审计是评估操作系统安全的手段，通过安全审计收集、分析、评估安全信息，掌握安全状态，制定安全策略，可以确保整个操作系统的完整性、合理性和适用性，包括以下 4 个功能：

（1）测试系统的控制是否恰当，以便于进行调整，保证与既定安全策略和操作能够协调一致。

（2）对于已发生的系统破坏行为，做出损害评估，并提供有效的灾难恢复依据和追究责任的证据。

（3）评价系统控制、安全策略与规程中特定的改变并做出反馈，以便修订决策和部署。

（4）提供有价值的系统日志，以便及时发现入侵行为或潜在的系统漏洞。

安全审计有以下 3 种类型：

（1）系统级审计，主要针对系统的登入情况、用户识别号、登入的日期和具体时间、退出的日期和时间、所使用的设备、登入后运行程序等事件信息进行审查。典型的系统级审计日志还包括部分与安全无关的信息，如系统操作、费用记账和网络性能。这类审计无法跟踪和记录应用事件，也无法提供足够的细节信息。

（2）应用级审计，主要针对的是应用程序的活动信息，如打开和关闭数据文件，读取、编辑、删除记录或字段等特定操作，以及打印报告等。

（3）用户级审计，主要是审计用户的操作活动信息，如用户直接启动的所有命令、用户所有的鉴别和认证操作、用户所访问的文件和资源等信息。

4. 日志查看工具

（1）操作系统日志。

1）syslog 协议：在麒麟操作系统中，syslog 是一个标准的日志记录协议，它被用作默认的日志记录工具。通过查看 syslog 日志文件，管理员可以获取系统运行情况和错误信息，这对于系统监控和故障排除非常有用。通过配置 syslog 服务器、设置适当的日志策略、定期检查和分析日志，并使用其他安全措施，可以及时发现和处理潜在的安全威胁，提高麒麟系统的安全性。在麒麟操作系统中，syslog 日志文件通常位于/var/log/syslog 路径下。可以使用命令行工具，如 cat、tail 或 less，来查看这个文件的内容。

2）事件查看器（event viewer）：在 Windows 系统中，事件查看器是日志查看和管理工具，能帮助管理员和用户了解系统的运行状态、诊断问题、监控安全事件，并采取相应的措施来确保系统的稳定性和安全性。事件查看器可显示不同类型的日志，包括系统日志、应用程序日志和安全日志。通过事件查看器，用户可以执行查看日志、搜索日志、查看事件详细信息、清除日志等操作。

（2）服务器操作日志。

1）达梦日志分析工具 DMLOG：DMLOG 是用于分析达梦数据库 SQL 日志的工具。它旨在帮助运维人员统计日志中最长执行时间和最高执行频次的 SQL 语句，从而直观地反映 SQL 的执行情况。通过分析这些信息，可以发现可能存在的安全隐患，如 SQL 注入、权限提升等。

2）SQL Server 管理器（SQL Server management studio，SSMS）：SSMS 是一款用于分析 SQL Server 日志的工具。使用 SSMS 排查系统安全隐患是一个综合性的过程。通过检查数据库用户和权限，确保没有不必要的用户账户或权限过大的账户。通过查看数据库角色成员资格，确保数据库角色成员资格配置得当，避免权限提升的风险。

3）甲骨文企业管理器（Oracle enterprise manager，OEM）：OEM 是美国甲骨文（Oracle）公司提供的一个集成管理工具，用于监控、管理和维护 Oracle 数据库。它提供了图形界面，可以方便地查看和分析日志文件，包括警告日志、跟踪文件和审计日志等。使用安全扫描功能可以识别数据库和系统的潜在安全漏洞，扫描完成后，OEM 将生成一个安全报告，列出发现的所有问题。

（3）交换机操作日志。交换机的操作日志是记录交换机上执行的各种操作和配置变更的重要信息。这些日志有助于网络管理员监控网络设备的运行状态、识别潜在的安全问题，并在发生故障时提供故障排除的依据。要确保交换机已配置为记录关键的安全相关事件，包括登录尝试、访问控制列表（access control list，ACL）违规、配置更改等。安排定期查看和分析交换机日志的时间表，可以是每天、每周或每月，具体取决于网络流量和安全性需求。交换机通常使用的命令行界面是命令行接口（commend line interfance，CLI）。通过 CLI，管理员可以登录到交换机的控制台，并使用命令行命令来配置和管理交换机。CLI 提供了一种灵活和强大的方式来访问交换机的各种功能和设置。

12.3.2.2　服务器上相关软件安全

信息系统的很多应用服务都依托于服务器，为保证服务器上的操作系统软件、防病毒软件和防火墙软件的安全，需采取相关措施。措施主要有以下 4 条：

1）定期更新操作系统的安全升级补丁。

2）服务器安装防病毒软件，并定期更新防病毒软件补丁和病毒特征库。此外，在发射任务开展前，系统管理人员专门对发射场信息系统进行病毒筛查扫描，及时检查排除安全隐患。

3）服务器安装防火墙软件，并定期为防火墙软件更新补丁。系统管理人员为防火墙软件配置出入操作系统的防火墙安全防护策略，阻止可疑的不安全访问。针对不安全访问，发射场采取的主要措施为端口封堵，系统管理人员在任务开展前全面筛查服务器高危端口，对端口进行封堵关闭，防止病毒木马等的攻击。

4）定期对服务器操作系统进行安全检查。发射场常用防范病毒的策略见表 12.3-2。

表 12.3-2　发射场常用防范病毒的策略

病毒的进入途径	策略
病毒位于网络服务器上	① 定期进行病毒查杀 ② 进行充分的数据备份 ③ 保留审计记录
软件受病毒感染，本地服务器系统面临风险	使用防病毒软件在本地扫描软盘
已经检测到病毒	使用干净的启动盘或恢复盘

12.3.2.3　防火墙技术

防火墙，是为了防止外部网络用户未经授权的访问，放置在本地网络与外界网络之间的一道安全隔离防御系统，是阻挡外部不安全因素影响内部的网络屏障。常见的防火墙技术有包过滤防火墙、代理防火墙和状态检测防火墙，见表 12.3-3。

表 12.3-3　常见的防火墙技术及其特点

防火墙类型	特点
包过滤防火墙	在网络层对数据包按一定规则进行过滤
代理防火墙	在应用层作为中间站对流向内外部网络的信息进行安全检查后转发
状态检测防火墙	对首个数据包进行状态检测并进行记录，符合规则的放行，后续相关数据包直接放行不必检测

12.3.2.4　入侵检测技术

入侵检测系统（intrusion detection system，IDS）是指对计算机和网络资源的恶意使用行为（包括系统外部的入侵和内部用户的非授权行为）进行识别和相应处理，能够及时发现并报告的技术。

按照数据源所处位置，可以将入侵检测技术分为以下 5 类：

（1）基于主机的入侵检测。入侵检测系统安装在主机上，监视、分析主机的审计记录，分辨判断主机上存在的可疑入侵行为并采取相应措施。

（2）基于网络的入侵检测。系统放置在网络的重要节点处，监视、分析可疑数据包，将可疑数据包与系统规则集数据库中规则进行比对，一旦吻合，系统发出警报甚至切断网络连接。

（3）混合入侵检测。结合前两种入侵检测系统的优势，一方面要防御网络攻击，另一方面要监测主机异常行为。

（4）基于网关的入侵检测。系统部署在网关节点处，从网关中提取信息，以提供对整个信息基础设施的保护。

（5）文件完整性检查系统。系统将文件的数字文摘与数据库内对应值进行对比检查，以防文件被篡改。

12. 3. 2. 5　漏洞扫描

漏洞扫描是指基于漏洞数据库，通过扫描等手段对指定的远程或者本地计算机系统的脆弱性进行检测，发现可利用漏洞的一种安全检测（渗透攻击）行为。漏洞扫描包括网络漏洞扫描、主机漏洞扫描、数据库漏洞扫描、Web 漏洞扫描等不同种类。

漏洞扫描有以下 4 种技术。

（1）基于应用的检测技术。采用被动、非破坏性的办法检查应用软件包的设置，发现应用安全漏洞。

（2）基于主机的检测技术。采用被动、非破坏性的办法对系统进行检测。通常涉及系统内核、文件属性、系统补丁等内容，还包括口令解密、弱口令监测。该技术缺点是与平台相关，升级复杂。

（3）基于目标的漏洞检测技术。采用被动、非破坏性的办法检查系统属性和文件属性，如数据库、注册号等。该技术不断地处理文件、系统目标、系统目标属性，然后产生检验数并与原来的检验数相比较，及时发现异常。

（4）基于网络的检测技术。采用积极、非破坏性的办法来检测系统安全性能。通过模拟对系统进行攻击的行为，分析攻击的后果。此外，该技术还可以检测已知的网络漏洞。该技术的缺点是可能影响网络性能。

发射场设备信息系统漏洞涉及地面网络内的所有资产，针对信息系统网络环境中存在的设备需进行全面漏洞检测。通过展示设备信息、漏洞信息的分析结果，能够让信息系统管理者全面掌握当前系统中的设备使用情况、设备分布情况、漏洞分布情况、漏洞风险趋势等内容，从而实现对重点区域或者高危区域有针对性的重点整治。已公开的一些 Linux 及 Windows 系统高危漏洞见表 12. 3-4。

表 12. 3-4　已公开的一些 Linux 及 Windows 系统高危漏洞

典型漏洞	漏洞描述
Linux kernel 缓冲区溢出漏洞 CNVD-2023-51380	该漏洞使得攻击者可以进行未定义的行为和 DoS 攻击
Linux Polkit 本地权限提升漏洞 CVE-2021-4034	已获得普通权限的攻击者可利用该漏洞获取本地 root 权限
Linux Kernel 权限提升漏洞 CVE-2023-1829	漏洞出现在 Linux 内核流量控制索引过滤器（tcindex）中，攻击者可利用该漏洞进行普通权限的提权
Cisco IOS XE Software 安全漏洞 CVE-2023-20198	该漏洞源于命令授权限制不足，攻击者可以利用该漏洞获得设备最高权限
Apache ActiveMQ 远程代码执行漏洞 CVE-2023-46604	攻击者通过构造恶意数据包，访问 61616 端口进行远程攻击，执行任意 shell 命令
MoveIT SQL 注入漏洞 CVE-2023-34362	攻击者利用该漏洞访问数据库，根据使用的数据库引擎推断有关数据库的结构、消息的内容或执行 SQL 语句，对数据库消息进行修改

12. 3. 2. 6　端口封堵

端口是计算机与外部通信的途径，计算机需要通过它与外界进行沟通交流。因此，黑客可能从端口进行攻击，病毒也可通过端口进入。为了避免病毒、木马等的入侵以及黑客的攻击，需对高危端口进行封堵。常见的 Linux 系统高危端口见表 12.3-5。端口封堵可通过操作系统自带功能对端口进行筛查关闭，也可以使用网络防火墙对端口进行限制关闭。

表 12.3-5　常见的 Linux 系统高危端口

端口号	用途	封堵原因
20、21	FTP 端口，用于文件传输	容易被黑客攻击，窃取文件等重要信息
22	SSH 端口，用于远程登录服务	容易被远程入侵
23	Telnet 端口，用于远程登录服务	容易被远程入侵
25	SMTP 端口，用于发送邮件	容易被黑客攻击，窃取邮件等重要信息
139、445	SMB 端口，用于文件和打印共享	容易被黑客攻击，窃取文件等重要信息
3306	MySQL 端口	可以通过该端口进行入侵和提权

12.3.2.7　服务禁用

在操作系统中，有许多默认开启的服务，它们提供许多功能与服务支持。然而，一些服务对于用户来说是不需要的，禁用这些服务一方面可以减少系统资源的使用，另一方面可以增加系统的安全性。对于这些服务，Linux 系统有 3 种服务配置工具可供使用。

（1）redhat-config-services。redhat-config-services 显示了/ect/rc.d/init.d 中以及 xinetd 控制的每项服务的具体描述，还可以编辑每项服务的运行级别，允许服务开始、停止或重启这些服务。该工具的基本使用方法是，在 shell 提示下，输入命令 "redhat-config-services"，进入该工具的工作界面，即可对相关服务进行操作。需要注意的是，xinetd 服务是无法被单独启动或停止的，对于需要被改变运行状态的 xinetd 服务，需在 "文件" 中选择 "保存改变" 来重启。

（2）ntsysv。ntsysv 工具可以简单地对 xinetd 控制的服务进行启动或停止，以及配置运行级别。该工具的基本使用步骤是，在 shell 提示下，输入命令 "ntsysv-level 345"，可以配置运行级别 3、4、5；输入命令 "ntsysv"，进入该工具的工作界面，可使用上下键查看服务列表。" ∗ " 表示该服务被设置为启动状态。如需查阅某项服务的描述，可以使用 "F1" 键。

（3）chkconfig。chkconfig 命令可查询各运行级别中操作系统执行的服务。chkconfig 命令格式及相关命令描述见表 12.3-6。

表 12.3-6　chkconfig 命令格式及相关命令描述

命令格式	命令描述
chkconfig［--add］［服务名称］	在 chkconfig 中增加指定的系统服务，使 chkconfig 可通过指令对其进行管理
chkconfig［--del］［服务名称］	在 chkconfig 中删除指定的系统服务，chkconfig 不再能用指令对其进行管理
chkconfig［--level<等级代号>］［服务名称］［on/off/resrt］	指定系统服务在某一运行级别中启动或停止
chkconfig--list	显示服务列表及服务在运行级别 0~6 中运行状态

12.3.3 数据安全防护技术

数据是体现发射场核心竞争力的重要资源，如果因自然、人为因素或意外事故导致数据丢失、篡改、损毁，将对发射场造成难以估量的损失。然而，一些开发人员在安装数据库时，可能会选择默认选项，这可能导致数据库的安全设置不足，使数据面临泄露、篡改和破坏的风险，同时也让数据库暴露在潜在的入侵威胁之中。因此，开发人员应深入了解并掌握数据库的安全防护措施，确保数据库系统的安全稳定，保护发射场设备信息系统的核心数据和信息安全。

数据安全防护的内容主要包括，确保数据的正确性、阻止对数据的非法访问、保证数据在发生意外时能及时恢复等内容。具体落实到数据库的安全防护层面，本章将从以下6个方面进行介绍，对于具体的实现，读者还应结合实际进一步查阅相关资料。

（1）加强身份认证。身份认证的主要目标是确认用户身份的合法性以及对系统的操作权限，并阻止非法或假冒身份的用户访问系统。身份认证可以和授权控制结合，根据不同角色的用户，进行身份认证后给予不同的访问权限。常见的身份认证方式主要有访问控制和权限控制两种。

1）访问控制。访问控制是保护数据库的重要基础，从网络访问阶段即开始限制未经授权的用户对系统的访问。用户的入网访问需经过用户名的识别与验证、用户口令的验证以及用户权限的验证3个流程，如果任何一个流程不能通过，那么该用户均无法访问系统。为了有效保护数据库安全，需要设置复杂且难以猜测的密码，并定期进行更新，从而抵御潜在的密码猜测或撞库攻击。

2）权限控制。权限控制是一种针对网络非法操作进行安全保护的措施，通过严格限制数据库的访问权限，仅将必要的权限授予特定的用户和角色，坚决杜绝匿名用户的访问，以确保数据库的保密性、完整性和可用性。权限控制不仅包括对不同用户和用户组分配不同等级的权限，还包括限制用户和用户组对目录、子目录、文件和其他资源的访问，指定用户对文件、目录等可执行的操作等内容。对目录和文件的访问权限一般有系统管理员权限、读权限、写权限、创建权限、删除权限、修改权限、文件查找权限、存储控制权限。例如达梦数据库，可以通过GRANT语句将数据库权限、对象权限以及角色权限分配给用户和角色，结束后可以使用REVOKE语句将授出的权限再进行回收。

（2）数据库备份和恢复。定期备份数据库是保障数据安全的重要一环。为了确保数据的完整性和可恢复性，需要制定周密的备份和恢复策略。这包括根据实际需求选择恰当的备份方式（如完全备份、增量备份等），设定合理的备份频率，以及选择安全可靠的存储位置。而且，还需定期对备份文件进行完整性和可用性测试，以确保在遭遇数据丢失或损坏等紧急情况时，能够迅速、准确地恢复数据，从而将损失降到最低。容灾备份的主要措施如下：

1）针对数据库、文件，配置制定包含文件系统备份、数据库系统在线和离线数据备份、日志备份在内的备份策略。备份方式包括全量备份、增量备份和差异备份等。其中，全量备份，是对所有数据进行备份，保存数据完整性高，备份时间长，占据存储空间大；增量备份，是在全量备份基础上备份变化的数据，备份时间和占据存储空间相对全量备份减少；

差异备份，是在全量备份和增量备份的基础上备份变化的数据块，备份时间和占据存储空间相对增量备份减少。根据备份方式特点、结合实际情况，来选择合适的备份方法，有助于快速高效地进行数据安全防护。

2）建立同地、异地数据中心，对数据进行容灾保护。同地数据中心的数据同步率高，可在数据发生破坏后第一时间接管系统，对数据进行恢复；异地数据中心存在一定的数据丢失问题，可备份保护关键数据，在关键数据破坏后及时进行关键数据的恢复。

（3）数据加密。数据加密，是保护敏感数据的常用方法，是实现数据存储和传输保密的一种重要手段。使用加密算法对敏感数据进行加密，可以防止数据被非授权人员获取后掌握数据内容。例如，MySQL 数据库支持使用 SSL/TLS 协议对数据库连接进行加密，这样有助于保护数据的传输安全，防止数据在传输过程中被窃取或篡改。

常见的加密算法有对称加密、非对称加密、哈希加密等。其中，对称加密，使用同一个密钥对数据进行加密和解密；非对称加密，使用不同密钥对数据进行加、解密；哈希加密，则使用哈希函数对数据进行加密、解密，著名的报文摘要算法 5（message-digest algorithm 5，MD5）使用的就是哈希加密算法。

MD5 对任意长度的信息逐位进行计算，按照 MD5 函数（该函数为单向散列函数，具有不可逆转性）产生一个二进制长度为 128 位的报文摘要（即 MD5 校验码），信息发送者和接收者可以通过对比生成的校验码来验证信息是否被篡改过。由于信息原文长度不限，而校验码长度有限，不同长度的原文也可能生成相同的校验码，因此，通过找出与信息原文能生成同一校验码的报文即可破解 MD5。这一过程称为 MD5 碰撞，通常用于登录密码的破解。对于登录密码，只需找到与原密码有相同校验码的密码，使用该密码作为登录密码，即可欺骗应用系统的验签程序。MD5 碰撞的常见方法有枚举法、查字典法、彩虹表法等。其中，枚举法，为强行枚举出原密码，方法简单但耗时过长，占据系统资源过多；查字典法，从密码字典中查找与原文具有相同校验码的报文，该方法耗时长，占据系统内存大；彩虹表法，结合了枚举法与查字典法，通过建立函数，反推结果并将结果校验码与原文校验码对比验证，从而破解哈希算法，该方法实用性较强。对此有兴趣的读者可以进一步了解相关内容。

（4）定期更新和维护。及时安装最新的数据库补丁和进行更新，是保护数据库安全的关键措施。官方发布的更新通常包含了针对已知安全漏洞的修复以及性能优化，能够有效提升数据库的安全防护能力和运行效率。因此，应该建立一个系统的更新和维护计划，定期检查、及时应用新的补丁与更新，降低数据库遭受攻击的风险，以确保数据库始终保持最佳的安全状态。

（5）监控和审计。实施高效的数据库监控和审计机制，是保障数据库安全的重要步骤。通过实时监控数据库的活动、日志和事件，记录所有关键的操作和访问事件，可以全面掌握数据库的运行状态。定期审计数据库的访问日志，有助于及时发现并深入分析潜在的威胁和漏洞，从而采取相应的防护措施。

（6）防止 SQL 注入攻击。SQL 注入攻击是一种常见的数据库攻击方式。为了防止 SQL 注入攻击，应该使用参数化查询和预编译语句，确保用户输入被当作数据处理，而不是 SQL 代码的一部分。此外，输入验证和清理也是重要的防范措施，要对用户输入的数据进行有效的验证和清理，确保它们符合预期的格式。这包括检查输入的长度、类型、范围等，并移除或转义可能导致 SQL 注入的特殊字符。

12.3.4 网络安全防护技术

由于发射场设备信息系统的设备众多、分布广泛，很多安全问题、安全事件甚至安全攻击均通过网络传播扩散，因此，网络管理和网络安全防护，是信息系统安全防护的重中之重。因此，本章单独设置网络安全防护技术这一节，针对网络管理和网络安全中常用的 VLAN 技术、SNMP 和 iptables 包过滤技术进行介绍。

12.3.4.1 VLAN 技术

虚拟局域网（VLAN）是一种将局域网内的设备划分为多个逻辑子网的技术，这些子网在逻辑上是独立的，从而提高了网络的安全性。在实际应用中，可以根据具体的业务需求，调整安全策略，将网络中的设备划分到不同的 VLAN 中。以下是使用 VLAN 提高网络安全的一些关键步骤和策略：

1）划分 VLAN。例如，可以将关键业务的设备划分到一个 VLAN 中，将公共区域的设备划分到另一个 VLAN 中。

2）隔离广播域。通过 VLAN 技术，可以将广播流量限制在特定的 VLAN 内，从而防止广播风暴和广播攻击。

3）实施访问控制列表（ACL）。通过配置 ACL，可以限制不同 VLAN 之间的访问，只允许特定的流量通过。这可以防止未经授权的访问和潜在的攻击。

4）使用安全特性。一些交换机支持安全特性，如端口安全、动态 ARP 检测等。这些特性可以帮助识别和阻止恶意流量，提高网络的安全性。

5）定期审查和更新 VLAN 配置。随着网络拓扑和业务需求的变化，VLAN 配置也需要相应地进行调整。通过定期审查和更新 VLAN 配置，可以确保网络的安全性和稳定性。

12.3.4.2 SNMP

（1）SNMP 简介。在发射场设备信息系统中，有大量的网络设备，如服务器、工作站、路由器、交换机及集线器等，由于网络设备的种类多，不同设备厂商提供的管理接口也各不相同，而且随着网络设备数量的急剧增加、网络覆盖范围的不断扩大，使得网络管理变得越发复杂。面对这样的一个大型网络，以人工方式逐台查看网络设备的运行状况，难以及时全面地了解掌握整个网络及每台设备的情况。为解决这一问题，简单网络管理协议应运而生。

简单网络管理协议（simple network management protocol，SNMP）是由国际互联网工程任务组（internet engineering task force，IETF）定义的一种网络管理协议，主要用于网络设备和网络设备上各种资源的管理，是目前应用最为广泛的网络管理协议。SNMP 的前身是简单网关监控协议（simple gateway monitoring protocol，SGMP），后来经过修改完善，成为更加全面的 SNMP。SNMP 相继发布了 3 个版本——SNMPv1、SNMPv2 和 SNMPv3，安全性和功能不断得到增强。

SNMP 提供了统一的接口，实现了不同种类和厂商的网络设备之间的统一管理。网络管理员可以通过 SNMP，使用管理应用程序和被管理网络设备进行通信，获取或设置被管理网络设备上的各种参数，包括监视网络状态、修改网络设备配置、接收网络事件警告等，从而方便高效地管理网络设备。

（2）SNMP 系统组成。SNMP 系统由网络管理系统（network management system，NMS）、

SNMP 代理（SNMP Agent）、被管理对象（management object）和管理信息库（management information base，MIB）4 部分组成，如图 12.3-1 所示。SNMP 采用特殊的客户机/服务器模式，即代理/管理站模型。NMS 是整个网络的网管中心，对所有网络设备进行管理。每个被管理的网络设备中都包含驻留在设备上的 SNMP Agent 进程、MIB 和多个被管对象。NMS 通过 MIB 这个接口与运行在被管理设备上的 SNMP Agent 交互，由 SNMP Agent 通过对设备端的 MIB 进行操作，实现对被管理设备所维护的变量进行信息查询和参数设置等网络管理指令，完成 NMS 的网络管理工作。

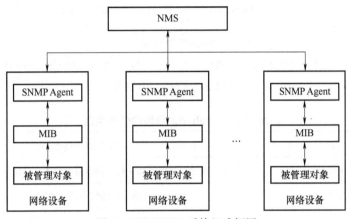

图 12.3-1　SNMP 系统组成框图

（3）MIB。NMS 和 SNMP Agent 通过 MIB 进行接口统一，两端都实现相应的 MIB 对象。即，NMS 可访问的被管理对象的控制和状态信息等数据变量都保存在 MIB 中，使得双方可以识别对方的数据。MIB 定义了被管理设备的一系列属性：对象的名称、状态、访问权限和数据类型等。NMS 向 SNMP Agent 请求 MIB 中定义的数据，SNMP Agent 识别后，将被管理设备提供的相关状态或参数等数据转换成 MIB 定义的格式，将该信息返回给 NMS，完成网络管理信息的交互。

MIB 以树状结构进行存储，如图 12.3-2 所示。树的节点表示被管理对象，一个特定对象的标识符可通过由根节点到该对象的路径获得。变量命名取自 ISO 和 ITU 管理的对象标识符（object identifier，OID）名字空间。树的顶级对象有 3 个，即 ISO、ITU-T 和这两个组织的联合体。在 ISO 的下面有 4 个节点，其中的 org（标号 3）是被标识的组织。在其下面有一个 dod（department of defense）的子树节点（标号 6），再下面就是 internet（标号 1）。在 internet 节点下面的第二个节点是 mgmt（管理，标号 2）。下面是管理信息库，原先的节点名是 mib，后来定义了新的版本 MIB-II，故节点名现在改成了 mib-2（标号 1），其标识为 iso. org. dod. internet. mgmt. mib，相应的数字表示（即 OID）为 .1.3.6.1.2.1。mib 节点管理的信息类别见表 12.3-7。

（4）SNMP 报文格式。SNMP 定义了数据报文的格式，最终封装成 UDP 数据报文，如图 12.3-3 所示。一段 SNMP 报文由"版本号""SNMP 团体名"和"协议数据单元"构成。

1）版本号（version identifier），用于表示使用的 SNMP 的版本，确保 SNMP Agent 使用相同版本的协议。对应字段值为版本号减 1，如果是 SNMPv1 报文则为 0，SNMPv2 则为 1，SNMPv3 则为 2。

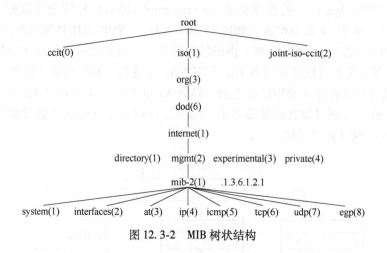

图 12.3-2　MIB 树状结构

表 12.3-7　mib 节点管理的信息类别

标号	类别	所包含的信息
（1）	system	被管理对象（如主机、路由器等设备）系统的总体信息
（2）	interfaces	各个网络接口的相关信息
（3）	at（address translation）	地址转换（如 ARP 映射）的相关信息
（4）	ip	IP 的实现和运行相关信息
（5）	icmp	ICMP 的实现和运行相关信息
（6）	tcp	TCP 的实现和运行相关信息
（7）	udp	UDP 的实现和运行相关信息
（8）	egp	EGP 软件（外部网关协议通信量统计）

2）团体名（community name），团体（community）是基本的安全机制，用于在 SNMP Agent 与 NMS 之间完成身份认证的口令，是一个用户可自行定义的字符串，类似密码，默认值为 public。团体名包括"read"和"write"两种，执行 SNMP 查询操作时，采用"read"团体名进行认证；执行 SNMP 设置操作时，则采用"write"团体名进行认证。

3）协议数据单元（protocol data unit，PDU），SNMP 报文中的数据区，定义了 SNMP 的消息类型及其相关参数。SNMP 定义了五种消息类型——Get-Request、Get-Next-Request、Get-Response、Set-Request 和 Trap，分别对应的"PDU 类型"字段值为数字 0~4。

其中"版本号""团体名"和"PDU 类型"共同构成了公共 SNMP 首部，其余各个字段的具体定义可以查阅相关资料。

SNMP 提供了 3 种用于控制 MIB 对象的基本操作命令，分别是 Get、Set 和 Trap。

1）Get，用于 NMS 读取 SNMP Agent 处管理对象的值，从而向设备获取数据，属于 SNMP 提供的读操作。

2）Set，用于 NMS 设置 SNMP Agent 处对象的值，改动设备的配置或控制设备的运转状态，从而向设备执行设置操作，属于 SNMP 提供的写操作。

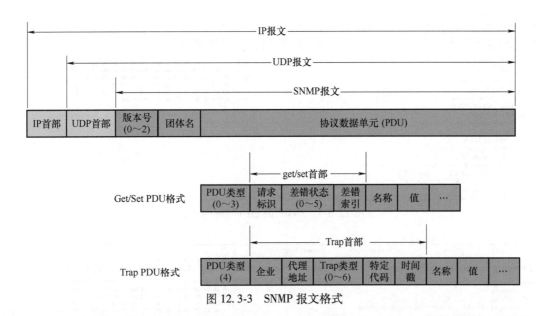

图 12.3-3　SNMP 报文格式

3）Trap，用于设备状态发生重大变化时，SNMP Agent 向 NMS 通报重要事件。它的功能是在 NMS 没有明确要求的前提下，由 SNMP Agent 主动通知 NMS 有意外情况发生，如通知 NMS 线路的故障、连接的中断和恢复、认证失败等消息。

SNMP 通过 UDP 在 NMS 和 SNMP Agent 之间传输信息，通常由服务器请求而获得的数据由服务器的 161 端口接收，Trap 信息由 162 端口接收。执行 SNMP 的设备必须使用这些端口。

（5）SNMP 的基本使用。在计算机上成功安装和配置了 SNMP 服务之后，即可使用 SNMP 进行网络管理。这里通过一个 SNMP 工具软件 Snmputil 进行演示。Snmputil 是一个命令行软件，使用语法如下：

usage：snmputil［get│getnext│walk］agent community oid［oid ...］

其中，agent 是管理设备的 IP 地址；oid 是 .1.3.6.1.2.1.1.1.0。使用 Snmputil 获取被管理设备上有关硬件和操作系统的描述，返回结果如图 12.3-4 所示。

```
D:\snmp>snmputil get localhost public .1.3.6.1.2.1.1.1.0
Variable = system.sysDescr.0
Value    = String Hardware: Intel64 Family 6 Model 154 Stepping 3 AT/AT COMPATIBLE - Software:
Windows Version 6.3 (Build 22621 Multiprocessor Free)
```

图 12.3-4　Snmputil 获取的有关硬件和操作系统的描述返回结果

使用抓包分析工具 Wireshark 抓包，过滤条件设置为 snmp，捕获的 get-request 报文和 get-response 报文如图 12.3-5 和图 12.3-6 所示。可以看出，SNMP 为应用层协议，源主机首先发出了一个包进行请求，目的主机发出了另一个包进行回复。数据包 NO.466645 是请求信息，它的 data 类型是 get-request。其中，request-id 为 1，Object Name 表示请求的数据在 MIB 中的条目，value 值为空。数据包 NO.466646 是响应信息，它的 data 类型是 get-response，用于响应请求。其中，request-id 为 1，说明是对应请求的响应，Object Name 表示响应的数据在 MIB 中的条目，value 填充了回复的主机数据。

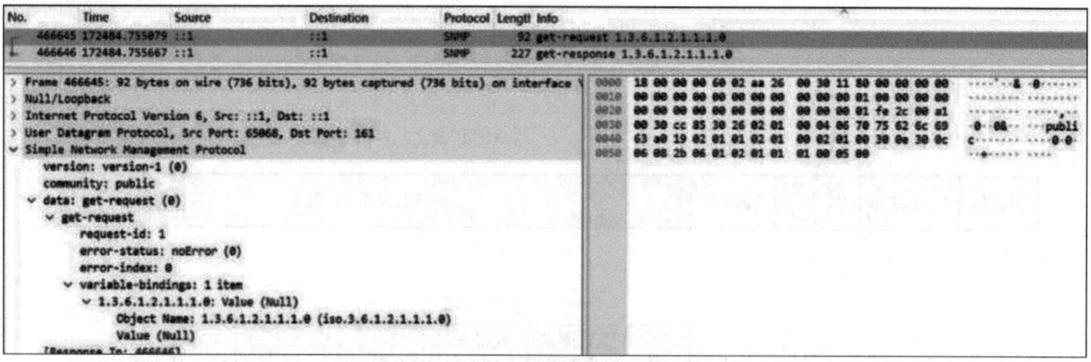

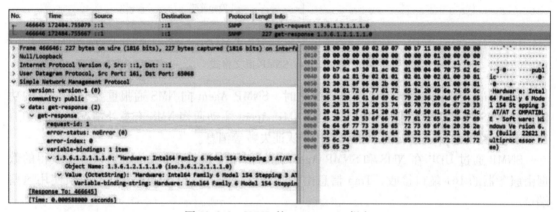

图 12.3-5 SNMP 的 get-request 报文

图 12.3-6 SNMP 的 get-response 报文

12.3.4.3 iptables 包过滤技术

iptables 是 Linux 系统内核集成的 IP 信息包过滤系统，在 Linux 系统上用于控制 IP 信息包过滤，配置和管理系统的防火墙规则。iptables 提供了各种选项和功能，通过使用 iptables，可以精确地控制网络数据包的过滤和转发，控制进出网络的数据包，更好地保护网络安全。

iptables 的基本概念包括表、链、规则、目标等内容，用以定义具体的防火墙策略。下面进行简单列举介绍，详细内容可以查阅相关资料。

（1）表（tables）。iptables 管理 4 个不同的规则表，作用各不相同，分别由独立的内核模块实现，见表 12.3-8。

表 12.3-8 iptables 管理的规则表

规则表	功能	内核模块	包含的链
filter	过滤数据包	iptables_filter	INPUT, OUTPUT, FORWARD
nat	网络地址转换	iptable_nat	PREROUTING, POSTROTING, OUTPUT
mangle	修改（重构）数据包	iptable_mangle	PREROUTING, POSTROUTING, INPUT, OUTPUT, FORWARD
raw	数据跟踪处理	iptable_raw	OUTPUT, PREROUTING

（2）链（chains）。链是 iptables 中的规则集合，按照一定的顺序执行。iptables 常用的规则链有 INPUT 链、OUTPUT 链、FORWARD 链、PREROUTING 链和 POSTROUTING 链等，见表 12.3-9。

表 12.3-9 iptables 常用的规则链

规则链	功能
INPUT	进来的数据包应用此规则链中的规则
OUTPUT	外出的数据包应用此规则链中的规则
FORWARD	转发数据包时应用此规则链中的规则
PREROUTING	对数据包作路由选择前应用此链中的规则
POSTROUTING	对数据包作路由选择后应用此链中的规则

（3）规则（rules）。规则用于匹配和操作数据包。每个规则由匹配条件和操作组成，匹配条件可以是 IP 地址、端口号、协议等。

（4）目标（targets）。目标是指明规则匹配后要执行的操作。iptables 常用的目标见表 12.3-10。

表 12.3-10 iptables 常用的目标

目标操作	功能
ACCEPT	接收数据包并继续处理
DROP	丢弃数据包并停止处理
REJECT	拒绝数据包并返回错误信息给发送方
RETURN	返回上一级处理程序，通常用于自定义链中的规则
QUEUE	将数据包发送给用户空间进程处理
REDIRECT	将数据包重定向到本地端口或地址
SNAT	源地址转换（Source Network Address Translation）
DNAT	目标地址转换（Destination Network Address Translation）
MASQUERADE	伪装源地址，通常用于 NAT（网络地址转换）
DROP_INVALID	丢弃无效的数据包
LOG_INVALID	记录无效的数据包信息

iptables 命令的基本格式，类似 Linux 系统的命令格式，相对复杂一些。常用的命令选项对应的功能及特点见表 12.3-11。其基本格式如下：

iptables［-t 表名］命令选项［链名］［条件匹配］［-j 目标动作或跳转］

表 12.3-11　常用的命令选项对应的功能及特点

常用的命令选项	功能及特点
-A	在指定链的末尾添加（--append）一条新规则
-D	删除（--delete）指定链中的某一条规则，按规则序号或内容确定要删除的规则
-j	指定目标（如 ACCEPT、DROP 等）
-m	指定匹配条件（如 state、limit 等）
-R	修改、替换指定链中的一条规则，按规则序号或内容确定要替换的规则
-N	新建一条用户自定义的规则链

注：表格只列出了几种常用的命令，其余命令项可以通过查看帮助获得。

以下是一个简单的示例，展示了如何设置基本的数据包出入规则：

```
#!/bin/bash
# 设置默认策略
iptables-P INPUT DROP
iptables-P OUTPUT ACCEPT
iptables-P FORWARD DROP
# 允许本地回环接口
iptables-A INPUT-i lo-j ACCEPT
iptables-A OUTPUT-o lo-j ACCEPT
# 允许 ICMP(Ping 请求)
iptables-A INPUT-p icmp--icmp-type echo-request-j ACCEPT
# 允许出站 TCP 连接(如 SSH、HTTP 等)
iptables-A OUTPUT-p tcp--dport 22-j ACCEPT
iptables-A OUTPUT-p tcp--dport 80-j ACCEPT
# 允许传入 HTTP 请求(通常为 80 端口)
iptables-A INPUT-p tcp--dport 80-j ACCEPT
# 添加其他规则(根据需要进行自定义)
# iptables-A INPUT ...
# iptables-A OUTPUT ...
# iptables-A FORWARD ...
# 保存规则到文件(可选)
# service iptables save
```

这只是一个简单示例，可以根据需求进行自定义。在添加规则之前，需要清楚每个规则的含义和潜在影响，以避免不必要的安全风险。此外，对于更复杂的网络环境，可能需要使用更高级的防火墙配置。

12.3.5　常用网络安全工具

本节主要对 Sniffer、WinPcap、Nmap、Wireshark 等常用网络安全工具的使用进行简要介绍。通过掌握这些网络安全工具的使用方法，读者可以对一般的网络问题进行检查和分析，提高网络安全能力。

12.3.5.1　Sniffer

Sniffer 即网络嗅探器，也叫抓数据包软件，在信息系统中该技术主要用于网络管理和网络维护。系统管理员通过 Sniffer 提供的信息可以诊断出计算机之间的异常通信、不同网络协议的通信流量、每个数据包的源地址和目的地址等。

通常情况下，网络接口仅对目标地址是自己硬件地址（MAC 地址）的数据帧或自己所处网段的广播地址的数据帧产生响应。通过 Sniffer 工具，将网络接口设置为"混杂"（promiscuous）模式，就可以对网络中的数据帧进行监听、截获，进而实现实时分析数据帧的内容。

下面对 Sniffer Pro 软件的使用进行介绍。

（1）图 12.3-7 所示为 Sniffer Pro 软件使用界面。

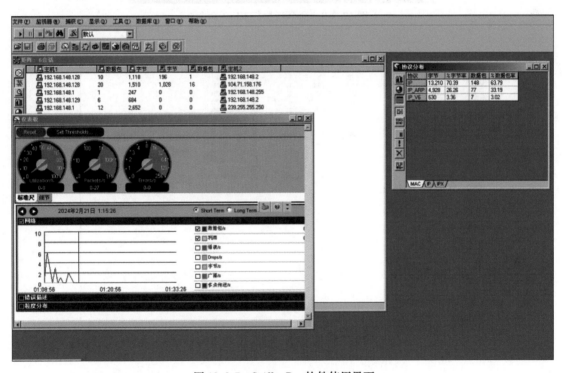

图 12.3-7　Sniffer Pro 软件使用界面

（2）telnet 抓包实验。

1）实验准备。建立两个虚拟机 1、2，并打开虚拟机 telnet 服务。其中，虚拟机 1（IP 地址为 192.168.148.128）作为主机进行监听。虚拟机 1 对虚拟机 2（IP 地址为 192.168.148.129）进行远程连接（见图 12.3-8），并执行 telnet 命令（见图 12.3-9）。

2）实验过程。选择矩阵，查看虚拟机连接情况（见图 12.3-10）。

在捕获中选择定义过滤器，选择地址，将地址类型选为 IP，在位置 1、2 中分别填写虚拟机 1、2 的 IP 地址（见图 12.3-11）。

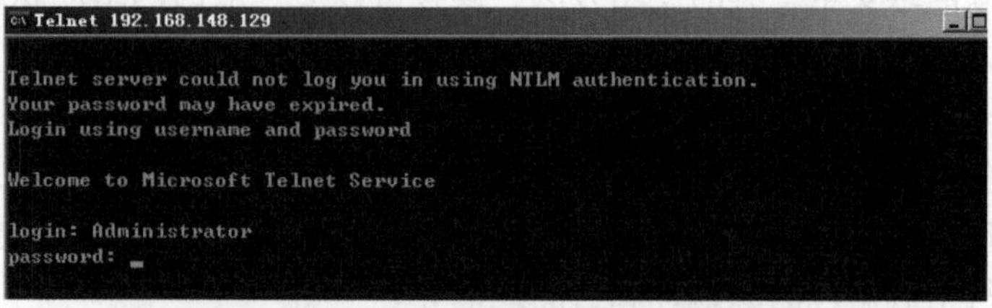
Telnet 192.168.148.129
Telnet server could not log you in using NTLM authentication.
Your password may have expired.
Login using username and password
Welcome to Microsoft Telnet Service
login: Administrator
password:

图 12.3-8　命令行进行虚拟机远程连接

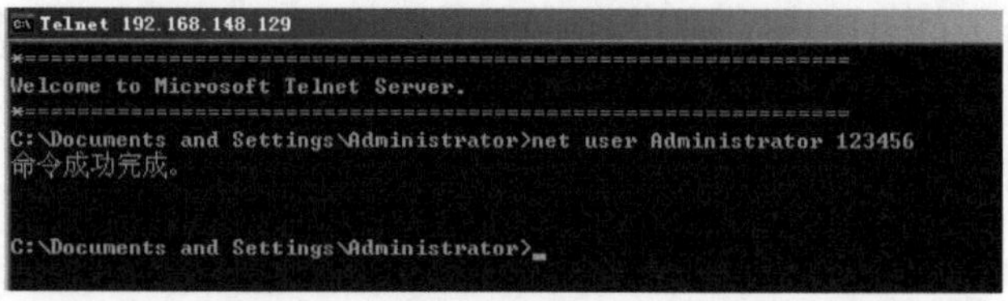
Telnet 192.168.148.129
Welcome to Microsoft Telnet Server.
C:\Documents and Settings\Administrator>net user Administrator 123456
命令成功完成。
C:\Documents and Settings\Administrator>

图 12.3-9　命令行执行 telnet 命令

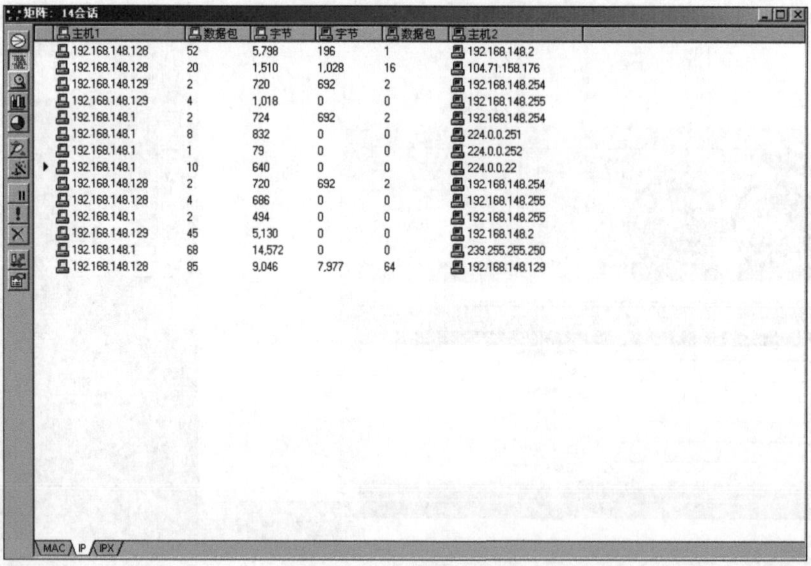
矩阵：14会话
主机1 数据包 字节 字节 数据包 主机2
192.168.148.128 52 5,798 196 1 192.168.148.2
192.168.148.128 20 1,510 1,028 16 104.71.158.176
192.168.148.129 2 720 692 2 192.168.148.254
192.168.148.129 4 1,018 0 0 192.168.148.255
192.168.148.1 2 724 692 2 192.168.148.254
192.168.148.1 8 832 0 0 224.0.0.251
192.168.148.1 1 79 0 0 224.0.0.252
192.168.148.1 10 640 0 0 224.0.0.22
192.168.148.128 2 720 692 2 192.168.148.254
192.168.148.128 4 686 0 0 192.168.148.255
192.168.148.1 2 494 0 0 192.168.148.255
192.168.148.129 45 5,130 0 0 192.168.148.2
192.168.148.1 68 14,572 0 0 239.255.255.250
192.168.148.128 85 9,046 7,977 64 192.168.148.129
MAC IP IPX

图 12.3-10　矩阵界面

在高级中选择协议 IP/TCP/TELNET，在数据包大小中选择 Equal-55，数据包类型选择常规（见图 12.3-12）。

单击望远镜图标，选择解码，可以查看数据包抓取结果（见图 12.3-13），查看摘要一栏信息可以发现，虚拟机 1 操作的 Telnet 命令为 net user Administrator 123456。

在捕获中选择终止即可停止嗅探。

12.3.5.2　WinPcap

WinPcap 是 Windows 平台下访问网络数据链路层的开源库，可以捕获、过滤原始数据包，发送到网络上，提供给应用程序，还可以收集网络流量的统计信息。WinPcap 的官方下载地址为 https://www.winpcap.org/。

图 12.3-11　定义过滤器——地址界面

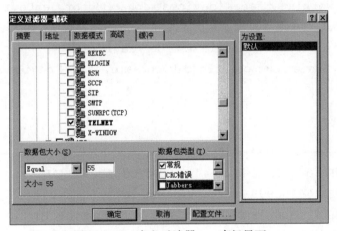

图 12.3-12　定义过滤器——高级界面

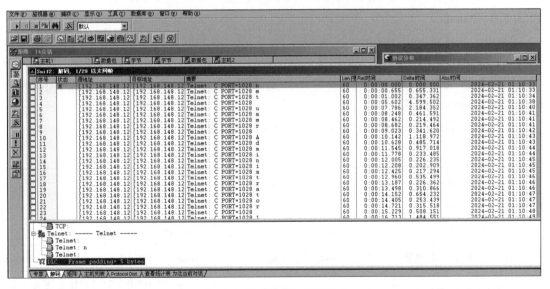

图 12.3-13　数据包抓取结果

在 WinPcap 中，使用 JpcapCaptor 类中的 getDeviceList（）方法实现获取设备列表。该函数返回一个 NetworkInterface 类的数组，遍历该数组并在控制台中对网络设备名称和描述信息进行打印。

示例代码如下：

```
//导入 Winpcap 的相关依赖
import jpcap.JpcapCaptor;
import jpcap.NetworkInterface;

public class NetWorkDevice {
    public static void main(String[]args){
        //获取网络设备,并存放到一个数组中
        NetworkInterface[]devices=JpcapCaptor.getDeviceList();
        //从数组中遍历当前计算机的网络设备,并在控制台打印其名称与描述信息
        for(NetworkInterface device :devices){
            System.out.println(device.name + "|" + device.description);
        }
    }
}
```

─────────────────────控制台打印结果─────────────────────

```
\Device\NPF_{04EFEDB6-3F41-40F7-895B-CE9BD59337AF}  |  Microsoft
\Device\NPF_{FCA6C999-B9BF-48CA-AB60-F01A26BE0E07}  |  Microsoft
\Device\NPF_{CD9D8E58-E7C5-4C7B-9435-B6DE09E4FB1F}  |  Microsoft
\Device\NPF_{4311CB21-0582-42DF-B3ED-6A5FDD54CA85}  |
```

12.3.5.3 Nmap

Nmap［取自 network mapper（网络映射器）］是一款开放源代码的网络探测和安全审核工具。它被设计用来快速扫描大型网络，包括主机探测与发现、开放的端口情况、操作系统与应用服务指纹识别、WAF 识别及常见安全漏洞。Nmap 的官方下载的地址为 https://nmap.org/download.html。

按照安装程序安装完成后，可直接通过命令行使用 Nmap（见表 12.3-12）。

表 12.3-12　Nmap 常用命令

用途	命令格式	举例
扫描单个目标地址	nmap 目标地址	nmap 192.168.0.1
扫描多个目标地址	nmap 地址1 地址2	nmap 192.168.0.1 192.168.0.2
扫描一个范围内的目标地址	nmap 地址1-地址n	nmap 192.168.0.1-6
扫描目标地址所在的网段	nmap 子网掩码	nmap 192.168.0.1/24（扫描范围为 192.168.0.1~192.168.0.255）

（续）

用途	命令格式	举例
-p 扫描某一目标地址的端口	nmap 地址-p 端口参数	nmap 192.168.0.6-p 135，443，445
目标跟踪	nmap--traceroute 目标地址	nmap--traceroute 192.168.0.1
所在 C 段的在线状况	nmap-sP 子网掩码	nmap-sP 192.168.0.1/24
操作系统版本识别	nmap-O 目标地址	nmap-O 192.168.0.1
-Pn 跳过 Ping 扫描	nmap-Pn 目标地址	nmap-Pn 192.168.0.1

12.3.5.4　Wireshark

Wireshark 是一款开源的网络数据包分析工具。它直接与网卡进行数据报文交换，不仅可以捕获各种网络数据包，显示数据包的详细信息，而且支持大量的网络协议，可以帮助用户分析网络数据包的详细内容。在日常网络运维中，通过使用它对各种网络协议数据包的内容进行分析，可以对网络问题进行定位，检测网络中潜在的安全问题。

Wireshark 官方下载地址为 https://www.wireshark.org/。

通过抓取 ping 命令操作，介绍 Wireshark 工具的使用和具体抓包过程。

Wireshark 软件初始界面如图 12.3-14 所示。

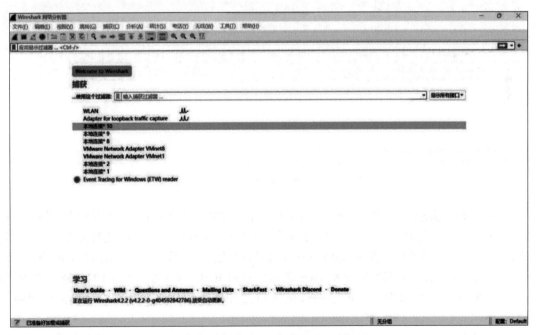

图 12.3-14　Wireshark 软件初始界面

选择菜单栏上捕获菜单下的选项，勾选 WLAN 网卡。这里需要根据计算机使用网卡的情况选择需要抓取的网卡接口，单击开始，启动抓包。

Wireshark 启动后，处于抓包状态中，如图 12.3-15 所示。Wireshark 的主界面包含 5 个部分：菜单栏、工具栏、过滤栏、数据包列表、数据包详情。数据包列表和数据包详情是核

航天发射场设备信息系统开发应用技术

心区域，数据包列表会显示捕获到的数据包，每一行就是一个数据包，每个数据包包含编号、时间戳、源地址、目标地址、协议、长度以及数据包信息。不同协议的数据包使用了不同的颜色区分显示。数据包详情显示了完整数据包的详细数据，在数据包列表中选择指定数据包，在数据包详细信息中会显示数据包的所有详细信息内容。数据包详细信息面板是最重要的，用来查看协议中的每一个字段。各行信息分别为，Frame 表示物理层的数据帧信息；Ethernet Ⅱ 表示数据链路层以太网帧头部信息；Internet Protocol Version 4 表示网络层 IP 包头部信息；Transmission Control Protocol 表示传输层的数据段头部信息。数据包列表区中不同的协议使用了不同的颜色区分。协议颜色标识定位在菜单栏的视图中，选择着色规则可以进行查看。

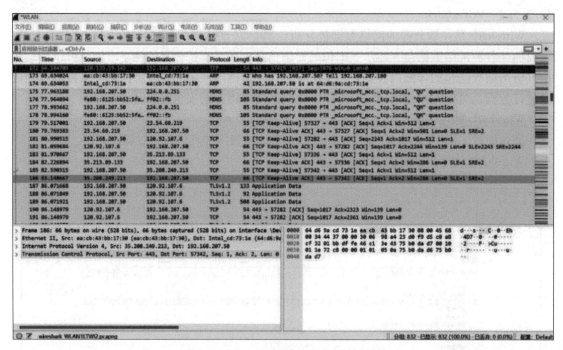

图 12.3-15　Wireshark 软件的抓包界面

执行需要抓包的操作，如在 cmd 窗口下执行 ping 192.168.207.180（根据所在网络的情况选择一个可以 ping 的地址），操作完成后即可进行相关数据包抓取。为避免其他无用的数据包影响分析，可以在过滤栏设置过滤条件进行数据包列表过滤，抓包结果如图 12.3-16 所示。说明：ip. addr = = 192.168.207.50 && icmp 表示只显示 ICMP 且主机 IP 为 192.168.207.50 的数据包。Wireshark 抓包完成，可以按红色按钮选择停止，并把本次抓包分析的结果进行保存。

下面简单对 Wireshark 软件过滤器表达式的规则进行介绍。Wireshark 软件带有 2 种过滤器：抓包过滤器和显示过滤器。

（1）抓包过滤器规则。抓包过滤器规则涉及抓包过滤器类型 Type（host、net、port）、方向 Dir（src、dst）、协议 Proto（ether、ip、tcp、udp、http、icmp、ftp 等）、逻辑运算符（&& 与、‖ 或、! 非）等内容。下面介绍常用的 4 种。

1）协议过滤。协议过滤比较简单，直接在抓包过滤框中输入协议名即可。其格式为，

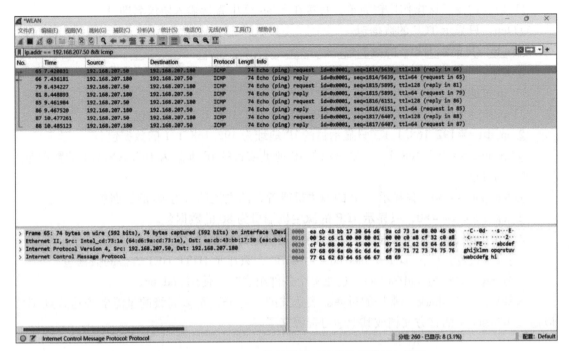

图 12.3-16　Wireshark 软件设置过滤条件后的抓包结果

协议名称，只查看特定协议的数据包。

① tcp，只查看 TCP 的数据包。

② udp，只查看 UDP 的数据包。

③ http，只查看 HTTP 的数据包。

2）IP 过滤。根据需要，它可以对 IP 地址进行过滤，可以过滤源地址或目的地址。

① host 192.168.1.1，只查看主机地址为 192.168.1.1 的数据包。

② src host 192.168.1.1，只查看源主机地址为 192.168.1.1 的数据包。

③ dst host 192.168.1.1，只查看目的主机地址为 192.168.1.1 的数据包。

3）端口过滤。根据需要，它可以对端口号进行过滤，可以过滤源端口或目的端口。

① port 80，只查看端口为 80 的数据包。

② src port 80，只查看源端口为 80 的数据包。

③ dst port 80，只查看目的端口为 80 的数据包。

4）逻辑运算符 &&（与）、‖（或）、!（非）。根据需要，它可以对过滤条件进行逻辑组合，实现复杂条件过滤。

① src host IP 地址 && dst port 端口号，抓取特定主机地址和目的端口的数据包。

② host IP 地址 A ‖ host IP 地址 B，抓取主机为 IP 地址 A 或者 IP 地址 B 的数据包。

③ ! broadcast 不抓取广播数据包。

（2）显示过滤器规则。

1）比较操作符。比较操作符有 = =（等于）、! =（不等于）、>（大于）、<（小于）、>=（大于等于）、<=（小于等于）。

2）协议过滤。该操作比较简单，直接在 Filter 框中直接输入协议名即可。

① tcp，只显示 TCP 的数据包。

② udp，只显示 HTTP 的数据包。

③ http，只显示 ICMP 的数据包。

3）ip 过滤。

① ip. src = = 192. 168. 1. 1，只显示 IP 地址为 192. 168. 1. 1 的数据包。

② ip. dst = = 192. 168. 1. 1，只显示目的 IP 地址为 192. 168. 1. 1 的数据包。

③ ip. addr = = 192. 168. 1. 1，只显示源 IP 地址或目的 IP 地址为 192. 168. 1. 1 的数据包。

4）端口过滤。

① tcp. port = = 80，只显示 TCP 的源主机或者目的主机端口为 80 的数据包。。

② tcp. srcport = = 80，只显示 TCP 的源主机端口为 80 的数据包。

③ tcp. dstport = = 80，只显示 TCP 的目的主机端口为 80 的数据包。

5）模式过滤。http. request. method = = " GET"，只显示 HTTP GET 方法的数据包。

6）逻辑运算符为 and/or/not。过滤多个条件组合时，使用 and/or。

这些只是 Wireshark 中常用的过滤器表达式的一部分，更多高级的过滤器表达式规则可以通过 Wireshark 的官方文档或其他学习资源来了解。

12.4 信息系统安全防护体系

12.4.1 安全防护目标

GB/T 22239—2019《信息安全技术　网络安全等级保护基本要求》对网络安全的定义是"通过采取必要措施，防范对网络的攻击、侵入、干扰、破坏和非法使用以及意外事故，使网络处于稳定可靠运行的状态，以及保障网络数据的完整性、保密性、可用性的能力。"

按照这个定义，一般的信息系统网络安全要求系统处于稳定可靠运行的状态，能够防范网络攻击，并确保信息的完整性、保密性、可用性。

发射场设备信息系统因自身的特殊性，在安全防护方面还应具有以下特点：

（1）必须进行安全区域边界隔离和访问控制。为防止系统区域边界模糊、访问控制的管控不足，导致一旦发生恶意攻击或病毒感染时可能影响其他设备或区域正常运转的风险，必须明确划分区域边界，同时部署相关边界隔离设备，控制系统各层次之间以及各层次内部安全区域之间的访问，如子系统与上级系统不能直连，必须部署防火墙。

（2）必须具备实时病毒防护和入侵防护能力。在网络环境下，病毒可以通过自身的复制能力和超强的感染力对系统进行破坏，具有不可估量的威胁力与破坏力。若 USB 设备以及外部设备管控不足，非常容易产生系统感染恶意代码或重要信息被泄露的风险，因而需部署防病毒系统抵御病毒，对内部攻击、外部攻击和误操作进行实时防护，在系统受到危害之前进行拦截和防御。

（3）必须对信息显示与设备控制进行分离设计。信息显示主要负责向用户呈现结果、展示数据，而设备控制则负责对具体的设备进行控制和处理控制逻辑。在设计系统结构时，通常需将信息显示和设备控制进行逻辑分离。这要求系统的信息显示部分和设备控制部分在连接机制上必须是单向的，涉及设备控制的部分不能与信息显示有交互，只能发出信息，不能接收信息，这样能够杜绝信息显示对设备控制的影响，有助于减少设备控制部分的安全风险。

（4）必须确保系统运行高度稳定可靠。为保障航天发射活动顺利进行，发射场设备信息系统的运行必须稳定可靠。对此，需要从多个方面进行加强：

1）硬件方面，选用高质量、高可靠性的硬件设备，如冗余电源、热备份服务器等，确保硬件设备的稳定运行；同时，定期进行硬件设备的维护和检修，及时发现并解决潜在的硬件故障。

2）软件方面，采用成熟稳定的操作系统、数据库和中间件等软件产品，并对软件进行定期的版本升级和安全漏洞修补。

3）网络方面，构建稳定的网络架构，采用冗余的网络设备和线路，确保网络连接稳定可靠。

4）数据方面，对重要数据和敏感信息进行加密存储和传输，防止数据泄露和被篡改；并通过数据备份、恢复计划等措施，确保数据的完整性。

（5）安全防护技术和安全管理并重。在发射场，信息系统的安全防护不仅是一个技术问题，也是一个管理问题。需要一系列的管理措施：加强人员管理和培训，提高人员的网络安全意识和网络安全技能；制定严格的操作规程和完善的管理制度，确保人员操作的规范性和准确性；针对重要的安全防护措施，应该进行安全复核，如杀毒确认机制；针对设备信息系统可能出现的故障或安全事件的应急预案，明确应急响应流程和责任人，通过定期进行应急演练，提高应对突发事件的快速反应能力。

12.4.2　安全防护原则

面对严峻的网络安全形势，由于发射场设备信息系统涉及的设备众多、种类复杂，其安全防护面临着诸多挑战。结合航天发射场设备信息系统通信协议复杂多样，实时性、可靠性、安全性要求高，故障恢复时间短的要求，本节将介绍发射场信息系统安全防护原则。这些原则将指导安全防护体系的设计、建设和实施，确保信息系统安全稳定的可靠运行。

（1）全面覆盖。全面覆盖原则要求，信息系统的安全防护设计必须全面考虑所有潜在的安全风险和威胁，能够覆盖信息系统各个层面和各个方面的安全。这包括物理安全、应用安全、数据安全、网络安全等方面的防护措施，以实现系统的整体安全性。

（2）深度防御。深度防御原则强调采用多重安全防护手段，降低安全风险。通过在多个层次上部署安全措施，形成多层防线，提高信息系统的安全防护能力。这包括操作系统安全、应用软件安全、防火墙、入侵检测、漏洞扫描、端口封堵、服务禁用等技术的综合应用，以及安全管理措施的落实等内容。

（3）动态调整。安全防护体系不是一成不变的，应该动态调整。这需要不断关注信息安全领域的新技术和新趋势，及时根据系统运行状况、网络安全威胁和安全审计结果，持续改进和优化安全防护措施，以适应不断变化的安全威胁。

（4）及时响应。及时响应原则要求，在发现安全威胁时，如系统受到攻击、出现大规模病毒、应用服务意外崩溃、敏感信息泄露等重大安全事件发生时，能够迅速采取应对措施，防止安全事件扩大或造成严重影响。这需要建立完善的安全事件响应机制，确保及时发现并处理安全问题。

综上所述，发射场信息系统安全防护应遵循全面覆盖、深度防御、动态调整、及时响应等原则，为航天发射任务的顺利进行提供有力支持。

12.4.3　安全防护技术架构

2019 年，新版国家标准 GB/T 22239—2019《信息安全技术　网络安全等级保护基本要求》正式发布实施，该项标准将原信息系统安全防护中的"物理安全""网络安全""主机安全""应用安全"和"数据安全和备份与恢复"等技术要求修订为"安全物理环境""安全通信网络""安全区域边界""安全计算环境"和"安全管理中心"。

按照该标准的要求，提出如下的安全防护技术架构：以物理环境安全为基础，通过综合应用各类安全技术措施，实现信息系统的通信网络安全、区域边界安全、计算环境安全；并建立安全管理中心，作为系统安全运维服务平台，根据实时从安全计算环境、安全通信网络、安全区域边界采集的安全数据，制定相应的安全策略并进行下发，提供系统安全管理服务。安全防护技术架构如图 12.4-1 所示。

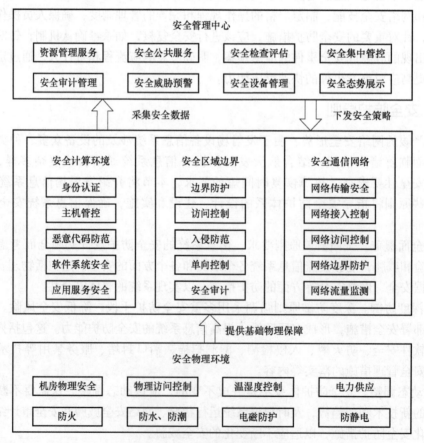

图 12.4-1　安全防护技术架构

12.4.3.1 安全物理环境

安全物理环境是指确保物理设施安全稳定运行的一系列物理安全措施和环境条件。其主要目标是确保物理设施的安全性，从而为信息系统的正常运行提供基础保障。

安全物理环境的实现主要包括以下 8 个方面：

（1）机房物理安全。这一般是对建筑物的要求，包括机房的防震、防风和防雨等。

防雷击是季节性安全中的一个重点，应将各类机柜、设施和设备等通过接地系统安全接地，通常核心交换机、核心路由器一类的大型设备都会有防雷模块，预留好了接引线的端点，将其与机柜的端点连接，然后将机柜防雷引线接到地板下的金属支架，能够保证基本的防雷要求。

（2）物理访问控制。机房出入口应配置电子门禁系统，来控制、鉴别和记录进入的人员；另外，还应该建立物理防盗措施，设置机房防盗报警系统或视频监控系统等。

（3）温湿度控制。机房应设置温、湿度自动调节设施，使机房温湿度的变化在设备运行所允许的范围之内。

（4）电力供应。应在机房供电线路上配置稳压器和过电压防护设备，并设置冗余或并行的电力电缆线路为计算机系统供电，还需提供短期的备用电力供应。

（5）防火。机房应采取区域隔离防火措施，设置火灾自动消防系统。

（6）防水和防潮。应采取措施防止雨水通过机房窗户、屋顶和墙壁渗透，防止机房内水蒸气结露和地下积水的转移与渗透；一般应安装对水敏感的检测仪表或元件，对机房进行防水检测和报警。

（7）电磁防护。电源线和通信线缆应隔离铺设，避免互相干扰，对关键设备应实施电磁屏蔽措施。

（8）防静电。主要设备应采用必要的接地防静电措施，机房应采用防静电地板。

以上只是列出了基本的物理安全要求，具体可以参考如下标准：

GB/T 2887—2011《计算机场地通用规范》

GB 50174—2017《数据中心设计规范》

GB 50057—2010《建筑物防雷设计规范》

GB 50343—2012《建筑物电子信息系统防雷技术规范》

12.4.3.2 安全计算环境

安全计算环境主要涉及边界内部的所有对象，主要是保护数据、应用程序和系统免受潜在的外部威胁。

安全计算环境的实现主要包括以下 5 个方面：

（1）身份认证。主要对使用网络和终端的用户身份进行鉴别和验证，应该具备身份唯一性验证、自动去重检验、密码复杂度强制性应用、远程登录采用加密传输等功能。

（2）主机管控。对终端主机进行管理控制，防止信息的非法输入、输出。

（3）恶意代码防范。强制安装杀毒软件，做好主机层面的恶意代码防护工作，提供对计算机系统病毒木马的查杀和监测预警。

（4）软件系统安全。对计算机操作系统、数据库、通用软件等进行安全配置和安全防护；不必要的系统服务、默认共享和高危端口，应该强制关闭；对设备的漏洞要定期进行扫描，及时发现已知漏洞并修复；进行补丁更新时，应该进行验证等。

（5）应用服务安全。提供应用访问控制、应用软件白名单运行控制、应用软件安全检测、应用层协议检测、与安全软件的兼容性检查等功能。

数据备份恢复也是重要的环节，要对重要数据进行实时备份，具备备份恢复能力，当发生安全事故时，能保证数据不丢失且可以恢复到某个特定状态。系统还须具备审计功能，而且覆盖到每一个用户，对于重要行为和重要安全事件，如登录、登出、查询、修改、删除等，应该进行记录，形成日志，日志应该按照一定的时间要求进行保存。

12.4.3.3 安全区域边界

安全区域边界是在安全计算环境边界，以及在安全计算环境与安全通信网络之间实现连接并实施安全策略。这是一个相对比较新的概念，出自 GB/T 22239—2019《信息安全技术 网络安全等级保护基本要求》。对于发射场设备信息系统而言，由于信息显示不能影响设备控制的刚性原则，这一安全概念的体现尤为重要。在系统运行过程中，为了保障关键设施设备不受攻击威胁和信息不被窃取、篡改或破坏，就需要采取一定的措施对外部系统进行隔离和防护，这就是安全区域边界的作用。在实际应用中，安全区域边界主要通过防火墙、入侵检测系统、网闸、网关等安全设备进行部署和配置，实现不同安全区域之间的隔离和访问控制。这些设备可以监测和控制网络流量，对恶意攻击进行防御和阻断，同时还可以对重要数据和系统进行加密和保护。

安全区域边界的实现主要包括以下 5 个方面：

（1）边界防护。在网络层面实现边界安全的防护能力，需要部署边界防火墙，实现有效的边界防护。

（2）访问控制。根据业务设置合理的 ACL 策略，一般来说会根据业务和需求设置不同地址段和端口的访问规则，防止未经授权的访问和恶意攻击。

（3）入侵防范。在关键网络节点（网络边界、区域间、重要区域边界等）对非法入侵进行检测，发现攻击能够进行报警、阻断等。

（4）单向控制。在区域边界部署单向传输控制设备，进行网络隔离。

（5）安全审计。对网络重要节点（如核心交换机、关键安全设备等）及网络边界的网络流量进行实时监测和分析，形成日志记录以便及时发现异常行为和潜在威胁。

12.4.3.4 安全通信网络

安全通信网络是对信息系统安全计算环境之间进行信息传输并实施安全策略。

安全通信网络的实现主要包括以下 5 个方面：

（1）网络传输安全。使用加密技术保证数据在通信过程中的完整性、可用性和保密性，防止信息在网络传输过程中泄露、篡改和破坏。

（2）网络接入控制。提供终端设备入网的准入控制，对接入发射场设备信息网络中的设备进行集中统一管控。

（3）网络访问控制。在用户访问发射场设备信息网络中的资源时，提供访问控制功能，防止非授权访问，确保网络访问受控。

（4）网络边界防护。提供网络隔离功能，实现设备信息的单向采集。

（5）网络流量监测。对网络通信流量进行采集，监测网络流量。在前期网络规划设计时，不仅应考虑 VLAN 的划分、IP 地址的分配等问题，还应充分考虑流量高峰期的网络带宽预留问题。

12.4.3.5　安全管理中心

安全管理中心是对信息系统的安全策略及安全计算环境、安全区域边界和安全通信网络上的安全机制实施统一管理的平台。

安全管理中心的实现主要包括以下 8 个方面：

（1）资源管理服务。对系统的资源和运行进行配置、控制和管理，包括用户身份、系统资源配置、系统加载和启动、系统运行的异常处理、数据和设备的备份与恢复、安全策略的配置、参数设置、以及安全配置检查和保存等。

（2）安全公共服务。提供各类信息安全公共管理服务，如认证服务、密码服务、病毒库、补丁库的升级、更新服务，以及各类信息安全软件、硬件的升级服务、更新服务。

（3）安全检查评估。针对不同的信息安全管理对象，对各类安全设备集中配置和维护，制定与下发相应信息安全策略。针对各类安全事件，开展信息安全应急响应处理，开展全网、局部或特殊要求的安全检查与评估。

（4）安全集中管控。包括对网络链路、安全设备、网络设备和服务器等的运行状况进行集中监测，对分散在各个设备上的审计数据进行收集汇总和集中分析，对安全策略、恶意代码、补丁升级等安全相关事项进行集中管理等，从而实现网络中发生的各类安全事件的集中识别、报警和分析。

（5）安全审计管理。不仅对审计记录进行存储、管理和查询，还应对审计记录进行分析，并根据分析结果进行处理。通过对信息安全数据进行审计记录、统计分析，提供进行安全事件的追踪回放和责任追查的能力。

（6）安全威胁预警。对网络和终端安全设备上报的入侵监测数据、防病毒数据、主机管控数据等进行实时的关联分析、统计分析，发现攻击征兆、预测攻击趋势，评估全系统、特定区域或者对象等的安全风险等级，形成对网络攻击、高风险区域、威胁发展趋势等的预警。

（7）安全设备管理。为各类设备提供集中统一管理功能，包括对设备的状态、系统资源、使用情况以及安全设备提供的各类服务等进行管理。

（8）安全态势展示。对威胁监测数据、安全运维数据、安全审计数据和威胁预警信息等信息安全态势数据、事件进行监视、融合、关联分析和预警告警，提供完整的可视化信息安全状态。

12.4.4　安全防护拓扑结构

基于 12.4.3 节介绍的在安全管理中心支持下的安全计算环境、安全区域边界、安全通信网络的安全防护技术架构，结合发射场设备信息系统协议复杂多样、实时性要求强、设备可靠性要求高、安全机制不能影响实时性等要求，采用分层、分区的思想，进行发射场设备信息系统的安全防护拓扑结构设计，如图 12.4-2 所示。系统分为设备层和信息层。设备层覆盖的区域包括发射场各个系统。信息层覆盖的区域包括应用服务区、终端显示区和系统管理区，分别完成相应的功能，按照方便管理和控制的原则，为各安全功能区域分配网段地址。

安全计算环境，包括信息层的应用服务区、终端显示区、系统管理区中进行存储、处理及实施安全策略的相关部件。安全区域边界，包括设备层各个区域和信息层各个区域的安全计算环境边界，以及安全计算环境与安全通信网络之间实现连接并实施安全策略的相关部件。安全通信网络，包括设备层和信息层网络安全区域之间进行信息传输及实施安全策略的相关部件。安全管理中心，由整个系统管理区实现，对整个系统的安全机制实施统一管理。

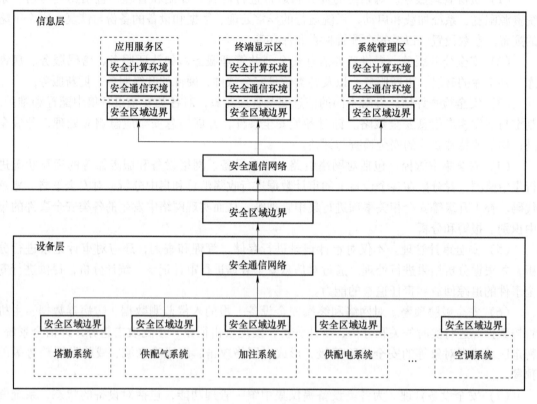

图 12.4-2　安全防护拓扑结构设计

根据安全防护拓扑结构，对系统网络布局进行设计。图 12.4-3 所示为安全防护网络拓扑。设备层和信息层分别对应设备网和信息网，之间的通信属于跨网通信，必须防止信息网的病毒进入设备网破坏系统的正常运行。因此，要在设备网与信息网边界之间部署单向网闸，将设备网采集的数据传输至信息网。同时，在设备网和信息网每个区域进行独立的边界防护，确保区域边界安全。系统管理区主要包括主机安全管理、杀毒软件、漏洞扫描、边界监控审计等安全管理系统。应用服务区主要包括 Web 服务、数据库服务、运管服务等。终端显示区主要包括需要访问应用服务区的显示终端。各个区域部署边界防火墙，防止非授权的访问和操作。在核心交换机上设置 VLAN 的网关地址，通过核心交换机 VLAN 和 ACL 技术，进行访问控制和边界防护，禁止设备网和信息网之间相互通信，全部通过单向网闸进行数据交互。

这里只是给出了一个比较简单的结构框架，目的是向读者说明如何根据 12.4.3 节介绍的技术架构的要求进行落实。实际上，发射场设备信息系统的安全防护建设需要考虑的内容还有很多，需要按照要求进行详细的安全防护设计。

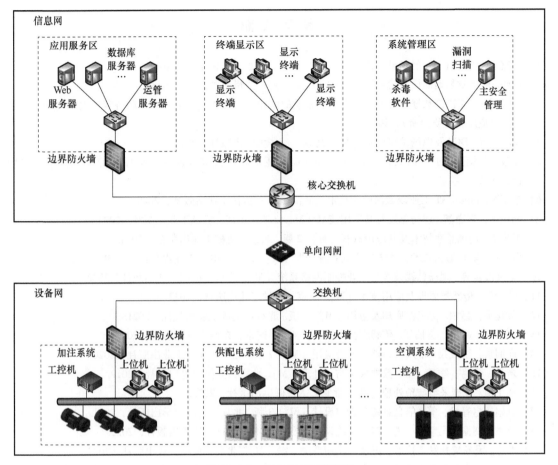

图 12.4-3　安全防护网络拓扑

12.5　小结

本章主要对发射场设备信息系统安全防护技术进行了介绍，分析了信息系统面临的安全威胁，介绍了信息系统安全防护技术基础及安全防护体系，包括安全防护目标、原则、技术架构、拓扑结构和网络布局等内容。

本章涉及的知识范围较广，很多知识点只是做了简单介绍，详细内容可根据需要进一步查阅相关资料。

参 考 文 献

[1] 董富治，等. 航天发射场设备控制技术基础 [M]. 北京：机械工业出版社，2022.

[2] 张印. 航天发射地面设备信息系统设计 [D]. 兰州：兰州交通大学，2018.

[3] 刘思媛. 基于国产数据库的 LF1 设备信息系统的设计与开发 [D]. 上海：中国科学院大学（中国科学院上海应用物理研究所），2022.

[4] 肖军，等. DCS 及现场总线技术 [M]. 北京：清华大学出版社，2011.

[5] 郇极，刘艳强. 工业以太网现场总线 EtherCAT 驱动程序设计及应用 [M]. 北京：机械工业出版社，2022.

[6] 李正军. EtherCAT 工业以太网应用技术 [M]. 北京：机械工业出版社，2020.

[7] 李正军，李潇然. 现场总线及其应用技术 [M]. 3 版. 北京：机械工业出版社，2023.

[8] 王永华. 现场总线技术及其应用教程 [M]. 2 版. 北京：机械工业出版社，2018.

[9] 周云波. 串行通信技术：面向嵌入式系统开发 [M]. 北京：电子工业出版社，2019.

[10] 廉迎战，等. 现场总线技术与工业控制网络系统 [M]. 北京：机械工业出版社，2022.

[11] 陈荣保. 传感器原理及应用技术 [M]. 北京：机械工业出版社，2022.

[12] 吴建平，彭顺. 传感器原理及应用 [M]. 4 版. 北京：机械工业出版社，2021.

[13] 宋爱国，赵辉，贾伯年. 传感器技术 [M]. 4 版. 南京：东南大学出版社，2021.

[14] 周润景，李茂泉. 常用传感器技术及应用 [M]. 2 版. 北京：电子工业出版社，2020.

[15] 米洪，张鸽，季丹，等. 数据采集与预处理 [M]. 北京：人民邮电出版社，2019.

[16] 林子雨. 数据采集与预处理 [M]. 北京：人民邮电出版社，2022.

[17] 杜娟，赵春艳，等. 信息系统分析与设计 [M]. 3 版. 北京：清华大学出版社，2021.

[18] 曹杰，刘振，马慧敏，等. 信息系统设计与实现 [M]. 北京：科学出版社，2022.

[19] 郭进. 服务端开发：技术、方法与实用解决方案 [M]. 北京：机械工业出版社，2023.

[20] 李运华. 从零开始学架构：照着做，你也能成为架构师 [M]. 北京：电子工业出版社，2018.

[21] MARK RICHARDS, NEAL FORD. 软件结构：架构模式、特征及实践指南 [M]. 杨洋，徐栋栋，王妮，译. 北京：机械工业出版社，2021.

[22] 李艳鹏，杨彪. 分布式服务架构：原理、设计与实战 [M]. 北京：电子工业出版社，2017.

[23] 巴斯，克莱门茨，等. 软件架构实践：原书第 4 版 [M]. 周乐，译. 北京：机械工业出版社，2023.

[24] 因格纳. 软件架构师手册 [M]. 米庆，于洋，译. 南京：东南大学出版社，2022.

[25] 希赛教育软考学院. 系统架构设计师教程 [M]. 4 版. 北京：电子工业出版社，2017.

[26] 普拉达. C++ Primer Plus：第 6 版：中文版 [M]. 张海龙，袁国忠，译. 北京：人民邮电出版社，2020.

[27] 王维波，栗宝鹃，侯春望. Qt 6 C++开发指南 [M]. 北京：电子工业出版社，2023.

[28] 郑阿奇，等. Qt6 开发及实例 [M]. 5 版. 北京：电子工业出版社，2022.

[29] 孙晨华，张亚生，何辞，等. 计算机网络与卫星通信网络融合技术 [M]. 北京：国防工业出版社，2016.

[30] 郭明强，等. WebGIS 之 Cesium 三维软件开发 [M]. 北京：电子工业出版社，2023.

[31] 吴信才，吴亮，万波. 地理信息系统应用与实践 [M]. 2 版. 北京：电子工业出版社，2022.

[32] 郭明强，黄颖. WebGIS 之 OpenLayers 全面解析 [M]. 2 版. 北京：电子工业出版社，2019.

[33] 王庆光，等. 地理信息系统应用 [M]. 北京：中国水利水电出版社，2017.

[34] 李爱萍，崔冬华，李东生，等. 软件工程 [M]. 北京：人民邮电出版社，2014.

[35] RUMBAUGH J, JACOBSON J, BOOCH G. UML 参考手册：第 2 版：[M]. UMLChina, 译. 北京：机械工业出版社, 2005.

[36] 刘文红, 侯育卓, 郭栋, 等. 软件质量管理实践 [M]. 北京：清华大学出版社, 2023.

[37] 翟宏宝, 郑丹丹, 钟绍聪, 等. 基于 CMMI 的软件研发管理 [M]. 北京：中国质检出版社, 2013.

[38] 郑秋生, 等. 网络安全技术及应用 [M]. 北京：电子工业出版社, 2009.

[39] 石文昌, 梁朝晖. 信息系统安全概论 [M]. 北京：电子工业出版社, 2009.

[40] 安成飞, 周玉刚. 工业控制系统网络安全实践 [M]. 北京：机械工业出版社, 2021.

[41] 林国恩, 李建彬. 信息系统安全 [M]. 北京：电子工业出版社, 2010.

[42] 陈波, 于泠. 信息安全案例教程：技术与应用 [M]. 2 版. 北京：机械工业出版社, 2021.

[43] 胡志昂, 范红, 等. 信息系统等级保护安全建设技术方案设计实现与应用 [M]. 北京：电子工业出版社, 2010.

[44] 李劲. 云计算数据中心规划与设计 [M]. 北京：人民邮电出版社, 2018.

[45] 曹江华. Linux 服务器安全策略详解 [M]. 北京：电子工业出版社, 2007.

[46] 朱春山. 基于 Kaldi 的语音识别的研究 [D]. 南京：南京邮电大学, 2018.

[47] 陈果果, 都家宇, 那兴宇, 等. Kaldi 语音识别实战 [M]. 北京：电子工业出版社, 2020.

[48] 张仕良. 基于深度神经网络的语音识别模型研究 [D]. 合肥：中国科学技术大学, 2017.

[49] 马晗, 唐柔冰, 张义, 等. 语音识别研究综述 [J]. 计算机系统应用, 2022, 31 (1)：1-10.

[50] 夏冰冰, 等. 数据库原理及应用：SQL Server 2000 [M]. 北京：国防工业出版社, 2009.

[51] 陈志泊, 许福, 韩慧. 数据库原理及应用教程 [M]. 4 版. 北京：人民邮电出版社, 2017.

[52] 费淼, 王丹, 严静, 等. 军工工业控制系统边界安全防护研究 [J]. 网络安全技术与应用, 2021 (7)：141-143.

[53] 李东. 震网病毒事件浅析及工控安全防护能力提升启示 [J]. 网络安全技术与应用, 2019 (1)：9-10, 24.

[54] 饶跃东, 熊瑜. 基于"震网"病毒的物理隔离网络的风险控制措施 [J]. 广西科学院学报, 2012, 28 (1)：38-40.

[55] 王乐, 刘顺志, 韩正. 军工企业工业控制系统网络安全防护研究 [J]. 工业信息安全, 2023 (1)：60-67.

[56] 黄海, 陈章芬. 基于等级保护 2.0 的安全通用技术设计研究 [J]. 计算机应用文摘, 2022, 38 (10)：38-47.

[57] 孙天宁, 邹春明, 严益鑫. 工业控制系统信息安全防护分析 [J]. 自动化博览, 2021, 38 (1)：57-61.

[58] 曾建中. 媒体融合云技术下的信息系统安全防护体系设计 [J]. 广播与电视技术, 2016, 43 (11)：23-27.

[59] 古德费洛, 本吉奥, 库维尔. 深度学习 [M]. 赵申剑, 黎彧君, 符天凡, 等译. 北京：人民邮电出版社, 2017.

[60] VIKRAM V. MySQL 完全手册 [M]. 徐小青, 路晓春, 等译. 北京：电子工业出版社, 2004.

[61] 孟小峰, 杜治娟. 大数据融合研究：问题与挑战 [J]. 计算机研究与发展, 2016, 53 (2)：231-246.

[62] 李爱华, 续维佳, 石勇. 基于"物理—事理—人理"的多源异构大数据融合探究 [J]. 中国科学院院刊, 2023, 38 (8)：1225-1233.

[63] 张洁, 高亮, 秦威, 等. 大数据驱动的智能车间运行分析与决策方法体系 [J]. 计算机集成制造系统, 2016, 22 (5)：1220-1228.

[64] JIAWEI H, MICHELING K, JIAN P. 数据挖掘：概念与技术：原书第 4 版 [M]. 范明, 孟小峰, 译. 北京：机械工业出版社, 2012.

［65］ 余辉，梁镇涛，鄢宇晨. 多来源多模态数据融合与集成研究进展［J］. 情报理论与实践，2020，43
（11）：169-178.

［66］ 祁友杰，王琦. 多源数据融合算法综述［J］. 航天电子对抗，2017，33（6）：37-41.

［67］ MENG T，JING X，YAN Z，et al. A Survey on Machine Learning for Data Fusion［J］. Information Fusion，
2019，57：115-129.

［68］ ROWLEY J. The wisdom hierarchy：representations of the DIKW hierarchy［J］. Journal of Information Sci-
ence，2007，33（2）：163-180.

［69］ 吴星辰. 写给 UI 设计师看的数据可视化设计［M］. 北京：电子工业出版社，2021.

［70］ 袁泉，王涛. 交通人因工程［M］. 北京：清华大学出版社，2023.

［71］ 陈善广，李志忠，葛列众，等. 人因工程研究进展及发展建议［J］. 中国科学基金，2021，35（2）：
203-212.

［72］ 陈为，沈则潜，陶煜波，等. 数据可视化（纪念版）［M］. 北京：电子工业出版社，2023.

［73］ 全国信息安全标准化技术委员会. 信息安全技术　网络安全等级保护基本要求：GB/T 22239—2019
［S］. 北京：中国标准出版社，2019.